畑 浩之 著

弱点克服 大学生の量子力学

東京図書

まえがき

量子力学は原子・分子以下の微視的世界の物理を記述する理論体系である．17世紀にニュートンにより発明された「力学」(以下では「量子力学」に対比して「古典力学」と呼ぶ) は日常生活のスケールの物理現象を見事に記述したが，19世紀末には古典力学では説明することができない現象がいくつも現れてきた．例えば，熱せられた物体から放出される光 (黒体放射) の波長分布，金属や多原子分子ガスの比熱，などの低温での振る舞いは古典力学から導かれるものとは大きく異なっていた．また，光電効果やコンプトン効果といった古典力学では理解できない現象も現れた．

数多くの試行錯誤のあと，1925年頃，これらの困難/矛盾を統一的に解消し理解する新しい力学として「量子力学」が当時の若い物理学者たちによって構築された．量子力学は今や原子・分子だけでなく，電子機器の動作，超伝導や超流動，そして，物質の究極の微視的構成単位である素粒子，さらには，宇宙の誕生と現在に至る過程を理解するために欠かせない基本理論となっている．

量子力学は，その数学的構造と物理的解釈において，古典力学とはかなり異なったものである．まず，系の物理量，例えば，質点系での位置，運動量，エネルギー，角運動量等は，量子力学ではエルミート演算子で表され，それらの測定で得られる値は対応するエルミート演算子の固有値に限られる．また，古典力学では，質点のある時刻での位置や運動量は，ニュートンの運動方程式，あるいは，オイラー・ラグランジュ方程式により一意的に決定されるのに対し，量子力学では (系の状態を定める状態ベクトルは一意的に定まるが) 位置や運動量の測定結果は確率的にしか決まらない．

本書はこの量子力学の演習書であり，量子力学の初学者が演習問題を順次解き/理解していくことで，量子力学の学問体系を基礎から学んでいけるように，10個の章の中に合わせて110個の問題を配置している．量子力学のさまざまな基礎事項は各演習問題の中で説明しているので，あらかじめ量子力学の教科書を学んでおく必要はない．まず，第1章では量子力学の基本原理を，具体例として主に調和振動子を用いながら22個の演習問題で学んでいく．この章では「表示に依らない定式化」を展開するが，次の第 2 章では質点系における x-表示 (座標を対角化する表示)，すなわち「シュレーディンガーの波動力学」を導入する．さらに，空間 1 次元における x-表示の具体問題を第 3 章 (束縛状態) と第 4 章 (散乱状態) で扱う．さて，量子力学における角運動量の扱いは初学者には複雑なものであるが，第 5 章ではこの基礎を 18 個の演習問題で学ぶ．そして，次の第 6 章では 3 次元空間での中心力ポテンシャル下の質点系，特に，水素原子の問題を具体的に解いていく．さらに第 7 章では，角運動量の合成の一般論とこれを用いたスピン自由度の導入を学ぶ．量子力学にはさまざまな近似計算法があるが，本書では第 8 章と第 9 章で，それぞれ，時間に依らない場合と依る場合の摂動論の一般論と具体例の演習問題を扱う．最後に第 10 章では (第 6 章において x-表示で解いた) 水素原子の問題を角運動量に加えてルンゲ・レンツベクトルと呼ばれる量を用いて代数的に解く問題を扱う．なお，最初の第 1〜3 章は，著者が以前に京都大学理学部で担当していた 2 回生対象の講義「量子力学 A」の講義ノートにもとづいている．

本書では問題数が限られているため，量子力学の基本部分をすべてカバーすることはできなかった．具体例を挙げると，3 次元空間での散乱問題 (例えば，ラザフォード散乱)，摂動論以外の近似法 (例えば，変分法や WKB 近似)，多粒子系と統計 (ボソンとフェルミオン)，等である．これらは，本書で基礎を学んだ後で，是非，他の教科書等で勉強していただきたい．

本書の各演習問題を解き理解していくために必要な予備知識は，まず，大学 1 回生で学ぶレベルの「力学」「微分積分学」そして特に「線形代数」である．さらに「解析力学」のハミルトン形式の諸事項を各所で用いている．

最後に，本書の執筆を勧めていただき，執筆中も常にサポートをいただいた東京図書の川上禎久氏に感謝したい．

2023 年 7 月

畑 浩之

目次

★問題の頁数のあとのマス目は，自分の理解の度合いを記入しておくのにご利用ください.

Chapter **2** x-表示と波動関数 **47**

Chapter **3** 1 次元定常状態波動方程式の離散束縛状態解 **69**

Chapter 4 1 次元定常状態波動方程式の連続散乱状態解 93

Chapter 5 量子力学における角運動量 105

Chapter 6 中心力ポテンシャル下の束縛状態 143

Chapter **9** 時間に依存した摂動論 **219**

Chapter **10** 水素原子系の代数的解法 **231**

■カバー・表紙デザイン 高橋 敦

Chapter 1

量子力学の基本原理

量子力学は古典力学 (解析力学) を学んだ段階ではまったく馴染みのないいくつかの基本原理にもとづいて構成されている．本章ではこの「量子力学の基本原理」を演習問題を解きながら順に学んでいく．具体的には，「エルミート演算子である正準変数の間の正準交換関係」，「物理量 (=エルミート演算子) の固有値としての観測値」，「状態ベクトルと確率解釈」，「系の時間発展を定めるシュレーディンガー方程式」である．これらの原理を理解するための簡単で非自明な具体例として調和振動子の系を取り上げ，その量子力学を代数的な扱いにより解いていく．また，量子力学の重要な性質である「不確定性関係」もこの章で扱う．

問題 01　エルミート行列の固有値と固有ベクトル　基本

任意の**エルミート行列** A $(A^\dagger = A)$ に対してその**固有値方程式** (eigenvalue equation) を考える:

$$A\boldsymbol{v} = \lambda \boldsymbol{v} \tag{01.1}$$

ここに，λ は**固有値** (eigenvalue)，$\boldsymbol{v}(\neq 0)$ は**固有ベクトル** (eigenvector) である.

1. 固有値 λ はすべて実数であることを示せ.
2. 異なる固有値に対応した固有ベクトルは直交すること，すなわち，

$$A\boldsymbol{v}_1 = \lambda_1 \boldsymbol{v}_1, \quad A\boldsymbol{v}_2 = \lambda_2 \boldsymbol{v}_2, \quad \lambda_1 \neq \lambda_2 \quad \Rightarrow \quad \boldsymbol{v}_2^\dagger \boldsymbol{v}_1 = 0$$

であって，内積 $\boldsymbol{v}_2^\dagger \boldsymbol{v}_1$ がゼロであることを示せ.

3. 右のエルミート行列の固有値と固有ベクトルをすべて求め，設問1と設問2で示した性質を確認せよ．なお，固有ベクトルには (複素) 定数倍の任意性があるが，適当に取ること.

$$\begin{pmatrix} 1 & i & -1 \\ -i & 3 & i \\ -1 & -i & 1 \end{pmatrix}$$

解説　量子力学ではエルミート行列 (より一般に，**エルミート演算子**) が重要な役割を果たすが，設問1と設問2でエルミート行列の重要な性質2つを示す問題である．設問3は具体的なエルミート行列に対して固有方程式を解く問題である．以上はいずれも量子力学に必要な線形代数の基礎の復習問題である.

なお，本書では行列 A の**エルミート共役**，すなわち，A の「転置 (行と列の入れ替え) かつ複素共役」を $\dagger$ (ダガー，dagger) の記号を用いて $A^\dagger$ で表す．行列の成分で表すと

$$(A^\dagger)_{ij} \equiv A_{ji}^*$$

なお，複素共役は $*$ (星印，star) で表す．また，ベクトルについては

$$\boldsymbol{v} = \begin{pmatrix} v_1 \\ v_2 \\ \vdots \\ v_N \end{pmatrix} \quad \Rightarrow \quad \boldsymbol{v}^\dagger = (v_1^*, v_2^*, \cdots, v_N^*)$$

内積: $\boldsymbol{v}^\dagger \boldsymbol{u} = v_1^* u_1 + v_2^* u_2 + \cdots + v_N^* u_N$

任意の行列 A に対してエルミート共役を2回とると元に戻る:

$$(A^\dagger)^\dagger = A \tag{01.2}$$

エルミート行列 A は $A^\dagger = A$ を満たす正方行列である.

固有値方程式 (01.1)は，与えられた正方行列 A に対して**固有値**と**固有ベクトル**の組 $(\lambda, \boldsymbol{v})$ を決める方程式である (ただし，$\boldsymbol{v} \neq 0$)．一般に，固有値 λ は

$$\det(A - \lambda \mathbb{I}) = 0 \tag{01.3}$$

の解として求まる ($\mathbb{I}$ は単位行列)．これは $N \times N$ 行列 A に対して λ の N 次方程式であり固有値は一般に N 個存在する.

解答

1. まず，設問 1 と設問 2 の両方のための関係式を用意する．一般に 2 組の固有値と固有ベクトル，$(\lambda_1, \boldsymbol{v}_1)$ と $(\lambda_2, \boldsymbol{v}_2)$，を考えると

$$A\boldsymbol{v}_1 = \lambda_1 \boldsymbol{v}_1 \quad \underset{\text{左から } \boldsymbol{v}_2^\dagger \text{ を掛ける}}{\Rightarrow} \quad \boldsymbol{v}_2^\dagger A \boldsymbol{v}_1 = \lambda_1 \boldsymbol{v}_2^\dagger \boldsymbol{v}_1$$

$$A\boldsymbol{v}_2 = \lambda_2 \boldsymbol{v}_2 \quad \underset{\text{両辺の } \dagger}{\Rightarrow} \quad \boldsymbol{v}_2^\dagger \underbrace{A^\dagger}_{=A} = \lambda_2^* \boldsymbol{v}_2^\dagger \quad \underset{\text{右から } \boldsymbol{v}_1 \text{ を掛ける}}{\Rightarrow} \quad \boldsymbol{v}_2^\dagger A \boldsymbol{v}_1 = \lambda_2^* \boldsymbol{v}_2^\dagger \boldsymbol{v}_1$$

ここに，$(A\boldsymbol{v}_2)^\dagger = \boldsymbol{v}_2^\dagger A^\dagger$ および $A^\dagger = A$ を用いた．それぞれの最後の式の左辺は等しく，右辺を等置して次式を得る:

$$\left(\lambda_1 - \lambda_2^*\right) \boldsymbol{v}_2^\dagger \boldsymbol{v}_1 = 0 \tag{01.4}$$

(01.4)において特に $\lambda_1 = \lambda_2 = \lambda$，$\boldsymbol{v}_1 = \boldsymbol{v}_2 = \boldsymbol{v}$ の場合を考えると

$$\left(\lambda - \lambda^*\right) \boldsymbol{v}^\dagger \boldsymbol{v} = 0$$

であるが $\boldsymbol{v} \neq 0$ より $\boldsymbol{v}^\dagger \boldsymbol{v} \neq 0$，したがって $\lambda = \lambda^*$ であって，固有値 λ は実数に限られる．

2. (01.4)において $\lambda_1 \neq \lambda_2 (= \lambda_2^* \because$ 設問 1 の結果より) の場合を考えると

$$\underbrace{(\lambda_1 - \lambda_2)}_{\neq 0} \boldsymbol{v}_2^\dagger \boldsymbol{v}_1 = 0 \quad \Rightarrow \quad \boldsymbol{v}_2^\dagger \boldsymbol{v}_1 = 0$$

3. まず，固有値は (01.3)より (行列 A の行列式は $\det A = |A|$ の両方の記号を用いる)

$$\det(A - \lambda \mathbb{I}) = \begin{vmatrix} 1-\lambda & i & -1 \\ -i & 3-\lambda & i \\ -1 & -i & 1-\lambda \end{vmatrix} = -\lambda(\lambda - 1)(\lambda - 4) = 0 \ \Rightarrow \ \lambda = 0,\ 1,\ 4$$

の 3 つであって，確かにすべて実数．それぞれの固有値に対応した固有ベクトルは

$$\lambda = 0 \Rightarrow (A - \lambda \mathbb{I})\,\boldsymbol{v} = \begin{pmatrix} 1 & i & -1 \\ -i & 3 & i \\ -1 & -i & 1 \end{pmatrix} \begin{pmatrix} v_1 \\ v_2 \\ v_3 \end{pmatrix} = 0 \Rightarrow \begin{cases} v_2 = 0 \\ v_3 = v_1 \end{cases} \Rightarrow \ \boldsymbol{v} = \begin{pmatrix} 1 \\ 0 \\ 1 \end{pmatrix}$$

$$\lambda = 1 \Rightarrow (A - \lambda \mathbb{I})\,\boldsymbol{v} = \begin{pmatrix} 0 & i & -1 \\ -i & 2 & i \\ -1 & -i & 0 \end{pmatrix} \begin{pmatrix} v_1 \\ v_2 \\ v_3 \end{pmatrix} = 0 \Rightarrow \begin{cases} v_3 = iv_2 \\ v_1 = -iv_2 \end{cases} \Rightarrow \boldsymbol{v} = \begin{pmatrix} -i \\ 1 \\ i \end{pmatrix}$$

$$\lambda = 4 \Rightarrow (A - \lambda \mathbb{I})\,\boldsymbol{v} = \begin{pmatrix} -3 & i & -1 \\ -i & -1 & i \\ -1 & -i & -3 \end{pmatrix} \begin{pmatrix} v_1 \\ v_2 \\ v_3 \end{pmatrix} = 0 \Rightarrow \begin{cases} v_1 = -v_3 \\ v_2 = 2iv_3 \end{cases} \Rightarrow \boldsymbol{v} = \begin{pmatrix} -1 \\ 2i \\ 1 \end{pmatrix}$$

3 つの固有ベクトルの直交性も確かに成り立っている．

問題 02　交換子とその諸性質　基本

2つの $N \times N$ 行列 A と B に対して**交換子** (commutator) $[A, B]$ を

$$[A, B] \equiv AB - BA \tag{02.1}$$

で定義する (一般に行列の積は可換でない，すなわち，$AB \neq BA$ に注意)．$[A, B]$ も $N \times N$ 行列である．交換子に関する次の諸性質を証明 (確認) せよ:

$$[A, B] = -[B, A] \qquad \text{(反対称性)} \tag{02.2}$$

$$[A, A] = 0 \tag{02.3}$$

$$\Big[\sum_{i=1}^{n} a_i A_i, \sum_{j=1}^{m} b_j B_j\Big] = \sum_{i=1}^{n}\sum_{j=1}^{m} a_i b_j [A_i, B_j] \qquad \text{(双線型性)} \tag{02.4}$$

$$[A, a\mathbb{I}] = 0 \tag{02.5}$$

$$[AB, C] = [A, C]\,B + A\,[B, C], \qquad [A, BC] = [A, B]\,C + B\,[A, C] \tag{02.6}$$

$$[A, [B, C]] + [B, [C, A]] + [C, [A, B]] = 0 \qquad \text{(ヤコビ恒等式)} \tag{02.7}$$

ここに，大文字量 A, B, C 等は任意の $N \times N$ 行列であり，小文字量 a, a_i, b_j 等は任意の (複素) 数係数である．また，(02.5)において $\mathbb{I}$ は単位行列．なお，ヤコビ恒等式 (02.7)は，(02.2)により

$$[[A, B]\,, C] + [[B, C]\,, A] + [[C, A]\,, B] = 0 \tag{02.8}$$

とも表される．

解説　2つの正方行列 (より一般には，線形演算子) の間の交換子は量子力学における重要な概念であり，これからの問題にも頻繁に現れる．この問題は，交換子に関する有用な公式を確認するものである．

(02.2)～(02.8)の各性質は A, B, C が ($N \times N$ 行列より一般的な) **線形演算子** ($\mathbb{I}$ は**単位演算子**) の場合にも成り立つものである．線形演算子や単位演算子については，この章の最後の **Tea Time** を参照のこと．

解答

(02.2)と (02.3)

交換子の定義 (02.1)より自明に成り立つ．

(02.4)

交換子の定義 (02.1)および数係数と行列は交換できること

$$aA = Aa \tag{02.9}$$

を用いて

$$\Big[\sum_{i=1}^{n} a_i A_i, \sum_{j=1}^{m} b_j B_j\Big] = \left(\sum_{i=1}^{n} a_i A_i\right)\left(\sum_{j=1}^{m} b_j B_j\right) - \left(\sum_{j=1}^{m} b_j B_j\right)\left(\sum_{i=1}^{n} a_i A_i\right)$$
$$= \sum_{i=1}^{n}\sum_{j=1}^{m} a_i b_j A_i B_j - \sum_{j=1}^{m}\sum_{i=1}^{n} b_j a_i B_j A_i = \sum_{i=1}^{n}\sum_{j=1}^{m} a_i b_j \left(A_i B_j - B_j A_i\right)$$
$$= \sum_{i=1}^{n}\sum_{j=1}^{m} a_i b_j [A_i, B_j]$$

<u>(02.5)</u>
単位行列 $\mathbb{I}$ の性質

$$A\mathbb{I} = \mathbb{I}A = A \tag{02.10}$$

および (02.9) より $[A, a\mathbb{I}] = Aa\mathbb{I} - a\mathbb{I}A = Aa - aA = 0$.

<u>(02.6)</u>
第 1 式の右辺から始めて

$$[A, C]\,B + A\,[B, C] = (AC - CA)\,B + A\,(BC - CB)$$
$$= ACB - CAB + (ABC - ACB) = ABC - CAB = [AB, C]$$

第 2 式も同様.

<u>(02.7)</u>
2 重交換子 $[A, [B, C]]$ は行列 A と行列 $[B, C]$ との交換子である．交換子の定義 (02.1) を用いて左辺を愚直に展開すると

$$[A, [B, C]] + [B, [C, A]] + [C, [A, B]]$$
$$= [A, BC - CB] + [B, CA - AC] + [C, AB - BA]$$
$$= A\,(BC - CB) - (BC - CB)\,A + B\,(CA - AC) - (CA - AC)\,B$$
$$\quad + C\,(AB - BA) - (AB - BA)\,C$$
$$= (\underbrace{ABC}_{(1)} - \underbrace{ACB}_{(2)}) - (\underbrace{BCA}_{(3)} - \underbrace{CBA}_{(4)}) + (\underbrace{BCA}_{(3)} - \underbrace{BAC}_{(5)}) - (\underbrace{CAB}_{(6)} - \underbrace{ACB}_{(2)})$$
$$\quad + (\underbrace{CAB}_{(6)} - \underbrace{CBA}_{(4)}) - (\underbrace{ABC}_{(1)} - \underbrace{BAC}_{(5)})$$
$$= 0$$

ここに，(1) ∼ (6) の 6 種類の行列積がそれぞれ逆符号で 2 回現れ相殺することに注意．なお，$[A, [B, C]] = A\,[B, C] - [B, C]\,A = A\,[B, C] + [C, B]\,A$ 等とし，公式 (02.6) を用いることで，もう少し要領よく示すこともできる．

問題 03　量子力学の基本原理 I：正準交換関係　基本

力学変数 $q=(q_1,\cdots,q_N)$ と対応する (一般化) 運動量 $p=(p_1,\cdots,p_N)$ を持った N 自由度系を考える．古典力学 (解析力学) において正準変数 (q,p) は実数に値を取る量であったが:

量子力学では，正準変数 q_i と p_i は

$$\textbf{正準交換関係:}\quad [\widehat{q}_i,\widehat{p}_j]=i\hbar\delta_{ij}\mathbb{I},\qquad [\widehat{q}_i,\widehat{q}_j]=0,\qquad [\widehat{p}_i,\widehat{p}_j]=0 \tag{03.1}$$

を満足する**エルミート演算子** $\widehat{q}_i$ および $\widehat{p}_i$ となる．すなわち，$\widehat{q}_i$ と $\widehat{p}_i$ は

$$\widehat{q}_i{}^{\dagger}=\widehat{q}_i,\qquad \widehat{p}_i{}^{\dagger}=\widehat{p}_i, \tag{03.2}$$

を満たす線形演算子である．(03.1)の第 1 式において，$\hbar$ は**換算プランク定数** (reduced Planck constant) あるいは**ディラック定数** (Dirac constant) と呼ばれる定数であり，量子力学の基本定数である**プランク定数** (Planck constant) $h=6.626\times10^{-34}\,\mathrm{J\cdot s}$ を 2π で割った量である:

$$\hbar=\frac{h}{2\pi}=1.054\times10^{-34}\,\mathrm{J\cdot s}$$

正準変数 $(\widehat{q},\widehat{p})$ を持った 1 自由度量子力学系を考える．次の (i)〜(v) の各 $\widehat{f}$ と $\widehat{g}$ に対して交換子 $[\widehat{f},\widehat{g}]$ を計算せよ．ただし，$[\widehat{f},\widehat{g}]$ を「$\widehat{q}^a\widehat{p}^b$ の形 ($\widehat{q}$ が $\widehat{p}$ より必ず左にある形) の項の和」となるように表すこと．したがって，例えば $\widehat{q}\widehat{p}\widehat{q}$ は，正準交換関係 $[\widehat{q},\widehat{p}]=i\hbar$ を用いて

$$\widehat{q}\widehat{p}\widehat{q}=\widehat{q}(\widehat{q}\widehat{p}-i\hbar)=\widehat{q}^2\widehat{p}-i\hbar\widehat{q}$$

と変形して表す．

(i) $\widehat{f}=\widehat{q}\widehat{p},\quad \widehat{g}=\widehat{q}$　(ii) $\widehat{f}=\widehat{q},\quad \widehat{g}=\widehat{p}^2$　(iii) $\widehat{f}=\widehat{p}^2,\quad \widehat{g}=\widehat{q}^2$

(iv) $\widehat{f}=\widehat{q}\widehat{p}^2,\quad \widehat{g}=\widehat{q}\widehat{p}$　(v) $\widehat{f}=\widehat{q}^2\widehat{p},\quad \widehat{g}=\widehat{q}\widehat{p}^2$

解説　本問題の網掛け部分 (正準交換関係 (canonical commutation relation)) は量子力学の基本原理の 1 つである．ここでは，簡単な 1 自由度系において正準交換関係を用いる練習問題として，いくつかの $(\widehat{q},\widehat{p})$ の単項式間の正準交換関係を計算する．なお，(03.1)の第 1 式右辺の**単位演算子** $\mathbb{I}$ はたびたび省略し，$[\widehat{q}_i,\widehat{p}_j]=i\hbar\delta_{ij}$ と表すことが多い．なお，エルミート演算子についてはこの章の最後の **Tea Time** を参照のこと．

解答

交換子の公式 (02.6)と正準交換関係 $[\widehat{q},\widehat{p}]=-[\widehat{p},\widehat{q}]=i\hbar$ を繰り返し用いて計算すると以下の通り (計算法は以下で示したもの以外にいろいろある)．なお，1 自由度系では正準交換関係 (03.1)のうち，$[\widehat{q},\widehat{q}]=0$ と $[\widehat{p},\widehat{p}]=0$ は (02.3)により自明に成り立つ

ことに注意.

(i) $\widehat{f}=\widehat{q}\widehat{p}$, $\widehat{g}=\widehat{q}$ の場合

$$[\widehat{f},\widehat{g}]=[\widehat{q}\widehat{p},\widehat{q}]\underset{\uparrow\ (02.6)}{=}\underbrace{[\widehat{q},\widehat{q}]}_{0}\widehat{p}+\widehat{q}\underbrace{[\widehat{p},\widehat{q}]}_{-i\hbar}=-i\hbar\widehat{q}$$

(ii) $\widehat{f}=\widehat{q}$, $\widehat{g}=\widehat{p}^2$ の場合

$$[\widehat{f},\widehat{g}]=[\widehat{q},\widehat{p}^2]=[\widehat{q},\widehat{p}\widehat{p}]\underset{\uparrow\ (02.6)}{=}\underbrace{[\widehat{q},\widehat{p}]}_{i\hbar}\widehat{p}+\widehat{p}\underbrace{[\widehat{q},\widehat{p}]}_{i\hbar}=2i\hbar\widehat{p}$$

(iii) $\widehat{f}=\widehat{p}^2$, $\widehat{g}=\widehat{q}^2$ の場合

$$\begin{aligned}[\widehat{f},\widehat{g}]&=[\widehat{p}^2,\widehat{q}^2]=[\widehat{p}^2,\widehat{q}\widehat{q}]=\underbrace{[\widehat{p}^2,\widehat{q}]}_{-2i\hbar\widehat{p}}\widehat{q}+\widehat{q}\underbrace{[\widehat{p}^2,\widehat{q}]}_{-2i\hbar\widehat{p}}=-2i\hbar\underbrace{\widehat{p}\widehat{q}}_{\widehat{q}\widehat{p}-i\hbar}-2i\hbar\widehat{q}\widehat{p}\\&=-4i\hbar\widehat{q}\widehat{p}-2\hbar^2\end{aligned}$$

ここに，(ii) の結果からの $[\widehat{p}^2,\widehat{q}]=-[\widehat{q},\widehat{p}^2]=-2i\hbar\widehat{p}$ を用いた.

(iv) $\widehat{f}=\widehat{q}\widehat{p}^2$, $\widehat{g}=\widehat{q}\widehat{p}$ の場合

$$\begin{aligned}[\widehat{f},\widehat{g}]&=[\widehat{q}\widehat{p}^2,\widehat{q}\widehat{p}]=[\widehat{q},\widehat{q}\widehat{p}]\widehat{p}^2+\widehat{q}[\widehat{p}^2,\widehat{q}\widehat{p}]\\&=\Big(\underbrace{[\widehat{q},\widehat{q}]}_{0}\widehat{p}+\widehat{q}\underbrace{[\widehat{q},\widehat{p}]}_{i\hbar}\Big)\widehat{p}^2+\widehat{q}\Big(\overbrace{[\widehat{p}^2,\widehat{q}]}^{[\widehat{p},\widehat{q}]\widehat{p}+\widehat{p}[\widehat{p},\widehat{q}]=-2i\hbar\widehat{p}}\widehat{p}+\widehat{q}\underbrace{[\widehat{p}^2,\widehat{p}]}_{0}\Big)\\&=0+i\hbar\widehat{q}\widehat{p}^2-2i\hbar\widehat{q}\widehat{p}^2+0=-i\hbar\widehat{q}\widehat{p}^2\end{aligned}$$

ここに，$[\widehat{p}^2,\widehat{p}]=\widehat{p}^3-\widehat{p}^3=0$ を用いた．途中で (i) と (ii) の結果を使えばもっと省力化できる．さらに要領よく計算するなら

$$\begin{aligned}[\widehat{f},\widehat{g}]&=[\widehat{q}\widehat{p}^2,\widehat{q}\widehat{p}]=[(\widehat{q}\widehat{p})\widehat{p},\widehat{q}\widehat{p}]=\underbrace{[\widehat{q}\widehat{p},\widehat{q}\widehat{p}]}_{0\leftarrow(02.3)}\widehat{p}+\widehat{q}\widehat{p}[\widehat{p},\widehat{q}\widehat{p}]\\&=\widehat{q}\widehat{p}\Big(\underbrace{[\widehat{p},\widehat{q}]}_{-i\hbar}\widehat{p}+\widehat{q}\underbrace{[\widehat{p},\widehat{p}]}_{0}\Big)=-i\hbar\widehat{q}\widehat{p}^2\end{aligned}$$

(v) $\widehat{f}=\widehat{q}^2\widehat{p}$, $\widehat{g}=\widehat{q}\widehat{p}^2$ の場合

$\widehat{f}=\widehat{q}(\widehat{q}\widehat{p})$ として (iv) の結果を利用すると，

$$\begin{aligned}[\widehat{f},\widehat{g}]&=[\widehat{q}^2\widehat{p},\widehat{q}\widehat{p}^2]=[\widehat{q}(\widehat{q}\widehat{p}),\widehat{q}\widehat{p}^2]=\left[\widehat{q},\widehat{q}\widehat{p}^2\right]\widehat{q}\widehat{p}+\widehat{q}\underbrace{\left[\widehat{q}\widehat{p},\widehat{q}\widehat{p}^2\right]}_{\text{(iv) の結果}\to i\hbar\widehat{q}\widehat{p}^2}\\&=\Big(\underbrace{[\widehat{q},\widehat{q}]}_{0}\widehat{p}^2+\widehat{q}\underbrace{[\widehat{q},\widehat{p}^2]}_{2i\hbar\widehat{p}\leftarrow\text{(ii) の結果}}\Big)\widehat{q}\widehat{p}+i\hbar\widehat{q}^2\widehat{p}^2=0+2i\hbar\widehat{q}\underbrace{\widehat{p}\widehat{q}}_{\widehat{q}\widehat{p}-i\hbar}\widehat{p}+i\hbar\widehat{q}^2\widehat{p}^2\\&=3i\hbar\widehat{q}^2\widehat{p}^2+2\hbar^2\widehat{q}\widehat{p}\end{aligned}$$

問題 04　正準交換関係から導かれる関係式　標準

$(\widehat{q}, \widehat{p})$ を正準変数とする 1 自由度量子力学系において次式が成り立つことを示せ:

$$e^{ia\widehat{p}}\,\widehat{q}\,e^{-ia\widehat{p}} = \widehat{q} + \hbar a\mathbb{I} \qquad (a\text{: 任意 c 数}) \tag{04.1}$$

ここに，線形演算子 $\widehat{A}$ に対する指数関数 $e^{\widehat{A}}$ は

$$e^{\widehat{A}} \equiv \sum_{n=0}^{\infty}\frac{1}{n!}\widehat{A}^n = \mathbb{I} + \sum_{n=1}^{\infty}\frac{1}{n!}\widehat{A}^n \qquad \left(\widehat{A}^0 \equiv \mathbb{I}\right)$$

で与えられるものとする．なお，**c 数** (c は classical から) は任意演算子と可換な (普通の実数あるいは複素数に値を取る) 量のことである．

解説　前問に引き続き，1 自由度量子力学系における正準交換関係を扱う問題である．(04.1)式の証明/導出法としては (例えば) 次の 2 つがある:

1. (04.1)式の左辺を a で微分し正準交換関係を用いて得られる式 (変数 a についての微分方程式) を解く．
2. (04.1)式の左辺を $[e^{ia\widehat{p}}, \widehat{q}]e^{-ia\widehat{p}} + \widehat{q}\,e^{ia\widehat{p}}e^{-ia\widehat{p}}$ と表し，この第 1 項に対して公式 (02.6) を一般化した

$$\begin{aligned}[A_1A_2\cdots A_m, B] &= \sum_{r=1}^{m} A_1\cdots A_{r-1}[A_r, B]A_{r+1}\cdots A_m \\ &= [A_1, B]A_2\cdots A_m + \sum_{r=2}^{m-1} A_1\cdots A_{r-1}[A_r, B]A_{r+1}\cdots A_m \\ &\qquad + A_1\cdots A_{m-1}[A_m, B]\end{aligned} \tag{04.2}$$

を用いる．なお，(04.2)の第 2 等号以下が正確な表式であるが，これを第 1 等号の右の表式で簡単に表す．(04.2)の証明は [解答] の最後に与えている．なお，

本書では一般の線形演算子を (古典力学の量と区別するために) ハット (^) を付けて $\widehat{A}$ のように表すが，演算子であることが明白，あるいは，ハットを付けるとわずらわしい場合は，(04.2)式や (02.1)〜(02.8)式のようにハットを省略する場合もある．

解答

微分方程式を用いた証明

演算子に値を取る関数 $f(a)$ を (04.1)式の左辺で定義する:

$$f(a) = e^{ia\widehat{p}}\,\widehat{q}\,e^{-ia\widehat{p}}$$

これを a で微分すると

$$\begin{aligned}\frac{d}{da}f(a) &= e^{ia\widehat{p}}i\widehat{p}\widehat{q}\,e^{-ia\widehat{p}} + e^{ia\widehat{p}}\,\widehat{q}\,(-i\widehat{p})\,e^{-ia\widehat{p}} = i\,e^{ia\widehat{p}}\underbrace{[\widehat{p}, \widehat{q}]}_{-i\hbar}e^{-ia\widehat{p}} \\ &= \hbar\,e^{ia\widehat{p}}e^{-ia\widehat{p}} = \hbar\,\mathbb{I}\end{aligned}$$

ここに任意の演算子 (行列) $\widehat{A}$ に対して，$e^{a\widehat{A}}$ の定義から

$$\frac{d}{da}e^{a\widehat{A}} = \widehat{A}\,e^{a\widehat{A}} = e^{a\widehat{A}}\,\widehat{A}$$

および,

$$e^{\widehat{A}}\,e^{-\widehat{A}} = \mathbb{I} \tag{04.3}$$

が成り立つことを用いた．したがって,

$$\frac{d}{da}f(a) = \hbar\mathbb{I} \quad \Rightarrow \quad f(a) = \hbar a\,\mathbb{I} + \widehat{C} \qquad (\widehat{C} \text{ は } a \text{ に依らない演算子})$$

$\widehat{C}$ は $f(a)$ の定義式からの $f(0) = \widehat{q}$ から $\widehat{C} = \widehat{q}$ と定まる．よって

$$f(a) = \widehat{q} + \hbar a\,\mathbb{I}$$

公式 (04.2)を用いた証明

[解説] の方針にしたがい，(04.1) は次のように導かれる:

$$e^{ia\widehat{p}}\,\widehat{q}\,e^{-ia\widehat{p}} = \underbrace{[e^{ia\widehat{p}}, \widehat{q}]}_{\hbar a\,e^{ia\widehat{p}}}\,e^{-ia\widehat{p}} + \widehat{q}\,e^{ia\widehat{p}}e^{-ia\widehat{p}} = (\hbar a + \widehat{q})\,\underbrace{e^{ia\widehat{p}}e^{-ia\widehat{p}}}_{=\mathbb{I}\ \because (04.3)} = \hbar a\,\mathbb{I} + \widehat{q}$$

ここに

$$\begin{aligned}
[e^{ia\widehat{p}}, \widehat{q}] &= \left[\mathbb{I} + \sum_{n=1}^{\infty}\frac{(ia)^n}{n!}\,\widehat{p}^{\,n}, \widehat{q}\right] \overset{(02.4)}{\underset{\downarrow}{=}} \underbrace{[\mathbb{I}, \widehat{q}]}_{\substack{=0 \\ \because (02.5)}} + \sum_{n=1}^{\infty}\frac{(ia)^n}{n!}\underbrace{[\widehat{p}^{\,n}, \widehat{q}]}_{-i\hbar n\widehat{p}^{\,n-1}} \\
&= \hbar a\sum_{n=1}^{\infty}\frac{(ia)^{n-1}}{(n-1)!}\,\widehat{p}^{\,n-1} = \hbar a\,e^{ia\widehat{p}}
\end{aligned}$$

を用いたが，その導出には公式 (04.2)を利用した次の結果を用いた:

$$[\widehat{p}^{\,n}, \widehat{q}] = \sum_{r=1}^{n}\widehat{p}^{\,r-1}\underbrace{[\widehat{p}, \widehat{q}]}_{-i\hbar}\widehat{p}^{\,n-r} = -i\hbar\sum_{r=1}^{n}\widehat{p}^{\,n-1} = -i\hbar n\,\widehat{p}^{\,n-1} \quad (n = 1, 2, \cdots)$$

補足: 公式 (04.2)の証明

(04.2)を m についての帰納法により示す．まず，$m = 2$ の場合の (04.2)は (02.6) の第 1 式であり成り立つ．次に，(04.2)が成り立つと仮定して，(04.2)の左辺において $m \to m+1$ としたものは

$$\begin{aligned}
&[A_1\cdots A_m A_{m+1}, B] = [(A_1\cdots A_m)A_{m+1}, B] \\
&\qquad \Leftarrow (02.6)\text{において } A_1 \to A_1\cdots A_m \text{ および } A_2 \to A_{m+1} \text{ とした式を用いて} \\
&= [A_1\cdots A_m, B]A_{m+1} + A_1\cdots A_m[A_{m+1}, B] \\
&\qquad \Leftarrow \text{第 1 項の } [A_1\cdots A_m, B] \text{ に帰納法の仮定 (04.2)を用いて} \\
&= \left(\sum_{r=1}^{m}A_1\cdots A_{r-1}[A_r, B]A_{r+1}\cdots A_m\right)A_{m+1} + A_1A_2\cdots A_m[A_{m+1}, B] \\
&= \sum_{r=1}^{m+1}A_1\cdots A_{r-1}[A_r, B]A_{r+1}\cdots A_mA_{m+1}
\end{aligned}$$

となり，(04.2)において $m \to m+1$ とした式が成り立つ．

問題 05　交換子とポアソン括弧　標準

量子力学は $\hbar \to 0$ の極限で古典力学 (解析力学) に帰着することが知られている．これに関連して解析力学におけるポアソン括弧と量子力学における交換子の対応を簡単な 1 自由度系で考えよう．

正準変数 (q,p) を持った 1 自由度系における解析力学の量 $f = f(q,p)$ と $g = g(q,p)$ に対して**ポアソン括弧** (Poisson bracket) $\{f,g\}_{\mathrm{PB}}$ は

$$\{f,g\}_{\mathrm{PB}} = \frac{\partial f}{\partial q}\frac{\partial g}{\partial p} - \frac{\partial f}{\partial p}\frac{\partial g}{\partial q} \tag{05.1}$$

で定義されている．他方，対応する量子力学の線形演算子 (行列) $\widehat{f} = f(\widehat{q},\widehat{p})$ と $\widehat{g} = g(\widehat{q},\widehat{p})$ に対して交換子は (02.1)式，すなわち，

$$[\widehat{f},\widehat{g}] = \widehat{f}\,\widehat{g} - \widehat{g}\,\widehat{f} \tag{05.2}$$

で定義されている．このポアソン括弧と交換子に対して次の関係が成り立つ:

$$\lim_{\hbar\to 0}\frac{1}{i\hbar}[\widehat{f},\widehat{g}]_{(\widehat{q},\widehat{p},\mathbb{I})\to(q,p,1)} = \{f,g\}_{\mathrm{PB}} \tag{05.3}$$

この関係式の左辺の意味は次の通りである:

(1) 交換子 $[\widehat{f},\widehat{g}]$ を**問題 03** で指定したように「$\widehat{q}^a\widehat{p}^b$ の形 ($\widehat{q}$ が $\widehat{p}$ より必ず左にある形) の項の和」となるように表す．なお，$[\widehat{f},\widehat{g}]$ は必ず $\hbar$ の 1 次以上である．

(2) その後で，演算子 $\widehat{q}$ と $\widehat{p}$，および，単位演算子 $\mathbb{I}$ を解析力学の q と p，および，1 にそれぞれ置き換える．

(3) 最後に，q と p を固定して $\hbar \to 0$ の極限を取る．

1. $f = q$，$g = p$ の場合は (05.3)式が $\hbar \to 0$ の極限を取らなくても成り立っていることを示せ．
2. $f = q^a p^b$, $g = q^c p^d$ (a,b,c,d は定数) に対してポアソン括弧 $\{f,g\}_{\mathrm{PB}}$ を計算し，簡潔な形で表せ．
3. **問題 03** の (i)〜(v) の 5 つの $\widehat{f}$ と $\widehat{g}$ の組のそれぞれに対して，前設問 2 の結果を用いて $\{f,g\}_{\mathrm{PB}}$ を与え，これと**問題 03** の結果から関係式 (05.3) が成り立っていることを確認せよ．

解 説　本問では (05.3)の関係式を具体的な f と g に対して確認するだけであるが，興味のある読者は本問をヒントに (05.3)の一般証明を試みてほしい．なお，(05.3)の左辺の $[\widehat{f},\widehat{g}]$ を本問題の (2) で指定したものと異なる形 (例えば「$\widehat{p}^b\widehat{q}^a$ の形 ($\widehat{q}$ が $\widehat{p}$ より必ず右にある形) の項の和」) で表しても，(05.3)は同様に成り立つ．

解答

1. 量子力学における正準交換関係 (03.1)および解析力学におけるポアソン括弧の定義 (05.2)より
$$[\widehat{q}, \widehat{p}] = i\hbar\mathbb{I}, \qquad \{q, p\}_{\mathrm{PB}} = 1 \quad (\text{基本ポアソン括弧})$$
したがって
$$\frac{1}{i\hbar}[\widehat{q}, \widehat{p}]_{(\widehat{q}, \widehat{p}, \mathbb{I}) \to (q, p, 1)} = \{q, p\}_{\mathrm{PB}} = 1$$
が自明に成り立っている.

2. ポアソン括弧の定義 (05.2)より
$$\{f, g\}_{\mathrm{PB}} = \left\{q^a p^b, q^c p^d\right\}_{\mathrm{PB}} = \frac{\partial(q^a p^b)}{\partial q}\frac{\partial(q^c p^d)}{\partial p} - \frac{\partial(q^a p^b)}{\partial p}\frac{\partial(q^c p^d)}{\partial q}$$
$$= aq^{a-1}p^b \times dq^c p^{d-1} - bq^a p^{b-1} \times cq^{c-1}p^d = (ad - bc)\, q^{a+c-1} p^{b+d-1} \tag{05.4}$$

3. **問題 03** の 5 組の $\widehat{f}$ と $\widehat{g}$ に対して，一般公式 (05.4)を用いて得られる $\{f, g\}_{\mathrm{PB}}$ と**問題 03** の解答を用いて得られる「(05.3)の左辺」は以下の通りであり，いずれにおいても関係式 (05.3)が成り立っている:

(i) $\widehat{f} = \widehat{q}\widehat{p}$, $\widehat{g} = \widehat{q}$ の場合
$$\{f, g\}_{\mathrm{PB}} = \{qp, q\}_{\mathrm{PB}} = -q$$
$$(05.3)\text{の左辺} = \lim_{\hbar \to 0} \frac{1}{i\hbar}(-i\hbar q) = -q$$

(ii) $\widehat{f} = \widehat{q}$, $\widehat{g} = \widehat{p}^2$ の場合
$$\{f, g\}_{\mathrm{PB}} = \left\{q, p^2\right\}_{\mathrm{PB}} = 2p$$
$$(05.3)\text{の左辺} = \lim_{\hbar \to 0} \frac{1}{i\hbar} 2i\hbar p = 2p$$

(iii) $\widehat{f} = \widehat{p}^2$, $\widehat{g} = \widehat{q}^2$ の場合
$$\{f, g\}_{\mathrm{PB}} = \left\{p^2, q^2\right\}_{\mathrm{PB}} = -4qp$$
$$(05.3)\text{の左辺} = \lim_{\hbar \to 0} \frac{1}{i\hbar}\left(-4i\hbar qp - 2\hbar^2\right) = -4qp$$

(iv) $\widehat{f} = \widehat{q}\widehat{p}^2$, $\widehat{g} = \widehat{q}\widehat{p}$ の場合
$$\{f, g\}_{\mathrm{PB}} = \left\{qp^2, qp\right\}_{\mathrm{PB}} = -qp^2$$
$$(05.3)\text{の左辺} = \lim_{\hbar \to 0} \frac{1}{i\hbar}\left(-i\hbar qp^2\right) = -qp^2$$

(v) $\widehat{f} = \widehat{q}^2\widehat{p}$, $\widehat{g} = \widehat{q}\widehat{p}^2$ の場合
$$\{f, g\}_{\mathrm{PB}} = \left\{q^2 p, qp^2\right\}_{\mathrm{PB}} = 3q^2 p^2$$
$$(05.3)\text{の左辺} = \lim_{\hbar \to 0} \frac{1}{i\hbar}\left(3i\hbar q^2 p^2 + 2\hbar^2 qp\right) = 3q^2 p^2$$

問題 06　量子力学の基本原理 II: 物理量と観測値　基本

問題 **03** のとおり，古典力学における正準変数 (q,p) は，量子力学では正準交換関係 (03.1) に従うエルミート演算子 $(\widehat{q},\,\widehat{p})$ となる．したがって，

古典力学において正準変数を用いて与えられる物理量 $A(q,p)$ も，量子力学においては (q,p) を $(\widehat{q},\,\widehat{p})$ で置き換えたエルミート演算子 $\widehat{A}=A(\widehat{q},\,\widehat{p})$ となる．

例えば，1 次元調和振動子系の古典力学において $H(q,p)=\dfrac{1}{2m}p^2+\dfrac{1}{2}kq^2$ で与えられるハミルトニアンは，量子力学においてはエルミート演算子

$$\widehat{H}=H(\widehat{q},\,\widehat{p})=\frac{1}{2m}\,\widehat{p}^{\,2}+\frac{1}{2}k\,\widehat{q}^{\,2} \tag{06.1}$$

で表される．

さらに，古典力学において物理量 $A(q,p)$ は実数に値を取る量であるが

量子力学では，エルミート演算子 $\widehat{A}$ で表される物理量の実際に観測される値は，$\widehat{A}$ の固有値 (実数) のどれかとなる．すなわち，$\widehat{A}$ の固有値方程式

$$\widehat{A}\,|a\rangle=a\,|a\rangle \tag{06.2}$$

の固有値 a $(\in\mathbb{R})$ のいずれかが観測される値となる．なお，(06.2)式において，固有値 a に対応した固有ベクトルを $|a\rangle$ とした．

1. 1 次元調和振動子系の量子力学ハミルトニアン (06.1) がエルミート演算子であることを示せ．
2. 固有値方程式 (06.2)の，i) 固有値がすべて実数であること，および，ii) 異なる固有値に対応した固有ベクトルが直交することを，ブラ・ケット記法を用いて示せ．

解 説　本書では**ディラック** (Paul Dirac) の**ブラ・ケット記法** (bra-ket notation) をよく用いる．これは縦ベクトル $\boldsymbol{v}$ を**ケット** (ket) $|v\rangle$ で表し，また，$\boldsymbol{v}$ のエルミート共役 $\boldsymbol{v}^\dagger$ を**ブラ** (bra) $\langle v|$ で表すものである．すると内積 $\boldsymbol{u}^\dagger\boldsymbol{v}$ は $\langle u||v\rangle$ となるが，中央の 2 本の縦棒を 1 本にして $\langle u|v\rangle$ で表す:

$$\begin{aligned}
\text{縦ベクトル } \boldsymbol{v}&=\begin{pmatrix} v_1\\ v_2\\ \vdots\end{pmatrix} &&\Leftrightarrow\quad |v\rangle\quad(\text{ケット})\\
\boldsymbol{v}\text{ のエルミート共役 } \boldsymbol{v}^\dagger&=(v_1^*,v_2^*,\cdots) &&\Leftrightarrow\quad \langle v|\quad(\text{ブラ})\\
\text{内積 } \boldsymbol{u}^\dagger\boldsymbol{v}&=\sum_i u_i^*v_i &&\Leftrightarrow\quad \langle u|v\rangle
\end{aligned} \tag{06.3}$$

したがって，

$$|v\rangle^\dagger=\langle v|,\qquad \langle u|v\rangle=|u\rangle^\dagger\,|v\rangle \tag{06.4}$$

A を任意の線形演算子 (行列) として諸公式を通常記法とブラ・ケット記法で表すと:

$$(A\boldsymbol{v})^\dagger = \boldsymbol{v}^\dagger A^\dagger \quad \Leftrightarrow \quad (A\,|v\rangle)^\dagger = \langle v|\,A^\dagger \tag{06.5}$$

$$(\boldsymbol{u}^\dagger A\boldsymbol{v})^* = \boldsymbol{v}^\dagger A^\dagger \boldsymbol{u} \quad \Leftrightarrow \quad (\langle u|\,A\,|v\rangle)^* = \langle v|\,A^\dagger\,|u\rangle \tag{06.6}$$

$$(\boldsymbol{u}^\dagger \boldsymbol{v})^* = \boldsymbol{v}^\dagger \boldsymbol{u} \quad \Leftrightarrow \quad \langle u|v\rangle^* = \langle v|u\rangle \tag{06.7}$$

設問 2 は**問題 01** の設問 1 と設問 2 をブラ・ケット記号を用いて解答するものである．なお，古典力学の $A(q,p)$ に対して $(q,p) \to (\widehat{q},\widehat{p})$ の置き換えを行って得られる演算子 $A(\widehat{q},\widehat{p})$ が必ずエルミートになるわけではない (例えば，$(\widehat{q}\,\widehat{p})^\dagger = \widehat{p}\,\widehat{q} = \widehat{q}\,\widehat{p} - i\hbar\mathbb{I}$ であって，$\widehat{q}\,\widehat{p}$ はエルミートではないが，$\widehat{q}\,\widehat{p} + \widehat{p}\,\widehat{q}$ はエルミートである).

解 答

1. 一般に任意の線形演算子 A，B と複素 c 数 a，b に対して

$$(AB)^\dagger = B^\dagger A^\dagger, \tag{06.8}$$

$$(aA + bB)^\dagger = a^* A^\dagger + b^* B^\dagger \tag{06.9}$$

であることを用いる．まず，(06.1)式の $\widehat{H}$ の $\widehat{p}^2$ および $\widehat{q}^2$ について

$$(\widehat{p}^2)^\dagger = (\widehat{p}\,\widehat{p})^\dagger \underset{\substack{\uparrow \\ (06.8)}}{=} \widehat{p}^\dagger \widehat{p}^\dagger \underset{\substack{\uparrow \\ \widehat{p}^\dagger = \widehat{p}}}{=} \widehat{p}\,\widehat{p} = \widehat{p}^2$$

および (同様にして) $(\widehat{q}^2)^\dagger = \widehat{q}^2$ が成り立つ．これらと公式 (06.9)および m と k がともに実数であることを用いて

$$\widehat{H}^\dagger = \frac{1}{2m^*}(\widehat{p}^2)^\dagger + \frac{1}{2}k^*(\widehat{q}^2)^\dagger = \frac{1}{2m}\widehat{p}^2 + \frac{1}{2}k\,\widehat{q}^2 = \widehat{H}$$

2. 一般に 2 組の固有値と固有ベクトル $(a, |a\rangle)$ と $(b, |b\rangle)$ を考えると

$$\widehat{A}\,|a\rangle = a\,|a\rangle \quad \underset{\text{左から}\langle b|\text{を掛ける}}{\Rightarrow} \quad \langle b|\,\widehat{A}\,|a\rangle = a\langle b|a\rangle$$

$$\widehat{A}\,|b\rangle = b\,|b\rangle \quad \underset{\text{両辺の}\dagger}{\Rightarrow} \quad \langle b|\,\underbrace{\widehat{A}^\dagger}_{=\widehat{A}} = b^*\,\langle b| \quad \underset{\text{右から}|a\rangle\text{を掛ける}}{\Rightarrow} \quad \langle b|\,\widehat{A}\,|a\rangle = b^*\langle b|a\rangle$$

ここに，(06.5)からの $(\widehat{A}\,|b\rangle)^\dagger = \langle b|\,\widehat{A}^\dagger$ および $\widehat{A}^\dagger = \widehat{A}$ を用いた．それぞれの最後の式の左辺は等しく，右辺を等置して次式を得る:

$$(a - b^*)\langle b|a\rangle = 0 \tag{06.10}$$

(06.10)において特に $b = a$，$|b\rangle = |a\rangle$ の場合を考えると $(a - a^*)\langle a|a\rangle = 0$ であるが，$|a\rangle \neq 0$ から $\langle a|a\rangle \neq 0$．よって $a = a^*$ であって，固有値 a は実数に限られる．また，(06.10)において $a \neq b\,(= b^* \;\because\;$ 上の結果より$)$ の場合を考えると

$$\underbrace{(a - b)}_{\neq 0}\langle b|a\rangle = 0 \quad \Rightarrow \quad \langle b|a\rangle = 0$$

となり，$|a\rangle$ と $|b\rangle$ は直交する．

問題 07　調和振動子のハミルトニアン　基本

本問題では，1次元調和振動子の量子力学ハミルトニアン (06.1)の固有値方程式を解くための準備を行う．ここでは，調和振動子のバネ定数 k を $k = m\omega^2$ $(\omega > 0)$ と表したハミルトニアン

$$\widehat{H} = \frac{1}{2m}\,\widehat{p}^{\,2} + \frac{m\omega^2}{2}\,\widehat{q}^{\,2} \tag{07.1}$$

を考える．また，$(\widehat{q}, \widehat{p})$ は正準交換関係

$$[\widehat{q}, \widehat{p}] = i\hbar\,\mathbb{I} \tag{07.2}$$

を満たす．以下では，実定数 α と β を用いて

$$a = \alpha\,\widehat{q} + i\beta\,\widehat{p}, \qquad a^\dagger = \alpha\,\widehat{q} - i\beta\,\widehat{p} \tag{07.3}$$

で与えられる演算子 a とそのエルミート共役 $a^\dagger$ を考える．なお，a と $a^\dagger$ は演算子であるが，以下では頻繁に現れるため，それらに付けるハット記号は省略する．

1. (07.1)式の $\widehat{H}$ を $(\widehat{q}, \widehat{p})$ の代わりに a と $a^\dagger$ で表すと，α と β を適当に選ぶことにより

$$\widehat{H} = C\left(aa^\dagger + a^\dagger a\right) \qquad (C\text{: 実定数})$$

の形とすることができる．このための α と β に対する条件式を求めよ．また，実定数 C を α と β で表せ．

2. α と β を適当に選ぶことにより，a と $a^\dagger$ の交換子を

$$[a, a^\dagger] = \mathbb{I} \tag{07.4}$$

とすることができる．このための α と β に対する条件式を求めよ．

3. 設問1と設問2で得た条件式を解き，α, β, C を m, ω, $\hbar$ で表せ．なお，$\alpha > 0$ に選ぶこと．

解説　$a = \alpha\,\widehat{q} + i\beta\,\widehat{p}$ に対してそのエルミート共役は公式 (06.9)より

$$a^\dagger = \alpha^*\,\widehat{q}^{\,\dagger} - i\beta^*\,\widehat{p}^{\,\dagger} = \alpha\,\widehat{q} - i\beta\,\widehat{p}$$

第2等号では，α と β が実数であること，および，$(\widehat{q}, \widehat{p})$ がエルミートであることを用いている．なお，以下では単位演算子 $\mathbb{I}$ は省略 ((07.2)式の場合) あるいは単に1と表す ((07.4)式の場合)．

解答

1. (07.3)より $(\widehat{q}, \widehat{p})$ を $(a, a^\dagger)$ で表すと

$$\widehat{q} = \frac{1}{2\alpha}\left(a + a^\dagger\right), \qquad \widehat{p} = \frac{1}{2i\beta}\left(a - a^\dagger\right) \tag{07.5}$$

これを $\widehat{H}$ (07.1)に代入し，$\widehat{H}$ を $(a, a^\dagger)$ で表す．ただし，この計算において a と $a^\dagger$ を勝手に入れ替えてはいけないこと $(aa^\dagger \neq a^\dagger a)$ に注意する必要がある．したがって，

$$\widehat{p}^2 = \frac{1}{2i\beta}\left(a - a^\dagger\right)\frac{1}{2i\beta}\left(a - a^\dagger\right) = -\frac{1}{4\beta^2}\Big(a^2 - aa^\dagger - \underbrace{a^\dagger a}_{\neq aa^\dagger} + (a^\dagger)^2\Big)$$

$$\widehat{q}^2 = \frac{1}{2\alpha}\left(a + a^\dagger\right)\frac{1}{2\alpha}\left(a + a^\dagger\right) = \frac{1}{4\alpha^2}\left(a^2 + aa^\dagger + a^\dagger a + (a^\dagger)^2\right)$$

であり，これらを $\widehat{H}$ (07.1)に代入して

$$\widehat{H} = \frac{1}{8}\left(\frac{m\omega^2}{\alpha^2} - \frac{1}{m\beta^2}\right)\left(a^2 + (a^\dagger)^2\right) + \frac{1}{8}\left(\frac{m\omega^2}{\alpha^2} + \frac{1}{m\beta^2}\right)\left(aa^\dagger + a^\dagger a\right)$$

を得る．設問の $\widehat{H}$ の形にするためには $a^2 + (a^\dagger)^2$ の係数をゼロにする．すなわち，

$$\frac{m\omega^2}{\alpha^2} - \frac{1}{m\beta^2} = 0 \tag{07.6}$$

が求める条件式．また，この時 C は

$$C = \frac{1}{8}\left(\frac{m\omega^2}{\alpha^2} + \frac{1}{m\beta^2}\right) \tag{07.7}$$

2. 次に，正準交換関係 (07.2) (および，$[\widehat{p}, \widehat{q}] = -i\hbar$) を用いて交換子 $[a, a^\dagger]$ を計算すると:

$$\begin{aligned}[a, a^\dagger] &= [\alpha\widehat{q} + i\beta\widehat{p}, \alpha\widehat{q} - i\beta\widehat{p}] \underset{\substack{\uparrow \\ (02.4)}}{=} \alpha^2\underbrace{[\widehat{q}, \widehat{q}]}_{0} - i\alpha\beta\underbrace{[\widehat{q}, \widehat{p}]}_{i\hbar} + i\beta\alpha\underbrace{[\widehat{p}, \widehat{q}]}_{-i\hbar} + \beta^2\underbrace{[\widehat{p}, \widehat{p}]}_{0} \\ &= 2\alpha\beta\hbar\end{aligned}$$

したがって，$[a, a^\dagger] = 1$ のための条件式は

$$2\alpha\beta\hbar = 1 \tag{07.8}$$

3. (07.6)より $\alpha^2 = m^2\omega^2\beta^2 \;\Rightarrow\; \beta = \pm\alpha/(m\omega)$．これを (07.8)に代入して得られる $\pm\big(2\hbar/(m\omega)\big)\alpha^2 = 1$ より $\pm$ は $+$ を取る必要があるとわかり，$\alpha > 0$ の条件から

$$\alpha = \sqrt{\frac{m\omega}{2\hbar}}, \qquad \beta = \frac{1}{\sqrt{2m\omega\hbar}} \tag{07.9}$$

と決まる．これより (07.7)の C は

$$C = \frac{1}{2}\hbar\omega$$

なお，(07.9)の α と β にともにマイナス符号を付けたものも (07.6)と (07.8)の解であり，これを取っても物理的には同じである (C は α と β の符号には依らない)．

問題 08　調和振動子ハミルトニアンの固有値方程式を解く (その 1)　標準

問題 07 で得た結果をまとめると:

1 次元調和振動子系の量子力学ハミルトニアン $\widehat{H}$ (07.1)は交換関係

$$\left[a, a^{\dagger}\right] = 1 \tag{08.1}$$

を満たす演算子 a とそのエルミート共役 $a^{\dagger}$ を用いて次式により表される:

$$\widehat{H} = \frac{\hbar\omega}{2}\left(aa^{\dagger} + a^{\dagger}a\right) = \hbar\omega\left(a^{\dagger}a + \frac{1}{2}\right) \tag{08.2}$$

ここに，第 2 等号では (08.1)を用いて $aa^{\dagger} = a^{\dagger}a + 1$ と表した.

そこで，$\widehat{H}$ の固有値方程式を解きたいが，このために

$$\widehat{N} = a^{\dagger}a \tag{08.3}$$

で定義されるエルミート演算子 $\widehat{N}$ を考える.

1. $\widehat{N}$ がエルミートであること ($\widehat{N}^{\dagger} = \widehat{N}$) を示せ.
2. $\widehat{N}$ の固有値方程式
$$\widehat{N}\left|\lambda\right\rangle = \lambda\left|\lambda\right\rangle \tag{08.4}$$
が解ければ，その固有ベクトル $\left|\lambda\right\rangle$ は $\widehat{H}$ の固有値ベクトルでもあり
$$\widehat{H}\left|\lambda\right\rangle = E_{\lambda}\left|\lambda\right\rangle \tag{08.5}$$
を満たすことを示し，固有値 E_{λ} を λ で表せ.
3. $\widehat{N}$ の固有値 λ はすべて非負 ($\lambda \geq 0$) であることを示せ.
4. $a\left|\lambda\right\rangle \neq 0$ ならば，$a\left|\lambda\right\rangle$ は $\widehat{N}$ の固有値が $(\lambda - 1)$ の固有ベクトルであること，すなわち，次式を示せ:
$$\widehat{N}a\left|\lambda\right\rangle = (\lambda - 1)\, a\left|\lambda\right\rangle \tag{08.6}$$
5. 設問 3 と 4 の結果から，$\widehat{N}$ の固有値 λ のうち，最小のものは $\lambda = 0$ であり，対応する固有ベクトル $\left|0\right\rangle$ は
$$a\left|0\right\rangle = 0 \tag{08.7}$$
を満たすべきことを示せ.

解 説　調和振動子の量子力学ハミルトニアン $\widehat{H}$ の固有値方程式の解の構成を本問題と次の**問題 09** において段階的に行っていく.

解 答

1. 一般公式 (06.8)と (01.2) を用いて

$$\widehat{N}^{\dagger} = (a^{\dagger}a)^{\dagger} \underset{\substack{\uparrow \\ (06.8)}}{=} a^{\dagger}(a^{\dagger})^{\dagger} \underset{\substack{\uparrow \\ (01.2)}}{=} a^{\dagger}a = \widehat{N}$$

2. $\widehat{H} = \hbar\omega\left(\widehat{N} + \frac{1}{2}\right)$ と $\widehat{N}$ の固有値方程式 (08.4)を用いて

$$\widehat{H}\,|\lambda\rangle = \hbar\omega\left(\widehat{N} + \frac{1}{2}\right)|\lambda\rangle = \hbar\omega\Big(\underbrace{\widehat{N}\,|\lambda\rangle}_{=\lambda|\lambda\rangle} + \frac{1}{2}\,|\lambda\rangle\Big) = \hbar\omega\left(\lambda + \frac{1}{2}\right)|\lambda\rangle$$

となる．したがって，$|\lambda\rangle$ は $\widehat{H}$ の固有ベクトルでもあり，対応する固有値は

$$E_\lambda = \hbar\omega\left(\lambda + \frac{1}{2}\right) \tag{08.8}$$

3. まず，一般のケット (ベクトル) $|v\rangle$ に対してその**ノルム** (norm) $\||v\rangle\|^2$ を

$$\||v\rangle\|^2 \equiv \langle v|v\rangle = |v\rangle^\dagger\,|v\rangle = \sum_i |v_i|^2 \tag{08.9}$$

で定義すると

$$\||v\rangle\|^2 \geq 0 \qquad \text{であり} \qquad \||v\rangle\|^2 = 0 \;\Leftrightarrow\; |v\rangle = 0$$

そこで $\langle\lambda|\,\widehat{N}\,|\lambda\rangle$ を 2 通りに表す．まず $\widehat{N}$ の固有値方程式 (08.4)に左から $\langle\lambda|$ を掛けて

$$\langle\lambda|\,\widehat{N}\,|\lambda\rangle = \lambda\langle\lambda|\lambda\rangle = \lambda\,\||\lambda\rangle\|^2$$

次に，$\widehat{N}$ の定義 (08.3)を用いて

$$\langle\lambda|\,\widehat{N}\,|\lambda\rangle = \langle\lambda|\,a^\dagger a\,|\lambda\rangle \underset{}{\overset{(06.5)}{=}} (a\,|\lambda\rangle)^\dagger a\,|\lambda\rangle = \|a\,|\lambda\rangle\|^2$$

これら 2 つの表式を等置し，固有ベクトル $|\lambda\rangle \neq 0 \;\Rightarrow\; \||\lambda\rangle\|^2 \neq 0$ から

$$\lambda\,\||\lambda\rangle\|^2 = \|a\,|\lambda\rangle\|^2 \quad \Rightarrow \quad \lambda = \frac{\|a\,|\lambda\rangle\|^2}{\||\lambda\rangle\|^2} \geq 0$$

4. まず，$[\widehat{N}, a]$ を考え，公式 (02.6)と (08.1)からの $[a^\dagger, a] = -[a, a^\dagger] = -1$ を用いて

$$[\widehat{N}, a] = [a^\dagger a, a] \underset{(02.6)}{=} \underbrace{[a^\dagger, a]}_{=-1}\,a + a^\dagger\,\underbrace{[a, a]}_{=0} = -a \quad \Rightarrow \quad \widehat{N}a - a\widehat{N} = -a$$

$$\Rightarrow \quad \widehat{N}a = a\left(\widehat{N} - 1\right) \tag{08.10}$$

を得る．この (08.10)式に右から (08.4)の固有ベクトル $|\lambda\rangle$ を掛けて目的の式を得る:

$$\widehat{N}a\,|\lambda\rangle = a\left(\widehat{N} - 1\right)|\lambda\rangle = a\Big(\underbrace{\widehat{N}\,|\lambda\rangle}_{=\lambda|\lambda\rangle} - |\lambda\rangle\Big) = a\,(\lambda - 1)\,|\lambda\rangle \underset{(02.9)}{=} (\lambda - 1)\,a\,|\lambda\rangle$$

5. 設問 3 の通り $\widehat{N}$ の固有値はすべて非負なので最小固有値 $\lambda_{\min}(\geq 0)$ が存在する．また，対応する固有ベクトル $|\lambda_{\min}\rangle\,(\neq 0)$ は $a\,|\lambda_{\min}\rangle = 0$ を満たさないといけない．さもなければ，設問 4 より，$a\,|\lambda_{\min}\rangle$ は最小固有値 $\lambda_{\min}$ より小さい固有値 $\lambda_{\min} - 1$ の固有ベクトルとなり矛盾するからである．$\lambda_{\min} = 0$ であることは次式より:

$$\lambda_{\min}\,|\lambda_{\min}\rangle \underset{(08.4)}{=} \widehat{N}\,|\lambda_{\min}\rangle \underset{(08.3)}{=} a^\dagger\,\underbrace{a\,|\lambda_{\min}\rangle}_{=0} = 0$$

問題 09　調和振動子ハミルトニアンの固有値方程式を解く (その2)　標準

問題 08 からの続きの問題である．

6. $\widehat{N}$ の任意の固有値 λ と固有ベクトル $|\lambda\rangle$ に対して次式を示せ:

$$\widehat{N}a^\dagger|\lambda\rangle = (\lambda+1)\,a^\dagger|\lambda\rangle \tag{09.1}$$

7. $\widehat{N}$ の最小固有値 $\lambda = 0$ に対応した固有ベクトル $|0\rangle$ (**問題 08** 設問 5 参照) を用いて

$$|n\rangle = (a^\dagger)^n|0\rangle \qquad (n = 0, 1, 2, 3, \cdots) \tag{09.2}$$

で与えられる $|n\rangle$ は「$\widehat{N}$ の固有値 $\lambda = n$ に対応した固有ベクトル」であること，すなわち，

$$\widehat{N}|n\rangle = n|n\rangle \qquad (n = 0, 1, 2, 3, \cdots) \tag{09.3}$$

を示せ ($|n\rangle \neq 0$ であることは次の設問 8 で確認する)．

8. 一般に固有ベクトルには定数倍の任意性があるが，(09.2) 式の $|n\rangle$ に $1/\sqrt{n!}$ を掛けて

$$|n\rangle = \frac{1}{\sqrt{n!}}(a^\dagger)^n|0\rangle \qquad (n = 0, 1, 2, 3, \cdots) \tag{09.4}$$

と再定義した $|n\rangle$ は正規直交性，

$$\langle n|m\rangle = \delta_{n,m} \qquad (n, m = 0, 1, 2, \cdots) \tag{09.5}$$

を満たすことを示せ．ただし，$|0\rangle$ は規格化されているとする:

$$\langle 0|0\rangle = 1$$

9. 結局，調和振動子ハミルトニアン (08.2)の固有値はどのように与えられるか．

解説　設問 9 で調和振動子の量子力学の重要な性質を導く．なお，$\widehat{N}$ の固有値が本問題で考える非負の整数 $n = 0, 1, 2, \cdots$ 以外には存在しないこと (すなわち，正の非整数固有値が存在しないこと) は，**問題 08** の設問 3 と設問 4 の結果を用いれば理解できる．

解答

6. $[\widehat{N}, a^\dagger]$ を考え，公式 (02.6)と (08.1)を用いると，**問題 08** の設問 4 と同様にして

$$\left[\widehat{N}, a^\dagger\right] = \left[a^\dagger a, a^\dagger\right] = \underbrace{\left[a^\dagger, a^\dagger\right]}_{=0} a + a^\dagger \underbrace{\left[a, a^\dagger\right]}_{=1} = a^\dagger \;\Rightarrow\; \widehat{N}a^\dagger = a^\dagger\left(\widehat{N}+1\right) \tag{09.6}$$

あるいは，(08.10)式の両辺のエルミート共役を取ることでも (09.6)が得られる．この (09.6)式の両辺を $|\lambda\rangle$ に作用させることで (09.1)を得る:

$$\widehat{N}a^\dagger|\lambda\rangle = a^\dagger\left(\widehat{N}+1\right)|\lambda\rangle = a^\dagger\Big(\underbrace{\widehat{N}|\lambda\rangle}_{=\lambda|\lambda\rangle}+|\lambda\rangle\Big) = a^\dagger(\lambda+1)|\lambda\rangle \underset{\substack{\uparrow\\(02.9)}}{=} (\lambda+1)a^\dagger|\lambda\rangle$$

7. (09.1)式は「$a^\dagger|\lambda\rangle$ は $\widehat{N}$ の固有値 $(\lambda+1)$ に対応した固有ベクトルである」こと，

$$a^\dagger|\lambda\rangle = |\lambda+1\rangle$$

を意味する．すなわち，「$\widehat{N}$ の固有ベクトルに $a^\dagger$ が作用すると，固有値を 1 だけ上げる」．さらに，この $a^\dagger$ を掛ける操作を n 回繰り返すことで次式が成り立つ:

$$(a^\dagger)^n|\lambda\rangle = |\lambda+n\rangle$$

この式で特に $\lambda=0$ と置くことで，(09.2)式の $|n\rangle$ は $\widehat{N}$ の固有値 n の固有ベクトルであることがわかる．

8. 元の $|n\rangle=(a^\dagger)^n|0\rangle$ $(n\geq 1)$ に対して，$|n\rangle=a^\dagger(a^\dagger)^{n-1}|0\rangle=a^\dagger|n-1\rangle$ および $\langle n|=\langle n-1|a$ を用いて

$$\langle n|n\rangle = \langle n-1|aa^\dagger|n-1\rangle \underset{\substack{\uparrow\\ aa^\dagger=a^\dagger a+1}}{=} \langle n-1|\left(\widehat{N}+1\right)|n-1\rangle$$

$$\boxed{\widehat{N}|n-1\rangle=(n-1)|n-1\rangle} \;\downarrow\; = \langle n-1|\big((n-1)+1\big)|n-1\rangle = n\langle n-1|n-1\rangle$$

この関係式を繰り返し用いて

$$\begin{aligned}\langle n|n\rangle &= n\langle n-1|n-1\rangle = n(n-1)\langle n-2|n-2\rangle\\ &= \cdots = n(n-1)(n-2)\cdots 2\cdot 1\langle 0|0\rangle = n!\end{aligned}$$

を得る ($\langle 0|0\rangle=1$ を用いた)．よって，(09.4)で再定義した $|n\rangle$ は規格化されている ($\langle n|n\rangle=1$)．$n\neq m$ に対して $\langle n|m\rangle=0$ であることは，$\widehat{N}$ がエルミートであることと，「エルミート演算子の異なる固有値に対応した固有ベクトルは直交する」こと (**問題 01** 設問 2 と**問題 06** 設問 2) からの帰結である．

9. $\widehat{N}$ の固有値が非負の整数 $n=0,1,2,\cdots$ であることと**問題 08** の設問 2 の結果より，$\widehat{H}$ の固有値は E_λ (08.8)において $\lambda=n$ とした

$$E_n=\left(n+\frac{1}{2}\right)\hbar\omega=\frac{1}{2}\hbar\omega,\frac{3}{2}\hbar\omega,\frac{5}{2}\hbar\omega,\cdots \qquad (n=0,1,2,\cdots) \tag{09.7}$$

で与えられる $\hbar\omega$ を間隔とした飛び飛びの値となる．また，最低エネルギー

$$E_0=\frac{1}{2}\hbar\omega \qquad (\textbf{零点エネルギー}\ \text{(zero-point energy)}) \tag{09.8}$$

はゼロではなく，最低エネルギー状態においても振動がある (**零点振動** (zero-point oscillation))．これらは調和振動子の量子力学が古典力学 (エネルギーは任意の非負の値を取り，最低エネルギーはゼロ) とは大きく異なる性質である．なお，固有値 E_n に対応した固有ベクトルは (09.4)の $|n\rangle$ であり

$$\widehat{H}|n\rangle=E_n|n\rangle$$

を満たす．

問題 10　$\langle 0|\,(a$ と $a^\dagger$ の積$)\,|0\rangle$ の計算 (その 1)　標準

ここでは，**問題 08** と**問題 09** において調和振動子の量子力学ハミルトニアンの固有値方程式を解く際に現れた演算子 a と $a^\dagger$，最低エネルギー固有ベクトル $|0\rangle$ (**基底状態** (ground state) と呼ばれる)，および，そのエルミート共役 $\langle 0|$ を用いる．それらの性質をまとめておくと:

$$\left[a, a^\dagger\right] = 1, \qquad a\,|0\rangle = 0, \qquad \langle 0|\,a^\dagger = 0, \qquad \langle 0|0\rangle = 1 \tag{10.1}$$

なお，$\langle 0|\,a^\dagger = 0$ は $a\,|0\rangle = 0$ のエルミート共役である ((06.5)参照).

1. 次の各量 (i)〜(iii) を計算せよ (それぞれ，数字として与えよ)．計算/導出法は何でもよい．なお，以下では，$a^{\dagger 2} = (a^\dagger)^2$ である．

(i) $\langle 0|\,a\,a^\dagger\,|0\rangle$,　(ii) $\langle 0|\,a^2 a^{\dagger 2}\,|0\rangle$,　(iii) $\langle 0|\,a\,a^{\dagger 2} a^2 a^\dagger\,|0\rangle$,
(iv) $\langle 0|\,a^2 a^{\dagger 2} a^2 a^{\dagger 2}\,|0\rangle$

解 説　以後の問題でもたびたび現れる $\langle 0|\,(a$ と $a^\dagger$ の積$)\,|0\rangle$ の形の量を計算する問題である．基本的計算法として，$[a, a^\dagger] = 1$ すなわち $aa^\dagger = a^\dagger a + 1$ を用いて a を $a^\dagger$ よりも右に移動させ，$a\,|0\rangle = 0$ および $\langle 0|0\rangle = 1$ を用いる．$a^\dagger a = \widehat{N}$ との同定と $\widehat{N}$ の固有値の考察 ($\widehat{N} a^{\dagger n}\,|0\rangle = n a^{\dagger n}\,|0\rangle$) も役に立つ．なお，(iv) の計算には次の**問題 11** の設問 3 で与える公式を用いるのもよい (**問題 11** 設問 4 参照).

解 答

1. 以下で与えているのは，各量の計算法の一例である．他にもさまざまな計算法がある．

(i) [解説] の手法に従い計算すると

$$\langle 0|\,aa^\dagger\,|0\rangle = \langle 0|\left(a^\dagger a + 1\right)|0\rangle = \langle 0|\,a^\dagger \underbrace{a\,|0\rangle}_{=0} + \langle 0|0\rangle = \langle 0|0\rangle = 1$$

(ii) $aa^\dagger = a^\dagger a + 1 = \widehat{N} + 1$ および $\widehat{N} a^\dagger\,|0\rangle = a^\dagger\,|0\rangle$ を用いて

$$\begin{aligned}\langle 0|\,a^2 a^{\dagger 2}\,|0\rangle &= \langle 0|\,a\,aa^\dagger\,a^\dagger\,|0\rangle = \langle 0|\,a(\widehat{N}+1)a^\dagger\,|0\rangle \\ &= \langle 0|\,a(1+1)a^\dagger\,|0\rangle = 2\underbrace{\langle 0|\,aa^\dagger\,|0\rangle}_{=1\ \because\ \text{(i)}} = 2\end{aligned}$$

(iii) $\langle 0|\,a\,a^{\dagger 2} a^2 a^\dagger\,|0\rangle = (\langle 0|\,a\,a^{\dagger 2})(a^2 a^\dagger\,|0\rangle)$ と見て

$$a^2 a^\dagger\,|0\rangle = a\underbrace{aa^\dagger}_{a^\dagger a+1}|0\rangle = aa^\dagger \underbrace{a\,|0\rangle}_{=0} + \underbrace{a\,|0\rangle}_{=0} = 0 \;\Rightarrow\; \langle 0|\,a\,a^{\dagger 2}\underbrace{a^2\,a^\dagger\,|0\rangle}_{=0} = 0$$

結局，$\langle 0|\,a\,a^{\dagger 2}$ の部分は関係ない．なお，$\langle 0|\,a\,a^{\dagger 2} = 0$ でもある．

そもそも $a^2a^\dagger\,|0\rangle = 0$ であることは，「a は $\widehat{N}$ の固有値を 1 だけ下げる ($a^\dagger$ は 1 だけ上げる) 演算子」なので，もしも $a^2a^\dagger\,|0\rangle \neq 0$ なら，これが $\widehat{N}$ の固有値 $0+1-2=-1$ の固有ベクトルとなってしまう (しかし，$\widehat{N}$ の固有値は一般にゼロ以上である (**問題 08** 設問 3)) ことからも分かる．

(iv) $\langle 0|\,a^2a^{\dagger 2}a^2a^{\dagger 2}\,|0\rangle = \big(\langle 0|\,a^2a^{\dagger 2}\big)\big(a^2a^{\dagger 2}\,|0\rangle\big)$ と見て，まず $a^2a^{\dagger 2}\,|0\rangle$ の a^2 を ($aa^\dagger = a^\dagger a + 1$ を用いて) $a^{\dagger 2}$ の右へ順次移動させ，$a\,|0\rangle = 0$ を用いると

$$a^2a^{\dagger 2}\,|0\rangle = a\,\underbrace{aa^\dagger}_{a^\dagger a+1}\,a^\dagger\,|0\rangle = (\underbrace{aa^\dagger}_{a^\dagger a+1}+1)\,\overbrace{\underbrace{aa^\dagger}_{a^\dagger a+1}\,|0\rangle}^{|0\rangle} = (a^\dagger a+2)\,|0\rangle = 2\,|0\rangle$$

この $a^2a^{\dagger 2}\,|0\rangle = 2\,|0\rangle$ のエルミート共役を取ると ($(a^\dagger)^\dagger = a$，$|0\rangle^\dagger = \langle 0|$ を用いて)

$$(a^2a^{\dagger 2}\,|0\rangle)^\dagger = (2\,|0\rangle)^\dagger \quad\Rightarrow\quad \langle 0|\,a^2a^{\dagger 2} = 2\,\langle 0|$$

これら 2 式を用いて

$$\begin{aligned}\langle 0|\,a^2a^{\dagger 2}a^2a^{\dagger 2}\,|0\rangle &= \big(\langle 0|\,a^2a^{\dagger 2}\big)\big(a^2a^{\dagger 2}\,|0\rangle\big) = \big(2\,\langle 0|\big)\big(2\,|0\rangle\big)\\ &= 4\langle 0|0\rangle = 4\end{aligned}$$

を得る．

あるいは，「a は $\widehat{N} = a^\dagger a$ の固有値を 1 だけ下げる ($a^\dagger$ は 1 だけ上げる) 演算子である」ことから，$a\,a^{\dagger 2}\,|0\rangle$ は $\widehat{N}$ の固有値 $0+2-1=1$ の固有ベクトルであること ($\widehat{N}\,aa^{\dagger 2}\,|0\rangle = aa^{\dagger 2}\,|0\rangle$) を用いて

$$\begin{aligned}\langle 0|\,a^2a^{\dagger 2}a^2a^{\dagger 2}\,|0\rangle &= \langle 0|\,a^2a^\dagger\,\underbrace{a^\dagger a}_{\widehat{N}}\,aa^{\dagger 2}\,|0\rangle = \langle 0|\,a^2a^\dagger\,\underbrace{\widehat{N}\,aa^{\dagger 2}\,|0\rangle}_{=\,aa^{\dagger 2}\,|0\rangle}\\ &= \langle 0|\,a^2\,\underbrace{a^\dagger a}_{\widehat{N}}\,a^{\dagger 2}\,|0\rangle = \langle 0|\,a^2\,\underbrace{\widehat{N}\,a^{\dagger 2}\,|0\rangle}_{=\,2a^{\dagger 2}\,|0\rangle} = 2\,\underbrace{\langle 0|\,a^2a^{\dagger 2}\,|0\rangle}_{=\,2\ \because\ \text{(ii)}} = 4\end{aligned}$$

最後に (ii) の結果を用いた．

問題 11　$\langle 0|\,(a$ と $a^\dagger$ の積$)\,|0\rangle$ の計算 (その 2)　標準

問題 10 からの続きの問題である.

2. 次式を示せ:

$$\left[a, a^{\dagger n}\right] = n a^{\dagger n-1} \quad (n = 1, 2, 3, \cdots) \tag{11.1}$$

3. **問題 09** の (09.4)式で与えた $\widehat{N}$ の規格化された固有ベクトル $|n\rangle$:

$$|n\rangle = \frac{1}{\sqrt{n!}}\, a^{\dagger n}\,|0\rangle\,, \qquad \langle n|m\rangle = \delta_{n,m} \qquad (n, m = 0, 1, 2, \cdots) \tag{11.2}$$

に対して次の 2 式を示せ:

$$a\,|n\rangle = \sqrt{n}\,|n-1\rangle \qquad (n = 1, 2, 3, \cdots) \tag{11.3}$$

$$a^\dagger\,|n\rangle = \sqrt{n+1}\,|n+1\rangle \qquad (n = 0, 1, 2, \cdots) \tag{11.4}$$

4. 前設問 3 の諸公式 (11.2)〜(11.4) を利用して**問題 10** 設問 1 の (i), (ii) および (iv) の各量を計算せよ.

解説　この問題で導く各式は，この問題だけではなく，今後のさまざまな問題において役に立つ公式である．なお，設問 4 の計算は，(iv) に対しては公式 (11.3)を用いることで簡潔に実行することができる．

解答

2. 公式 (04.2)，あるいはそれと等価な

$$[B, A_1 A_2 \cdots A_m] = \sum_{r=1}^{m} A_1 \cdots A_{r-1} [B, A_r] A_{r+1} \cdots A_m \tag{11.5}$$

を用いて

$$\begin{aligned}
&\left[a, a^{\dagger n}\right] \\
&= \left[a, a^\dagger\right] a^{\dagger n-1} + a^\dagger \left[a, a^\dagger\right] a^{\dagger n-2} + \cdots + a^{\dagger n-2}\left[a, a^\dagger\right] a^\dagger + a^{\dagger n-1}\left[a, a^\dagger\right] \\
&= \sum_{r=1}^{n} a^{\dagger r-1} \underbrace{\left[a, a^\dagger\right]}_{=1} a^{\dagger n-r} = \sum_{r=1}^{n} a^{\dagger n-1} = n a^{\dagger n-1}
\end{aligned}$$

となり (11.1)を得る．なお，この式の第 1 等号は，右辺で $\left[a, a^\dagger\right] = aa^\dagger - a^\dagger a$ と展開すると，左辺を与える項以外の項がすべて相殺することからも確認できる．

また，(11.1)は n についての帰納法で示すこともできる．$n = 1$ の場合の (11.1)式は $\left[a, a^\dagger\right] = 1$ であるが，これは (08.1)により成り立っている．次に (11.1)式がある n に対して成り立っているとすると

$$\left[a, a^{\dagger n+1}\right] = \left[a, a^\dagger a^{\dagger n}\right] \underset{\substack{\uparrow \\ (02.6)}}{=} \underbrace{\left[a, a^\dagger\right]}_{=1} a^{\dagger n} + a^\dagger \underbrace{\left[a, a^{\dagger n}\right]}_{= na^{\dagger n-1}\ (\because\ \text{帰納法の仮定})} = (n+1)\, a^{\dagger n}$$

となり，(11.1)式において $n \to n+1$ とした式も成り立っている．

3. (11.3)式は，(11.1)からの $aa^{\dagger n} = a^{\dagger n} a + na^{\dagger n-1}$ を用いて

$$\begin{aligned} a\,|n\rangle &= \frac{1}{\sqrt{n!}}\, aa^{\dagger n}|0\rangle = \frac{1}{\sqrt{n!}}\left(a^{\dagger n} a + na^{\dagger n-1}\right)|0\rangle \\ &= \frac{1}{\sqrt{n!}}\, a^{\dagger n} \underbrace{a\,|0\rangle}_{=0} + \sqrt{n}\, \underbrace{\frac{1}{\sqrt{(n-1)!}}\, a^{\dagger n-1}\,|0\rangle}_{=|n-1\rangle} = \sqrt{n}\,|n-1\rangle \end{aligned}$$

次に (11.4)式は

$$a^\dagger\,|n\rangle = \frac{1}{\sqrt{n!}} a^{\dagger n+1}\,|0\rangle = \sqrt{n+1}\frac{1}{\sqrt{(n+1)!}} a^{\dagger n+1}\,|0\rangle = \sqrt{n+1}\,|n+1\rangle$$

4. (i) (11.2)あるいは (11.4)からの $a^\dagger|0\rangle = |1\rangle$ とそのエルミート共役の $\langle 0|a = \langle 1|$ より $\langle 0|aa^\dagger|0\rangle = \langle 1|1\rangle = 1$ を得る．あるいは，(11.3)を用いて

$$aa^\dagger\,|0\rangle = a\,|1\rangle \underset{\substack{\uparrow \\ (11.3)}}{=} \sqrt{1}\,|0\rangle \quad \Rightarrow \quad \langle 0|\,aa^\dagger\,|0\rangle = \langle 0|0\rangle = 1$$

(ii) (11.2)からの $a^{\dagger 2}\,|0\rangle = \sqrt{2!}\,|2\rangle$ と $\langle 0|\,a^2 = \sqrt{2!}\,\langle 2|$ より

$$\langle 0|\,a^2 a^{\dagger 2}\,|0\rangle = \left(\langle 0|\,a^2\right)\left(a^{\dagger 2}\,|0\rangle\right) = \left(\sqrt{2!}\,\langle 2|\right)\left(\sqrt{2!}\,|2\rangle\right) = 2!\,\underbrace{\langle 2|2\rangle}_{=1} = 2$$

(iv) まず，$a^{\dagger 2}\,|0\rangle = \sqrt{2}\,|2\rangle$ に a^2 を作用させ，(11.3)式を 2 回 ($n=2$ と $n=1$ の場合) 用いて

$$a^2 a^{\dagger 2}\,|0\rangle = \sqrt{2}\,a^2\,|2\rangle = \sqrt{2}\,a\,\underbrace{a\,|2\rangle}_{\sqrt{2}\,|1\rangle} = 2\,\underbrace{a\,|1\rangle}_{\sqrt{1}\,|0\rangle} = 2\,|0\rangle$$

この $a^2 a^{\dagger 2}\,|0\rangle = 2\,|0\rangle$，および，そのエルミート共役 $\langle 0|\,a^2 a^{\dagger 2} = 2\,\langle 0|$ を用いて

$$\langle 0|\,a^2 a^{\dagger 2} a^2 a^{\dagger 2}\,|0\rangle = \left(\langle 0|\,a^2 a^{\dagger 2}\right)\left(a^2 a^{\dagger 2}\,|0\rangle\right) = \left(2\,\langle 0|\right)\left(2\,|0\rangle\right) = 4\langle 0|0\rangle = 4$$

問題 12　コヒーレント状態　標準

調和振動子の演算子 a の固有ベクトル $|z\rangle$

$$a\,|z\rangle = z\,|z\rangle \qquad (\text{固有値は複素数 } z) \tag{12.1}$$

を

$$|z\rangle = \sum_{n=0}^{\infty} c_n\, a^{\dagger n}\,|0\rangle \qquad (c_n \text{ は複素 c 数係数}) \tag{12.2}$$

の形で構成することを考える (ここに現れる諸量については (10.1)参照)．(12.1)式を満たす $|z\rangle$ は，**コヒーレント状態** (coherent state) と呼ばれる．

1. (12.2)式で与えられる $|z\rangle$ が固有値方程式 (12.1)を満たすべきことから得られる係数 c_n の漸化式 (異なる n の c_n の間の関係式) を求めよ．必要なら，**問題 11** の公式 (11.1)を用いよ．
2. 前設問 1 で得た c_n の従う漸化式を解き，c_n を c_0 で表せ．さらに，この結果から，(12.2)式により $a^\dagger$ の無限級数で表された $|z\rangle$ を初等関数を用いて簡潔に表現せよ．
3. 前設問 2 で得られた $|z\rangle$ を，調和振動子ハミルトニアン (かつ，$\widehat{N}$) の規格化された固有ベクトル $|n\rangle$ ((11.2)参照) を用いて表せ．さらに，$|z\rangle$ のノルム $\langle z|z\rangle$ を計算し，$|z\rangle$ を規格化する ($\langle z|z\rangle = 1$) ように c_0 を定めよ．なお，c_0 には位相因子 (絶対値が 1 の複素数) 倍の任意性があるが，正の実数 ($c_0 > 0$) に取ること．

解 説　「コヒーレント状態」は元来光学に関係した用語であるが，ここでは (12.1)式，すなわち，演算子 a の固有ベクトルとして導入する．演算子 a はエルミートではないので，その固有値 z は一般に複素数に値を取ることができる．コヒーレント状態は本問題以降もたびたび登場する．

解 答

1. (11.1)からの $aa^{\dagger n} = a^{\dagger n}a + na^{\dagger n-1}$ を $|0\rangle$ に作用させ，$a\,|0\rangle = 0$ (08.7)を用いて

$$aa^{\dagger n}\,|0\rangle = a^{\dagger n}\underbrace{a\,|0\rangle}_{=0} + na^{\dagger n-1}\,|0\rangle = na^{\dagger n-1}\,|0\rangle \quad (n \geq 1)$$

これを用いて (12.1)の左辺は

$$a\,|z\rangle = c_0\underbrace{a\,|0\rangle}_{=0} + \sum_{n=1}^{\infty} c_n\underbrace{a\,a^{\dagger n}\,|0\rangle}_{n\,a^{\dagger n-1}\,|0\rangle} = \sum_{n=1}^{\infty} nc_n\,a^{\dagger n-1}\,|0\rangle$$

$$= \sum_{n=0}^{\infty} (n+1)\,c_{n+1}\,a^{\dagger n}\,|0\rangle$$

したがって，(12.1)式が成り立つための条件として次の漸化式を得る:

$$(n+1)\,c_{n+1} = z\,c_n \qquad (n = 0, 1, 2, \cdots)$$

2. 前設問 1 で得た漸化式より

$$c_n = \frac{z}{n}\,c_{n-1} = \frac{z}{n}\frac{z}{n-1}\,c_{n-2} = \ldots = \frac{z}{n}\frac{z}{n-1}\cdots\frac{z}{1}\,c_0 = \frac{z^n}{n!}\,c_0$$

これは $n=0$ の場合も成り立つ．この c_n を (12.2)に代入して

$$|z\rangle = c_0 \sum_{n=0}^{\infty} \frac{z^n}{n!}\,a^{\dagger n}\,|0\rangle = c_0\,\exp\bigl(z a^\dagger\bigr)\,|0\rangle$$

3. $|z\rangle$ を $|n\rangle$ で表すと

$$|z\rangle = c_0 \sum_{n=0}^{\infty} \frac{z^n}{\sqrt{n!}}\,\underbrace{\frac{1}{\sqrt{n!}}a^{\dagger n}\,|0\rangle}_{=|n\rangle} = c_0 \sum_{n=0}^{\infty} \frac{z^n}{\sqrt{n!}}\,|n\rangle$$

また，このエルミート共役を取って $\langle z|$ は (足し算インデックスを後の都合で m に変えて)

$$\langle z| = c_0^* \sum_{m=0}^{\infty} \frac{(z^*)^m}{\sqrt{m!}}\,\langle m|$$

したがって，

$$\begin{aligned}\langle z|z\rangle &= \left(c_0^* \sum_{m=0}^{\infty} \frac{(z^*)^m}{\sqrt{m!}}\,\langle m|\right)\left(c_0 \sum_{n=0}^{\infty} \frac{z^n}{\sqrt{n!}}\,|n\rangle\right)\\ &= |c_0|^2 \sum_{m=0}^{\infty} \frac{(z^*)^m}{\sqrt{m!}} \sum_{n=0}^{\infty} \frac{z^n}{\sqrt{n!}}\,\underbrace{\langle m|n\rangle}_{\delta_{m,n}} = |c_0|^2 \sum_{n=0}^{\infty} \frac{|z|^{2n}}{n!} = |c_0|^2\,e^{|z|^2}\end{aligned}$$

$|z\rangle$ を規格化 ($\langle z|z\rangle = 1$) するような c_0 (設問の指示にしたがって，正の実数にとる) は

$$c_0 = e^{-|z|^2/2}$$

この c_0 に対して，規格化されたコヒーレント状態 $|z\rangle$ は

$$|z\rangle = e^{-|z|^2/2}\exp\bigl(z a^\dagger\bigr)\,|0\rangle = e^{-|z|^2/2} \sum_{n=0}^{\infty} \frac{z^n}{\sqrt{n!}}\,|n\rangle \qquad (12.3)$$

で与えられる．特に $z=0$ とした $|z=0\rangle = |0\rangle$ は調和振動子の基底状態 $|n=0\rangle = |0\rangle$ と一致する (したがって，記法上の不都合は発生しない)．

問題 13　観測可能量の固有ベクトルの正規直交性と完全性　基本

ある量子力学系において，エルミート演算子 $\widehat{A}$ で表される**物理量** (**観測可能量** (observable) とも呼ぶ) を考える．例えば，質点系におけるエネルギー，位置ベクトル，運動量，角運動量，等々である．

エルミート演算子 $\widehat{A}$ の固有値方程式の解を

$$\widehat{A}\,|\alpha_i\rangle = \alpha_i\,|\alpha_i\rangle \tag{13.1}$$

と表し，固有値 $\alpha_i(\in \mathbb{R})$ と対応した固有ベクトル $|\alpha_i\rangle$ をインデックス $i = 1, 2, 3, \cdots$ で識別する (今 $\widehat{A}$ の固有値は離散的であり，インデックス i で番号付けできると仮定している．固有値が連続的に存在する場合は第 2 章で扱う).

そこで，固有ベクトル $|\alpha_i\rangle$ を

$$\textbf{正規直交性:}\quad \langle\alpha_i|\alpha_j\rangle = \delta_{ij} \tag{13.2}$$

を満たすように取る．すなわち，固有ベクトルの定数倍の任意性を用いて各 $|\alpha_i\rangle$ のノルムを 1 ($\||\alpha_i\rangle\|^2 = \langle\alpha_i|\alpha_i\rangle = 1$) にとる．また，**問題 01** 設問 2 および**問題 06** 設問 2 で見たように，$\alpha_i \neq \alpha_j$ なら $\langle\alpha_i|\alpha_j\rangle = 0$ である．同じ固有値が複数存在し $\alpha_i = \alpha_j$ $(i \neq j)$ の場合 (固有値が**縮退**しているという) も，$\langle\alpha_i|\alpha_j\rangle = 0$ となるように $|\alpha_i\rangle$ と $|\alpha_j\rangle$ を選ぶことができる (次の設問 1 参照).

1. $\widehat{A}$ のある固有値が 2 重に縮退していて，独立な固有ベクトルが $|\alpha\rangle$ と $|\beta\rangle$ の 2 つ存在し ($|\alpha\rangle \not\propto |\beta\rangle$)，それらの内積が
$$\langle\alpha|\alpha\rangle = a, \quad \langle\alpha|\beta\rangle = z, \quad \langle\beta|\beta\rangle = b \qquad (\text{ただし，}ab > |z|^2)$$
であるとする．ここに a と b は正の実数，z は複素数である．正規直交性 $\langle\alpha_i|\alpha_j\rangle = \delta_{ij}$ $(i, j = 1, 2)$ を満たす固有ベクトル $|\alpha_1\rangle$ と $|\alpha_2\rangle$ を
$$|\alpha_1\rangle = u\,|\alpha\rangle, \qquad |\alpha_2\rangle = v\,|\alpha\rangle + w\,|\beta\rangle$$
の形で構成せよ．ここに u, v, w は a, b, z により与えられる係数である．
2. $\widehat{A}$ の固有ベクトル達 $\{|\alpha_i\rangle\}$ の線形結合で任意のベクトル $|\psi\rangle$ が表されると仮定する ($\{|\alpha_i\rangle\}$ の**完全性**と呼ぶ)．すなわち，
$$\textbf{完全性:}\quad {}^\forall|\psi\rangle = \sum_i {}^\exists\psi_i\,|\alpha_i\rangle \quad (\psi_i \text{ は複素係数}) \tag{13.3}$$
$\{|\alpha_i\rangle\}$ が (13.2)を満たす正規直交系ならば，完全性は次式で表されることを示せ:
$$\textbf{完全性:}\quad \sum_i |\alpha_i\rangle\langle\alpha_i| = \mathbb{I} \tag{13.4}$$

解 説 量子力学の確率解釈のために必要な「エルミート演算子の固有ベクトルの正規直交性と完全性」についての問題である．設問 1 では固有値が 2 重縮退した場合の正規直交性を満たす固有ベクトルの構成を考えるが，一般の N 重縮退の場合も [解答] の手法を繰り返すことで正規直交性を実現できる．なお，設問中の条件 $ab > |z|^2$ はエルミート行列 $\begin{pmatrix} \langle\alpha|\alpha\rangle & \langle\alpha|\beta\rangle \\ \langle\beta|\alpha\rangle & \langle\beta|\beta\rangle \end{pmatrix}$ の行列式が正である条件であり，内積 $\langle * | \star \rangle$ が正定値であるための条件である．

解 答

1. 正規直交性の条件式を一つ一つ課していく．まず，

$$1 = \langle\alpha_1|\alpha_1\rangle = \big(u^* \langle\alpha|\big) u\,|\alpha\rangle = |u|^2 \langle\alpha|\alpha\rangle = |u|^2 a \quad \Rightarrow \quad u = \frac{1}{\sqrt{a}}$$

なお，u には位相因子 (絶対値 1 の複素数) 倍の任意性がある．次に，

$$0 = \langle\alpha_1|\alpha_2\rangle = u\,\langle\alpha|\,\big(v\,|\alpha\rangle + w\,|\beta\rangle\big) = u\,(v\langle\alpha|\alpha\rangle + w\langle\alpha|\beta\rangle) = u\,(va + wz)$$

$$\Rightarrow \quad va + wz = 0 \quad \Rightarrow \quad v = -\frac{wz}{a} \quad \Rightarrow \quad |\alpha_2\rangle = w\left(|\beta\rangle - \frac{z}{a}\,|\alpha\rangle\right)$$

最後に，

$$1 = \langle\alpha_2|\alpha_2\rangle = w^*\left(\langle\beta| - \frac{z^*}{a}\,\langle\alpha|\right) w \left(|\beta\rangle - \frac{z}{a}\,|\alpha\rangle\right)$$

$$= |w|^2 \Bigg(\underbrace{\langle\beta|\beta\rangle}_{b} - \frac{z}{a}\underbrace{\langle\beta|\alpha\rangle}_{z^*} - \frac{z^*}{a}\underbrace{\langle\alpha|\beta\rangle}_{z} + \frac{|z|^2}{a^2}\underbrace{\langle\alpha|\alpha\rangle}_{a}\Bigg) = |w|^2\left(b - \frac{|z|^2}{a}\right)$$

$$\Rightarrow \; w = \left(b - \frac{|z|^2}{a}\right)^{-1/2} \quad \big(ab > |z|^2,\; a > 0 \;\Rightarrow\; b - |z|^2/a > 0 \text{ に注意}\big)$$

この w にも位相因子倍の任意性がある．結局，

$$|\alpha_1\rangle = \frac{1}{\sqrt{a}}\,|\alpha\rangle\,, \qquad |\alpha_2\rangle = \left(b - \frac{|z|^2}{a}\right)^{-1/2}\left(|\beta\rangle - \frac{z}{a}\,|\alpha\rangle\right)$$

$|\alpha_1\rangle$ と $|\alpha_2\rangle$ にはそれぞれ位相因子倍の任意性がある．

2. (13.3)式に左から $\langle\alpha_j|$ を当てると

$$\langle\alpha_j|\psi\rangle = \sum_i \psi_i \underbrace{\langle\alpha_j|\alpha_i\rangle}_{=\delta_{ji}} = \psi_j$$

この $\psi_i = \langle\alpha_i|\psi\rangle$ を (13.3)式に代入して

$$|\psi\rangle = \sum_i \langle\alpha_i|\psi\rangle\,|\alpha_i\rangle = \sum_i |\alpha_i\rangle\langle\alpha_i|\psi\rangle = \left(\sum_i |\alpha_i\rangle\langle\alpha_i|\right)|\psi\rangle$$

完全性はこれが任意の $|\psi\rangle$ に対して成り立つべきことから (13.4)が導かれる．

問題 14　量子力学の基本原理 III: 確率解釈　基本

量子力学では (ある時刻における) 系の状態は 1 つのケット $|\psi\rangle$ (**状態ベクトル** (state vector), あるいは単に**状態** (state) と呼ばれる) で指定される. $|\psi\rangle$ は $(\widehat{q}, \widehat{p})$ が作用する**ヒルベルト空間** (本章最後の **Tea Time** 参照) の要素であり, 規格化されているとする:

$$\langle\psi|\psi\rangle = 1 \tag{14.1}$$

系が $|\psi\rangle$ で表される状態にある時に物理量 $\widehat{A}$ を観測したとする. 観測値は $\widehat{A}$ の固有値 $\alpha_1, \alpha_2, \alpha_3, \cdots$ のどれかになるが, それが α_i である確率 P_i は

$$P_i = |\langle\alpha_i|\psi\rangle|^2 = \langle\alpha_i|\psi\rangle^*\langle\alpha_i|\psi\rangle = \langle\psi|\alpha_i\rangle\langle\alpha_i|\psi\rangle \tag{14.2}$$

で与えられる. ここに, 固有ベクトル $|\alpha_i\rangle$ は正規直交性 (13.2)と完全性 (13.4)を満たすとする. なお, P_i は「系が状態 $|\alpha_i\rangle$ にある確率」ともいう.

1. 確率 P_i のすべての i についての和は 1 となること, すなわち,
$$\sum_i P_i = 1 \tag{14.3}$$
を示せ.
2. 状態 $|\psi\rangle$ に対して $\widehat{A}$ を観測した値の平均値 (**期待値** (expectation value) と呼ぶ) $\langle\widehat{A}\rangle$ が
$$\langle\widehat{A}\rangle \equiv \sum_i \alpha_i P_i = \langle\psi|\,\widehat{A}\,|\psi\rangle \tag{14.4}$$
で与えられることを示せ ($\sum_i \alpha_i P_i$ は期待値 $\langle\widehat{A}\rangle$ の定義であり, これが $\langle\psi|\,\widehat{A}\,|\psi\rangle$ に等しいことを示せ).
3. 任意の規格化された状態ベクトル $|\psi\rangle$ は $\{|\alpha_i\rangle\}$ の完全性 (13.3)により
$$|\psi\rangle = \sum_i \psi_i\,|\alpha_i\rangle \qquad \left(\sum_i |\psi_i|^2 = 1\right)$$
と表される. (複素) 展開係数 ψ_i に課された条件 $\sum_i |\psi_i|^2 = 1$ を説明し, 確率 P_i と期待値 $\langle\widehat{A}\rangle$ が ψ_i を用いてそれぞれ次式で与えられることを示せ:
$$P_i = |\psi_i|^2, \qquad \langle\widehat{A}\rangle = \sum_i \alpha_i\,|\psi_i|^2$$
4. 特に, $|\psi\rangle$ が $\widehat{A}$ のある固有ベクトル $|\alpha_k\rangle$ に等しい場合 ($|\psi\rangle = |\alpha_k\rangle$ の場合), 確率 P_i と期待値 $\langle\widehat{A}\rangle$ はどのように与えられるか.

解 説　量子力学の基本原理の 1 つである**確率解釈**の基本に関する問題である. なお,

- 系の時間発展で「全確率の和が 1」(14.3) が保たれること (これは設問 1 の [解答] から, $|\psi\rangle$ の規格化 (14.1)が保たれることと等価) については**問題 20** 設問 1 で示す.

- $\widehat{A}$ の固有値に縮退がある場合は，観測値が α である確率は $\alpha_i = \alpha$ である P_i を足し上げたものである．
- 状態ベクトル $|\psi\rangle$ が規格化されていれば，$e^{i\theta}|\psi\rangle$ $(\theta \in \mathbb{R})$ も規格化されており，確率 P_i は両者で同じ．この意味で $|\psi\rangle$ と $e^{i\theta}|\psi\rangle$ は同じ状態を表し，等価である．
- 状態ベクトル $|\psi\rangle$ に対する物理量 $\widehat{A}$ の観測で値 α_i が得られた場合，観測により系の状態ベクトルには $|\psi\rangle$ から ($\widehat{A}$ の固有ベクトル) $|\alpha_i\rangle$ への突然の変化が起こると考える．この「観測による状態ベクトルの突然の変化」を**収縮** (collapse) と呼ぶ．

解 答

1. P_i の定義式 (14.2)の第 3 の表式を足し上げて

$$\sum_i P_i = \sum_i \langle\psi|\alpha_i\rangle\langle\alpha_i|\psi\rangle = \langle\psi|\underbrace{\left(\textstyle\sum_i |\alpha_i\rangle\langle\alpha_i|\right)}_{=\mathbb{I}\ \because\ (13.4)}|\psi\rangle = \langle\psi|\psi\rangle \underset{\substack{\uparrow\\(14.1)}}{=} 1$$

ここに $\{|\alpha_i\rangle\}$ の完全性 (13.4)と $|\psi\rangle$ の規格化 (14.1)を用いた．

2. (14.4)式の $\langle\psi|\widehat{A}|\psi\rangle$ は，その $\widehat{A}$ と $|\psi\rangle$ の間に完全性 (13.4)からの $\mathbb{I} = \sum_i |\alpha_i\rangle\langle\alpha_i|$ を挿入して

$$\begin{aligned}\langle\psi|\widehat{A}|\psi\rangle &= \langle\psi|\widehat{A}\underbrace{\left(\textstyle\sum_i |\alpha_i\rangle\langle\alpha_i|\right)}_{=\mathbb{I}}|\psi\rangle = \sum_i \langle\psi|\underbrace{\widehat{A}|\alpha_i\rangle}_{=\alpha_i|\alpha_i\rangle\ \because\ (13.1)}\langle\alpha_i|\psi\rangle\\ &= \sum_i \alpha_i\langle\psi|\alpha_i\rangle\langle\alpha_i|\psi\rangle = \sum_i \alpha_i P_i\end{aligned}$$

となり，$\langle\widehat{A}\rangle$ を与えている．

3. まず，$\sum_i |\psi_i|^2 = 1$ は $|\psi\rangle$ の規格化 (14.1)と等価な条件である:

$$1 = \langle\psi|\psi\rangle = \left(\sum_i \psi_i^* \langle\alpha_i|\right)\left(\sum_j \psi_j |\alpha_j\rangle\right) = \sum_{i,j} \psi_i^*\psi_j \underbrace{\langle\alpha_i|\alpha_j\rangle}_{=\delta_{ij}} = \sum_i |\psi_i|^2$$

ここに正規直交性 (13.2)を用いた．次に

$$\langle\alpha_i|\psi\rangle = \langle\alpha_i|\left(\sum_j \psi_j |\alpha_j\rangle\right) = \sum_j \psi_j \underbrace{\langle\alpha_i|\alpha_j\rangle}_{=\delta_{ij}} = \psi_i$$

と (14.2)式より $P_i = |\langle\alpha_i|\psi\rangle|^2 = |\psi_i|^2$ を得る．また，これを (14.4)式の P_i に用いて，$\langle\widehat{A}\rangle \equiv \sum_i \alpha_i P_i = \sum_i \alpha_i |\psi_i|^2$ となる．

4. $|\psi\rangle = |\alpha_k\rangle$ の場合，確率 P_i は

$$P_i = |\langle\alpha_i|\psi\rangle|^2 = |\overbrace{\langle\alpha_i|\alpha_k\rangle}^{=\delta_{ik}}|^2 = (\delta_{ik})^2 = \delta_{ik}$$

であり，$\widehat{A}$ の観測値は必ず (確率 1 で) α_k となる．したがって，期待値 $\langle\widehat{A}\rangle$ も α_k となる:

$$\langle\widehat{A}\rangle = \sum_i \alpha_i P_i = \sum_i \alpha_i\delta_{ik} = \alpha_k$$

問題 15　調和振動子系におけるエネルギーの観測　基本

1 次元調和振動子の量子力学を考える．ケット $|n\rangle$ $(n = 0, 1, 2, \cdots)$ はハミルトニアン $\widehat{H}$ の規格化された固有ベクトル (09.4)である．

1. 次の規格化された状態ベクトル $|h\rangle$ を考える:

$$|h\rangle = \beta\left(|0\rangle + a^\dagger|0\rangle + a^{\dagger 2}|0\rangle + a^{\dagger 3}|0\rangle\right) \qquad (\beta \text{ は規格化のための定数})$$

この状態のエネルギーを観測した際に，その値が固有値 $E_n = \left(n + \frac{1}{2}\right)\hbar\omega$ $(n = 0, 1, 2, \cdots)$ である確率 P_n を求めよ．さらに，エネルギーの期待値 $\langle\widehat{H}\rangle$ を求めよ．

2. **問題 12** で扱ったように，複素数 z で指定される (規格化された) コヒーレント状態 $|z\rangle$ は (12.3)式，すなわち，

$$|z\rangle = c_0\, e^{za^\dagger}|0\rangle = c_0 \sum_{n=0}^{\infty} \frac{z^n}{\sqrt{n!}}|n\rangle \qquad \left(c_0 = e^{-|z|^2/2}\right) \tag{15.1}$$

で与えられる．この $|z\rangle$ に対してエネルギーの観測を行った際に固有値 E_n が得られる確率 P_n $(n = 0, 1, 2, \cdots)$，および，エネルギー期待値 $\langle\widehat{H}\rangle$ を求めよ．

解説　**問題 14** の「量子力学の確率解釈」の一般論を調和振動子系において具体的に考える問題である．設問 1 と設問 2 ともにハミルトニアン $\widehat{H}$ (エネルギー) の観測を考えるが，**問題 14** の一般論での「物理量 $\widehat{A}$ の固有値 α_i と対応する正規直交固有ベクトル $|\alpha_i\rangle$」が本問題では「ハミルトニアン $\widehat{H}$ の固有値 E_n と固有ベクトル $|n\rangle$ $(n = 0, 1, 2, \cdots)$」になる．なお，エネルギー固有値 E_n は**問題 09** の [解答] の (09.7)式で与えられることを用いる．

解答

1. $|h\rangle$ を $\widehat{H}$ の規格化された固有ベクトル $|n\rangle$ で表すと

$$|h\rangle = \beta\left(|0\rangle + |1\rangle + \sqrt{2}\,|2\rangle + \sqrt{6}\,|3\rangle\right)$$

定数 β については，$|h\rangle$ の規格化より

$$\begin{aligned}
1 = \langle h|h\rangle &= |\beta|^2\left(\langle 0| + \langle 1| + \sqrt{2}\,\langle 2| + \sqrt{6}\,\langle 3|\right)\left(|0\rangle + |1\rangle + \sqrt{2}\,|2\rangle + \sqrt{6}\,|3\rangle\right) \\
&= |\beta|^2(1 + 1 + 2 + 6) = 10\,|\beta|^2 \\
&\Rightarrow \quad |\beta|^2 = \frac{1}{10}
\end{aligned}$$

ここに，$|n\rangle$ の正規直交性 (09.5) を用いた．これより，確率 $P_n = |\langle n|h\rangle|^2$ は

$$P_0 = \frac{1}{10}, \quad P_1 = \frac{1}{10}, \quad P_2 = \frac{2}{10} = \frac{1}{5}, \quad P_3 = \frac{6}{10} = \frac{3}{5}, \quad \text{他の } P_n = 0$$

なお，例えば

$$\langle 2|h\rangle = \langle 2|\,\beta\left(|0\rangle + |1\rangle + \sqrt{2}\,|2\rangle + \sqrt{6}\,|3\rangle\right) = \beta\sqrt{2}\,\langle 2|2\rangle = \sqrt{2}\,\beta$$
$$\Rightarrow \quad P_2 = |\langle 2|h\rangle|^2 = 2\,|\beta|^2 = \frac{2}{10}$$

次に

$$\begin{aligned}\langle \widehat{H}\rangle &= \sum_{n=0}^{\infty} P_n E_n = \sum_{n=0}^{\infty} P_n \left(n + \frac{1}{2}\right)\hbar\omega \\ &= \frac{1}{10}\left(0+\frac{1}{2}\right)\hbar\omega + \frac{1}{10}\left(1+\frac{1}{2}\right)\hbar\omega + \frac{1}{5}\left(2+\frac{1}{2}\right)\hbar\omega + \frac{3}{5}\left(3+\frac{1}{2}\right)\hbar\omega \\ &= \left(\frac{23}{10}+\frac{1}{2}\right)\hbar\omega = \frac{14}{5}\,\hbar\omega\end{aligned}$$

2. まず，内積 $\langle n|z\rangle$ は ((15.1)式の足し算インデックス n を m に変えて)

$$\langle n|z\rangle = \langle n|\left(c_0 \sum_{m=0}^{\infty} \frac{z^m}{\sqrt{m!}}\,|m\rangle\right) = c_0 \sum_{m=0}^{\infty} \frac{z^m}{\sqrt{m!}} \underbrace{\langle n|m\rangle}_{=\delta_{n,m}} = c_0 \frac{z^n}{\sqrt{n!}}$$

これより，確率 P_n は

$$P_n = |\langle n|z\rangle|^2 = |c_0|^2\,\frac{|z|^{2n}}{n!} = \frac{|z|^{2n}}{n!}\,e^{-|z|^2} \tag{15.2}$$

であり，期待値 $\langle \widehat{H}\rangle$ は (14.4)から

$$\begin{aligned}\langle \widehat{H}\rangle &= \sum_{n=0}^{\infty} E_n P_n = \sum_{n=0}^{\infty}\left(n+\frac{1}{2}\right)P_n\hbar\omega = \left(\sum_{n=0}^{\infty} nP_n + \frac{1}{2}\underbrace{\sum_{n=0}^{\infty} P_n}_{=1}\right)\hbar\omega \\ &= \left(|z|^2 + \frac{1}{2}\right)\hbar\omega\end{aligned}$$

となる．ここに，

$$\begin{aligned}\sum_{n=0}^{\infty} nP_n &= e^{-|z|^2}\sum_{n=0}^{\infty} n\,\frac{|z|^{2n}}{n!} = e^{-|z|^2}\sum_{n=1}^{\infty}\frac{|z|^{2n}}{(n-1)!} \underset{\uparrow\ \boxed{n\to n+1}}{=} e^{-|z|^2}\,|z|^2 \underbrace{\sum_{n=0}^{\infty}\frac{|z|^{2n}}{n!}}_{e^{|z|^2}} \\ &= |z|^2\end{aligned}$$

を用いた．なお，$n(=0,1,2,\cdots)$ 依存性が (15.2)式の P_n の形で与えられる確率分布は**ポアソン分布** (Poisson distribution) と呼ばれる．

問題 16 不確定性関係 標準

量子力学には次の**不確定性関係** (uncertainty relation) と呼ばれる重要な性質がある:

任意の量子力学系における任意の状態ベクトル $|\psi\rangle$ に対して，正準変数 $\widehat{q}_i$ と $\widehat{p}_i$ を同時に観測した際のそれぞれの不確かさ (不確定性) を Δq_i, Δp_i とすると，

$$\textbf{不確定性関係:} \qquad \Delta q_i \times \Delta p_i \geq \frac{\hbar}{2} \qquad (\text{各 } i \text{ について}) \tag{16.1}$$

が成り立つ．ここに，物理量 $\widehat{A}$ を観測した際の「不確かさ」ΔA は

$$\Delta A = \sqrt{\left\langle \left(\widehat{A} - \langle \widehat{A} \rangle\right)^2 \right\rangle} = \sqrt{\left(\widehat{A}\text{ のその期待値からのずれ}\right)^2 \text{ の期待値}} \tag{16.2}$$

で定義する (いわゆる「標準偏差」である)．なお，ΔA は観測される状態 $|\psi\rangle$ に付随した量であり，観測方法に依る誤差ではない．

1次元調和振動子系のハミルトニアン固有ベクトル $|n\rangle$ $(n = 0, 1, 2, \cdots)$ に対して Δq および Δp を計算し，不確定性関係 (16.1)が成り立っていることを確認せよ．なお，必要なら (07.5)式と (07.9)式より得られる次式を用いよ:

$$\widehat{q} = \sqrt{\frac{\hbar}{2m\omega}}\left(a + a^\dagger\right), \qquad \widehat{p} = -i\sqrt{\frac{m\omega\hbar}{2}}\left(a - a^\dagger\right) \tag{16.3}$$

解 説 古典力学では (例えば) 質点の位置と運動量の同時測定には何の制限もないが，量子力学では不確定性関係と呼ばれる量子力学固有の制限が付く．例えば，ある状態に対して $\widehat{q}$ が確定していたら $(\Delta q = 0)$，$\widehat{p}$ はまったく不確定 $(\Delta p = \infty)$ である．

一般の物理量 $\widehat{A}$ の不確かさ ΔA についての若干の補足を加えておく:

- 観測される状態 $|\psi\rangle$ (ただし $\langle\psi|\psi\rangle = 1$) を陽に用いると (16.2)式の ΔA の2乗は
$$(\Delta A)^2 = \left\langle \left(\widehat{A} - \langle \widehat{A} \rangle\right)^2 \right\rangle = \langle\psi| \left(\widehat{A} - \langle\psi|\widehat{A}|\psi\rangle\right)^2 |\psi\rangle \tag{16.4}$$
であり ((14.4)式参照)，また，$\left(\widehat{A} - \langle\widehat{A}\rangle\right)^2 = \left(\widehat{A}\right)^2 - 2\langle\widehat{A}\rangle\widehat{A} + \langle\widehat{A}\rangle^2$ と展開して
$$\begin{aligned}(\Delta A)^2 &= \left\langle \left(\widehat{A}\right)^2 - 2\langle\widehat{A}\rangle\widehat{A} + \langle\widehat{A}\rangle^2 \right\rangle = \left\langle \left(\widehat{A}\right)^2 \right\rangle - 2\langle\widehat{A}\rangle\langle\widehat{A}\rangle + \langle\widehat{A}\rangle^2\langle\mathbb{I}\rangle \\ &= \left\langle \left(\widehat{A}\right)^2 \right\rangle - \left\langle\widehat{A}\right\rangle^2 = \langle\psi|\left(\widehat{A}\right)^2|\psi\rangle - \left(\langle\psi|\widehat{A}|\psi\rangle\right)^2 \end{aligned} \tag{16.5}$$
とも表される．ここに，$\langle\mathbb{I}\rangle = \langle\psi|\psi\rangle = 1$ を用いた．
- もしも観測される状態が $\widehat{A}$ の固有ベクトルなら，$\Delta A = 0$ である．なぜなら，$\widehat{A}|\alpha\rangle = \alpha|\alpha\rangle$ および $\langle\alpha|\alpha\rangle = 1$ を満たす $|\alpha\rangle$ に対して
$$\left\langle \widehat{A} \right\rangle = \langle\alpha| \underbrace{\widehat{A}|\alpha\rangle}_{\alpha|\alpha\rangle} = \alpha\langle\alpha|\alpha\rangle = \alpha$$
$$\left\langle \left(\widehat{A}\right)^2 \right\rangle = \langle\alpha|\left(\widehat{A}\right)^2|\alpha\rangle = \langle\alpha|\widehat{A}\overbrace{\widehat{A}|\alpha\rangle}^{\alpha|\alpha\rangle} = \alpha\langle\alpha|\widehat{A}|\alpha\rangle = \alpha^2$$

であって，(16.5)を用いて

$$(\Delta A)^2 = \left\langle \left(\widehat{A}\right)^2 \right\rangle - \left\langle \widehat{A} \right\rangle^2 = \alpha^2 - (\alpha)^2 = 0$$

なお，調和振動子の $\widehat{q}$ と $\widehat{p}$ の固有値は連続的な値を取るが，その扱い (x-表示) については第 2 章で学ぶ (この問題の解答には必要ではない).

解 答

まず，

$$a\,|n\rangle \propto |n-1\rangle\,, \qquad a^\dagger\,|n\rangle \propto |n+1\rangle\,, \qquad \langle n|n \pm 1\rangle = 0$$

であること ((11.3)と (11.4)参照) を用いて，(16.3)の $(\widehat{q}, \widehat{p})$ に対して

$$\langle n|\,\widehat{q}\,|n\rangle = 0, \qquad \langle n|\,\widehat{p}\,|n\rangle = 0$$

次に，(16.3)の $\widehat{q}$ からの

$$\widehat{q}^{\,2} = \frac{\hbar}{2m\omega}\left(a + a^\dagger\right)^2 = \frac{\hbar}{2m\omega}\Big(a^2 + \underbrace{aa^\dagger}_{a^\dagger a+1} + a^\dagger a + a^{\dagger 2}\Big) = \frac{\hbar}{2m\omega}\left(a^2 + 2\widehat{N} + 1 + a^{\dagger 2}\right) \tag{16.6}$$

の期待値を取って

$$\langle n|\,\widehat{q}^{\,2}\,|n\rangle = \frac{\hbar}{2m\omega}\Bigg(\overbrace{\langle n|\underbrace{a^2\,|n\rangle}_{\propto |n-2\rangle}}^{=0} + \langle n|\left(2\widehat{N}+1\right)|n\rangle + \overbrace{\langle n|\underbrace{a^{\dagger 2}\,|n\rangle}_{\propto |n+2\rangle}}^{=0}\Bigg) = \frac{\hbar}{m\omega}\left(n + \frac{1}{2}\right)$$

を得る．ここに，$|n-2\rangle = 0$ $(n = 0, 1)$ であり，$\widehat{N}\,|n\rangle = n\,|n\rangle$ (09.3)を用いた．同様にして

$$\widehat{p}^{\,2} = -\frac{m\omega\hbar}{2}\left(a - a^\dagger\right)^2 = \frac{m\omega\hbar}{2}\left(-a^2 + 2\widehat{N} + 1 - a^{\dagger 2}\right)$$

から次式を得る:

$$\langle n|\,\widehat{p}^{\,2}\,|n\rangle = m\omega\hbar\left(n + \frac{1}{2}\right)$$

以上の結果を用いて (16.5)から

$$(\Delta q)^2 = \langle n|\,\widehat{q}^{\,2}\,|n\rangle - (\langle n|\,\widehat{q}\,|n\rangle)^2 = \frac{\hbar}{m\omega}\left(n + \frac{1}{2}\right) - 0$$

$$(\Delta p)^2 = \langle n|\,\widehat{p}^{\,2}\,|n\rangle - (\langle n|\,\widehat{p}\,|n\rangle)^2 = m\omega\hbar\left(n + \frac{1}{2}\right) - 0$$

したがって，

$$\Delta q \times \Delta p = \sqrt{\frac{\hbar}{m\omega}\left(n + \frac{1}{2}\right)} \times \sqrt{m\omega\hbar\left(n + \frac{1}{2}\right)} = \left(n + \frac{1}{2}\right)\hbar \geq \frac{\hbar}{2}$$

となり，不確定性関係 (16.1)の不等号が成り立っている．なお，$\Delta q \times \Delta p$ が下限値 $\hbar/2$ となるのは $n = 0$ の場合 (基底状態 $|0\rangle$ の場合) である．

問題 17　不確定性関係の証明　発展

一般の量子力学系において，正準交換関係 $[\widehat{q},\widehat{p}]=i\hbar$ を満足する任意の一組の正準変数 $(\widehat{q},\widehat{p})$ と任意の規格化された状態ベクトル $|\psi\rangle$ に対する不確定性関係

$$\Delta q\,\Delta p \geq \frac{\hbar}{2} \tag{17.1}$$

の一般的な証明を考えよう．

1. 次の定理の証明を与えよ．

> 任意の 2 つの状態 $|f\rangle$ と $|g\rangle$ に対して次の不等式が成り立つ:
>
> $$\langle f|f\rangle\langle g|g\rangle \geq |\langle f|g\rangle|^2 \tag{17.2}$$
>
> 等号が成り立つための必要十分条件は $|f\rangle$ と $|g\rangle$ が線形従属である，すなわち，$|f\rangle=\alpha\,|g\rangle$ なる複素数 α が存在することである ($|f\rangle=0$ あるいは $|g\rangle=0$ の場合を含む)．

(17.2)は線形代数において**コーシー・シュワルツの不等式** (Cauchy–Schwarz inequality) として知られているものであるが，証明はブラ・ケット記法を用いて与えること．

2. 任意の規格化された状態 $|\psi\rangle$ ($\langle\psi|\psi\rangle=1$) を考え，エルミート演算子 $\widehat{Q}$ と $\widehat{P}$ を次式で定義する (期待値 $\langle\widehat{q}\rangle$ と $\langle\widehat{p}\rangle$ は実数であることに注意):

$$\widehat{Q}\equiv\widehat{q}-\langle\widehat{q}\rangle=\widehat{q}-\langle\psi|\,\widehat{q}\,|\psi\rangle,\quad \widehat{P}\equiv\widehat{p}-\langle\widehat{p}\rangle=\widehat{p}-\langle\psi|\,\widehat{p}\,|\psi\rangle \tag{17.3}$$

不等式 (17.2)の $|f\rangle$ と $|g\rangle$ として，特に $|f\rangle=\widehat{Q}\,|\psi\rangle$ と $|g\rangle=\widehat{P}\,|\psi\rangle$ を取ることで，不確定性関係 (17.1)を導け．

[ヒント]

$\langle f|g\rangle=\langle\psi|\,\widehat{Q}^\dagger\widehat{P}\,|\psi\rangle=\langle\psi|\,\widehat{Q}\widehat{P}\,|\psi\rangle=\langle\widehat{Q}\widehat{P}\rangle$ において

$$\widehat{Q}\widehat{P}=\frac{1}{2}\big[\widehat{Q},\widehat{P}\big]+\frac{1}{2}\big(\widehat{Q}\widehat{P}+\widehat{P}\widehat{Q}\big)$$

と表すと，右辺第 1 項の期待値は純虚数であり，第 2 項の期待値は実数であることを利用するとよい．

解 説　不確定性関係の一般証明を考える問題である．設問 1 はこの証明に必要なコーシー・シュワルツの不等式を示す数学の問題である．証明方法は [解答] で与えたもの以外に，判別式を用いる方法等いくつもある．不確定性関係の証明は設問 2 で行う．

解 答

1. $|g\rangle\neq 0$ したがって $\langle g|g\rangle>0$ として，ベクトル $|h\rangle\equiv|f\rangle-\dfrac{\langle g|f\rangle}{\langle g|g\rangle}\,|g\rangle$ を考える．こ

の $|h\rangle$ は $|g\rangle$ と直交するように，すなわち，

$$\langle g|h\rangle = \langle g|f\rangle - \frac{\langle g|f\rangle}{\langle g|g\rangle}\langle g|g\rangle = 0$$

を満たすように構成している．そこで，$|h\rangle$ のノルムが非負であることより

$$0 \leq \langle h|h\rangle = \left(\langle f| - \frac{\langle g|f\rangle^*}{\langle g|g\rangle^*}\langle g|\right)|h\rangle \underset{\substack{\uparrow \\ \langle g|h\rangle = 0}}{=} \langle f|h\rangle = \langle f|f\rangle - \frac{|\langle f|g\rangle|^2}{\langle g|g\rangle}$$

ここに，$\langle g|f\rangle = \langle f|g\rangle^*$ を用いた．この不等式に $\langle g|g\rangle(>0)$ を掛けて，コーシー・シュワルツの不等式 (17.2)を得る．等号が成立するための必要十分条件は $|h\rangle = 0$，すなわち，

$$|f\rangle = \alpha\,|g\rangle \qquad \left(\alpha = \frac{\langle g|f\rangle}{\langle g|g\rangle}\right)$$

である．最後に，$|g\rangle = 0$ の場合，不等式 (17.2)は両辺がゼロであり自明に成り立つ．

2. まず，$\widehat{Q}^\dagger = \widehat{Q}$, $\widehat{P}^\dagger = \widehat{P}$ を用いて

$$\langle f|f\rangle = \langle\psi|\,\widehat{Q}^\dagger\widehat{Q}\,|\psi\rangle = \langle\psi|\,\widehat{Q}^{\,2}\,|\psi\rangle = (\Delta q)^2$$
$$\langle g|g\rangle = \langle\psi|\,\widehat{P}^\dagger\widehat{P}\,|\psi\rangle = \langle\psi|\,\widehat{P}^{\,2}\,|\psi\rangle = (\Delta p)^2 \qquad (17.4)$$

ここに，Δq と Δp は (16.2)で定義した「不確かさ」である．次に $\langle f|g\rangle$ を [ヒント] に従い

$$\langle f|g\rangle = \langle\psi|\,\widehat{Q}\widehat{P}\,|\psi\rangle = \underbrace{\frac{1}{2}\langle\psi|\left[\widehat{Q},\widehat{P}\right]|\psi\rangle}_{(\mathrm{I})} + \underbrace{\frac{1}{2}\langle\psi|\left(\widehat{Q}\widehat{P}+\widehat{P}\widehat{Q}\right)|\psi\rangle}_{(\mathrm{II})} = (\mathrm{I}) + (\mathrm{II})$$

と表すと

$$\left[\widehat{Q},\widehat{P}\right] = \left[\widehat{q}-\langle\widehat{q}\rangle, \widehat{p}-\langle\widehat{p}\rangle\right] \underset{\substack{\uparrow \\ (02.5)}}{=} [\widehat{q},\widehat{p}] = i\hbar \;\Rightarrow\; (\mathrm{I}) = \frac{i\hbar}{2}\langle\psi|\psi\rangle = \frac{i\hbar}{2} = \text{純虚数}$$

また，(II) の複素共役を取ると (公式 (06.6)と (06.8) を用いて)

$$(\mathrm{II})^* = \frac{1}{2}\langle\psi|\left(\widehat{P}^\dagger\widehat{Q}^\dagger + \widehat{Q}^\dagger\widehat{P}^\dagger\right)|\psi\rangle = \frac{1}{2}\langle\psi|\left(\widehat{P}\widehat{Q}+\widehat{Q}\widehat{P}\right)|\psi\rangle = (\mathrm{II}) = \text{実数}$$

よって

$$|\langle f|g\rangle|^2 = \left(\frac{\hbar}{2}\right)^2 + (\mathrm{II})^2 \qquad (17.5)$$

(17.4)と (17.5)をコーシー・シュワルツの不等式 (17.2)に代入して

$$\Delta q\,\Delta p \geq \sqrt{\left(\frac{\hbar}{2}\right)^2 + (\mathrm{II})^2} \;\geq \frac{\hbar}{2} \qquad (17.6)$$

を得るが，これは不確定性関係 (17.1)の不等式である．

問題 18　不確定性関係の下限が実現する場合　発展

問題 17 からの続きの問題である．

1. 不確定性関係 (17.1)の不等式において等号が成立し，下限値 $\hbar/2$ が実現するための状態ベクトル $|\psi\rangle$ に対する必要十分条件として

$$\widehat{Q}\,|\psi\rangle = -i\gamma\widehat{P}\,|\psi\rangle \qquad (\gamma \in \mathbb{R}) \tag{18.1}$$

なる実数 γ が存在すべきことを示せ．なお，「$|\psi\rangle$ は $\widehat{q}$ の固有ベクトルでも $\widehat{p}$ の固有ベクトルでもない」としてよい．

2. 条件式 (18.1)が成り立つ場合に関係式 $[\widehat{Q},\widehat{P}]\,(=[\widehat{q},\widehat{p}]) = i\hbar$ (**問題 17** 設問 2 の [解答] 参照) の状態ベクトル $|\psi\rangle$ による期待値を考えることで，Δq と Δp がそれぞれ γ を用いて次式で与えられることを示せ (したがって，$\gamma > 0$ である):

$$\Delta q = \sqrt{\frac{\gamma\hbar}{2}}, \qquad \Delta p = \sqrt{\frac{\hbar}{2\gamma}} \qquad \left(\Rightarrow\ \Delta q\,\Delta p = \frac{\hbar}{2}\right) \tag{18.2}$$

3. **問題 12** で構成した 1 次元調和振動子系におけるコヒーレント状態 $|z\rangle$ に対して不確定性関係の等号が成り立つことを示せ ($|\psi\rangle = |z\rangle$ に対して (18.1)が成り立つことを示し，定数 γ を求めよ)．なお，必要なら (16.3)式を用いよ．

解説　**問題 17** で行った不確定性関係の証明を精査し，$\Delta q\,\Delta p$ の下限値 $\hbar/2$ が実現するための状態ベクトル $|\psi\rangle$ に対する必要十分条件としての (18.1)式を導く問題である．条件式 (18.1)等の本問題の結果は**問題 31** において x-表示で利用する．

解答

1. **問題 17** 設問 2 の [解答] の (17.6)式の 2 つの不等号に対応して，不確定性関係 (17.1) において等号が成り立つためには次の 2 つの条件が成り立つことが必要十分である:

- (17.6)の左側の不等号 ($\geq$)，すなわち，コーシー・シュワルツの不等式 (17.2) において等号が成り立つための条件．これは，$|f\rangle = \alpha\,|g\rangle$，すなわち

$$\widehat{Q}\,|\psi\rangle = \alpha\,\widehat{P}\,|\psi\rangle \tag{18.3}$$

なる複素数 α が存在すること．

- (17.6)の右側の不等号 ($\geq$) で等号が成り立つための条件 (II) $= 0$，すなわち，

$$\langle\psi|\left(\widehat{Q}\widehat{P} + \widehat{P}\widehat{Q}\right)|\psi\rangle = 0 \tag{18.4}$$

そこで，(18.3)とそのエルミート共役 $\langle\psi|\,\widehat{Q} = \alpha^*\langle\psi|\,\widehat{P}$ を (18.4)に用いると

$$0 = \underbrace{\langle\psi|\,\widehat{Q}}_{\alpha^*\langle\psi|\,\widehat{P}}\widehat{P}\,|\psi\rangle + \langle\psi|\,\widehat{P}\underbrace{\widehat{Q}\,|\psi\rangle}_{\alpha\widehat{P}\,|\psi\rangle} = \left(\alpha^* + \alpha\right)\langle\psi|\,\widehat{P}^{\,2}\,|\psi\rangle$$

$\widehat{P}$ はエルミートなので $\langle\psi|\,\widehat{P}^{\,2}\,|\psi\rangle = \langle\psi|\,\widehat{P}^\dagger \widehat{P}\,|\psi\rangle = \|\widehat{P}\,|\psi\rangle\|^2 \neq 0$ ($|\psi\rangle$ は $\widehat{p}$ の固有ベクトルでない $\Rightarrow \widehat{P}\,|\psi\rangle \neq 0$) であって,

$$\alpha^* + \alpha = 0 \quad \Leftrightarrow \quad \alpha = \text{純虚数} = -i\gamma \quad (\gamma \in \mathbb{R}) \quad \text{と表す.}$$

これを (18.3)に用いて，不確定性関係 (17.1)において等号が成立するために $|\psi\rangle$ が満たすべき必要十分条件 (18.1)を得る．

2. $\hbar = -i[\widehat{Q}, \widehat{P}]$ の (規格化された) $|\psi\rangle$ による期待値を考えて

$$\begin{aligned}\hbar = \hbar\langle\psi|\psi\rangle = -i\,\langle\psi|\,[\widehat{Q}, \widehat{P}]\,|\psi\rangle &= -i\,\underbrace{\langle\psi|\,\widehat{Q}}_{i\gamma\,\langle\psi|\,\widehat{P}}\,\widehat{P}\,|\psi\rangle + i\,\langle\psi|\,\widehat{P}\,\underbrace{\widehat{Q}\,|\psi\rangle}_{-i\gamma\widehat{P}\,|\psi\rangle} \\ &= 2\gamma\,\langle\psi|\,\widehat{P}^{\,2}\,|\psi\rangle = 2\gamma(\Delta p)^2\end{aligned}$$

ここに, (18.1)およびそのエルミート共役 $\langle\psi|\,\widehat{Q} = i\gamma\,\langle\psi|\,\widehat{P}$ を用いた．これより, $\Delta p = \sqrt{\hbar/(2\gamma)}$ を得る．また，上の式変形を $\widehat{P}\,|\psi\rangle = -\widehat{Q}\,|\psi\rangle\,/(i\gamma)$ と $\langle\psi|\,\widehat{P} = \langle\psi|\,\widehat{Q}/(i\gamma)$ を用いたものに替えることで，$\hbar = 2(\Delta q)^2/\gamma$，したがって，$\Delta q = \sqrt{\hbar\gamma/2}$ を得る．

3. コヒーレント状態 $|z\rangle$ は次式を満たす:

$$a\,|z\rangle = z\,|z\rangle\,, \qquad \langle z|\,a^\dagger = z^*\,\langle z|\,, \qquad \langle z|z\rangle = 1$$

これらと (16.3)，すなわち，$\widehat{q} = \sqrt{\dfrac{\hbar}{2m\omega}}\big(a + a^\dagger\big), \widehat{p} = -i\sqrt{\dfrac{m\omega\hbar}{2}}\big(a - a^\dagger\big)$ から

$$\langle z|\,\widehat{q}\,|z\rangle = \sqrt{\frac{\hbar}{2m\omega}}\Big(\langle z|\,\underbrace{a\,|z\rangle}_{z\,|z\rangle} + \underbrace{\langle z|\,a^\dagger}_{z^*\,\langle z|}\,|z\rangle\Big) = \sqrt{\frac{\hbar}{2m\omega}}\,\big(z + z^*\big)\,\underbrace{\langle z|z\rangle}_{=1}$$

$$\langle z|\,\widehat{p}\,|z\rangle = -i\sqrt{\frac{m\omega\hbar}{2}}\Big(\langle z|\,a\,|z\rangle - \langle z|\,a^\dagger\,|z\rangle\Big) = -i\sqrt{\frac{m\omega\hbar}{2}}\,\big(z - z^*\big) \qquad (18.5)$$

よって，$\widehat{Q} = \widehat{q} - \langle z|\,\widehat{q}\,|z\rangle$ と $\widehat{P} = \widehat{p} - \langle z|\,\widehat{p}\,|z\rangle$ に対して

$$\widehat{Q}\,|z\rangle = \sqrt{\frac{\hbar}{2m\omega}}\Big(\underset{\substack{\downarrow \\ z}}{a} + a^\dagger - (z + z^*)\Big)\,|z\rangle = \sqrt{\frac{\hbar}{2m\omega}}\big(a^\dagger - z^*\big)\,|z\rangle$$

$$\widehat{P}\,|z\rangle = -i\sqrt{\frac{m\omega\hbar}{2}}\Big(\underset{\substack{\downarrow \\ z}}{a} - a^\dagger - (z - z^*)\Big)\,|z\rangle = i\sqrt{\frac{m\omega\hbar}{2}}\big(a^\dagger - z^*\big)\,|z\rangle$$

であって,

$$\widehat{Q}\,|z\rangle = -i\frac{1}{m\omega}\,\widehat{P}\,|z\rangle$$

すなわち，(18.1)式が $\gamma = \dfrac{1}{m\omega}$ として成り立っている．

問題 19　互いに可換な物理量　標準

2つの物理量 (エルミート演算子) $\widehat{A}$ と $\widehat{B}$ が互いに可換,

$$[\widehat{A}, \widehat{B}] = 0 \qquad \left(\Leftrightarrow\ \widehat{A}\widehat{B} = \widehat{B}\widehat{A}\right) \tag{19.1}$$

なら, $\widehat{A}$ の固有ベクトルを $\widehat{B}$ の固有ベクトルでもあるように取ることができる. すなわち,

$$\begin{aligned} &\widehat{A}\,|\alpha_i, \beta_i\rangle = \alpha_i\,|\alpha_i, \beta_i\rangle\,, \quad \widehat{B}\,|\alpha_i, \beta_i\rangle = \beta_i\,|\alpha_i, \beta_i\rangle \\ &\langle\alpha_i, \beta_i|\alpha_j, \beta_j\rangle = \delta_{ij} \qquad (i, j = 1, 2, 3, \cdots) \end{aligned} \tag{19.2}$$

を満たす $\widehat{A}$ と $\widehat{B}$ の共通の固有ベクトル (正規直交系) $|\alpha_i, \beta_i\rangle$ $(i = 1, 2, 3, \cdots)$ を取ることができる. このことを「$\widehat{A}$ と $\widehat{B}$ は**同時対角化可能**である」と言い, $|\alpha_i, \beta_i\rangle$ を $\widehat{A}$ と $\widehat{B}$ の**同時固有ベクトル** (simultaneous eigenvector) と呼ぶ.

1. このことを, $\widehat{A}$ の固有値に縮退がない場合 ($\widehat{A}$ の各固有値に対応した独立な固有ベクトルが1つだけの場合) に示せ.
2. このことを, $\widehat{A}$ の固有値に一般に縮退がある場合に示せ. 必要なら, $\widehat{A}$ の縮退した固有値の固有ベクトルを正規直交性を満たすように取れること (**問題 13** 設問1参照), および, 任意のエルミート行列 M に対して, UMU^{-1} が対角行列 (各対角成分は M の固有値であり実数) となるようなユニタリー行列 U が存在することを用いよ.

解説

- この $|\alpha_i, \beta_i\rangle$ に対して $\widehat{A}$ と $\widehat{B}$ の同時観測は確定した値 α_i と β_i を与える. すなわち, $\widehat{A}$ と $\widehat{B}$ の不確定性はともにゼロ ($\Delta A = \Delta B = 0$) である.
- どのような固有値の組 (α_i, β_i) が存在するかは $\widehat{A}$ と $\widehat{B}$ の具体形による.
- 具体例として, $\widehat{\boldsymbol{J}}^2$ と $\widehat{J}_3$ ($\widehat{\boldsymbol{J}}$ は角運動量演算子) の同時固有ベクトルを第5章で扱う.

解答

1. $\widehat{A}$ の任意の固有値 α とその固有ベクトル $|\alpha\rangle$ を考える. 固有値方程式 $\widehat{A}\,|\alpha\rangle = \alpha\,|\alpha\rangle$ に左から $\widehat{B}$ を作用させ, (19.1)を用いると

$$\widehat{B}\widehat{A}\,|\alpha\rangle = \alpha\widehat{B}\,|\alpha\rangle \quad \underset{(19.1)}{\Rightarrow} \quad \widehat{A}(\widehat{B}\,|\alpha\rangle) = \alpha\widehat{B}\,|\alpha\rangle$$

すなわち, $\widehat{B}\,|\alpha\rangle$ も $\widehat{A}$ の固有値 α の固有ベクトルである. 固有値 α に縮退がない場合は $\widehat{B}\,|\alpha\rangle \propto |\alpha\rangle$ であり, 比例定数を β とすると

$$\widehat{B}\,|\alpha\rangle = \beta\,|\alpha\rangle$$

これは, $|\alpha\rangle$ が $\widehat{B}$ の固有ベクトル (固有値 β) でもあることを意味する. すなわち, $|\alpha\rangle$ は (19.2)式の $|\alpha, \beta\rangle$ である ($|\alpha\rangle = |\alpha, \beta\rangle$).

2. $\widehat{A}$ の固有値 α が n 重に縮退している場合を考える. 対応する $\widehat{A}$ の n 個の (正規直交) 固有ベクトルを $|\alpha; a\rangle$ $(a = 1, \cdots, n)$ とすると

$$\widehat{A}\,|\alpha;a\rangle = \alpha\,|\alpha;a\rangle \tag{19.3}$$

$$\langle\alpha;a|\alpha;b\rangle = \delta_{ab} \quad (a,b=1,\cdots,n) \tag{19.4}$$

前設問 1 と同様に，固有値方程式 (19.3) に左から $\widehat{B}$ を作用させ，(19.1)を用いて

$$\widehat{B}\widehat{A}\,|\alpha;a\rangle = \alpha\widehat{B}\,|\alpha;a\rangle \quad \underset{(19.1)}{\Rightarrow} \quad \widehat{A}(\widehat{B}\,|\alpha;a\rangle) = \alpha\widehat{B}\,|\alpha;a\rangle$$

すなわち，$\widehat{B}\,|\alpha;a\rangle$ は $\widehat{A}$ の固有値 α の固有ベクトルであり，今の縮退がある場合，$\widehat{B}\,|\alpha;a\rangle$ は $|\alpha;b\rangle$ $(b=1,\cdots,n)$ の線形和で表される:

$$\widehat{B}\,|\alpha;a\rangle = \sum_{b=1}^{n} M_{ab}\,|\alpha;b\rangle \qquad (M_{ab}\text{: 定数係数}) \tag{19.5}$$

(19.5) に左から $\langle\alpha;b|$ を当て，正規直交性 (19.4) を用いることで，M_{ab} は

$$\langle\alpha;b|\,\widehat{B}\,|\alpha,a\rangle = \langle\alpha;b|\sum_{c=1}^{n} M_{ac}\,|\alpha,c\rangle = \sum_{c=1}^{n} M_{ac}\underbrace{\langle\alpha;b|\alpha,c\rangle}_{\delta_{bc}} = M_{ab}$$

$$\Rightarrow \quad M_{ab} = \langle\alpha,b|\,\widehat{B}\,|\alpha,a\rangle \tag{19.6}$$

と表される．この M_{ab} を成分とする $n\times n$ 行列 $M=(M_{ab})$ はエルミート行列である:

$$M_{ab}^{*} = \langle\alpha,b|\,\widehat{B}\,|\alpha,a\rangle^{*} \underset{\substack{\uparrow\\(06.6)}}{=} \langle\alpha,a|\,\widehat{B}^{\dagger}\,|\alpha,b\rangle \underset{\substack{\uparrow\\B^{\dagger}=B}}{=} \langle\alpha,a|\,\widehat{B}\,|\alpha,b\rangle = M_{ba}$$

したがって，UMU^{-1} が対角行列となるようなユニタリー行列 U が存在する．この対角行列を D，対角成分を $(\beta_1,\beta_2,\cdots,\beta_n)$ とすると

$$UMU^{-1} = D \equiv \begin{pmatrix} \beta_1 & & \\ & \ddots & \\ & & \beta_n \end{pmatrix} \Rightarrow UM = DU \underset{\substack{\uparrow\\(a,c)\text{ 成分}}}{\Rightarrow} \sum_b U_{ab}M_{bc} = \beta_a U_{ac}$$

そこで

$$|\alpha;a\rangle_{\mathrm{C}} \equiv \sum_b U_{ab}\,|\alpha;b\rangle$$

を定義すると，これは $\widehat{B}$ の固有値 β_a の固有ベクトルであることがわかる:

$$\widehat{B}\,|\alpha;a\rangle_{\mathrm{C}} = \sum_b U_{ab}\underbrace{\widehat{B}\,|\alpha;b\rangle}_{\sum_c M_{bc}|\alpha;c\rangle} = \sum_c\underbrace{\sum_b U_{ab}M_{bc}}_{\beta_a U_{ac}}|\alpha;c\rangle = \beta_a\sum_c U_{ac}\,|\alpha;c\rangle = \beta_a|\alpha;a\rangle_{\mathrm{C}}$$

また，$|\alpha;a\rangle$ の正規直交性 (19.4)と U のユニタリー性 $UU^{\dagger}=\mathbb{I}$ から，$|\alpha;a\rangle_{\mathrm{C}}$ の正規直交性も成り立つ:

$$\begin{aligned}{}_{\mathrm{C}}\langle\alpha;a|\alpha;b\rangle_{\mathrm{C}} &= \sum_c U_{ac}^{*}\,\langle\alpha;c|\sum_d U_{bd}\,|\alpha;d\rangle = \sum_{c,d} U_{ac}^{*}U_{bd}\underbrace{\langle\alpha;c|\alpha;d\rangle}_{\delta_{cd}} \\ &= \sum_c U_{ac}^{*}U_{bc} = (UU^{\dagger})_{ba} = \delta_{ab}\end{aligned}$$

すなわち，$|\alpha;a\rangle_{\mathrm{C}}$ は (19.2)式の $|\alpha_a,\beta_a\rangle$ $(a=1,\cdots,n;\ \alpha_a=\alpha)$ である $(|\alpha;a\rangle_{\mathrm{C}} = |\alpha_a(=\alpha),\beta_a\rangle)$．以上の議論を $\widehat{A}$ の各固有値 α について行えばよい．

問題 20　量子力学の基本原理 IV: シュレーディンガー方程式　基本

量子力学において，時刻 t での系の状態は状態ベクトル $|\psi(t)\rangle$ で表され，その時間発展は**シュレーディンガー方程式** (Schrödinger equation)

$$i\hbar\frac{d}{dt}|\psi(t)\rangle = \widehat{H}\,|\psi(t)\rangle \tag{20.1}$$

により定まる．ここに，$\widehat{H}$ は系のハミルトニアンである．

これも量子力学の基本原理である．

1. $\widehat{H}$ がエルミートなら状態ベクトル $|\psi(t)\rangle$ のノルムが時間に依らず一定であること ($\langle\psi(t)|\psi(t)\rangle =$ 一定) を示せ．これにより，状態ベクトルの規格化 $\langle\psi(t)|\psi(t)\rangle = 1$ が時間発展で保たれ，全確率が保存する (**問題 14** 設問 1 の [解答] 参照).
2. 時間依存性を持たない任意の物理量 $\widehat{A}$ に対して，状態ベクトル $|\psi(t)\rangle$ による期待値 $\langle\widehat{A}\rangle \equiv \langle\psi(t)|\,\widehat{A}\,|\psi(t)\rangle$ を考える．シュレーディンガー方程式 (20.1) (ただし，$\widehat{H}^\dagger = \widehat{H}$) を用いて次式が成り立つことを示せ:
$$\frac{d}{dt}\langle\widehat{A}\rangle = \left\langle\frac{1}{i\hbar}\big[\widehat{A},\widehat{H}\big]\right\rangle \tag{20.2}$$
3. ハミルトニアンが次式で与えられる 1 自由度系を考える:
$$\widehat{H} = \frac{1}{2m}\widehat{p}^{\,2} + U(\widehat{q})$$
関係式 (20.2)を $\widehat{A}=\widehat{q}$ と $\widehat{A}=\widehat{p}$ の各場合に，その右辺の交換子 $\big[\widehat{A},\widehat{H}\big]$ を計算することで具体的に書き下せ．なお，$\widehat{H}$ のポテンシャル項 $U(\widehat{q})$ は演算子 $\widehat{q}$ の関数であるが，ここでは $\widehat{q}$ の級数 $U(\widehat{q}) = \sum_{n=0}^{\infty} u_n\widehat{q}^{\,n}$ (u_n: 定数係数) で与えられるとしてよい．

解説　[解答] の (20.7)の 2 式は解析力学におけるハミルトンの運動方程式

$$\frac{dq}{dt} = \frac{\partial H(q,p)}{\partial p} = \frac{1}{m}p, \qquad \frac{dp}{dt} = -\frac{\partial H(q,p)}{\partial q} = -U'(q) \tag{20.3}$$

に対応するものであり，**エーレンフェストの定理** (Ehrenfest's theorem) と呼ばれる．これらはより一般的な (20.2)式の特別な場合であるが，(20.2)自体は解析力学で知られた関係式

$$\frac{d}{dt}A(q,p) = \{A(q,p), H(q,p)\}_{\rm PB} \tag{20.4}$$

の右辺のポアソン括弧に対して $\{A,H\}_{\rm PB} \Rightarrow 1/(i\hbar)[\widehat{A},\widehat{H}\,]$ としたものに対応している (**問題 05** 参照).

解答

1. シュレーディンガー方程式 (20.1)のエルミート共役を取ると

$$-i\hbar\frac{d}{dt}\langle\psi(t)| = \langle\psi(t)|\,\widehat{H}^\dagger$$

これと (20.1)を用いて

$$\frac{d}{dt}\langle\psi(t)|\psi(t)\rangle = \underbrace{\left(\frac{d}{dt}\langle\psi(t)|\right)}_{-\frac{1}{i\hbar}\langle\psi(t)|\,\widehat{H}^\dagger}|\psi(t)\rangle + \langle\psi(t)|\underbrace{\left(\frac{d}{dt}|\psi(t)\rangle\right)}_{\frac{1}{i\hbar}\widehat{H}\,|\psi(t)\rangle}$$

$$= -\frac{1}{i\hbar}\langle\psi(t)|\left(\widehat{H}^\dagger - \widehat{H}\right)|\psi(t)\rangle = 0$$

最後の等号で $\widehat{H}^\dagger = \widehat{H}$ を用いた．よって，$\langle\psi(t)|\psi(t)\rangle$ は時間に依らず一定である．

2. 前設問 1 の解答と同様にして

$$\frac{d}{dt}\langle\widehat{A}\rangle = \frac{d}{dt}\langle\psi(t)|\,\widehat{A}\,|\psi(t)\rangle = \underbrace{\left(\frac{d}{dt}\langle\psi(t)|\right)}_{-\frac{1}{i\hbar}\langle\psi(t)|\,\widehat{H}}\widehat{A}\,|\psi(t)\rangle + \langle\psi(t)|\,\widehat{A}\underbrace{\left(\frac{d}{dt}|\psi(t)\rangle\right)}_{\frac{1}{i\hbar}\widehat{H}\,|\psi(t)\rangle}$$

$$= -\frac{1}{i\hbar}\langle\psi(t)|\left(\widehat{H}\widehat{A} - \widehat{A}\widehat{H}\right)|\psi(t)\rangle = \frac{1}{i\hbar}\left\langle\left[\widehat{A},\widehat{H}\right]\right\rangle$$

となり，(20.2)式を得る．

3. まず，$\widehat{A} = \widehat{q},\ \widehat{p}$ に対して $\left[\widehat{A},\widehat{H}\right]$ を計算する．$\widehat{A} = \widehat{q}$ の場合，

$$\left[\widehat{q},\widehat{H}\right] = \left[\widehat{q},\frac{1}{2m}\widehat{p}^{\,2} + U(\widehat{q})\right] = \frac{1}{2m}\left[\widehat{q},\widehat{p}^{\,2}\right] + \underbrace{\left[\widehat{q},U(\widehat{q})\right]}_{=0}$$

$$\underset{\uparrow\,(02.6)}{=}\frac{1}{2m}\Big(\underbrace{\left[\widehat{q},\widehat{p}\right]}_{i\hbar}\widehat{p} + \widehat{p}\left[\widehat{q},\widehat{p}\right]\Big) = \frac{i\hbar}{m}\widehat{p} \tag{20.5}$$

次に，$\widehat{A} = \widehat{p}$ の場合，

$$\left[\widehat{p},\widehat{H}\right] = \left[\widehat{p},\frac{1}{2m}\widehat{p}^{\,2} + U(\widehat{q})\right] = \frac{1}{2m}\overbrace{\left[\widehat{p},\widehat{p}^{\,2}\right]}^{=0} + \left[\widehat{p},U(\widehat{q})\right] = -i\hbar U'(\widehat{q}) \tag{20.6}$$

ここに $U'(\widehat{q})$ は「$U(\widehat{q})$ の $\widehat{q}$ による微分」であるが，これは

$$\left[\widehat{p},\widehat{q}^{\,n}\right] \underset{\uparrow\,(11.5)}{=} \sum_{r=1}^{n}\widehat{q}^{\,r-1}\underbrace{\left[\widehat{p},\widehat{q}\right]}_{-i\hbar}\widehat{q}^{\,n-r} = -i\hbar\sum_{r=1}^{n}\widehat{q}^{\,n-1} = -i\hbar\, n\,\widehat{q}^{\,n-1}$$

からの

$$\left[\widehat{p},U(\widehat{q})\right] = \left[\widehat{p},\sum_{n=0}^{\infty}u_n\widehat{q}^{\,n}\right] = \sum_{n=0}^{\infty}u_n\overbrace{\left[\widehat{p},\widehat{q}^{\,n}\right]}^{-i\hbar\, n\,\widehat{q}^{\,n-1}} = -i\hbar\sum_{n=0}^{\infty}u_n n\,\widehat{q}^{\,n-1} = -i\hbar U'(\widehat{q})$$

を用いた．(20.5)と (20.6)から，$\widehat{A} = \widehat{q},\ \widehat{p}$ の各場合の (20.2)式は

$$\frac{d}{dt}\langle\widehat{q}\rangle = \frac{1}{m}\langle\widehat{p}\rangle, \qquad \frac{d}{dt}\langle\widehat{p}\rangle = -\langle U'(\widehat{q})\rangle \tag{20.7}$$

問題 21　定常状態解によるシュレーディンガー方程式の解の構成　標準

1. ハミルトニアン $\widehat{H}$ の固有値 E の固有ベクトル $|E\rangle$ ($\widehat{H}\,|E\rangle = E\,|E\rangle$) に対して

$$|\psi(t)\rangle = |E\rangle\, e^{-iEt/\hbar} \tag{21.1}$$

はシュレーディンガー方程式 (20.1)の解であることを示せ．(21.1)の形の時間依存性を持った状態ベクトルを**定常状態** (stationary state) と呼ぶ．

2. 定常状態解 (21.1)に複素定数係数 a_E を掛けて固有値 E について和を取った状態ベクトル

$$|\psi(t)\rangle = \sum_E a_E\,|E\rangle\, e^{-iEt/\hbar} \tag{21.2}$$

もシュレーディンガー方程式 (20.1)の解であることを示せ．なお，固有ベクトル全体 $\{|E\rangle\}$ が完全性 (13.3) を満たすなら，シュレーディンガー方程式の任意の解は (21.2)で表すことができる．

3. 1 次元調和振動子系のシュレーディンガー方程式 (20.1)の一般解を (21.2)の形，すなわち，ハミルトニアン $\widehat{H}$ (07.1) の固有値 E_n (09.7)に対応した (規格化された) 固有ベクトル $|n\rangle$ (09.4) および複素定数係数 a_n を用いた次式で表す:

$$|\psi(t)\rangle = \sum_{n=0}^{\infty} a_n\,|n\rangle\, e^{-iE_n t/\hbar} \tag{21.3}$$

この $|\psi(t)\rangle$ に対して時刻 t における期待値 $\langle\widehat{q}\rangle = \langle\psi(t)|\,\widehat{q}\,|\psi(t)\rangle$ と $\langle\widehat{p}\rangle = \langle\psi(t)|\,\widehat{p}\,|\psi(t)\rangle$ を求め，エーレンフェストの定理 (20.7)式が成り立っていることを確認せよ．なお，必要なら (16.3)式および公式 (11.3)と (11.4)を用い，$\langle\widehat{q}\rangle$ と $\langle\widehat{p}\rangle$ は次式で定義される実定数 α と $\beta\,(>0)$ を用いて表せ:

$$\sum_{n=0}^{\infty} \sqrt{n+1}\, a_{n+1}^{*} a_n = \beta\, e^{i\alpha}$$

解 説　時間に依存しない $\widehat{H}$ に対してシュレーディンガー方程式 (20.1)の解は，$t=0$ での初期状態を指定すると

$$|\psi(t)\rangle = \exp\!\left(-\frac{i}{\hbar}\widehat{H}t\right)|\psi(0)\rangle \tag{21.4}$$

で与えられる．すなわち，$e^{-i\widehat{H}t/\hbar}$ は時間推進演算子である．(21.1)や (21.2)が解であることは，(21.4)の $|\psi(0)\rangle = |E\rangle$ や $\sum_E a_E\,|E\rangle$ の場合としても理解される．

解 答

1. (21.1)の右辺の時間微分を取ると，時間微分を受けるのは $e^{-iEt/\hbar}$ のみであり

$$i\hbar\frac{d}{dt}\Big(|E\rangle\, e^{-iEt/\hbar}\Big) = |E\rangle \underbrace{i\hbar\frac{d}{dt}\, e^{-iEt/\hbar}}_{E\, e^{-i\hbar Et/\hbar}} = E\,|E\rangle\, e^{-i\hbar Et/\hbar} \underset{\substack{\uparrow \\ \widehat{H}\,|E\rangle = E\,|E\rangle}}{=} \widehat{H}\,|E\rangle\, e^{-i\hbar Et/\hbar}$$

を得る．最後の等号では固有値方程式を用いた．よって，(21.1)はシュレーディンガー方程式 (20.1) を満たす．

2. 各 $|E\rangle\, e^{-iEt/\hbar}$ がシュレーディンガー方程式 (20.1)の解であり，シュレーディンガー方程式は $|\psi(t)\rangle$ についての線形方程式なので，和 (21.2)も解である．陽に確認すると:

$$i\hbar\frac{d}{dt}\Big(\sum_E a_E\,|E\rangle\, e^{-iEt/\hbar}\Big) = \sum_E a_E \overbrace{i\hbar\frac{d}{dt}\Big(|E\rangle\, e^{-iEt/\hbar}\Big)}^{=\widehat{H}\,|E\rangle\, e^{-iEt/\hbar}} = \widehat{H}\sum_E a_E\,|E\rangle\, e^{-iEt/\hbar}$$

3. (21.3)とそのエルミート共役 $\langle\psi(t)| = \sum_{m=0}^{\infty} a_m^*\,\langle m|\, e^{iE_m t/\hbar}$ から

$$\begin{aligned}
\langle\widehat{q}\rangle &= \langle\psi(t)|\,\widehat{q}\,|\psi(t)\rangle = \sum_{m,n=0}^{\infty} a_m^* a_n\, e^{i(E_m-E_n)t/\hbar}\,\langle m|\,\widehat{q}\,|n\rangle \\
&= \sqrt{\frac{\hbar}{2m\omega}}\sum_{n=0}^{\infty}\Big(\sqrt{n}\,a_{n-1}^*\,\underbrace{e^{i(E_{n-1}-E_n)t/\hbar}}_{e^{-i\omega t}} + \sqrt{n+1}\,a_{n+1}^*\,\underbrace{e^{i(E_{n+1}-E_n)t/\hbar}}_{e^{i\omega t}}\Big)a_n \\
&= \sqrt{\frac{\hbar}{2m\omega}}\Big(\overbrace{\sum_{n=0}^{\infty}\sqrt{n+1}\,a_n^* a_{n+1}}^{\beta\, e^{-i\alpha}}\, e^{-i\omega t} + \overbrace{\sum_{n=0}^{\infty}\sqrt{n+1}\,a_{n+1}^* a_n}^{\beta\, e^{i\alpha}}\, e^{i\omega t}\Big) \\
&= \sqrt{\frac{2\hbar}{m\omega}}\,\beta\,\cos(\omega t+\alpha) \qquad (21.5)
\end{aligned}$$

を得る．ここに，$\widehat{q}$ の $(a, a^\dagger)$ による表式 (16.3)と公式 (11.3)と (11.4)を用いて得られる次式を用いた:

$$\langle m|\,\widehat{q}\,|n\rangle = \sqrt{\frac{\hbar}{2m\omega}}\Big(\underbrace{\langle m|\,a\,|n\rangle}_{\sqrt{n}\,\delta_{m,n-1}} + \underbrace{\langle m|\,a^\dagger\,|n\rangle}_{\sqrt{n+1}\,\delta_{m,n+1}}\Big)$$

まったく同様にして

$$\langle m|\,\widehat{p}\,|n\rangle = -i\sqrt{\frac{m\omega\hbar}{2}}\Big(\sqrt{n}\,\delta_{m,n-1} - \sqrt{n+1}\,\delta_{m,n+1}\Big)$$

を用いて

$$\begin{aligned}
\langle\widehat{p}\rangle &= \langle\psi(t)|\,\widehat{p}\,|\psi(t)\rangle = \sum_{m,n=0}^{\infty} a_m^* a_n\, e^{i(E_m-E_n)t/\hbar}\,\langle m|\,\widehat{p}\,|n\rangle \\
&= -\sqrt{2m\omega\hbar}\,\beta\,\sin(\omega t+\alpha) \qquad (21.6)
\end{aligned}$$

を得る．(20.7)式は今の場合，$U(\widehat{q}) = \frac{1}{2}m\omega^2\widehat{q}^2 \Rightarrow U'(\widehat{q}) = m\omega^2\widehat{q}$，から

$$\frac{d}{dt}\langle\widehat{q}\rangle = \frac{1}{m}\langle\widehat{p}\rangle, \qquad \frac{d}{dt}\langle\widehat{p}\rangle = -\langle U'(\widehat{q})\rangle = -m\omega^2\langle\widehat{q}\rangle$$

すなわち，$(\langle\widehat{q}\rangle, \langle\widehat{p}\rangle)$ に対する解析力学のハミルトンの運動方程式そのものである．2 つの実定数 (α, β) で指定される $\langle\widehat{q}\rangle$ (21.5)と $\langle\widehat{p}\rangle$ (21.6)はこのハミルトンの運動方程式の一般解を与えている．

問題 22 自由粒子の $\Delta q\,\Delta p$ の時間発展 発展

1次元空間上の質量 m の自由粒子の量子力学 ($\widehat{q}$ が1次元空間座標) において $\widehat{q}$, $\widehat{p}$, $\widehat{q}^2$, $\widehat{p}^2$ の期待値の時間発展を (20.2)式，および，それから得られるエーレンフェストの定理 (20.7) を用いて考える．以下では系の状態ベクトル $|\psi(t)\rangle$ による演算子 $\widehat{A}$ の期待値 $\langle\psi(t)|\,\widehat{A}\,|\psi(t)\rangle$ を時刻 t を明記して $\left\langle\widehat{A}\right\rangle_t$ で表す．

1. 時刻 $t=0$ における $\langle\widehat{q}\rangle_{t=0}$ と $\langle\widehat{p}\rangle_{t=0}$ が与えられたとして，その後の時刻 t における期待値 $\langle\widehat{q}\rangle_t$ と $\langle\widehat{p}\rangle_t$ を求めよ．
2. 時刻 $t=0$ において特に

$$\langle\widehat{q}\rangle_{t=0} = \langle\widehat{p}\rangle_{t=0} = 0 \tag{22.1}$$

であるとし，また，$t=0$ において不確定性関係 (17.1) の下限が成り立っているとする:

$$\Delta q\,\Delta p\Big|_{t=0} = \frac{\hbar}{2} \tag{22.2}$$

$\left\langle\widehat{q}^2\right\rangle_{t=0}$ が与えられているとして，$t \geq 0$ における $\Delta q\,\Delta p\Big|_t$ を求めよ．なお必要なら，**問題 18** の [解答] の通り，不確定性関係の下限が実現している場合は (18.4)式が成立していることを用いよ．

解 説 エーレンフェストの定理 (20.7)は，$U'(\widehat{q})$ が $\widehat{q}$ の1次式 (したがって，$U(\widehat{q})$ が $\widehat{q}$ の2次式 $U(\widehat{q}) = \alpha\widehat{q}^2 + \beta\widehat{q} + \gamma$) の場合は t の2つの c 数関数 $(\langle\widehat{q}\rangle_t, \langle\widehat{p}\rangle_t)$ に対する線形1階微分方程式 (解析力学のハミルトンの運動方程式そのもの) であり，解は解析力学での解と同一である (**問題 21** 設問3と本問題設問1参照).

しかし，$U'(\widehat{q})$ が $\widehat{q}$ の2次以上の項を含む場合は，$\langle\widehat{q}^n\rangle \neq \langle\widehat{q}\rangle^n$ $(n \geq 2)$ であるため，(20.7)式は $(\langle\widehat{q}\rangle_t, \langle\widehat{p}\rangle_t)$ だけではなく $\langle\widehat{q}^n\rangle_t$ も未知関数として含み，一般に解くことができない．そこで $(d/dt)\langle\widehat{q}^n\rangle_t$ を与える ($\widehat{A} = \widehat{q}^n$ とした) (20.2)式を考えると，その右辺にはさらに別の演算子の期待値が現れ，全体として閉じた連立微分方程式を得ることができない．

本問題の設問2では $\widehat{A} = \widehat{q}^2, \widehat{p}^2$ に対する (20.2)式から得られる微分方程式を考えるが，幸いにして3つの未知関数 $\left(\left\langle\widehat{q}^2\right\rangle_t, \left\langle\widehat{p}^2\right\rangle_t, \left\langle\widehat{q}\,\widehat{p} + \widehat{p}\,\widehat{q}\right\rangle_t\right)$ で閉じた3つの線形1階微分方程式を得る．

解 答

1. 今のハミルトニアンは $\widehat{H} = \dfrac{1}{2m}\widehat{p}^2$ であり，エーレンフェストの定理 (20.7)において $U(\widehat{q}) = 0$ として

$$\frac{d}{dt}\langle\widehat{q}\rangle_t = \frac{1}{m}\langle\widehat{p}\rangle_t, \qquad \frac{d}{dt}\langle\widehat{p}\rangle_t = 0$$

これを $t=0$ での初期条件で解いて解析力学におけるのと同じ形の解を得る:

$$\langle\widehat{p}\rangle_t=\langle\widehat{p}\rangle_{t=0}\,,\qquad \langle\widehat{q}\rangle_t=\frac{1}{m}\langle\widehat{p}\rangle_{t=0}\,t+\langle\widehat{q}\rangle_{t=0} \tag{22.3}$$

2. まず，初期条件 (22.1)を (22.3)に用いて ((16.5)式も参照のこと)

$$\langle\widehat{q}\rangle_t=\langle\widehat{p}\rangle_t=0$$
$$\Rightarrow\ \Delta q\,\Delta p\big|_t=\sqrt{\left(\langle\widehat{q}^{\,2}\rangle_t-\langle\widehat{q}\rangle_t^2\right)\left(\langle\widehat{p}^{\,2}\rangle_t-\langle\widehat{p}\rangle_t^2\right)}=\sqrt{\langle\widehat{q}^{\,2}\rangle_t\langle\widehat{p}^{\,2}\rangle_t} \tag{22.4}$$

そこで，$\widehat{A}=\widehat{q}^{\,2},\widehat{p}^{\,2}$ に対する (20.2)式は

$$\frac{d}{dt}\left\langle\widehat{q}^{\,2}\right\rangle_t=\frac{1}{i\hbar}\left\langle\left[\widehat{q}^{\,2},\widehat{H}\right]\right\rangle_t=\frac{1}{m}\langle\widehat{q}\,\widehat{p}+\widehat{p}\,\widehat{q}\rangle_t \tag{22.5}$$

$$\frac{d}{dt}\left\langle\widehat{p}^{\,2}\right\rangle_t=\frac{1}{i\hbar}\left\langle\left[\widehat{p}^{\,2},\widehat{H}\right]\right\rangle_t=0\quad\Rightarrow\quad\left\langle\widehat{p}^{\,2}\right\rangle_t=\left\langle\widehat{p}^{\,2}\right\rangle_{t=0} \tag{22.6}$$

なお，$\left[\widehat{q}^{\,2},\widehat{H}\right]=\left[\widehat{q}^{\,2},\widehat{p}^{\,2}\right]/(2m)$ の計算は**問題 03** [解答] の (iii) を参照のこと．さらに (22.5)式の右辺に現れる $\langle\widehat{q}\,\widehat{p}+\widehat{p}\,\widehat{q}\rangle_t$ の時間微分に対して (20.2)を用いて

$$\frac{d}{dt}\langle\widehat{q}\,\widehat{p}+\widehat{p}\,\widehat{q}\rangle_t=\frac{1}{i\hbar}\left\langle\left[\widehat{q}\,\widehat{p}+\widehat{p}\,\widehat{q},\widehat{H}\right]\right\rangle_t=\frac{2}{m}\left\langle\widehat{p}^{\,2}\right\rangle_t\underset{\substack{\uparrow\\(22.6)}}{=}\frac{2}{m}\left\langle\widehat{p}^{\,2}\right\rangle_{t=0}$$

$$\Rightarrow\ \langle\widehat{q}\,\widehat{p}+\widehat{p}\,\widehat{q}\rangle_t=\frac{2}{m}\left\langle\widehat{p}^{\,2}\right\rangle_{t=0}t+\underbrace{\langle\widehat{q}\,\widehat{p}+\widehat{p}\,\widehat{q}\rangle_{t=0}}_{=0}=\frac{2}{m}\left\langle\widehat{p}^{\,2}\right\rangle_{t=0}t \tag{22.7}$$

ここに，$t=0$ での仮定 (22.2)から (18.4)式，すなわち，今の場合

$$0=\left\langle\widehat{Q}\widehat{P}+\widehat{P}\widehat{Q}\right\rangle_{t=0}\underset{\substack{\uparrow\\(22.1)}}{=}\left\langle\widehat{q}\,\widehat{p}+\widehat{p}\,\widehat{q}\right\rangle_{t=0}$$

が成り立つことを用いた．(22.7)式の $\langle\widehat{q}\,\widehat{p}+\widehat{p}\,\widehat{q}\rangle_t$ を (22.5)の右辺に代入して

$$\frac{d}{dt}\left\langle\widehat{q}^{\,2}\right\rangle_t=\frac{2}{m^2}\left\langle\widehat{p}^{\,2}\right\rangle_{t=0}t\ \Rightarrow\ \left\langle\widehat{q}^{\,2}\right\rangle_t=\frac{1}{m^2}\left\langle\widehat{p}^{\,2}\right\rangle_{t=0}t^2+\left\langle\widehat{q}^{\,2}\right\rangle_{t=0} \tag{22.8}$$

を得る．以上の $\left\langle\widehat{q}^{\,2}\right\rangle_t$ (22.8)と $\left\langle\widehat{p}^{\,2}\right\rangle_t$ (22.6)を (22.4)に代入して

$$\begin{aligned}\Delta q\,\Delta p\big|_t&=\sqrt{\left\langle\widehat{q}^{\,2}\right\rangle_t\left\langle\widehat{p}^{\,2}\right\rangle_t}=\sqrt{\left(\frac{1}{m^2}\left\langle\widehat{p}^{\,2}\right\rangle_{t=0}t^2+\left\langle\widehat{q}^{\,2}\right\rangle_{t=0}\right)\left\langle\widehat{p}^{\,2}\right\rangle_{t=0}}\\&=\sqrt{\left\langle\widehat{q}^{\,2}\right\rangle_{t=0}\left\langle\widehat{p}^{\,2}\right\rangle_{t=0}}\sqrt{1+\frac{\left\langle\widehat{p}^{\,2}\right\rangle_{t=0}}{m^2\left\langle\widehat{q}^{\,2}\right\rangle_{t=0}}t^2}\\&=\frac{\hbar}{2}\sqrt{1+\frac{\hbar^2}{\left(2m\left\langle\widehat{q}^{\,2}\right\rangle_{t=0}\right)^2}t^2}\end{aligned} \tag{22.9}$$

を得る．ここに，(22.2)と (22.4)からの

$$\left\langle\widehat{q}^{\,2}\right\rangle_{t=0}\left\langle\widehat{p}^{\,2}\right\rangle_{t=0}=\left(\Delta q\,\Delta p\big|_{t=0}\right)^2=\frac{\hbar^2}{4}\ \Rightarrow\ \left\langle\widehat{p}^{\,2}\right\rangle_{t=0}=\frac{\hbar^2}{4\left\langle\widehat{q}^{\,2}\right\rangle_{t=0}}$$

を用いた．$t=0$ で下限値 $\hbar/2$ を取る $\Delta q\,\Delta p\big|_t$ は，その後 (22.9)のとおり単調に増大する．

Tea Time ················ ヒルベルト空間とエルミート演算子

第1章では量子力学の導入に必要とされる基本的な数学概念であるヒルベルト空間，線形演算子，エルミート演算子についての問題中での説明を省略し，代わりに，線形演算子 $\Rightarrow$ 行列，エルミート演算子 $\Rightarrow$ エルミート行列，と言い換えて演習問題を始めた．ここでは，これらの定義を簡単に説明しておく:

ヒルベルト空間 (Hilbert space): $\mathcal{H}$ がヒルベルト空間であるとは，$\mathcal{H}$ はベクトル空間 (特に，任意の $\boldsymbol{u}, \boldsymbol{v} \in \mathcal{H}$ と任意の複素数 $a, b \in \mathbb{C}$ に対して $a\boldsymbol{u} + b\boldsymbol{v} \in \mathcal{H}$) であって，**内積** (inner product) が定義され，完備性 (コーシー列が必ず収束列であること) を満たすことである．$\boldsymbol{u}, \boldsymbol{v} \in \mathcal{H}$ に対する内積 $(\boldsymbol{u}, \boldsymbol{v}) \in \mathbb{C}$ は次の条件を満足する:

$$(\boldsymbol{u}, \boldsymbol{u}) \geq 0 \quad \text{であり} \quad (\boldsymbol{u}, \boldsymbol{u}) = 0 \ \Leftrightarrow \ \boldsymbol{u} = 0 \tag{i}$$

$$(\boldsymbol{u}, \boldsymbol{v})^* = (\boldsymbol{v}, \boldsymbol{u}) \tag{ii}$$

$$(\boldsymbol{u}, a\boldsymbol{v} + b\boldsymbol{w}) = a(\boldsymbol{u}, \boldsymbol{v}) + b(\boldsymbol{u}, \boldsymbol{w}) \quad (a, b \in \mathbb{C}) \tag{iii}$$

完備性の条件は量子力学では通常特に意識する必要はない．

線形演算子 (linear operator): $\mathcal{H}$ から $\mathcal{H}$ への写像 $\widehat{A}$ が線形演算子であるとは，任意の $\boldsymbol{u}, \boldsymbol{v} \in \mathcal{H}$ と任意の $a, b \in \mathbb{C}$ に対して $\widehat{A}(a\boldsymbol{u} + b\boldsymbol{v}) = a\widehat{A}\boldsymbol{u} + b\widehat{A}\boldsymbol{v}\,(\in \mathcal{H})$ が成り立つこと．

エルミート演算子 (Hermitian operator): $\widehat{A}$ がエルミート演算子であるとは，$\widehat{A}$ は線形演算子であって，任意の $\boldsymbol{u}, \boldsymbol{v} \in \mathcal{H}$ に対して $(\boldsymbol{u}, \widehat{A}\boldsymbol{v}) = (\widehat{A}\boldsymbol{u}, \boldsymbol{v})$ が成り立つこと．$(\boldsymbol{u}, \widehat{A}\boldsymbol{v}) = (\widehat{A}^\dagger \boldsymbol{u}, \boldsymbol{v})$ で「$\widehat{A}$ のエルミート共役 $\widehat{A}^\dagger$」を定義すると，エルミート演算子 $\widehat{A}$ は $\widehat{A} = \widehat{A}^\dagger$ を満たす．また，(ii)を用いると，エルミート演算子の条件は $(\boldsymbol{u}, \widehat{A}\boldsymbol{v}) = (\boldsymbol{v}, \widehat{A}\boldsymbol{u})^*$ とも表される．なお，**単位演算子** (identity operator) $\mathbb{I}$ は ${}^\forall \boldsymbol{u} \in \mathcal{H}$ に対して $\mathbb{I}\boldsymbol{u} = \boldsymbol{u}$ を満たすエルミート演算子である．

$\mathcal{H}$ が複素 N 成分縦ベクトルの空間の場合，エルミート演算子は $N \times N$ エルミート行列であり，内積は $(\boldsymbol{u}, \boldsymbol{v}) = \boldsymbol{u}^\dagger \boldsymbol{v}$ である．また，ブラ・ケット記法では $|u\rangle, |v\rangle \in \mathcal{H}$ の内積は $\langle u|v\rangle$ と表した．

テンソル積 (tensor product): 2つのヒルベルト空間 $\mathcal{H}$ と $\widetilde{\mathcal{H}}$ (それぞれの基底を $\{\boldsymbol{e}_i\}$ と $\{\widetilde{\boldsymbol{e}}_a\}$ とする) のテンソル積空間 $\mathcal{H} \otimes \widetilde{\mathcal{H}}$ は $\{\boldsymbol{e}_i \otimes \widetilde{\boldsymbol{e}}_a\}$ を基底とするヒルベルト空間であり，$\boldsymbol{u} \in \mathcal{H}$ と $\boldsymbol{\alpha} \in \widetilde{\mathcal{H}}$ に対して $\boldsymbol{u} \otimes \boldsymbol{\alpha} \in \mathcal{H} \otimes \widetilde{\mathcal{H}}$ を「$\boldsymbol{u}$ と $\boldsymbol{\alpha}$ のテンソル積」と呼ぶ ($\otimes$ は単に「仕切り記号」である)．$\mathcal{H} \otimes \widetilde{\mathcal{H}}$ の内積は $\mathcal{H}$ と $\widetilde{\mathcal{H}}$ のそれぞれの内積により次式で与えられる:

$$(\boldsymbol{u} \otimes \boldsymbol{\alpha}, \boldsymbol{v} \otimes \boldsymbol{\beta}) = (\boldsymbol{u}, \boldsymbol{v})(\boldsymbol{\alpha}, \boldsymbol{\beta})$$

また，$\widehat{A}$ と $\widehat{X}$ をそれぞれ $\mathcal{H}$ と $\widetilde{\mathcal{H}}$ に作用する演算子として，$\mathcal{H} \otimes \widetilde{\mathcal{H}}$ に作用する演算子 $\widehat{A} \otimes \widehat{X}$ を次式で定義する:

$$(\widehat{A} \otimes \widehat{X})(\boldsymbol{u} \otimes \boldsymbol{\alpha}) = (\widehat{A}\boldsymbol{u}) \otimes (\widehat{X}\boldsymbol{\alpha})$$

和 $\widehat{A} + \widehat{X}$ は $\widehat{A} + \widehat{X} \equiv \widehat{A} \otimes \widetilde{\mathbb{I}} + \mathbb{I} \otimes \widehat{X}$ ($\mathbb{I}$ と $\widetilde{\mathbb{I}}$ は $\mathcal{H}$ と $\widetilde{\mathcal{H}}$ の単位演算子) を意味し

$$(\widehat{A} + \widehat{X})(\boldsymbol{u} \otimes \boldsymbol{\alpha}) = (\widehat{A}\boldsymbol{u}) \otimes \boldsymbol{\alpha} + \boldsymbol{u} \otimes (\widehat{X}\boldsymbol{\alpha})$$

である．なお，ブラ・ケット記法ではテンソル積を $|u\rangle \otimes |\alpha\rangle$ あるいは単に $|u\rangle\,|\alpha\rangle$ で表す．

Chapter 2

x-表示と波動関数

第 1 章では調和振動子ハミルトニアンの固有値方程式を代数的に解き，固有値と固有ベクトルを得た．しかし，このような代数的手法で問題が解けるのは特別な場合に限られる．より一般の質点系では力学変数である質点座標 $\hat{\boldsymbol{x}}$ の固有ベクトル $|\boldsymbol{x}\rangle$ と状態ベクトルとの内積で定義される波動関数 $\psi(\boldsymbol{x}) = \langle \boldsymbol{x}|\psi\rangle$ を考える．すると，ハミルトニアンや角運動量等のさまざまな物理量の固有値方程式は波動関数に対する微分方程式となり，解析的手法で問題を扱うことができるようになる．本書ではこの波動関数による手法を「$\boldsymbol{x}$-表示」と呼ぶ (「$\hat{\boldsymbol{x}}$ を対角化する表示」とも呼ばれる).

本章では，より簡単な 1 次元空間上の質点の系における x-表示の基礎を学んでいく．まず，必要となるディラックのデルタ関数に関する演習問題から始め，x-表示の導入へと進み，x-表示でのシュレーディンガー方程式，すなわち，シュレーディンガーの波動方程式を得る．具体的な系に対する問題は次の第 3 章以降で扱うが，そこで必要とされる波動関数の一般的性質は本章で問題として取り上げる．なお，3 次元空間における $\boldsymbol{x}$-表示は第 5 章で導入される．

問題 23 ディラックのデルタ関数 基本

x を実変数として，ディラックの**デルタ関数** (delta function) $\delta(x)$ を

$$\delta(x) = \begin{cases} +\infty & (x=0) \\ 0 & (x \neq 0) \end{cases} \tag{23.1}$$

および

$$\int_{-\infty}^{\infty} dx\, \delta(x) = 1 \tag{23.2}$$

を満たすものとして導入する．なお，(23.1)により，(23.2)の積分範囲は $x=0$ を含んでさえいればよい．

1. (23.1)と (23.2)から，任意の連続関数 $f(x)$ に対して次式を説明せよ:

$$\int_{-\infty}^{\infty} dx\, \delta(x) f(x) = f(0) \tag{23.3}$$

さらに，a を任意実数として次式を導け:

$$\int_{-\infty}^{\infty} dx\, \delta(x-a) f(x) = f(a) \tag{23.4}$$

なお，(23.4)では積分範囲は $x=a$ を含んでいれば十分である．

2. 逆に，(23.3)式から (23.1) と (23.2)の 2 つの性質を導け (したがって，(23.3)をデルタ関数の定義としてもよい)．
3. デルタ関数は次の諸性質を持っている:

$$\delta(-x) = \delta(x) \tag{23.5}$$

$$x\,\delta(x) = 0 \tag{23.6}$$

$$\delta(ax) = \frac{1}{|a|}\,\delta(x) \qquad (\text{任意の実数 } a\,(\neq 0) \text{ に対し}) \tag{23.7}$$

$$\delta(x-a)g(x) = \delta(x-a)g(a) \qquad (\text{任意の } g(x) \text{ に対し}) \tag{23.8}$$

$$x\,\delta'(x) = -\delta(x) \tag{23.9}$$

各性質について次式が任意の連続関数 $f(x)$ に対し成り立つことを (23.1)〜(23.4) を用いて示せ:

$$\int_{-\infty}^{\infty} dx\, (\text{左辺}) f(x) = \int_{-\infty}^{\infty} dx\, (\text{右辺}) f(x) \tag{23.10}$$

解 説 デルタ関数はディラックが量子力学の構築時に発明したものであり，連続的な固有値を持つ物理量の扱いに必要となる．本問題と次の**問題 24** においてデルタ関数の基本事項を学ぶ．なお，解答には「数学的な厳密さ」は要求しない．

解答

1. (23.1)のとおり $\delta(x)$ は $x=0$ 以外ではゼロなので，(23.3)の左辺において $f(x)$ を $f(0)$ に置き換えても積分値は同じであり

$$\int_{-\infty}^{\infty} dx\,\delta(x) f(x) \overset{f(x)\Rightarrow f(0)}{\underset{\downarrow}{=}} \underbrace{\int_{-\infty}^{\infty} dx\,\delta(x)}_{=1\ \because\ (23.2)} f(0) = f(0)$$

次に，(23.4)は

$$\int_{-\infty}^{\infty} dx\,\delta(x-a) f(x) \underset{\substack{\uparrow\\ x=y+a}}{=} \int_{-\infty}^{\infty} dy\,\delta(y) f(y+a) \underset{\substack{\uparrow\\ (23.3)}}{=} f(0+a) = f(a)$$

ここに，第 1 等号では新変数 y へ変数変換を行い，第 2 等号では (23.3)式において変数 x を y に置き換え $f(x) \to f(y+a)$ としたものを用いた．

2. まず，(23.2)は (23.3) において特に $f(x)=1$ としたものである．
次に，(23.3) ⇒ (23.1) は
   - $f(0)=0$ なるいかなる $f(x)$ に対しても (23.3) の左辺の区間 $(-\infty,\infty)$ での $\delta(x)f(x)$ の積分がゼロであることから，$\delta(x)=0$ $(x\neq 0)$ でなければならない．
   - $\delta(x)=0$ $(x\neq 0)$ であるにもかかわらず (23.2) の積分がゼロでない有限値 1 となるためには $\delta(0)=\infty$ でなければならない．

3. (23.5)は (23.7)で特に $a=-1$ としたもの．(23.6)は (23.8) で特に $a=0$ で $g(x)=x$ の場合．したがって，(23.7)，(23.8)，(23.9)について (23.10)を示す．

(23.7)

$$\int_{-\infty}^{\infty} dx\,\underbrace{\delta(ax)}_{(\text{左辺})} f(x) \underset{\substack{\uparrow\\ y=ax}}{=} \int_{-\infty}^{\infty} \frac{dy}{|a|}\,\delta(y) f(y/a) \underset{\substack{\uparrow\\ (23.3)}}{=} \frac{1}{|a|} f(0) \underset{\substack{\uparrow\\ (23.3)}}{=} \int_{-\infty}^{\infty} dx\,\underbrace{\frac{1}{|a|}\,\delta(x)}_{(\text{右辺})} f(x)$$

(23.8)

$$\int_{-\infty}^{\infty} dx\,\underbrace{\delta(x-a) g(x)}_{(\text{左辺})} f(x) \underset{\substack{\uparrow\\ (23.4)}}{=} g(a) f(a) \underset{\substack{\uparrow\\ (23.4)}}{=} \int_{-\infty}^{\infty} dx\,\underbrace{\delta(x-a) g(a)}_{(\text{右辺})} f(x)$$

(23.9)

$$\int_{-\infty}^{\infty} dx\,\underbrace{x\,\delta'(x)}_{(\text{左辺})} f(x) \underset{\substack{\uparrow\\ \boxed{\text{部分積分}}}}{=} \underbrace{\Big[\delta(x)\,x f(x)\Big]_{x=-\infty}^{x=\infty}}_{=0\ \because\ (23.1)} - \underbrace{\int_{-\infty}^{\infty} dx\,\delta(x) \frac{d}{dx}(x f(x))}_{=\ (x f(x))'\big|_{x=0}\ \because\ (23.3)}$$

$$= -\big(f(x) + x f'(x)\big)_{x=0} = -f(0) \underset{\substack{\uparrow\\ (23.3)}}{=} \int_{-\infty}^{\infty} dx\,\underbrace{(-\delta(x))}_{(\text{右辺})} f(x)$$

問題 24　デルタ関数の初等関数による表現　標準

1. デルタ関数は普通の関数ではないが，初等関数の極限としてのさまざまな表現がある．例えば，

$$\delta(x) = \lim_{\varepsilon\to+0} \frac{1}{\sqrt{\pi}\,\varepsilon} \exp\left(-\frac{x^2}{\varepsilon^2}\right) \tag{24.1}$$

$$\delta(x) = \lim_{\varepsilon\to+0} \frac{1}{\pi} \frac{\varepsilon}{x^2+\varepsilon^2} \tag{24.2}$$

$$\delta(x) = \lim_{\Lambda\to+\infty} \int_{-\Lambda}^{\Lambda} \frac{dk}{2\pi}\, e^{ikx} \tag{24.3}$$

これらの各表現に対してデルタ関数の条件である (23.1), (23.2), (23.3)を示せ．なお，(23.2)と (23.3) は x 積分を実行してから $\varepsilon\to 0$ や $\Lambda\to\infty$ の極限を取るものとするが，(23.3)においては x 積分と極限が交換可能として扱ってよい (そのような $f(x)$ を考える).

2. **階段関数** (step function) $\theta(x)$ を

$$\theta(x) = \begin{cases} 0 & (x<0) \\ 1 & (x>0) \end{cases} \tag{24.4}$$

で定義する ($x=0$ 直上の値 $\theta(0)$ は何でもよい)．次式，すなわち，階段関数の微分がデルタ関数であることを示せ:

$$\delta(x) = \frac{d}{dx}\theta(x) \tag{24.5}$$

解 説　**問題 23** の (23.1)と (23.2)の通り，デルタ関数 $\delta(x)$ は「原点で無限大，原点以外ではゼロであり，積分すると 1」となるような“関数”であるが，これはいろいろな初等関数の極限として表すことができる．特に，(24.3)と (24.5)は今後さまざまな場所で用いることになる．

解 答

1. (24.1)に対して (23.1), (23.2), (23.3)の確認

$\delta_\varepsilon(x) \equiv \dfrac{1}{\sqrt{\pi}\,\varepsilon}\exp\left(-x^2/\varepsilon^2\right)$ として，$x\neq 0$ の場合は $\delta_\varepsilon(x\neq 0)\to 0$ $(\varepsilon\to+0)$ である ($1/\varepsilon\to\infty$ よりも速く $e^{-x^2/\varepsilon^2}\to 0$) が，$x=0$ 直上では $\delta_\varepsilon(0)=1/(\sqrt{\pi}\,\varepsilon)\to+\infty$ $(\varepsilon\to+0)$ であり，(23.1)が成り立っている．次に，(23.3)は

$$\int_{-\infty}^{\infty} dx\, \delta_\varepsilon(x) f(x) \underset{\substack{\uparrow \\ x=\varepsilon y}}{=} \frac{1}{\sqrt{\pi}} \int_{-\infty}^{\infty} dy\, e^{-y^2} f(\varepsilon y) \underset{\varepsilon\to 0}{\to} \frac{1}{\sqrt{\pi}} \underbrace{\int_{-\infty}^{\infty} dy\, e^{-y^2}}_{=\sqrt{\pi}} f(0) = f(0)$$

(23.2)は上式で $f(x) = 1$ としたものである (今の場合 ε に依らず成り立つ).

(24.2)に対して (23.1), (23.2), (23.3)の確認

$\delta_\varepsilon(x) \equiv \dfrac{1}{\pi} \dfrac{\varepsilon}{x^2 + \varepsilon^2}$ とすると，$x \neq 0$ の場合は $\delta(x \neq 0) \simeq \varepsilon/(\pi x^2) \to 0$ $(\varepsilon \to 0)$ である (分母の ε^2 は x^2 に比べて無視できる) が，$x = 0$ 直上では $\delta_\varepsilon(0) = \dfrac{1}{\pi} \dfrac{\varepsilon}{0^2 + \varepsilon^2} = 1/(\pi\varepsilon) \to +\infty$ $(\varepsilon \to +0)$ であり，(23.1)が成り立っている．(23.3)は

$$\int_{-\infty}^{\infty} dx\, \delta_\varepsilon(x) f(x) \underset{\substack{\uparrow \\ x=\varepsilon y}}{=} \frac{1}{\pi} \int_{-\infty}^{\infty} dy\, \frac{f(\varepsilon y)}{y^2+1} \underset{\varepsilon\to 0}{\to} \frac{1}{\pi} \underbrace{\int_{-\infty}^{\infty} dy\, \frac{1}{y^2+1}}_{=\pi} f(0) = f(0)$$

(23.2)は上式で $f(x) = 1$ としたものである (今の場合も，ε に依らず成り立つ).

(24.3)に対して (23.1), (23.2), (23.3)の確認

まず，

$$\delta_\Lambda(x) \equiv \int_{-\Lambda}^{\Lambda} \frac{dk}{2\pi}\, e^{ikx} = \begin{cases} \dfrac{\sin(\Lambda x)}{\pi x} & (x \neq 0) \\ \dfrac{\Lambda}{\pi} & (x = 0) \end{cases}$$

したがって，$x = 0$ 直上では $\delta_\Lambda(0) = \Lambda/\pi \to +\infty$ $(\Lambda \to +\infty)$ であり，また，$x \neq 0$ の場合 $\delta_\Lambda(x \neq 0) = \sin(\Lambda x)/(\pi x)$ は $\Lambda \to \infty$ で激しく符号を変えて振動するので，ゼロとみなすことができる．この意味で (23.1)が成り立っている．(23.3)は

$$\int_{-\infty}^{\infty} dx\, \delta_\Lambda(x) f(x) = \int_{-\infty}^{\infty} dx\, \frac{\sin(\Lambda x)}{\pi x} f(x) \underset{\substack{\uparrow \\ x=y/\Lambda}}{=} \int_{-\infty}^{\infty} dy\, \frac{\sin y}{\pi y} f(y/\Lambda)$$
$$\underset{\Lambda\to\infty}{\to} \underbrace{\int_{-\infty}^{\infty} dy\, \frac{\sin y}{\pi y}}_{=1} f(0) = f(0)$$

(23.2)は上式で $f(x) = 1$ としたものであり，Λ に依らず成り立つ.

2. (23.3)が成り立つことを示す:

$$\int_{-\infty}^{\infty} dx\, \theta'(x) f(x) \underset{\substack{\uparrow \\ \boxed{\theta'(x\neq 0)=0}}}{=} \int_{-a}^{a} dx\, \theta'(x) f(x) \underset{\substack{\uparrow \\ \text{部分積分}}}{=} \Big[\theta(x) f(x)\Big]_{x=-a}^{x=a} - \int_{-a}^{a} dx\, \theta(x) f'(x)$$
$$= \Big(\underbrace{\theta(a)}_{=1} f(a) - \underbrace{\theta(-a)}_{=0} f(-a)\Big) - \underbrace{\int_0^a dx\, f'(x)}_{=f(a)-f(0)} = f(0)$$

ここに，第 1 等号では $x < 0$ と $x > 0$ のそれぞれで $\theta(x)$ が一定であることからの $\theta'(x \neq 0) = 0$ を用いて積分範囲を $[-a, a]$ $(a\,(>0)$ は任意) に変更した.

問題 25　$\widehat{x}$ の固有ベクトルと波動関数 (その 1)　基本

離散的な固有値を持った物理量の固有ベクトルの正規直交性と完全性については**問題 13** で扱ったが，ここでは固有値が連続的に存在する場合として正準変数 $(\widehat{x}, \widehat{p})$ で記述される 1 自由度系において，$\widehat{x}$ の固有値 x の固有ベクトル $|x\rangle$ を考える:

$$\widehat{x}\,|x\rangle = x\,|x\rangle \tag{25.1}$$

$\widehat{x}$ は (例えば) 質点の 1 次元座標を表し，その固有値 x は連続的な実数の値 $(-\infty < x < \infty)$ を取るとする．$\widehat{x}$ はエルミートなので，異なる固有値に対応する固有ベクトルは直交する: $\langle x|x'\rangle = 0\ (x \neq x')$．そこで，$x = x'$ の場合も含めた内積 $\langle x|x'\rangle$ を，デルタ関数を用いて

$$\textbf{正規直交性:}\quad \langle x|x'\rangle = \delta(x-x') \overset{(23.5)}{\overset{\downarrow}{=}} \delta(x'-x) \tag{25.2}$$

と取ることにする．これは離散固有値の場合の正規直交性 (13.2)式に対応するものである．

1. 固有ベクトルの全体 $\{|x\rangle\}$ が完全性を満たす，すなわち，任意の状態ベクトル $|\psi\rangle$ が $\{|x\rangle\}$ の線形結合で表されるとする．この完全性は次式で表されることを示せ:

$$\textbf{完全性:}\quad \int_{-\infty}^{\infty} dx\,|x\rangle\langle x| = \mathbb{I} \tag{25.3}$$

   これは離散固有値の場合の完全性 (13.4)式に対応するものである．

2. 任意の 2 つの状態ベクトル $|\psi_1\rangle$ と $|\psi_2\rangle$ に対して，それらの内積 $\langle\psi_1|\psi_2\rangle$ が

$$\langle\psi_1|\psi_2\rangle = \int_{-\infty}^{\infty} dx\,\psi_1(x)^*\,\psi_2(x) \tag{25.4}$$

   で与えられることを示せ．ここに，x の関数 $\psi(x)$ は

$$\psi(x) \equiv \langle x|\psi\rangle$$

   で定義され，状態ベクトル $|\psi\rangle$ の**波動関数** (wave function) と呼ばれる．

3. $\widehat{x}$ の固有ベクトル $|x\rangle$ に対する運動量演算子 $\widehat{p}$ の作用を

$$\widehat{p}\,|x\rangle = i\hbar\frac{\partial}{\partial x}\,|x\rangle \tag{25.5}$$

   とすることで正準交換関係を $|x\rangle$ に作用させた関係式

$$\left[\widehat{x}, \widehat{p}\right]|x\rangle = i\hbar\,|x\rangle \tag{25.6}$$

   が成り立つことを示せ．なお，(25.6)が成り立つと，完全性 (25.3)を用いて正準交換関係 $[\widehat{x}, \widehat{p}] = i\hbar\mathbb{I}$ 自体が成り立つ:

$$[\widehat{x}, \widehat{p}] = \int_{-\infty}^{\infty} dx\,[\widehat{x}, \widehat{p}]\,|x\rangle\langle x| \overset{(25.6)}{\overset{\downarrow}{=}} i\hbar\int_{-\infty}^{\infty} dx\,|x\rangle\langle x| = i\hbar\mathbb{I}$$

解 説 $\widehat{x}$ の固有値の関数である波動関数 $\psi(x) = \langle x|\psi\rangle$ を用いた形式を本書では x-表示と呼ぶ (「$\widehat{x}$ を対角化した表示」ともいう)．なお，(25.5)の右辺において，$|x\rangle$ の「固有値 x による微分」$(\partial/\partial x)\,|x\rangle$ は，通常の微分と同様に次式で与えられるものである:

$$\frac{\partial}{\partial x}\,|x\rangle = \lim_{\varepsilon\to 0}\frac{|x+\varepsilon\rangle - |x\rangle}{\varepsilon}$$

解 答

1. 離散固有値の場合の完全性 (13.3)における線形和は連続固有値の場合は積分となり，任意の状態ベクトル $|\psi\rangle$ が展開係数 $\psi(x)$ を用いて

$$|\psi\rangle = \int_{-\infty}^{\infty} dx\,\psi(x)\,|x\rangle \tag{25.7}$$

と表される ($\psi(x)$ が (13.3)の ψ_i に対応)．この両辺に左から $\langle x'|$ を当てると

$$\langle x'|\psi\rangle = \int_{-\infty}^{\infty} dx\,\psi(x)\,\underbrace{\langle x'|x\rangle}_{\delta(x'-x)=\delta(x-x')} \overset{(23.4)}{=} \psi(x') \quad \text{すなわち} \quad \psi(x) = \langle x|\psi\rangle$$

この結果を (25.7)に代入して

$$|\psi\rangle = \int_{-\infty}^{\infty} dx\,\langle x|\psi\rangle\,|x\rangle = \int_{-\infty}^{\infty} dx\ |x\rangle\langle x|\psi\rangle = \left(\int_{-\infty}^{\infty} dx\ |x\rangle\langle x|\right)|\psi\rangle$$

これが任意の $|\psi\rangle$ について成り立つべきことから，(25.3)を得る．

2. 2 つの状態ベクトル $|\psi_1\rangle$ と $|\psi_2\rangle$ の内積は，完全性 (25.3)を用いて，

$$\begin{aligned}\langle\psi_1|\psi_2\rangle &= \langle\psi_1|\left(\int_{-\infty}^{\infty} dx\ |x\rangle\langle x|\right)|\psi_2\rangle = \int_{-\infty}^{\infty} dx\,\underbrace{\langle\psi_1|x\rangle}_{\langle x|\psi_1\rangle^*\ \because (06.7)}\langle x|\psi_2\rangle \\ &= \int_{-\infty}^{\infty} dx\,\psi_1(x)^*\,\psi_2(x)\end{aligned}$$

3. $[\widehat{x},\widehat{p}]\,|x\rangle$ の交換子を展開した各項に (25.1)と (25.5)を繰り返し用いて

$$\begin{aligned}[\widehat{x},\widehat{p}]\,|x\rangle &= \widehat{x}\ \underbrace{\widehat{p}\,|x\rangle}_{i\hbar\frac{\partial}{\partial x}|x\rangle} - \widehat{p}\ \underbrace{\widehat{x}\,|x\rangle}_{x\,|x\rangle} = i\hbar\,\widehat{x}\frac{\partial}{\partial x}\,|x\rangle - \widehat{p}\,x\,|x\rangle = i\hbar\frac{\partial}{\partial x}\underbrace{\widehat{x}\,|x\rangle}_{x\,|x\rangle} - x\underbrace{\widehat{p}\,|x\rangle}_{i\hbar\frac{\partial}{\partial x}|x\rangle} \\ &= i\hbar\left(\underbrace{\frac{\partial}{\partial x}\big(x\,|x\rangle\big)}_{|x\rangle + x\frac{\partial}{\partial x}|x\rangle} - x\frac{\partial}{\partial x}\,|x\rangle\right) = i\hbar\,|x\rangle\end{aligned}$$

を得る．なお，第 3 等号では c 数 x とその微分 $\partial/\partial x$ は演算子 $(\widehat{x},\,\widehat{p})$ と交換可能であることを用いた．

問題 26　$\widehat{x}$ の固有ベクトルと波動関数 (その2)　標準

問題 **25** からの続きの問題である．

4. (25.5)式が $\widehat{p}$ のエルミート性 ($\widehat{p}^\dagger=\widehat{p}$) と無矛盾であり

$$\left(\langle x'|\widehat{p}|x\rangle\right)^*\Big(=\langle x|\,\widehat{p}^\dagger|x'\rangle\Big)=\langle x|\,\widehat{p}\,|x'\rangle \tag{26.1}$$

が成り立つことを示せ (第2等号が成り立つことを示せ．第1等号は公式 (06.6))．なお，完全性 (25.3)を用いると，(26.1)は $\widehat{p}^\dagger=\widehat{p}$ 自体を意味する．

5. 任意の状態ベクトル $|\psi\rangle$ とその波動関数 $\psi(x)=\langle x|\psi\rangle$ に対して次式を示せ:

$$\langle x|\,\widehat{x}\,|\psi\rangle=x\,\psi(x),\qquad \langle x|\,\widehat{p}\,|\psi\rangle=-i\hbar\frac{\partial}{\partial x}\psi(x) \tag{26.2}$$

6. より一般に，($\widehat{x}$, $\widehat{p}$) の任意関数 $A(\widehat{x},\widehat{p})$ に対して次の公式が成り立つ:

$$\langle x|\,A(\widehat{x},\widehat{p})\,|\psi\rangle=A\bigg(x,-i\hbar\frac{\partial}{\partial x}\bigg)\,\psi(x) \tag{26.3}$$

すなわち，左辺の $A(\widehat{x},\widehat{p})$ に対して，右辺の A では次の置き換えをすればよい:

$$\widehat{x}\to x,\quad \widehat{p}\to -i\hbar\frac{\partial}{\partial x} \tag{26.4}$$

(26.3)式が $A(\widehat{x},\widehat{p})=\widehat{x}^{\,n}$ $(n=1,2,\cdots)$, $\widehat{p}^{\,2}$, $\widehat{p}\,\widehat{x}$ の各場合に成り立つことを確認せよ．

7. 任意の2つの状態ベクトル $|\psi_1\rangle$ と $|\psi_2\rangle$ に対して次式を示せ:

$$\langle\psi_1|\,A(\widehat{x},\widehat{p})\,|\psi_2\rangle=\int_{-\infty}^{\infty}dx\,\psi_1(x)^*A\bigg(x,-i\hbar\frac{\partial}{\partial x}\bigg)\,\psi_2(x) \tag{26.5}$$

8. 置き換え (26.4)の右の量が正準交換関係 $[\widehat{x},\widehat{p}]=i\hbar$ と同じ交換関係，すなわち，

$$\left[x,-i\hbar\frac{\partial}{\partial x}\right]=i\hbar \tag{26.6}$$

を満たすことを示せ．これは，(26.3)式が特に $A(\widehat{x},\widehat{p})=[\widehat{x},\widehat{p}]=i\hbar$ に対して成り立つために必要な関係式である．

解 説　設問6では3つの特定の $A(\widehat{x},\widehat{p})$ に対してのみ (26.3) の確認を行うが，これができれば一般証明も自明であろう．なお，(26.3)式の右辺での x と $-i\hbar(\partial/\partial x)$ の相対位置は元の $\widehat{x}$ と $\widehat{p}$ の位置と同一でないといけないことに注意．

解 答

4. (25.5)式の左から $\langle x'|$ を当てて (内積をとって)

$$\langle x'|\widehat{p}|x\rangle=i\hbar\langle x'|\frac{\partial}{\partial x}|x\rangle=i\hbar\frac{\partial}{\partial x}\langle x'|x\rangle=i\hbar\frac{\partial}{\partial x}\overbrace{\delta(x'-x)}^{=\delta(x-x')} \tag{26.7}$$

この複素共役をとると (デルタ関数は実関数)

$$(\langle x'|\widehat{p}|x\rangle)^* = -i\hbar\frac{\partial}{\partial x}\delta(x-x')$$

他方，(26.7)で x と x' を入れ替えると

$$\langle x|\widehat{p}|x'\rangle = i\hbar\frac{\partial}{\partial x'}\delta(x-x') = -i\hbar\frac{\partial}{\partial x}\delta(x-x')$$

この第 2 等号では，デルタ関数を含む任意関数 $f(x)$ についての次の公式を用いた:

$$\frac{\partial}{\partial x}f(x-x') = -\frac{\partial}{\partial x'}f(x-x')$$

よって，(26.1)が成り立っている．

5. (25.1)と (25.5)のエルミート共役をとると ($\widehat{x}^\dagger = \widehat{x}$, $\widehat{p}^\dagger = \widehat{p}$, $x^* = x$ を用いて)

$$\langle x|\,\widehat{x} = \langle x|\,x = x\,\langle x|\,, \qquad \langle x|\,\widehat{p} = -i\hbar\frac{\partial}{\partial x}\langle x| \tag{26.8}$$

なお，第 2 式右辺については次式に注意:

$$\left(i\hbar\frac{\partial}{\partial x}|x\rangle\right)^\dagger = \left(i\hbar\lim_{\varepsilon\to 0}\frac{|x+\varepsilon\rangle - |x\rangle}{\varepsilon}\right)^\dagger = -i\hbar\lim_{\varepsilon\to 0}\frac{\langle x+\varepsilon| - \langle x|}{\varepsilon} = -i\hbar\frac{\partial}{\partial x}\langle x|$$

(26.8) の各式に右から $|\psi\rangle$ を当てて (内積をとって) (26.2) を得る．なお，$|\psi\rangle$ 自体は x に依らないことから得られる次式にも注意:

$$\left(\frac{\partial}{\partial x}\langle x|\right)|\psi\rangle = \frac{\partial}{\partial x}\langle x|\psi\rangle = \frac{\partial}{\partial x}\psi(x)$$

6. (26.8)式を繰り返し用いることにより次の各式を得る:

$$\langle x|\,\widehat{x}^n = \underbrace{\langle x|\,\widehat{x}}_{x\langle x|}\,\widehat{x}^{n-1} = x\underbrace{\langle x|\,\widehat{x}}_{x\langle x|}\widehat{x}^{n-2} = \cdots = x^{n-1}\underbrace{\langle x|\,\widehat{x}}_{x\langle x|} = x^n\langle x|$$

$$\langle x|\,\widehat{p}^2 = \underbrace{\langle x|\,\widehat{p}}_{-i\hbar(\partial/\partial x)\langle x|}\,\widehat{p} = -i\hbar\frac{\partial}{\partial x}\underbrace{\langle x|\,\widehat{p}}_{-i\hbar(\partial/\partial x)\langle x|} = \left(-i\hbar\frac{\partial}{\partial x}\right)^2\langle x|$$

$$\underbrace{\langle x|\,\widehat{p}}_{-i\hbar(\partial/\partial x)\langle x|}\,\widehat{x} = -i\hbar\frac{\partial}{\partial x}\underbrace{\langle x|\,\widehat{x}}_{x\langle x|} = -i\hbar\frac{\partial}{\partial x}(x\,\langle x|)$$

これら 3 式に右から $|\psi\rangle$ を当て，それぞれの $A(\widehat{x},\widehat{p})$ の場合の (26.3)式を得る．

7. 完全性 (25.3)と公式 (26.3) を用いて

$$\langle\psi_1|\,A(\widehat{x},\widehat{p})\,|\psi_2\rangle \underset{\substack{\uparrow\\(25.3)}}{=} \langle\psi_1|\left(\int_{-\infty}^{\infty}dx\,|x\rangle\langle x|\right)A(\widehat{x},\widehat{p})\,|\psi_2\rangle$$

$$= \int_{-\infty}^{\infty}dx\,\underbrace{\langle\psi_1|x\rangle}_{\psi_1(x)^*}\,\langle x|\,A(\widehat{x},\widehat{p})\,|\psi_2\rangle \underset{\substack{\uparrow\\(26.3)}}{=} \int_{-\infty}^{\infty}dx\,\psi_1(x)^*A\left(x,-i\hbar\frac{\partial}{\partial x}\right)\psi_2(x)$$

8. $f(x)$ を任意関数として

$$\left[x,-i\hbar\frac{\partial}{\partial x}\right]f(x) = x\left(-i\hbar\frac{\partial f(x)}{\partial x}\right) + i\hbar\underbrace{\frac{\partial}{\partial x}(xf(x))}_{f(x)+x(\partial f(x)/\partial x)} = i\hbar f(x)$$

これは (26.6)を意味する．

問題 27　$\widehat{x}$ の固有ベクトルと波動関数 (その 3)　標準

問題 **25**, **26** からの続きの問題である.

9. (25.1)を満たす $\widehat{x}$ の固有ベクトル $|x\rangle$ に対して，$g(x)$ を任意実関数として，$|x\rangle_g = |x\rangle\, e^{ig(x)/\hbar}$ を考える．$|x\rangle_g$ も $\widehat{x}$ の固有ベクトル (固有値 x) であり，正規直交性 (25.2)と完全性 (25.3)を満たすことを説明せよ．また，$|x\rangle$ に対する運動量演算子 $\widehat{p}$ の作用 (25.5)は $|x\rangle_g$ に対してはどのように変更されるか.

10. 運動量演算子 $\widehat{p}$ の固有値 p の固有ベクトル $|p\rangle$ を考える:

$$\widehat{p}\,|p\rangle = p\,|p\rangle \tag{27.1}$$

波動関数 $f_p(x) = \langle x|p\rangle$ が満たすべき変数 x についての微分方程式を与え，その解として $f_p(x)$ を求めよ．なお，$|p\rangle$ はデルタ関数を用いた次の式を満たすように規格化されているものとする:

$$\langle p|p'\rangle = \delta(p-p')$$

また，この $|p\rangle$ を $\widehat{x}$ の固有ベクトル $|x\rangle$ を用いて表せ.

解 説　設問 9 は (25.5)式の右辺のとりかたの自由度 (任意性) に関するものである．[解答] の最後の式にあるように，任意実関数 $g(x)$ により $i\hbar(\partial/\partial x) \to i\hbar(\partial/\partial x) + g'(x)$ と置き換えてもよい (もちろん，$g(x)=0$ が一番簡単であるが).

設問 10 は運動量 $\widehat{p}$ の固有ベクトル $|p\rangle$ の構成についてのものである．$\widehat{x}$ の固有ベクトル $|x\rangle$ と同様に，$\widehat{p}$ の固有値 p も連続的な実数の値を取るので，内積 $\langle p|p'\rangle$ はデルタ関数 $\delta(p-p')$ に比例する.

解 答

9. $|x\rangle_g$ が $\widehat{x}$ の固有値 x の固有ベクトルであることは

$$\widehat{x}\,|x\rangle_g = \widehat{x}\left(|x\rangle\, e^{ig(x)/\hbar}\right) \underset{\substack{\uparrow \\ g(x)\text{ は c 数関数}}}{=} \left(\widehat{x}\,|x\rangle\right)e^{ig(x)/\hbar} \underset{\substack{\uparrow \\ (25.1)}}{=} \left(x\,|x\rangle\right)e^{ig(x)/\hbar} = x\,|x\rangle_g$$

次に，${}_g\langle x| = (|x\rangle_g)^\dagger = e^{-ig(x)/\hbar}\,\langle x|$ を用いて，正規直交性は

$${}_g\langle x|x'\rangle_g = e^{-ig(x)/\hbar} \underbrace{\langle x|x'\rangle}_{\delta(x-x') \leftarrow (25.2)} e^{ig(x')/\hbar} = \delta(x-x')\, e^{i\left(g(x')-g(x)\right)/\hbar} \underset{\substack{\uparrow \\ (23.8)}}{=} \delta(x-x')$$

完全性は

$$\int_{-\infty}^{\infty} dx\ |x\rangle_{g\,g}\langle x| = \int_{-\infty}^{\infty} dx\ |x\rangle \underbrace{e^{ig(x)/\hbar}\, e^{-ig(x)/\hbar}}_{=1} \langle x| = \int_{-\infty}^{\infty} dx\ |x\rangle\langle x| \underset{\substack{\uparrow \\ (25.3)}}{=} \mathbb{I}$$

最後に，$\widehat{p}\,|x\rangle_g$ は

$$\widehat{p}\,|x\rangle_g = \widehat{p}\left(|x\rangle\, e^{ig(x)/\hbar}\right) = \left(\widehat{p}\,|x\rangle\right)e^{ig(x)/\hbar} \underset{}{\overset{(25.5)}{\downarrow\!=}} \left(i\hbar\frac{\partial}{\partial x}\,|x\rangle\right) e^{ig(x)/\hbar}$$
$$= i\hbar\frac{\partial}{\partial x}\left(|x\rangle\, e^{ig(x)/\hbar}\right) + |x\rangle \underbrace{\left(-i\hbar\frac{\partial}{\partial x}e^{ig(x)/\hbar}\right)}_{g'(x)\, e^{ig(x)/\hbar}} = \left(i\hbar\frac{\partial}{\partial x} + g'(x)\right)|x\rangle_g$$

となり，(25.5)式に比べて右辺に $g'(x)$ 項が加わっている．

10. $f_p(x) = \langle x|p\rangle$ が満たすべき微分方程式は

$$\widehat{p}\,|p\rangle = p\,|p\rangle \quad\Rightarrow\quad \underbrace{\langle x|\,\widehat{p}\,|p\rangle}_{-i\hbar\frac{\partial}{\partial x}\langle x|p\rangle \,\leftarrow\, (26.2)} = p\langle x|p\rangle \quad\Rightarrow\quad -i\hbar\frac{\partial}{\partial x}f_p(x) = pf_p(x) \quad (27.2)$$

この一般解は

$$f_p(x) = c_p\, e^{ipx/\hbar} \qquad (c_p\text{：任意定数})$$

で与えられる．これを用いて内積 $\langle p|p'\rangle$ は

$$\langle p|p'\rangle \underset{\uparrow\,(25.4)}{=} \int_{-\infty}^{\infty} dx\, f_p(x)^* f_{p'}(x) = c_p^*\, c_{p'} \underbrace{\int_{-\infty}^{\infty} dx\, e^{-i(p-p')x/\hbar}}_{2\pi\hbar\,\delta(p-p')}$$
$$\underset{\uparrow\,(23.8)}{=} 2\pi\hbar\,|c_p|^2\,\delta(p-p')$$

となる．ここに，デルタ関数の表式 (24.3)において積分変数 k を x に置き換えた

$$\int_{-\infty}^{\infty} dx\, e^{-i(p-p')x/\hbar} = 2\pi\delta\left(\frac{p-p'}{\hbar}\right) \underset{\uparrow\,(23.7)}{=} 2\pi\hbar\,\delta(p-p')$$

を用いた．よって，設問で指定の $\langle p|p'\rangle = \delta(p-p')$ とするためには $c_p = 1/\sqrt{2\pi\hbar}$ と取ればよい．結局，$f_p(x) = \langle x|p\rangle$ は

$$f_p(x) = \frac{1}{\sqrt{2\pi\hbar}}\, e^{ipx/\hbar} \qquad (27.3)$$

であり，次の正規直交性を満たす:

$$\int_{-\infty}^{\infty} dx\, f_p(x)^* f_{p'}(x) = \delta(p-p') \qquad (27.4)$$

また，完全性 $\int_{-\infty}^{\infty} dp\,|p\rangle\langle p| = \mathbb{I}$ を左右から $\langle x|$ と $|x'\rangle$ で挟んだ次式も成り立つ:

$$\int_{-\infty}^{\infty} dp\, f_p(x) f_p(x')^* = \delta(x-x') \qquad (27.5)$$

最後に $|p\rangle$ を $\widehat{x}$ の固有ベクトル $|x\rangle$ を用いて表すと

$$|p\rangle \underset{\uparrow\,(25.3)}{=} \int_{-\infty}^{\infty} dx\ |x\rangle\underbrace{\langle x|p\rangle}_{f_p(x)} = \int_{-\infty}^{\infty} \frac{dx}{\sqrt{2\pi\hbar}}\, e^{ipx/\hbar}\,|x\rangle$$

なお，運動量 $\widehat{p}$ の固有ベクトル $|p\rangle$ の x-表示である $f_p(x) = \langle x|p\rangle$ は運動量の固有関数 (eigenfunction) と呼ばれる．

問題 28　x-表示における確率解釈　**基本**

この問題では，**問題 14** で導入した量子力学の確率解釈を，1 次元空間上の 1 質点系 ($\widehat{x}$ は質点の座標) において波動関数 $\psi(x)$ を用いて考える．要点をまとめると:

- 状態ベクトル $|\psi\rangle$ の規格化条件 $\langle\psi|\psi\rangle = 1$ (14.1)は公式 (25.4) を用いて
$$\langle\psi|\psi\rangle = \int_{-\infty}^{\infty} dx\, |\psi(x)|^2 = 1 \tag{28.1}$$
- 質点の位置 $\widehat{x}$ を観測した時，それが $x_1 \le x \le x_2$ の範囲に存在する確率 $P(x_1, x_2)$ は
$$P(x_1, x_2) = \int_{x_1}^{x_2} dx\, |\psi(x)|^2 \tag{28.2}$$
で与えられる．すなわち，$|\psi(x)|^2$ は質点が点 x に存在する**確率密度**である．全 (1 次元) 空間のどこか ($-\infty < x < \infty$) に存在する確率は規格化条件 (28.1) により (もちろん) 1 である: $P(-\infty, \infty) = 1$.
- 物理量 $A(\widehat{x}, \widehat{p})$ の期待値 $\langle A(\widehat{x}, \widehat{p})\rangle$ は公式 (26.5) により次式で与えられる:
$$\langle A(\widehat{x}, \widehat{p})\rangle \equiv \langle\psi|\, A(\widehat{x}, \widehat{p})\, |\psi\rangle = \int_{-\infty}^{\infty} dx\, \psi(x)^* A\Big(x, -i\hbar\frac{\partial}{\partial x}\Big)\, \psi(x) \tag{28.3}$$
特に
$$\langle\widehat{x}^{\,n}\rangle = \int_{-\infty}^{\infty} dx\, x^n\, |\psi(x)|^2, \quad \langle\widehat{p}^{\,n}\rangle = \int_{-\infty}^{\infty} dx\, \psi(x)^* \Big(-i\hbar\frac{\partial}{\partial x}\Big)^n \psi(x) \tag{28.4}$$

以下では，波動関数として特に $\psi(x) = b\, e^{-ax^2/2}$ (a, b: 正の実定数) を考える．

1. $\psi(x)$ が規格化条件 (28.1)を満たすように，正定数 b を a を用いて与えよ．なお，以下の設問では，b は規格化から定めたものであるとする．
2. (28.2)式の確率 $P(x_1, x_2)$ を次の**誤差関数** $\mathrm{erf}(x)$ で表せ:
$$\mathrm{erf}(x) = \frac{2}{\sqrt{\pi}} \int_0^x dy\, e^{-y^2}, \qquad \mathrm{erf}(\infty) = 1$$
3. 期待値 $\langle\widehat{x}\rangle$, $\langle\widehat{x}^{\,2}\rangle$, $\langle\widehat{p}\rangle$, $\langle\widehat{p}^{\,2}\rangle$ を a の関数として与えよ．さらに，$\widehat{x}$ と $\widehat{p}$ の「不確かさ」Δx と Δp を求め，それらの積 $\Delta x\, \Delta p$ を与えよ (**問題 16** 参照).

解 説　問題文最初の網掛け部分のまとめは，今後の波動関数を用いた諸量の計算の基礎となるものである．この問題では簡単なガウス関数の波動関数に対して，(28.1)～(28.4) の計算を行う．なお，この形の波動関数は調和振動子の基底状態を表すものである (**問題 42** 参照).

解 答

1.　与えられた $\psi(x)$ の規格化条件より

$$1=\int_{-\infty}^{\infty}dx\,|\psi(x)|^2=b^2\int_{-\infty}^{\infty}dx\,e^{-ax^2}=b^2\sqrt{\frac{\pi}{a}}\quad\Rightarrow\quad b=\left(\frac{a}{\pi}\right)^{1/4}$$

ここに，次の**ガウス積分** (Gauss integral) の公式を用いた:

$$\int_{-\infty}^{\infty}dx\,e^{-ax^2}=\sqrt{\frac{\pi}{a}}\quad(a>0)\tag{28.5}$$

2. 被積分関数が誤差関数の e^{-y^2} となるように $x=y/\sqrt{a}$ の変数変換を行い

$$P(x_1,x_2)=b^2\int_{x_1}^{x_2}dx\,e^{-ax^2}\underset{\substack{\uparrow\\ x=y/\sqrt{a}}}{=}\frac{b^2}{\sqrt{a}}\int_{\sqrt{a}x_1}^{\sqrt{a}x_2}dy\,e^{-y^2}$$

$$\underset{\substack{\downarrow\\ b^2=\sqrt{a/\pi}}}{=}\frac{1}{\sqrt{\pi}}\left(\int_0^{\sqrt{a}x_2}-\int_0^{\sqrt{a}x_1}\right)dy\,e^{-y^2}=\frac{1}{2}\big(\mathrm{erf}(\sqrt{a}x_2)-\mathrm{erf}(\sqrt{a}x_1)\big)$$

3. $\langle\widehat{x}\rangle$, $\langle\widehat{x}^{\,2}\rangle$, $\langle\widehat{p}\rangle$, $\langle\widehat{p}^{2}\rangle$ を順次計算すると以下の通り:

$$\langle\widehat{x}\rangle=\int_{-\infty}^{\infty}dx\,x\,|\psi(x)|^2=b^2\int_{-\infty}^{\infty}dx\,x\,e^{-ax^2}=0\quad\left(\because\ x\,e^{-ax^2}\text{ が奇関数}\right)$$

$$\langle\widehat{x}^{\,2}\rangle=\int_{-\infty}^{\infty}dx\,x^2\,|\psi(x)|^2=b^2\int_{-\infty}^{\infty}dx\,x^2\,e^{-ax^2}=b^2\left(-\frac{\partial}{\partial a}\right)\underbrace{\int_{-\infty}^{\infty}dx\,e^{-ax^2}}_{=\sqrt{\pi/a}}$$

$$=b^2\frac{\sqrt{\pi}}{2a^{3/2}}=\sqrt{\frac{a}{\pi}}\frac{\sqrt{\pi}}{2a^{3/2}}=\frac{1}{2a}\quad\left(\because\ b^2=\sqrt{\frac{a}{\pi}}\right)$$

$$\langle\widehat{p}\rangle=\int_{-\infty}^{\infty}dx\,\psi(x)^*\underbrace{\left(-i\hbar\frac{\partial}{\partial x}\right)\psi(x)}_{i\hbar\,ax\,\psi(x)}=i\hbar a\int_{-\infty}^{\infty}dx\,x\,|\psi(x)|^2=0$$

$$\langle\widehat{p}^{2}\rangle=\int_{-\infty}^{\infty}dx\,\psi(x)^*\left(-i\hbar\frac{\partial}{\partial x}\right)^2\psi(x)=-\hbar^2\int_{-\infty}^{\infty}dx\,\psi(x)\psi''(x)$$

$$=-\hbar^2\int_{-\infty}^{\infty}dx\left(a^2x^2-a\right)\psi(x)^2=-\hbar^2\left(a^2\frac{1}{2a}-a\right)=\frac{1}{2}a\hbar^2$$

$\langle\widehat{p}^{2}\rangle$ の計算では，$\psi'(x)=-ax\,\psi(x)\ \Rightarrow\ \psi''(x)=\left(a^2x^2-a\right)\psi(x)$ を用い，上の結果である $\int_{-\infty}^{\infty}dx\,x^2\psi(x)^2=\langle\widehat{x}^{\,2}\rangle=1/(2a)$ と $\int_{-\infty}^{\infty}dx\,\psi(x)^2=1$ を利用した．

次に，Δx と Δp は ((16.5)参照)

$$\Delta x=\sqrt{\langle\widehat{x}^{\,2}\rangle-\langle\widehat{x}\rangle^2}=\sqrt{\frac{1}{2a}-0}=\frac{1}{\sqrt{2a}}$$

$$\Delta p=\sqrt{\langle\widehat{p}^{2}\rangle-\langle\widehat{p}\rangle^2}=\sqrt{\frac{1}{2}a\hbar^2-0}=\sqrt{\frac{a}{2}}\,\hbar$$

であり

$$\Delta x\,\Delta p=\frac{1}{\sqrt{2a}}\times\sqrt{\frac{a}{2}}\,\hbar=\frac{\hbar}{2}$$

これは不確定性関係 (16.1)の下限値である．

問題 29　シュレーディンガーの波動方程式　基本

1. ハミルトニアン $\widehat{H}=H(\widehat{x},\widehat{p})$ で記述される1次元空間上の1質点系におけるシュレーディンガー方程式 (20.1)が，x-表示では波動関数 $\psi(x,t)=\langle x|\psi(t)\rangle$ を未知関数とする2変数 (x,t) についての偏微分方程式

$$i\hbar\frac{\partial}{\partial t}\psi(x,t)=H\left(x,-i\hbar\frac{\partial}{\partial x}\right)\psi(x,t) \tag{29.1}$$

となることを説明せよ．(29.1)を**シュレーディンガーの波動方程式**，あるいは単に**波動方程式** (wave equation) と呼ぶ．

2. ハミルトニアンが特に

$$\widehat{H}=H(\widehat{x},\widehat{p})=\frac{1}{2m}\widehat{p}^2+U(\widehat{x}) \tag{29.2}$$

で与えられる場合の波動方程式 (29.1) を書き下し，波動関数が次の**連続の方程式**を満たすことを示せ ($U(x)$ は実関数とする):

$$\frac{\partial}{\partial t}\rho(x,t)+\frac{\partial}{\partial x}j(x,t)=0 \tag{29.3}$$

ここに，$\rho(x,t)$ と $j(x,t)$ はそれぞれ次式で与えられる:

確率密度: $$\rho(x,t)=|\psi(x,t)|^2=\psi(x,t)^*\psi(x,t) \tag{29.4}$$

確率流: $$j(x,t)=\frac{-i\hbar}{2m}\left(\psi(x,t)^*\frac{\partial\psi(x,t)}{\partial x}-\frac{\partial\psi(x,t)^*}{\partial x}\psi(x,t)\right) \tag{29.5}$$

$\rho(x,t)$ が確率密度であることについては**問題 28** を参照のこと．

3. 連続の方程式 (29.3)を区間 $[a,b]$ で x 積分を行って得られる式から，$j(x,t)$ が時刻 t における点 x での「(質点が存在する) 確率の流れ」(x の正の方向への流れを正とする) であることを説明せよ．

4. ハミルトニアン $\widehat{H}$ の固有値 E の固有ベクトル $|E\rangle$ に対して (21.1)式の定常状態 $|\psi(t)\rangle=|E\rangle\,e^{-iEt/\hbar}$ はシュレーディンガー方程式 (20.1)の解であった (**問題 21** 参照)．$|E\rangle$ の波動関数 $\psi_E(x)\equiv\langle x|E\rangle$ が従うべき微分方程式を一般の $\widehat{H}$ および (29.2)式の $\widehat{H}$ に対して書き下せ．

解説　この問題では，第3，4章で具体的な解法を学ぶ波動方程式の基礎を確認する．

解答

1. シュレーディンガー方程式 (20.1)に左から $\langle x|$ (t に依らない) を当て，公式 (26.3) を用いることで (29.1)を得る:

$$i\hbar\frac{\partial}{\partial t}\underbrace{\langle x|\psi(t)\rangle}_{\psi(x,t)}=\langle x|\,H(\widehat{x},\widehat{p})\,|\psi(t)\rangle\underset{\substack{\uparrow\\ \text{公式 (26.3)}}}{=}H\left(x,-i\hbar\frac{\partial}{\partial x}\right)\langle x|\psi(t)\rangle$$

ここに，(20.1)式左辺の d/dt は (ここでは変数 x も現れるので) 偏微分 $\partial/\partial t$ とした.

2. ハミルトニアンが (29.2)の場合，波動方程式 (29.1)は

$$i\hbar\frac{\partial}{\partial t}\psi(x,t)=\left[-\frac{\hbar^2}{2m}\left(\frac{\partial}{\partial x}\right)^2+U(x)\right]\psi(x,t) \tag{29.6}$$

次に，$\psi=\psi(x,t)$, $\psi^*=\psi(x,t)^*$ として，(29.6)に ψ^* を掛けると

$$i\hbar\,\psi^*\frac{\partial\psi}{\partial t}=-\frac{\hbar^2}{2m}\psi^*\frac{\partial^2\psi}{\partial x^2}+U\,|\psi|^2 \tag{29.7}$$

同様に，(29.6)式の複素共役に ψ を掛けて ($U(x)$ は実関数)

$$-i\hbar\frac{\partial\psi^*}{\partial t}=-\frac{\hbar^2}{2m}\frac{\partial^2\psi^*}{\partial x^2}+U\psi^*\ \Rightarrow\ -i\hbar\frac{\partial\psi^*}{\partial t}\psi=-\frac{\hbar^2}{2m}\frac{\partial^2\psi^*}{\partial x}\psi+U\,|\psi|^2 \tag{29.8}$$

(29.7)式から (29.8)の右式を辺々引き算して

$$\underbrace{i\hbar\left(\psi^*\frac{\partial\psi}{\partial t}+\frac{\partial\psi^*}{\partial t}\psi\right)}_{=\frac{\partial}{\partial t}(\psi^*\psi)}=-\frac{\hbar^2}{2m}\underbrace{\left(\psi^*\frac{\partial^2\psi}{\partial x^2}-\frac{\partial^2\psi^*}{\partial x^2}\psi\right)}_{=\frac{\partial}{\partial x}\left(\psi^*\frac{\partial\psi}{\partial x}-\frac{\partial\psi^*}{\partial x}\psi\right)}$$

これは (29.3)式に他ならない.

3. $\int_a^b dx\,(29.3)$ より

$$\frac{\partial}{\partial t}\overbrace{\int_a^b dx\,\rho(x,t)}^{P(a,b\,;t)}=-\int_a^b dx\,\frac{\partial j(x,t)}{\partial x}=j(a,t)-j(b,t) \tag{29.9}$$

ここに，$P(a,b\,;t)$ は「時刻 t に質点が区間 $[a,b]$ に存在する確率」である ((28.2)式参照). (29.9)式は，確率 $P(a,b\,;t)$ の単位時間当たりの変化分が $j(a,t)-j(b,t)$ に等しいことを意味する．すなわち，$j(a,t)$ は区間 $[a,b]$ の左端 $x=a$ からの同区間への確率の (単位時間当たりの) 流入分であり，$j(b,t)$ は右端 $x=b$ からの確率の流出分である.

4. $\psi(x,t)=\psi_E(x)\,e^{-iEt/\hbar}$ を (29.1)と (29.6)に代入する，あるいは，$\widehat{H}$ の固有値方程式 $\widehat{H}\,|E\rangle=E\,|E\rangle$ に左から $\langle x|$ を当てて公式 (26.3)を用いることにより，$\psi_E(x)$ が従うべき微分方程式は，一般の $\widehat{H}$ に対しては

$$H\left(x,-i\hbar\frac{d}{dx}\right)\psi_E(x)=E\psi_E(x) \tag{29.10}$$

であり，(29.2)式の $\widehat{H}$ の場合は

$$\left[-\frac{\hbar^2}{2m}\left(\frac{d}{dx}\right)^2+U(x)\right]\psi_E(x)=E\psi_E(x) \tag{29.11}$$

(29.10)と (29.11) を**定常状態波動方程式** (あるいは，略して単に**波動方程式**) と呼ぶ. また，(29.10)を満たす波動関数 $\psi_E(x)$ は x-表示のハミルトニアン $H(x,-i\hbar(d/dx))$ の (固有値 E の) **固有関数** (eigenfunction) であるという.

問題 30　1 次元定常状態波動方程式の一般的性質　標準

1 次元空間上, ポテンシャル $U(x)$ 下の質量 m の質点の定常状態波動方程式 (29.11) (=ハミルトニアンの固有値方程式)

$$\left[-\frac{\hbar^2}{2m}\left(\frac{d}{dx}\right)^2 + U(x)\right]\psi_E(x) = E\psi_E(x) \tag{29.11}$$

の解 $\psi_E(x)$ について次の各性質を示せ.

1. $U(x)$ が x の偶関数, $U(-x) = U(x)$, の場合, $\psi_E(x)$ は x の偶関数あるいは奇関数であるとして一般性を失わない.
2. 解 $\psi_E(x)$ は任意の点 $x = a$ において
$$\textbf{連続条件:}\quad \lim_{x\to a-0}\psi_E(x) = \lim_{x\to a+0}\psi_E(x) \tag{30.1}$$
を満たす. すなわち, 点 $x = a$ に左から近づいた極限と右から近づいた極限は等しい.
3. $-\infty < x < \infty$ において $U(x) \geq 0$ ならば, 規格化可能な解 $\psi_E(x)$, すなわち, $\langle E|E\rangle = \int_{-\infty}^{\infty} dx\,|\psi_E(x)|^2 < \infty$ なる $\psi_E(x)$ に対応したエネルギー固有値 E は必ず正 $(E > 0)$ である.

解 説　今後, さまざまなポテンシャル $U(x)$ に対して定常状態波動方程式 (29.11) を解くに際して有用/必要となる事項をまとめた問題である.

解 答

1. 波動方程式 (29.11)において $x \to -x$ と置き換えると:
$$\left[-\frac{\hbar^2}{2m}\underbrace{\left(\frac{d}{d(-x)}\right)^2}_{=(d/dx)^2} + \underbrace{U(-x)}_{=U(x)}\right]\psi_E(-x) = E\,\psi_E(-x) \tag{30.2}$$
(29.11) が成り立てば (30.2) も成り立つ. この 2 式を足し引きすると:
$$\left[-\frac{\hbar^2}{2m}\left(\frac{d}{dx}\right)^2 + U(x)\right](\psi_E(x) \pm \psi_E(-x)) = E\,(\psi_E(x) \pm \psi_E(-x)) \tag{30.3}$$
すなわち,
$$\psi_E^{(偶)}(x) \equiv \psi_E(x) + \psi_E(-x) = \psi_E^{(偶)}(-x)$$
$$\psi_E^{(奇)}(x) \equiv \psi_E(x) - \psi_E(-x) = -\psi_E^{(奇)}(-x)$$
もそれぞれ解であり, 元の $\psi_E(x)$ はそれらで表される:
$$\psi_E(x) = \frac{1}{2}\left(\psi_E^{(偶)}(x) + \psi_E^{(奇)}(x)\right)$$

したがって，$\psi_E(x)$ を最初から偶関数あるいは奇関数と仮定して (29.11)を解き，それらの線形和を考えればよい (実際は，あるエネルギー固有値 E に対しては，偶/奇の片方の解しか存在しない).

2. もしも，$\psi_E(x)$ が $x=a$ で連続条件を満たさず，b だけの飛びがある，すなわち，

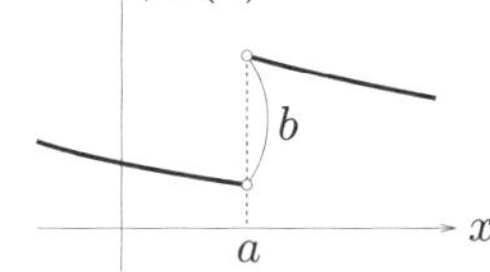

$$\lim_{x\to a+0}\psi_E(x)-\lim_{x\to a-0}\psi_E(x)=b\,(\neq 0)$$

であるとすると，$\psi_E(x)$ は

$$\psi_E(x)=b\,\theta(x-a)+C(x)$$

と表される．ここに，$\theta(x-a)$ は (24.4)式の階段関数であり，$C(x)$ は $x=a$ で連続条件を満たす関数である．この $\psi_E(x)$ の x による 1 階および 2 階微分は，公式 (24.5)を用いて次式となる:

$$\psi_E'(x)\underset{\substack{\uparrow\\(24.5)}}{=}b\,\delta(x-a)+C'(x)\ \Rightarrow\ \psi_E''(x)=b\,\delta'(x-a)+C''(x)$$

$C(x)$ は $x=a$ で連続条件を満たすが，その微分 $C'(x)$ は一般に $x=a$ で飛びがあってもよく (右図のように $x=a$ で $C(x)$ に「折れ」がある場合)，したがって $C''(x)$ には一般に $\delta(x-a)$ が含まれる．しかし，$\psi_E''(x)$ が持つデルタ関数の 1 階微分 $b\,\delta'(x-a)$ の部分は波動方程式 (29.11)の中で他に相殺する項が存在せず，したがって (29.11)は成り立ち得ない ($U(x)$ は $\delta'(x-a)$ を含まないとした).

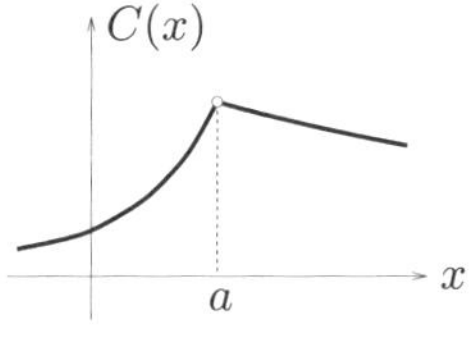

3. 定常状態波動方程式 (29.11)に $\psi_E(x)^*$ を掛けて $(-\infty,\infty)$ で x 積分を行うと

$$\begin{aligned}E\int_{-\infty}^{\infty}dx\,|\psi_E(x)|^2&=\frac{\hbar^2}{2m}\int_{-\infty}^{\infty}dx\,\psi_E(x)^*\left(-\psi_E''(x)\right)+\int_{-\infty}^{\infty}dx\,U(x)\,|\psi_E(x)|^2\\&=\frac{\hbar^2}{2m}\Biggl\{\underbrace{\Bigl[-\psi_E(x)^*\psi_E'(x)\Bigr]_{x=-\infty}^{x=\infty}}_{=0}+\int_{-\infty}^{\infty}dx\left|\psi_E'(x)\right|^2\Biggr\}+\int_{-\infty}^{\infty}dx\,U(x)\,|\psi_E(x)|^2\end{aligned}\tag{30.4}$$

を得る．ここに，第 1 行目の右辺第 1 項に対して部分積分を行い，端点項 (第 2 行目の第 1 項) はゼロとしたが，これは $\psi_E(x)$ の規格化可能性より要求される

$$\lim_{x\to\pm\infty}\psi_E(x)=0\quad\left(\Rightarrow\ \lim_{x\to\pm\infty}\psi_E'(x)=0\right)$$

のためである．(30.4)において，

$$0<\int_{-\infty}^{\infty}dx\,|\psi_E(x)|^2<\infty,\quad\int_{-\infty}^{\infty}dx\left|\psi_E'(x)\right|^2>0,\quad\int_{-\infty}^{\infty}dx\,\overbrace{U(x)}^{\geq 0}|\psi_E(x)|^2\geq 0$$

であり ($\psi_E'(x)\equiv 0\ \Rightarrow\ \psi_E(x)=$ 定数 $\neq 0$ は $\psi_E(x)$ の規格化可能性に反する)，したがって $E>0$ である.

問題 31　不確定性関係の下限を満たす波動関数の時間発展 (その 1)　標準

1 次元空間上の質量 m の自由粒子の量子力学を考える．時刻 $t=0$ において系は不確定性関係 (17.1)の下限値 $\hbar/2$ を実現していたとし，その後の時刻での系の波動関数 $\psi(x,t)=\langle x|\psi(t)\rangle$ を求めたい．以下では，系の状態ベクトル $|\psi(t)\rangle$ による演算子 $\widehat{A}$ の期待値を $\langle\widehat{A}\rangle_t\,(=\langle\psi(t)|\,\widehat{A}\,|\psi(t)\rangle)$ で表す．また，ここでの力学変数は $\widehat{x}$ であり，以下では第 1 章の諸式において $\widehat{q}\to\widehat{x}$ の置き換えを行う．

1. まず，$t=0$ における波動関数 $\psi(x,0)$ を構成する．$t=0$ で不確定性関係 (17.1)の下限値 $\hbar/2$ が実現していることから $|\psi(t=0)\rangle$ は (18.1)を満たす．これを x-表示で考えることで (規格化された) 波動関数 $\psi(x,0)$ を求めよ．ただし，$\langle\widehat{x}\rangle_{t=0}=\langle\widehat{p}\rangle_{t=0}=0$ とし，また，$D\equiv\left\langle\widehat{x}^{\,2}\right\rangle_{t=0}$ が与えられているとする．なお，必要なら (18.2)式を用いよ．

次に設問 1 で得た $t=0$ における波動関数 $\psi(x,0)$ を初期条件として波動方程式 (29.1)を解き，任意の時刻 $t\,(\geq 0)$ における波動関数 $\psi(x,t)$ を求めたい．このために波動方程式の一般解を定常状態解の線形和 (21.2)として表す**問題 21** の方法を用いる．ただし今の $\widehat{H}=\widehat{p}^{\,2}/(2m)$ の自由粒子の場合，(21.2)式における $\widehat{H}$ の固有ベクトル $|E\rangle$ として $\widehat{p}$ の固有ベクトル $|p\rangle$ (27.1)を取ることができ，その時，和 $\sum_E$ は $|p\rangle$ の固有値 p についての積分となる:

$$|\psi(t)\rangle=\int_{-\infty}^{\infty}dp\,\widetilde{\psi}(p)\,|p\rangle\,e^{-iE_pt/\hbar}\qquad\left(E_p=\frac{p^2}{2m}\right)\tag{31.1}$$

ここに，$\widetilde{\psi}(p)$ は p の c 数複素関数であり，(21.2)の複素定数係数 a_E に対応する．

2. (31.1)式の x-表示から，$\widetilde{\psi}(p)$ を $t=0$ における波動関数 $\psi(x,0)$ を用いて表せ．なお，必要なら**問題 27** で導入した運動量固有関数 $f_p(x)=\langle x|p\rangle$ (27.3)およびその正規直交性 (27.4)を用いよ．

解 説　**問題 22** では，1 次元空間上の自由粒子の系において，$t=0$ で不確定性関係の下限値 $\Delta q\,\Delta p=\hbar/2$ が実現していた場合，その後の時刻での $\Delta q\,\Delta p$ を (20.2)式を用いて求めた．本問題と次の**問題 32** では，波動方程式を解くことで系の波動関数 $\psi(x,t)$ を求め，これを用いて**問題 22** で得たのと同じ $\Delta q\,\Delta p$ を再現する．

解 答

1. (18.1)式 ($\widehat{Q}$ と $\widehat{P}$ の定義は (17.3)において $\widehat{q}\to\widehat{x}$ としたもの) は $\psi(x,0)$ に対する次の 1 階微分方程式となる:

$$\langle x|\,\widehat{Q}\,|\psi(t)\rangle=-i\gamma\,\langle x|\,\widehat{P}\,|\psi(t)\rangle$$

$$\Rightarrow \quad \left(x - \langle \widehat{x} \rangle_{t=0}\right) \psi(x,0) = -i\gamma \left(-i\hbar \frac{d}{dx} - \langle \widehat{p} \rangle_{t=0}\right) \psi(x,0)$$

設問で与えられた $\langle \widehat{x} \rangle_{t=0} = \langle \widehat{p} \rangle_{t=0} = 0$ を用いると

$$\left(\frac{d}{dx} + \frac{1}{\gamma\hbar}\, x\right) \psi(x,0) = 0 \;\Rightarrow\; \psi(x,0) = C \exp\!\left(-\frac{1}{2\gamma\hbar}\, x^2\right)$$

ここに C は複素定数であるが，規格化条件からその絶対値は

$$1 = \int_{-\infty}^{\infty} dx\, |\psi(x,0)|^2 = |C|^2 \underbrace{\int_{-\infty}^{\infty} dx\, \exp\!\left(-\frac{1}{\gamma\hbar}\, x^2\right)}_{=\sqrt{\pi\gamma\hbar}\ \because (28.5)} \;\Rightarrow\; |C| = \frac{1}{(\pi\gamma\hbar)^{1/4}}$$

と定まる．上の $\psi(x,0)$ と $|C|$ に現れる $\gamma\hbar$ は (18.2)の第 1 式から

$$\gamma\hbar = 2\left(\Delta x\big|_{t=0}\right)^2 = 2\left(\left\langle \widehat{x}^{\,2} \right\rangle_{t=0} - \left(\langle \widehat{x} \rangle_{t=0}\right)^2\right) = 2\left\langle \widehat{x}^{\,2} \right\rangle_{t=0} = 2D$$

と表され，C を正の実数に取ると，規格化された $\psi(x,0)$ は

$$\psi(x,0) = \frac{1}{\left(2\pi D\right)^{1/4}} \exp\!\left(-\frac{x^2}{4D}\right) \tag{31.2}$$

2. (31.1)式に左から $\langle x|$ を当てた

$$\langle x|\psi(t)\rangle = \int_{-\infty}^{\infty} dp\, \widetilde{\psi}(p) \langle x|p\rangle e^{-iE_p t/\hbar}$$

に $f_p(x) = \langle x|p\rangle = e^{ipx/\hbar}/\sqrt{2\pi\hbar}$ (27.3)を用いて

$$\psi(x,t) = \int_{-\infty}^{\infty} dp\, \widetilde{\psi}(p)\, f_p(x)\, e^{-iE_p t/\hbar} \qquad \left(E_p = \frac{p^2}{2m}\right) \tag{31.3}$$

この式において $t = 0$ とした

$$\psi(x,0) = \int_{-\infty}^{\infty} dp\, \widetilde{\psi}(p)\, f_p(x) = \int_{-\infty}^{\infty} \frac{dp}{\sqrt{2\pi\hbar}}\, \widetilde{\psi}(p)\, e^{ipx/\hbar} \tag{31.4}$$

に $f_{p'}(x)^*$ を掛けて x 積分を実行すると

$$\int_{-\infty}^{\infty} dx\, f_{p'}(x)^*\, \psi(x,0) = \int_{-\infty}^{\infty} dp\, \widetilde{\psi}(p) \underbrace{\int_{-\infty}^{\infty} dx\, f_{p'}(x)^*\, f_p(x)}_{=\delta(p'-p)\ \because (27.4)} = \widetilde{\psi}(p')$$

を得る．すなわち，$\widetilde{\psi}(p)$ は $\psi(x,0)$ を用いて次式で表される:

$$\widetilde{\psi}(p) = \int_{-\infty}^{\infty} dx\, f_p(x)^*\, \psi(x,0) = \int_{-\infty}^{\infty} \frac{dx}{\sqrt{2\pi\hbar}}\, \psi(x,0)\, e^{-ipx/\hbar} \tag{31.5}$$

なお，x の関数 $\psi(x,0)$ と p の関数 $\widetilde{\psi}(p)$ に対して，(31.5)式を**フーリエ変換** (Fourier transform)，(31.4)式を**フーリエ逆変換** (inverse Fourier transform) と呼ぶ．

問題 32　不確定性関係の下限を満たす波動関数の時間発展 (その2)　発展

問題 31 からの続きの問題である．

3. **問題 31** 設問 1 で得た $\psi(x,0)$ (31.2)に対して (31.1)式の $\widetilde{\psi}(p)$ を求めよ．さらに，この $\widetilde{\psi}(p)$ から時刻 $t\,(\geq 0)$ における波動関数 $\psi(x,t)$ を求めよ．
4. 前設問 3 で得た $\psi(x,t)$ を用いて時刻 $t\,(\geq 0)$ における $\Delta x\,\Delta p\big|_t$ を求めよ．

解説　設問 4 は**問題 22** 設問 2 と同じ $\Delta q\,\Delta p\big|_t$ (ここでは $\Delta x\,\Delta p\big|_t$) を求める問題であり，同じ解答が得られるはずである．

解答

3. (31.5)式に (31.2)の $\psi(x,0)$ を代入して

$$\begin{aligned}\widetilde{\psi}(p) &= \int_{-\infty}^{\infty} dx\, f_p(x)^* \psi(x,0) \qquad -\frac{1}{4D}\left(x+\frac{2iD}{\hbar}p\right)^2 - \frac{D}{\hbar^2}p^2 \\ &= \frac{1}{\sqrt{2\pi\hbar}}\frac{1}{\left(2\pi D\right)^{1/4}}\int_{-\infty}^{\infty} dx\, \exp\overbrace{\left(-\frac{x^2}{4D}-\frac{ip}{\hbar}x\right)} \\ &= \frac{1}{\sqrt{2\pi\hbar}}\frac{1}{\left(2\pi D\right)^{1/4}} \times \sqrt{4\pi D}\,\exp\left(-\frac{D}{\hbar^2}p^2\right) \\ &= \frac{1}{\sqrt{2\pi\hbar}}\sqrt{2}\left(2\pi D\right)^{1/4}\exp\left(-\frac{D}{\hbar^2}p^2\right)\end{aligned}$$

ここに，x 積分は次の**一般化されたガウス積分**の公式を用いた:

$$\int_{-\infty}^{\infty} dx\, e^{-a(x-b)^2} = \sqrt{\frac{\pi}{a}} \qquad \big(a \text{ と } b \text{ は複素数．ただし } \mathrm{Re}\,a > 0\big) \tag{32.1}$$

さらに，この $\widetilde{\psi}(p)$ を (31.3)に代入して時刻 t における波動関数 $\psi(x,t)$ を得る:

$$\begin{aligned}\psi(x,t) &= \int_{-\infty}^{\infty} dp\, \widetilde{\psi}(p)\, f_p(x)\, e^{-iE_p t/\hbar} = \int_{-\infty}^{\infty}\frac{dp}{\sqrt{2\pi\hbar}}\widetilde{\psi}(p)\exp\left(\frac{ipx}{\hbar} - i\frac{p^2}{2m\hbar}t\right) \\ &= \frac{\sqrt{2}\left(2\pi D\right)^{1/4}}{2\pi\hbar}\int_{-\infty}^{\infty} dp\, \exp\underbrace{\left(-\overbrace{\left(\frac{D}{\hbar^2}+\frac{it}{2m\hbar}\right)}^{\equiv\,\alpha/\hbar^2}p^2 + \frac{ix}{\hbar}p\right)}_{-\frac{\alpha}{\hbar^2}p^2+\frac{ix}{\hbar}p = -\frac{\alpha}{\hbar^2}\left(p-\frac{i\hbar x}{2\alpha}\right)^2 - \frac{x^2}{4\alpha}} \\ &= \frac{\sqrt{2}\left(2\pi D\right)^{1/4}}{2\pi\hbar}\sqrt{\frac{\pi\hbar^2}{\alpha}}\exp\left(-\frac{x^2}{4\alpha}\right) = \left(\frac{D}{2\pi}\right)^{1/4}\frac{1}{\sqrt{\alpha}}\exp\left(-\frac{x^2}{4\alpha}\right) \\ &= \frac{1}{(2\pi)^{1/4}}\frac{D^{1/4}}{\sqrt{D+i\hbar t/(2m)}}\exp\left(-\frac{1}{4}\frac{x^2}{D+i\hbar t/(2m)}\right)\end{aligned} \tag{32.2}$$

なお，p 積分でも (32.1)を用い，途中の計算において α を次式で定義した:

$$\alpha \equiv D + \frac{i\hbar t}{2m}$$

4. まず，(28.4)の第 1 式 $(n=2)$ と $\psi(x,t)$ (32.2)の最後から 2 つ目の表式を用いて

$$\begin{aligned}\left\langle \widehat{x}^{\,2} \right\rangle_t &= \int_{-\infty}^{\infty} dx\, x^2 \left|\psi(x,t)\right|^2 \\ &= \frac{D^{1/2}}{\sqrt{2\pi}\,|\alpha|} \int_{-\infty}^{\infty} dx\, x^2 \exp\overbrace{\left(-\frac{1}{4}\left(\frac{1}{\alpha}+\frac{1}{\alpha^*}\right)x^2\right)}^{-\frac{D}{2|\alpha|^2}x^2} \\ &= \frac{D^{1/2}}{\sqrt{2\pi}\,|\alpha|} \times \frac{\sqrt{2\pi}\,|\alpha|^3}{D^{3/2}} = \frac{|\alpha|^2}{D} = D + \frac{\hbar^2 t^2}{4m^2 D}\end{aligned}$$

ここに，x 積分では (28.5)式両辺を a 微分して得られる次の公式を用いた:

$$\int_{-\infty}^{\infty} dx\, x^2\, e^{-ax^2} = \frac{\sqrt{\pi}}{2\,a^{3/2}}$$

次に，(28.4)の第 2 式 $(n=2)$ を用いて

$$\begin{aligned}\left\langle \widehat{p}^{\,2} \right\rangle_t &= \int_{-\infty}^{\infty} dx\, \psi(x,t)^* \left(-i\hbar\frac{\partial}{\partial x}\right)^2 \psi(x,t) = \int_{-\infty}^{\infty} dx \left|\overbrace{\left(-i\hbar\frac{\partial}{\partial x}\right)\psi(x,t)}^{i\hbar x/(2\alpha)\,\psi(x,t)}\right|^2 \\ &= \frac{\hbar^2}{4|\alpha|^2} \int_{-\infty}^{\infty} dx\, x^2 \left|\psi(x,t)\right|^2 = \frac{\hbar^2}{4|\alpha|^2} \left\langle \widehat{x}^{\,2} \right\rangle_t = \frac{\hbar^2}{4D}\end{aligned}$$

ここに第 2 等号では部分積分 (端点後は落ちる)，あるいは，$\widehat{p}$ のエルミート性からの次の関係を用いた:

$$\left\langle \widehat{p}^{\,2} \right\rangle_t = \langle \psi(t)|\,\widehat{p}^{\,2}\,|\psi(t)\rangle \overset{(06.5)}{\overset{\downarrow}{=}} \left(\widehat{p}^{\,\dagger}\,|\psi(t)\rangle\right)^\dagger \widehat{p}|\psi(t)\rangle \overset{\widehat{p}^\dagger = \widehat{p}}{\overset{\downarrow}{=}} \left(\widehat{p}|\psi(t)\rangle\right)^\dagger \widehat{p}|\psi(t)\rangle$$

最後に $\left\langle \widehat{x} \right\rangle_t$ と $\left\langle \widehat{p} \right\rangle_t$ はともに被積分関数が x の奇関数であることからゼロとなる:

$$\left\langle \widehat{x} \right\rangle_t = \int_{-\infty}^{\infty} dx\, x \left|\psi(x,t)\right|^2 = \frac{D^{1/2}}{\sqrt{2\pi}\,|\alpha|} \int_{-\infty}^{\infty} dx\, x\, \exp\left(-\frac{D}{2|\alpha|^2}x^2\right) = 0$$

$$\left\langle \widehat{p} \right\rangle_t = \int_{-\infty}^{\infty} dx\, \psi(x,t)^* \left(-i\hbar\frac{\partial}{\partial x}\right)\psi(x,t) = \frac{i\hbar}{2\alpha} \int_{-\infty}^{\infty} dx\, x \left|\psi(x,t)\right|^2 = 0$$

よって求める $\Delta x\, \Delta p\big|_t$ は

$$\Delta x\, \Delta p\big|_t = \sqrt{\left(\langle \widehat{x}^{\,2}\rangle_t - \langle \widehat{x}\rangle_t^2\right)\left(\langle \widehat{p}^{\,2}\rangle_t - \langle \widehat{p}\rangle_t^2\right)} = \frac{\hbar}{2}\sqrt{1 + \frac{\hbar^2}{\left(2mD\right)^2}t^2}$$

となり**問題 22** 設問 2 の解答 (22.9)と ($\widehat{q} \to \widehat{x}$ の置き換えで) 一致する ($D \equiv \left\langle \widehat{x}^{\,2} \right\rangle_{t=0}$ に注意).

Tea Time ‥‥‥ シュレーディンガー描像とハイゼンベルク描像

第 1 章では，量子力学の正準変数 $(\widehat{q},\widehat{p})$ は時間に依らないエルミート演算子であり，系の状態ベクトル $|\psi(t)\rangle$ の時間発展はシュレーディンガー方程式 (20.1)で決定されるとした．他方，古典力学 (解析力学) では正準変数 $(q(t),p(t))$ は時間の関数であり，その時間発展はハミルトンの運動方程式

$$\dot{q}_i=\frac{\partial H(q,p)}{\partial p_i}=\{q_i,H\}_{\mathrm{PB}}\,,\quad \dot{p}_i=-\frac{\partial H(q,p)}{\partial q_i}=\{p_i,H\}_{\mathrm{PB}} \tag{I}$$

で決定される ($\{*,\star\}_{\mathrm{PB}}$ はポアソン括弧 (05.1))．この「正準変数の時間依存性」の違いは，量子力学の方で，第 1 章で用いている**シュレーディンガー描像** (Schrödinger picture) を**ハイゼンベルク描像** (Heisenberg picture) に変更することで理解/解消される．これを説明するために，両描像における一般の演算子 $\widehat{A}$ および状態ベクトルに S(chrödinger) と H(eisenberg) の添字を付けて区別し，それぞれ，$(\widehat{A}_{\mathrm{S}},|\psi(t)\rangle_{\mathrm{S}})$ と $(\widehat{A}(t)_{\mathrm{H}},|\psi\rangle_{\mathrm{H}})$ で表す (t 依存性はこれから説明する)．両描像の関係は次式で与えられる:

$$\widehat{A}(t)_{\mathrm{H}}=e^{i\widehat{H}t/\hbar}\widehat{A}_{\mathrm{S}}\,e^{-i\widehat{H}t/\hbar},\qquad |\psi\rangle_{\mathrm{H}}=e^{i\widehat{H}t/\hbar}\,|\psi(t)\rangle_{\mathrm{S}} \tag{II}$$

ここに，ハミルトニアン $\widehat{H}\,(\equiv\widehat{H}_{\mathrm{S}})$ は時間に陽には依っていないとし，(II) から両描像で共通である: $\widehat{H}_{\mathrm{H}}=e^{i\widehat{H}t/\hbar}\widehat{H}\,e^{-i\widehat{H}t/\hbar}=\widehat{H}$．すると，まずシュレーディンガー方程式 (20.1)，すなわち，

$$i\hbar\frac{d}{dt}\,|\psi(t)\rangle_{\mathrm{S}}=\widehat{H}\,|\psi(t)\rangle_{\mathrm{S}}$$

を用いて $|\psi\rangle_{\mathrm{H}}$ は確かに時間に依らないことが示される:

$$i\hbar\frac{d}{dt}\,|\psi\rangle_{\mathrm{H}}=\underbrace{\left(i\hbar\frac{d}{dt}e^{i\widehat{H}t/\hbar}\right)}_{=-\widehat{H}e^{i\widehat{H}t/\hbar}=-e^{i\widehat{H}t/\hbar}\widehat{H}}|\psi(t)\rangle_{\mathrm{S}}+e^{i\widehat{H}t/\hbar}\underbrace{\left(i\hbar\frac{d}{dt}\,|\psi(t)\rangle_{\mathrm{S}}\right)}_{=\widehat{H}\,|\psi(t)\rangle_{\mathrm{S}}}=0$$

他方，(II) の第 1 式を t 微分して $\widehat{A}(t)_{\mathrm{H}}$ の時間発展を定める式 (**ハイゼンベルクの運動方程式**と呼ばれる) を得る:

$$i\hbar\frac{d}{dt}\widehat{A}(t)_{\mathrm{H}}=-\widehat{H}e^{i\widehat{H}t/\hbar}\widehat{A}_{\mathrm{S}}\,e^{-i\widehat{H}t/\hbar}+e^{i\widehat{H}t/\hbar}\widehat{A}_{\mathrm{S}}\,e^{-i\widehat{H}t/\hbar}\widehat{H}=\left[\widehat{A}(t)_{\mathrm{H}},\widehat{H}\right] \tag{III}$$

これは，$\widehat{A}$ として正準変数 $(\widehat{q},\,\widehat{p})$ を取った場合，ポアソン括弧と交換子の対応 $\{f,g\}_{\mathrm{PB}}\Leftrightarrow[\widehat{f},\widehat{g}]/(i\hbar)$ (**問題 05**，特に (05.3)参照) から，ちょうどハミルトンの運動方程式 (I) に対応するものであることがわかる (一般の $\widehat{A}$ の場合も解析力学における (20.4) に対応する)．特に，$\widehat{H}=\widehat{p}^2/(2m)+U(\widehat{q})$ の場合，$\widehat{A}=\widehat{q}$, $\widehat{p}$ に対するハイゼンベルクの運動方程式 (III) はハミルトンの運動方程式 (I) (具体形は (20.3)) とまったく同じ形の式を与える．

なお，$\widehat{H}^\dagger=\widehat{H}$ から両描像で演算子の期待値は同一，すなわち，${}_{\mathrm{S}}\langle\psi_1(t)|\,\widehat{A}_{\mathrm{S}}\,|\psi_2(t)\rangle_{\mathrm{S}}={}_{\mathrm{H}}\langle\psi_1|\,\widehat{A}(t)_{\mathrm{H}}\,|\psi_2\rangle_{\mathrm{H}}$，であり，したがって，ハイゼンベルクの運動方程式 (III) に対応してシュレーディンガー描像では (20.2)式が成り立つ．

Chapter 3

1次元定常状態波動方程式の離散束縛状態解

この章では空間 1 次元の定常状態波動方程式 (29.11)をさまざまなポテンシャル $U(x)$ に対して解き，エネルギー固有値と固有関数を求める．具体的なポテンシャル $U(x)$ としては，(無限および有限深さの) 井戸型ポテンシャル，デルタ関数ポテンシャル，調和振動子ポテンシャルを取り上げるが，定常状態波動方程式を解く際は前章の**問題 30** の一般論が役に立つ．調和振動子に対しては，第 1 章において代数的手法により得たものと同じエネルギー固有値が「波動関数の規格化可能条件」から導かれることを見る．また，その固有関数を構成するためにエルミート多項式を導入し，そのさまざまな公式を導出する．なお，本章では「離散束縛状態」のみを扱う．これは，エネルギー固有値 E が遠方でのポテンシャルの高さを超えない解であり，固有値 E が離散的であって粒子の確率分布が局所的な束縛状態を表す．

問題 33　無限に高い井戸型ポテンシャル (その1)　基本

1次元空間上，ポテンシャル $U(x)$ 下の質量 m の質点の定常状態波動方程式 (29.11) の例として，無限に高い井戸型ポテンシャルを考える:

$$U(x) = \begin{cases} 0 & (-a < x < a) \\ +\infty & (x < -a,\ x > a) \end{cases}$$

+∞　$U(x)$　+∞
$-a$　O　a　x

波動方程式 (29.11) を解き，エネルギー固有値 E および対応する波動関数 (固有関数) $\psi_E(x)$ をすべて求めよ．なお，固有関数は実関数に取り規格化すること．

解説　1次元定常状態波動方程式の離散束縛状態解のもっとも基礎的な問題である．**問題 30** の一般論を用いる．

解答

順を追って解答を説明していく．

1. まず，$|x| > a$ では $U(x) = \infty$ であり，そこで (29.11)が成り立つためには
$$\psi_E(x) = 0 \qquad (|x| > a) \tag{33.1}$$
でなくてはならない．要するに，1次元 x 空間が $-a < x < a$ に限られていて，その外に質点は出ることができない．

2. $|x| < a$ において波動方程式 (29.11)は
$$-\frac{\hbar^2}{2m}\frac{d^2\psi_E(x)}{dx^2} = E\,\psi_E(x) \qquad (-a < x < a) \tag{33.2}$$
問題 30 設問 3 の通り，$U(x) \geq 0$ からエネルギー固有値 $E > 0$ であり，一般解は
$$\psi_E(x) = A\sin kx + B\cos kx \quad \left(k \equiv \frac{\sqrt{2mE}}{\hbar} > 0,\ A, B : \text{任意定数}\right) \tag{33.3}$$
「$x = \pm a$ での $\psi_E(x)$ の連続条件 (30.1)」と「(33.1) からの $\psi_E(x = \pm(a+0)) = 0$ (井戸の外側から $x = \pm a$ に近づいた値)」から次式が要求される:
$$\psi_E(x = \pm(a-0)) = 0 \quad (\text{井戸の内側から } x = \pm a \text{ に近づいた値}) \tag{33.4}$$
$U(x)$ は x の偶関数なので，**問題 30** 設問 1 から $\psi_E(x)$ が x の偶関数あるいは奇関数として一般性を失わない．

3. <u>$\psi_E(x)$ が奇関数の場合:</u> (33.3)の 2 項のうちの $\psi_E^{(\text{奇})}(x) = A\sin kx$ を取り
$$\text{条件 (33.4)} \ \Rightarrow\ \sin ka = 0 \ \Rightarrow\ ka = n\pi \quad (n = 1, 2, 3, \cdots)$$
なお，$n = 0$ の場合は $k = 0 \ \Rightarrow\ \psi_E(x) \equiv 0$ となり意味がない．固有関数は
$$\psi_E^{(\text{奇})}(x) = \begin{cases} A\sin kx = A\,\sin\dfrac{n\pi x}{a} & (-a < x < a) \\ 0 & (x < -a,\ x > a) \end{cases}$$

であって，定数 A は規格化から

$$1=\int_{-\infty}^{\infty}dx\left|\psi_E^{(奇)}(x)\right|^2=|A|^2\int_{-a}^{a}dx\,\sin^2\frac{n\pi x}{a}=\frac{|A|^2}{2}\int_{-a}^{a}dx\left(1-\cos\frac{2n\pi x}{a}\right)$$
$$=\frac{|A|^2}{2}\left[x-\frac{a}{2n\pi}\sin\frac{2n\pi x}{a}\right]_{x=-a}^{x=a}=|A|^2a\quad\Rightarrow\quad A=\frac{1}{\sqrt{a}}$$

また，エネルギー固有値 E は

$$k=\frac{\sqrt{2mE}}{\hbar},\ ka=n\pi\ \Rightarrow\ E=\frac{\hbar^2k^2}{2m}=\frac{\hbar^2\pi^2}{2ma^2}n^2=\frac{\hbar^2\pi^2}{8ma^2}(2n)^2\quad(n\geq 1)$$

4. $\psi_E(x)$ が偶関数の場合: (33.3)の 2 項のうちの $\psi_E^{(偶)}(x)=B\cos kx$ を取り，

$$条件\ (33.4)\ \Rightarrow\ \cos ka=0\ \Rightarrow\ ka=\left(n+\frac{1}{2}\right)\pi\quad(n=0,1,2,3,\cdots)$$

奇関数の場合と同様に固有関数を規格化して，$|x|<a$ での $\psi_E^{(偶)}(x)$ と固有値 E は

$$\psi_E^{(偶)}(x)=\frac{1}{\sqrt{a}}\cos\frac{(2n+1)\pi x}{2a},\quad E=\frac{\hbar^2k^2}{2m}=\frac{\hbar^2\pi^2}{8ma^2}(2n+1)^2\quad(n\geq 0)$$

5. 偶/奇をまとめると: 奇関数の場合は $2n\to n=2,4,6,\cdots$, 偶関数の場合は $2n+1\to n=1,3,5,\cdots$，と整数 n を再定義し偶/奇をまとめると，固有関数は n で識別され

$$\psi_n(x)=\begin{cases}\dfrac{1}{\sqrt{a}}\times\begin{cases}\cos\dfrac{n\pi x}{2a} & (n=正の奇数=1,3,5,\cdots)\\ \sin\dfrac{n\pi x}{2a} & (n=正の偶数=2,4,6,\cdots)\end{cases} & (|x|<a)\\ 0 & (|x|>a)\end{cases}\tag{33.5}$$

で与えられる．対応するエネルギー E_n はすべての n に対して

$$E_n=\frac{\hbar^2\pi^2}{8ma^2}n^2\qquad(n=1,2,3,4,5,6,\cdots)\tag{33.6}$$

補足: 今の場合 $E>0$ であることは**問題 30** 設問 3 の一般論の通りであるが，$E\leq 0$ の解が存在しないことを陽に見ると以下の通り:

- $E<0$ の場合，$|x|<a$ における (33.2)の一般解は
  $$\psi_E^{(奇)}(x)=A\sinh\kappa x\quad および\quad \psi_E^{(偶)}(x)=B\cosh\kappa x\quad\left(\kappa\equiv\frac{\sqrt{2m(-E)}}{\hbar}\right)$$
  連続条件からの (33.4)を課すと
  $$\psi_E^{(奇)}(x=\pm(a-0))=0\ \Rightarrow\ \sinh\kappa a=0\ \Rightarrow\ \kappa=0\ \Rightarrow\ \psi_E^{(奇)}(x)\equiv 0$$
  $$\psi_E^{(偶)}(x=\pm(a-0))=0\ \Rightarrow\ \cosh\kappa a=0\ \Rightarrow\ 不可能$$
  であり，解は存在しない．
- $E=0$ の場合，$|x|<a$ における (33.2) の一般解は $\psi_E(x)=Ax+B$ の形であるが，(33.4)を課すと
  $$0=\psi_E(x=\pm(a-0))=\pm Aa+B\quad\Rightarrow\quad A=B=0\quad\Rightarrow\quad\psi_E(x)\equiv 0$$

問題 34　無限に高い井戸型ポテンシャル (その 2)　基本

問題 33 からの続きの問題である．

1. **問題 33** で求めた波動関数 (ハミルトニアンの固有関数) のうち，エネルギー固有値が小さい方から 3 つを図示せよ．
2. 基底状態 (最低エネルギー状態) に対して期待値 $\langle \widehat{x} \rangle$, $\langle \widehat{x}^2 \rangle$, $\langle \widehat{p} \rangle$, $\langle \widehat{p}^2 \rangle$ を求めよ．さらに，この結果から不確定性関係を表す量 $\Delta x\, \Delta p$ を与えよ．得られた $\Delta x\, \Delta p$ と，不確定性関係の一般論が与える下限との大小関係を述べよ．
3. 基底状態において質点の位置を観測したとき，それが $x_1 \leq x \leq x_2$ の間に存在する確率を $P(x_1, x_2)$ とする．確率 $P(0, a/2)$ および $P(a/2, a)$ を求めよ．

解説　**問題 33** の結果を用いて**問題 28** の確率解釈や**問題 16** の不確定性関係に関する計算を行う．

解答

1. 今の系のハミルトニアンの固有関数と固有値は**問題 33** の [解答] の $\psi_n(x)$ (33.5)と E_n (33.6) $(n = 1, 2, 3, \cdots)$ であり，エネルギー固有値が小さい方からの 3 つの固有関数は $\psi_1(x)$，$\psi_2(x)$，$\psi_3(x)$ である．これらを図示すると下の通りである ($|x| > a$ ではどの n に対しても $\psi_n(x) = 0$):

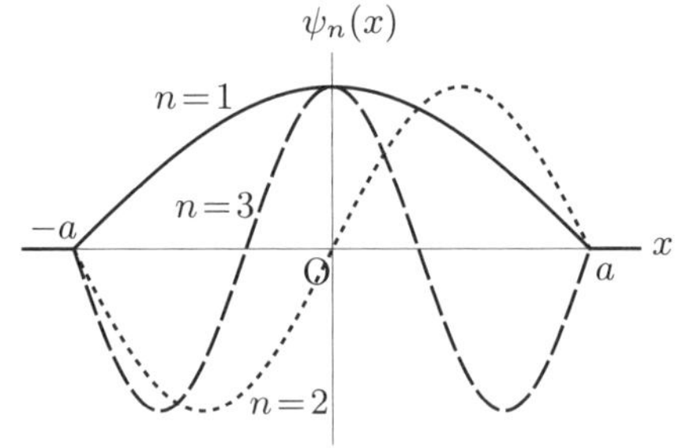

2. 基底状態の波動関数は $\psi_1(x)$ であり

$$\psi_1(x) = \begin{cases} \dfrac{1}{\sqrt{a}} \cos \dfrac{\pi x}{2a} & (|x| < a) \\ 0 & (|x| > a) \end{cases}$$

これと公式 (28.4)を用いて次の各量を得る ($\psi_1(x) = 0$ ($|x| > a$) なので積分範囲は $(-a, a)$ とした):

$$\langle \widehat{x} \rangle = \int_{-a}^{a} dx\, \underbrace{x\, |\psi_1(x)|^2}_{\text{奇関数}} = 0$$

$$\langle \widehat{x}^{\,2} \rangle = \int_{-a}^{a} dx\, x^2\, |\psi_1(x)|^2 = \frac{1}{a}\int_{-a}^{a} dx\, x^2 \left(\cos\frac{\pi x}{2a}\right)^2 = \left(\frac{1}{3} - \frac{2}{\pi^2}\right) a^2$$

$$\langle\, \widehat{p}\, \rangle = \int_{-a}^{a} dx\, \psi_1(x)^* \left(-i\hbar\frac{d}{dx}\right)\psi_1(x) = i\hbar\frac{\pi}{2a^2}\int_{-a}^{a} dx\, \underbrace{\cos\frac{\pi x}{2a}\sin\frac{\pi x}{2a}}_{\text{奇関数}} = 0$$

$$\langle \widehat{p}^{\,2} \rangle = \int_{-a}^{a} dx\, \psi_1(x)^* \underbrace{\left(-i\hbar\frac{d}{dx}\right)^2 \psi_1(x)}_{\hbar^2(\pi/(2a))^2\psi_1(x)} = \hbar^2\left(\frac{\pi}{2a}\right)^2 \underbrace{\int_{-a}^{a} dx\, |\psi_1(x)|^2}_{=1} = \hbar^2\left(\frac{\pi}{2a}\right)^2$$

以上の結果と公式 (16.5)から

$$(\Delta x)^2 = \langle \widehat{x}^{\,2} \rangle - \langle\, \widehat{x}\, \rangle^2 = \left(\frac{1}{3} - \frac{2}{\pi^2}\right) a^2, \quad (\Delta p)^2 = \langle \widehat{p}^{\,2} \rangle - \langle\, \widehat{p}\, \rangle^2 = \hbar^2\left(\frac{\pi}{2a}\right)^2$$

$$\Rightarrow \quad \Delta x\, \Delta p = \frac{\hbar}{2}\sqrt{\frac{\pi^2}{3} - 2}\ \left(= \frac{\hbar}{2}\times 1.1357\ldots\right)$$

を得る．不確定性関係の一般論が与える下限 $\hbar/2$ との大小関係を確認すると

$$(\Delta x\, \Delta p)^2 - \left(\frac{\hbar}{2}\right)^2 = \left(\frac{\hbar}{2}\sqrt{\frac{\pi^2}{3} - 2}\right)^2 - \left(\frac{\hbar}{2}\right)^2 = 3\left(\frac{\hbar}{2}\right)^2\left[\left(\frac{\pi}{3}\right)^2 - 1\right] > 0$$

であり，今の場合確かに $\Delta x\, \Delta p > \hbar/2$ を満たしている．

3. まず，$P(0, a/2)$ は公式 (28.2)を用いて

$$P(0, a/2) = \int_0^{a/2} dx\, |\psi_1(x)|^2 = \frac{1}{a}\int_0^{a/2} dx\, \cos^2\left(\frac{\pi x}{2a}\right)$$
$$= \frac{1}{2a}\int_0^{a/2} dx\left(1 + \cos\frac{\pi x}{a}\right) = \frac{1}{2a}\left[x + \frac{a}{\pi}\sin\frac{\pi x}{a}\right]_{x=0}^{x=a/2} = \frac{1}{4} + \frac{1}{2\pi}$$

次に，$P(a/2, a)$ は，$|\psi_1(x)|^2$ が x の偶関数であることから

$$1 = P(-a, a) = 2\,P(0, a) = 2\,[P(0, a/2) + P(a/2, a)]$$
$$\Rightarrow \quad P(a/2, a) = \frac{1}{2} - P(0, a/2) = \frac{1}{4} - \frac{1}{2\pi}$$

もちろん，積分を行うことでも同じ結果を得る:

$$P(a/2, a) = \int_{a/2}^{a} dx\, |\psi_1(x)|^2 = \frac{1}{2a}\left[x + \frac{a}{\pi}\sin\frac{\pi x}{a}\right]_{x=a/2}^{x=a} = \frac{1}{4} - \frac{1}{2\pi}$$

問題 35　有限の深さの井戸型ポテンシャルの束縛状態 (その 1)　標準

1次元空間上の定常状態波動方程式 (29.11) を有限な深さ U_0 の井戸型ポテンシャル $U(x)$ の場合に考える:

$$U(x) = \begin{cases} 0 & (-a < x < a) \\ U_0\,(>0) & (x < -a,\ x > a) \end{cases}$$

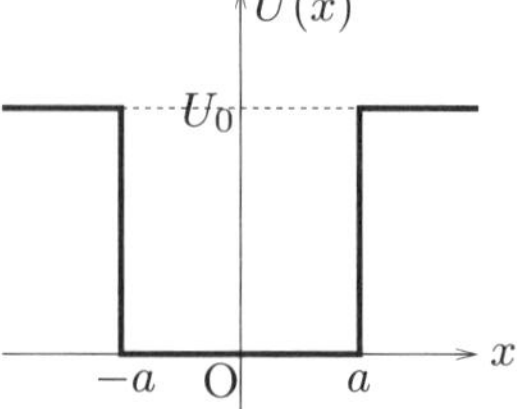

1. **問題 30** 設問 2 の一般論のとおり，今の波動関数 $\psi_E(x)$ は $x = \pm a$ での連続条件

$$\psi_E(\pm a - 0) = \psi_E(\pm a + 0) \tag{35.1}$$

を満たす必要があるが，これに加えて $\psi_E(x)$ の1階微分 $\psi'_E(x)$ も同じ連続条件

$$\psi'_E(\pm a - 0) = \psi'_E(\pm a + 0) \tag{35.2}$$

を満たすべきことを示せ (**ヒント:** 波動方程式 (29.11)を $x = a$ あるいは $x = -a$ を含む微小な区間で x 積分せよ).

エネルギー固有値 E が井戸の高さを超えない $(0 <)E < U_0$ の場合を考える．この解は，i) $\psi_E(x)$ は x が井戸から離れると急速にゼロに近づき，規格化可能であり，ii) 固有値 E は離散的に存在する，という性質を持っており，**束縛状態**と呼ばれる．

2. 今のポテンシャル $U(x)$ は x の偶関数なので，波動方程式 (29.11) の解は偶関数あるいは奇関数として一般性を失わない (**問題 30** 設問 1)．x の各区間 ($x < -a$, $-a < x < a$, $x > a$) における (29.11)の偶/奇関数一般解を与えよ (この際，解の規格化可能性を考慮すること)．さらに，この偶/奇関数一般解に対して $x = \pm a$ における連続条件 (35.1)と (35.2) を書き下せ．なお，解答では E と U_0 の代わりに次の k と α を用いよ:

$$k = \frac{1}{\hbar}\sqrt{2mE}, \qquad \alpha = \frac{1}{\hbar}\sqrt{2m(U_0 - E)}$$

解説　空間1次元の定常状態波動方程式 (29.11)に関する定番の問題であり，本問題から始めて**問題 37** までの3問題で扱う．本問題ではまず各区間での波動関数の構成と区間境界での連続条件を考える．

解答

1.　波動方程式 (29.11) を幅 2ε の微小区間 $[\pm a - \varepsilon, \pm a + \varepsilon]$ $(\varepsilon > 0)$ で積分して:

$$-\frac{\hbar^2}{2m}\underbrace{\int_{\pm a-\varepsilon}^{\pm a+\varepsilon} dx \left(\frac{d}{dx}\right)^2 \psi_E(x)}_{=\left[\psi'_E(x)\right]_{x=\pm a-\varepsilon}^{x=\pm a+\varepsilon}} = \int_{\pm a-\varepsilon}^{\pm a+\varepsilon} dx\,(E-U(x))\,\psi_E(x) \to 0 \quad (\varepsilon\to 0) \tag{35.3}$$

右辺は，被積分関数 $(E-U(x))\,\psi_E(x)$ が $x=\pm a$ の近傍で有限であることから，$\varepsilon\to 0$, すなわち積分幅がゼロの極限で積分がゼロとなることを用いた．よって $\varepsilon\to 0$ 極限で (35.3)左辺がゼロ，すなわち (35.2)が成り立つ．なお，**問題 38** も参照のこと．

2. 井戸の中 $|x|<a$ における波動方程式 (29.11)は**問題 33** の (33.2) 式と同一であり，その一般解は (33.3)で与えられる．

他方，井戸の外 $|x|>a$ における (29.11)は

$$\frac{d^2\psi_E(x)}{dx^2} = \frac{2m}{\hbar^2}\overbrace{(U_0-E)}^{>0}\psi_E(x) = \alpha^2\psi_E(x) \tag{35.4}$$

であり，その一般解は $\psi_E(x)=C\,e^{\alpha x}+D\,e^{-\alpha x}$ (C, D : 任意定数) で与えられる．波動関数の規格化 (28.1) のためには $\lim_{x\to\pm\infty}\psi_E(x)=0$ が必要であり (したがって，$x<-a$ で $e^{-\alpha x}$，および，$x>a$ で $e^{\alpha x}$ は不可)，これを考慮すると x の各区間における一般解は

$$\psi_E(x) = \begin{cases} C\,e^{\alpha x} & (x<-a) \\ A\sin kx + B\cos kx & (-a<x<a) \\ D\,e^{-\alpha x} & (x>a) \end{cases} \tag{35.5}$$

これより，偶/奇関数の一般解および連続条件 (35.1) と (35.2) から得られる条件式は以下の通りである:

<u>偶関数解:</u> 一般解 (35.5)に「偶関数」の条件を課すと $D=C$, $A=0$ であり

$$\psi_E^{(偶)}(x) = \begin{cases} C_+\,e^{\alpha x} & (x<-a) \\ B\cos kx & (-a<x<a) \\ C_+\,e^{-\alpha x} & (x>a) \end{cases} \qquad (C_+,\ B\text{: 任意定数}) \tag{35.6}$$

これに対して連続条件 (35.1) と (35.2) はそれぞれ ($x=\pm a$ の 2 点の条件は等価)

$$C_+\,e^{-\alpha a} = B\cos ka, \qquad \alpha\,C_+\,e^{-\alpha a} = k\,B\sin ka \tag{35.7}$$

<u>奇関数解:</u> 一般解 (35.5)に「奇関数」の条件を課すと $D=-C$, $B=0$ であり

$$\psi_E^{(奇)}(x) = \begin{cases} C_-\,e^{\alpha x} & (x<-a) \\ A\sin kx & (-a<x<a) \\ -C_-\,e^{-\alpha x} & (x>a) \end{cases} \qquad (C_-,\ A\text{: 任意定数}) \tag{35.8}$$

$x=\pm a$ における連続条件は

$$C_-\,e^{-\alpha a} = -A\sin ka, \qquad \alpha\,C_-\,e^{-\alpha a} = k\,A\cos ka \tag{35.9}$$

問題 36　有限の深さの井戸型ポテンシャルの束縛状態 (その 2)　標準

問題 **35** からの続きの問題である.

3. 問題 **35** 設問 2 で得た「偶/奇関数解に対する連続条件 (35.1) および (35.2)」(問題 **35** [解答] の (35.7)と (35.9)式) から，解が非自明 ($\psi_E(x) \neq 0$) であるために

$$\xi \equiv ka = \frac{a}{\hbar}\sqrt{2mE}\ (>0), \quad \eta \equiv \alpha a = \frac{a}{\hbar}\sqrt{2m\,(U_0 - E)}\ (>0) \qquad (36.1)$$

で定義された (ξ, η) が満たすべき関係式を求めよ.

4. 束縛状態のエネルギー固有値 E および固有関数 $\psi_E(x)$ の個数やその偶奇性が系のパラメータ (m, a, U_0) に依存してどのように存在するかを調べよ.

解 説　前の**問題 35** の結果から，エネルギー固有値 E の個数や対応する固有関数の偶奇性を図的に理解する問題である.

解 答

3. 偶関数解の場合: (35.7)の第 2 式を第 1 式で辺々 (左辺を左辺で，右辺を右辺で) 割って，求める (ξ, η) の関係式は

$$\alpha = k \tan ka \quad \Rightarrow \quad \eta = \xi \tan \xi \qquad (36.2)$$

なお，(35.7)の第 1 式の両辺がゼロであり第 2 式を割ることができない場合は，両式より $C_+ = B = 0$ が得られ，解は自明 ($\psi_E^{(偶)}(x) = 0$) となる.

奇関数解の場合: 同様に，(35.9)の第 2 式を第 1 式で辺々割って，求める (ξ, η) の関係式は

$$\alpha = -k \cot ka \quad \Rightarrow \quad \eta = -\xi \cot \xi \qquad (36.3)$$

この場合も，(35.9)の第 1 式の両辺がゼロの場合は，解は自明となる.

4. 与えられた (m, a, U_0) に対してエネルギー固有値 E は (36.2)(偶関数解の場合) あるいは (36.3)(奇関数解の場合) を E について解くことで得られる (ξ と η はそれぞれ E の関数). もちろん，これらは E についての超越方程式であり，E を (m, a, U_0) の初等関数として表すことはできない.

(m, a, U_0) とエネルギー固有値 E の個数の関係は次の考察で理解できる. まず，(m, a, U_0) を与えた時，ξ と η は独立ではなく，その定義式 (36.1)より次の関係がある:

$$\xi^2 + \eta^2 = R_0^2 \qquad \left(R_0 \equiv \frac{a}{\hbar}\sqrt{2mU_0}\right) \qquad (36.4)$$

したがって，エネルギー固有値 E は (ξ, η) 平面の第 1 象限 ($\xi > 0, \eta > 0 \leftarrow \xi$ と η の定義 (36.1)より) における

- 偶関数解に対しては，曲線 $\eta = \xi \tan \xi$ (36.2) と半径 R_0 の円 (36.4)との交点

- 奇関数解に対しては，曲線 $\eta = -\xi \cot \xi$ (36.3) と円 (36.4)との交点

として求まる．これらの各交点に対応したエネルギー E の値は (36.1)から交点の ξ 座標 $\xi_{交点}$ により次式で与えられる:

$$E = \frac{\hbar^2}{2ma^2} (\xi_{交点})^2$$

(ξ, η) 平面で曲線 (36.2)(実線)，(36.3)(破線) と円 (36.4)の交点をさまざまな半径 R_0 に対して描いたのが下の図である．R_0 の各範囲における交点を ⊙, □, △, ▽ の各記号で囲んだ．第 1 象限において，曲線 $\eta = \xi \tan \xi$ は点 $(k\pi, 0)$ $(k = 0, 1, 2, 3, \cdots)$ から立ち上がって $(k\pi + (\pi/2), +\infty)$ に至り，曲線 $\eta = -\xi \cot \xi$ は $(k\pi + (\pi/2), 0)$ から立ち上がって $(k\pi + \pi, +\infty)$ に至る．

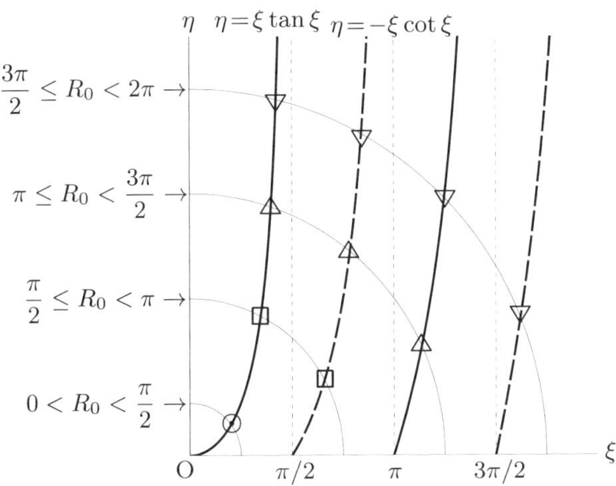

図からわかるように

(a) 円 (36.4)の半径 R_0 が $\dfrac{(n-1)\pi}{2} \leq R_0 < \dfrac{n\pi}{2}$ $(n = 1, 2, 3, \cdots)$ の範囲にある時 ($n = 1$ の場合は $0 < R_0 < \pi/2$), n 個のエネルギー固有値 $E_1 < E_2 < \cdots < E_n$ が存在する．

(b) E_k $(k = 1, \cdots, n)$ に対応した $\xi^{(k)}_{交点}$ は $\dfrac{(k-1)\pi}{2} \leq \xi^{(k)}_{交点} < \dfrac{k\pi}{2}$ の区間にある．

(c) E の小さい方 ($\xi_{交点}$ の小さい方) から順に偶関数解と奇関数解が交互に現れる．すなわち，

$$E_1:偶関数解,\ E_2:奇関数解, \cdots, E_n : \begin{cases} 偶関数解 & (n:奇数) \\ 奇関数解 & (n:偶数) \end{cases}$$

(d) R_0 の定義 $R_0 = \dfrac{a}{\hbar}\sqrt{2mU_0}$ から分かるように，井戸がより深く (U_0 が大きく) より広く (a が大きく) なるにつれて，エネルギー固有値の数が増えていく．

問題 37　有限の深さの井戸型ポテンシャルの束縛状態 (その 3)　標準

問題 35，36 からの続きの問題である.

5. **問題 35** の設問 2 に戻って，$x = \pm a$ における連続条件 (35.1)と (35.2) を満足する規格化された偶関数解 $\psi_E^{(偶)}(x)$ を，定数として (a, k, α) を用いた x の関数として，$x < -a$, $-a < x < a$, $x > a$ の 3 つの区間でそれぞれ与えよ.
なお，**問題 36** の設問 3 のとおり，k と α は独立ではなく，$x = \pm a$ における連続条件により関係している (**問題 36** [解答] の (36.2)式: $\alpha = k \tan ka$). したがって，$\psi_E^{(偶)}(x)$ の表式は一意的ではないが，できるだけ簡潔に表すこと.
6. 系が $\psi_E^{(偶)}(x)$ の状態にあるとき，質点が井戸の右外，すなわち，$x > a$ に存在する確率 $P(a, \infty)$ を $\xi (\equiv ka)$ のみを用いて与えよ.
7. (36.4)式に現れる $R_0 \left(\equiv (a/\hbar)\sqrt{2mU_0}\right)$ が $R_0 > \pi$ であり，偶奇合わせたエネルギー固有値の中で小さい方から 3 番目の E_3 が存在する場合を考える (**問題 36** 設問 4 の [解答] を参照). 基底状態 $(E = E_1)$ の波動関数 $\psi_{E_1}^{(偶)}$，および，$E = E_3$ の波動関数 $\psi_{E_3}^{(偶)}(x)$ (ともに実関数にとる) の概形を描け. なお，両波動関数ともに $x = 0$ で正，$\psi_{E_{1,3}}^{(偶)}(0) > 0$，とし，$x$ 軸上には $x = 0$ および $x = \pm a$ の点を明記せよ.

解 説　古典力学では，質点のエネルギー E が井戸の深さ U_0 より低い場合 $(E < U_0)$，質点は決して井戸を飛び出すことはできない. しかし，設問 6 と設問 7 からわかるように，量子力学においては $E < U_0$ の場合も質点はある確率 $(P(-\infty, -a) + P(a, \infty))$ で井戸の外にも存在する. この**確率のしみ出し**の距離 ℓ を「井戸の端から見て波動関数の大きさが $1/e$ になる距離」，すなわち，$|\psi_E(a + \ell)/\psi_E(a)| = 1/e$ と定義すると，

$$\ell = \frac{1}{\alpha} = \frac{\hbar}{\sqrt{2m(U_0 - E)}}$$

で与えられる.

解 答

5. (35.6)式の $\psi_E^{(偶)}(x)$ において，連続条件 (35.7)の左式を用いて $C_+ = Be^{\alpha a} \cos ka$ と表すと

$$\psi_E^{(偶)}(x) = B \times \begin{cases} \cos ka \, e^{\alpha(x+a)} & (x < -a) \\ \cos kx & (-a < x < a) \\ \cos ka \, e^{-\alpha(x-a)} & (x > a) \end{cases}$$

定数 B (ここでは正の実数に取る) は，規格化条件 $\int_{-\infty}^{\infty} dx \left|\psi_E^{(偶)}(x)\right|^2 = 1$ より

$$\frac{1}{B^2} = \cos^2 ka \int_{-\infty}^{-a} dx \, e^{2\alpha(x+a)} + \int_{-a}^{a} dx \, \cos^2 kx + \cos^2 ka \int_{a}^{\infty} dx \, e^{-2\alpha(x-a)}$$

$$= \frac{\cos^2 ka}{2\alpha} + \left(a + \frac{\sin 2ka}{2k}\right) + \frac{\cos^2 ka}{2\alpha} = \frac{\cos^2 ka}{\alpha} + \underbrace{\frac{\sin ka \cos ka}{k}}_{= \frac{\sin^2 ka}{k \tan ka}} + a$$

$$\overset{\alpha = k\tan ka}{\downarrow}$$

$$= \frac{\cos^2 ka}{\alpha} + \frac{\sin^2 ka}{\alpha} + a = \frac{1}{\alpha} + a \quad \Rightarrow \quad B = \frac{1}{\sqrt{a + (1/\alpha)}}$$

ここで，(36.2)の関係式 $\alpha = k \tan ka$ を用いた．したがって，連続条件を満たし，規格化がされた偶波動関数は各区間において次式で与えられる:

$$\psi_E^{(偶)}(x) = \frac{1}{\sqrt{a + (1/\alpha)}} \times \begin{cases} \cos ka\, e^{\alpha(x+a)} & (x < -a) \\ \cos kx & (-a < x < a) \\ \cos ka\, e^{-\alpha(x-a)} & (x > a) \end{cases}$$

なお，この $\psi_E^{(偶)}(x)$ の表式には，関係式 (36.2) を用いたさまざまな別表式があり，また，全体に定数位相因子 $e^{i\theta}$ を掛ける任意性もある．

6. 前設問 5 の結果を用いて確率 $P(a, \infty)$ は

$$P(a,\infty) = \int_a^\infty dx \left|\psi_E^{(偶)}(x)\right|^2 = \frac{\cos^2 ka}{a + (1/\alpha)} \underbrace{\int_a^\infty dx\, e^{-2\alpha(x-a)}}_{1/(2\alpha)}$$

$$= \frac{\cos^2 ka}{2(1+\alpha a)} \overset{(36.2)}{\underset{\downarrow}{=}} \frac{\cos^2 ka}{2(1 + ka \tan ka)} = \frac{\cos^2 \xi}{2(1 + \xi \tan \xi)}$$

7. **問題 36** 設問 4 の [解答] の図からわかるように，
   (a) $E = E_1$ の交点に対しては $0 < \xi(= ka) < \pi/2$ であり，$|x| < a$ における $\psi_E(x) \propto \cos kx$ は零点を持たない．
   (b) $E = E_3$ の交点に対しては $\pi \leq \xi(= ka) < (3/2)\pi$ であり，$|x| < a$ における $\psi_E(x) \propto \cos kx$ は零点を 2 つ持つ．

したがって，波動関数 $\psi_{E_1}^{(偶)}(x)$ と $\psi_{E_3}^{(偶)}(x)$ はそれぞれ下の図で与えられる:

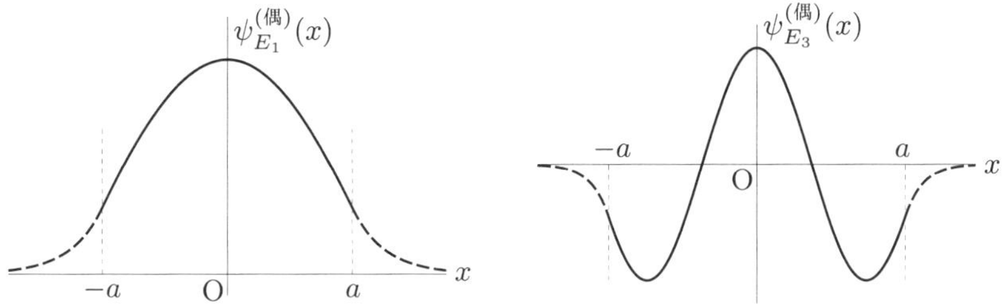

なお，各波動関数は井戸の中 ($|x| < a$) の部分を実線で，井戸の外 ($|x| > a$) の部分を破線で表した．

問題 38　デルタ関数ポテンシャルの束縛状態　基本

1 次元空間上の定常状態波動方程式 (29.11) を $U(x)$ が次式の「デルタ関数ポテンシャル」の場合に考える:

$$U(x) = -u_0\delta(x) \qquad (u_0 : \text{正定数}) \tag{38.1}$$

これは,「無限に深く,無限小の幅の井戸型ポテンシャル」とも見なせる (ただし,井戸の外で $U(x) = 0$). 以下では,エネルギー固有値 E が負 ($E < 0$) の波動関数 $\psi_E(x)$, すなわち,ポテンシャルに拘束された束縛状態を考える.

1. 今のデルタ関数型のポテンシャル $U(x)$ の場合も,波動関数は $x = 0$ において連続条件 (30.1), すなわち,

$$\lim_{x\to+0}\psi_E(x) = \lim_{x\to-0}\psi_E(x) \tag{38.2}$$

を満たす必要がある (**問題 30** 設問 2 の [解答] の議論は今の $U(x)$ に対しても適用される). しかし,**問題 35** の「有限な深さの井戸型ポテンシャル」の場合とは異なり,波動関数の x による 1 階微分 $\psi'_E(x)$ は $x = 0$ で連続条件を満たさず, $\psi_E(0)$(= (38.2) の値) に比例した飛びがある:

$$\lim_{x\to+0}\psi'_E(x) - \lim_{x\to-0}\psi'_E(x) = J\,\psi_E(0) \tag{38.3}$$

このことを示し,右辺の比例係数 J を与えよ (**ヒント: 問題 35** 設問 1 と同様に,波動方程式 (29.11)を $x = 0$ を含む微小な区間で x 積分すればよい).

2. 定常状態波動方程式 (29.11)を今の $U(x)$ (38.1)の場合に解き,束縛状態のエネルギー固有値 $E(< 0)$ と (規格化した) 波動関数 $\psi_E(x)$ の組をすべて求めよ.また, $x = 0$ 付近での $\psi_E(x)$ の概形を描け.

解 説　デルタ関数ポテンシャル (38.1)の場合も定常状態波動方程式を初等関数を用いて解くことができる.ただし,波動関数の 1 階微分は $x = 0$ の前後で飛びが発生する.

解 答

1. 波動方程式 (29.11) を微小区間 $[-\varepsilon, \varepsilon]$ ($\varepsilon > 0$) で積分して:

$$-\frac{\hbar^2}{2m}\underbrace{\int_{-\varepsilon}^{\varepsilon}dx\left(\frac{d}{dx}\right)^2\psi_E(x)}_{=\left[\psi'_E(x)\right]_{x=-\varepsilon}^{x=\varepsilon}} = \int_{-\varepsilon}^{\varepsilon}dx\,(E - U(x))\,\psi_E(x)$$

$$= \int_{-\varepsilon}^{\varepsilon}dx\big(E + u_0\delta(x)\big)\psi_E(x) = E\int_{-\varepsilon}^{\varepsilon}dx\,\psi_E(x) + u_0\psi_E(0)$$

ここで, $\varepsilon \to 0$ とすると, $x = 0$ 近傍で有限な $\psi_E(x)$ に対しては

$$\lim_{\varepsilon\to 0}\int_{-\varepsilon}^{\varepsilon}dx\,\psi_E(x) = 0$$

なので，

$$\lim_{\varepsilon\to+0}\Big(\psi_E'(\varepsilon)-\psi_E'(-\varepsilon)\Big)=-\frac{2mu_0}{\hbar^2}\,\psi_E(0) \tag{38.4}$$

を得る．したがって，求める定数 J は

$$J=-\frac{2mu_0}{\hbar^2}$$

2. $x\neq 0$ において，波動方程式 (29.11)は

$$\frac{d^2\psi_E(x)}{dx^2}=\frac{2m(-E)}{\hbar^2}\,\psi_E(x), \qquad (-E>0)$$

この一般解は，$x<0$ と $x>0$ において (規格化可能性を考慮し)

$$\psi_E(x)=\begin{cases} C\,e^{\alpha x} & (x<0)\\ D\,e^{-\alpha x} & (x>0)\end{cases} \qquad \left(\alpha\equiv\frac{\sqrt{2m(-E)}}{\hbar}>0\right)$$

定数 (C,D) とエネルギー固有値 E は次のように定まる．まず，

$$\text{連続条件 (38.2):}\ \psi_E(+0)=\psi_E(-0) \quad\Rightarrow\quad C=D$$

次に，$\psi_E'(+0)=-D\alpha=-C\alpha$, $\psi_E'(-0)=C\alpha$, $\psi_E(0)=C$ を (38.4)式に代入し

$$-2C\alpha=-\frac{2mu_0}{\hbar^2}\,C \quad\Rightarrow\quad \alpha=\frac{mu_0}{\hbar^2} \quad\Rightarrow\quad E=-\frac{\alpha^2\hbar^2}{2m}=-\frac{mu_0^2}{2\hbar^2}$$

さらに，規格化条件より

$$1=\int_{-\infty}^{\infty}dx\,|\psi_E(x)|^2=|C|^2\underbrace{\int_{-\infty}^{0}dx\,e^{2\alpha x}}_{1/(2\alpha)}+|D|^2\underbrace{\int_{0}^{\infty}dx\,e^{-2\alpha x}}_{1/(2\alpha)}=\frac{|C|^2}{\alpha}$$

これより (C を正実数に取って)

$$C=\sqrt{\alpha}=\frac{\sqrt{mu_0}}{\hbar}$$

以上より，求めるエネルギー固有値 $E(<0)$ と波動関数 $\psi_E(x)$ は一組だけであり

$$E=-\frac{mu_0^2}{2\hbar^2}, \qquad \psi_E(x)=\frac{\sqrt{mu_0}}{\hbar}\,\exp\!\left(-\frac{mu_0}{\hbar^2}\,|x|\right)$$

$\psi_E(x)$ の概形は右図のとおり．$x=0$ で曲線に尖りがあり，そこで $\psi'(x)$ が不連続になっている．

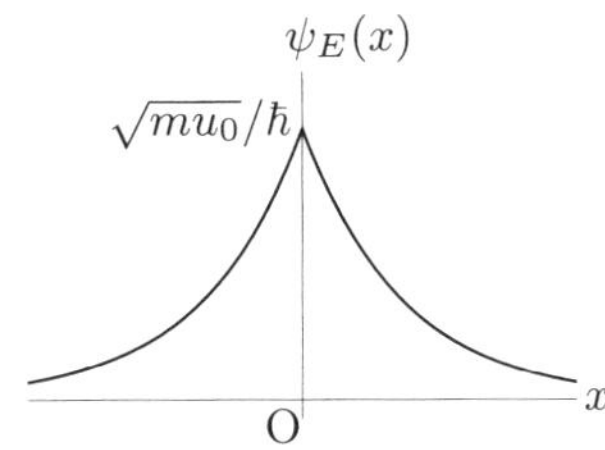

問題 39　1次元調和振動子の定常状態波動方程式 (その1)　標準

1次元調和振動子の定常状態波動方程式，すなわち，(29.11)式において $U(x)$ をバネポテンシャル $U(x)=\frac{1}{2}m\omega^2x^2$ としたものを考える:

$$\left[-\frac{\hbar^2}{2m}\left(\frac{d}{dx}\right)^2+\frac{1}{2}m\omega^2x^2\right]\psi_E(x)=E\psi_E(x) \tag{39.1}$$

1. まず，(39.1)式をより簡潔な形に書き直す．変数 x の代わりに，長さの次元を持ったある正定数 a を用いて $x=a\xi$ の関係にある無次元変数 ξ により (39.1) を表すと次の形となる:
$$\frac{d^2u}{d\xi^2}+\left(\lambda-\xi^2\right)u=0 \tag{39.2}$$
ここに，λ は無次元定数であり，新変数 ξ の関数としての波動関数を $u(\xi)$ とした ($u(\xi)\equiv\psi_E(x)=\psi_E(a\xi)$)．定数 a を $(m,\omega,\hbar)$ を用いて表し，エネルギー固有値 E と定数 λ の関係を与えよ．
2. 微分方程式 (39.2)から $|\xi|\gg 1$ において $u\simeq\xi^q\,e^{-\xi^2/2}$ であることを説明せよ．ここに，q は $|\xi|\gg 1$ での考察だけでは決まらない定数である．
3. 前設問2の結果を考慮し，一般の ξ に対して
$$u(\xi)=H(\xi)\,e^{-\xi^2/2} \tag{39.3}$$
により未知関数を $u(\xi)$ から $H(\xi)$ に置き換えることにする．(39.2)を $H(\xi)$ に対する微分方程式として書き直せ．
4. 前設問3で得た $H(\xi)$ に対する微分方程式の解が，ξ の級数として
$$H(\xi)=\sum_{k=0}^{\infty}a_k\xi^{2k+p}\quad(a_k\text{:定数係数，}a_0\neq 0) \tag{39.4}$$
で与えられると仮定する．この級数は ξ^p から始まるとした (したがってその係数 a_0 はゼロではない)．なお，(39.2)の解 $u(\xi)$ が (したがって $H(\xi)$ も) ξ の偶関数あるいは奇関数であるとしてよいこと (**問題 30** 設問1参照) から，(39.4) において ξ の冪は $2k+p$ とした (p が偶/奇数なら $H(\xi)$ は偶/奇関数)．
可能な p の値，および，係数 a_k が満たすべき漸化式を求めよ．

解 説　1次元調和振動子の定常状態波動方程式 (39.1) (=ハミルトニアンの固有値方程式) を解き，エネルギー固有値 E と波動関数 $\psi_E(x)$ を求める問題を，これからの4問で扱う．なお，調和振動子ハミルトニアンの固有値方程式は**問題 08，09** において代数的に解いた．

解答

1. (39.1)式を $x = a\xi$ と $(d/dx)^2 = (1/a^2)(d/d\xi)^2$ を用いて書き直し整理すると

$$\frac{d^2u}{d\xi^2} + \Bigg(\underbrace{\frac{2ma^2E}{\hbar^2}}_{=\lambda} - \underbrace{\frac{m^2\omega^2a^4}{\hbar^2}}_{=1}\xi^2\Bigg)u = 0$$

これが (39.2)と一致するように 2 箇所の係数を指定することで次式を得る:

$$a = \sqrt{\frac{\hbar}{m\omega}}, \qquad E = \frac{\hbar^2\lambda}{2ma^2} = \frac{1}{2}\hbar\omega\lambda \tag{39.5}$$

2. 以下では，プライム ($'$) は ξ 微分を表すとする．(39.2)は $|\xi| \gg 1$ において (ξ^2 に比べて λ を無視し) $u'' - \xi^2 u \simeq 0$ と近似されるが

$$\left(\xi^q\, e^{\pm\xi^2/2}\right)'' = \left(\xi^2 \pm 2q + \frac{q(q-1)}{\xi^2}\right)\xi^q\, e^{\pm\xi^2/2} \simeq \xi^2\,\xi^q\, e^{\pm\xi^2/2} \quad (|\xi| \gg 1)$$

であり，$u = \xi^q\, e^{\pm\xi^2/2}$ は $|\xi| \gg 1$ での近似解であることがわかる．しかし，$|\xi| \to \infty$ で発散する $u = \xi^q\, e^{+\xi^2/2}$ の方は波動関数の規格化可能性から排除される．

3. $u(\xi) = H(\xi)\, e^{-\xi^2/2}$ を ξ 微分して

$$u' = \big(H' - \xi H\big)\, e^{-\xi^2/2}, \qquad u'' = \big(H'' - 2\xi H' + (\xi^2 - 1)H\big)\, e^{-\xi^2/2}$$

これを (39.2)に用いて，H に対する微分方程式は

$$H'' - 2\xi H' + (\lambda - 1)\, H = 0 \tag{39.6}$$

4. (39.4)を ξ 微分して

$$\begin{aligned}
\xi H' &= \sum_{k=0}^{\infty}(2k+p)a_k\xi^{2k+p}, \\
H'' &= \sum_{k=0}^{\infty}(2k+p)(2k+p-1)a_k\xi^{2k+p-2} \\
&= p(p-1)a_0\xi^{p-2} + \sum_{k=0}^{\infty}(2k+p+2)(2k+p+1)a_{k+1}\xi^{2k+p}
\end{aligned}$$

これらを用いて

$$\begin{aligned}
[(39.6)\text{の左辺}] &= p(p-1)a_0\xi^{p-2} \\
&\quad + \sum_{k=0}^{\infty}\Big[(2k+p+2)(2k+p+1)a_{k+1} - \big(2(2k+p) - \lambda + 1\big)a_k\Big]\xi^{2k+p}
\end{aligned}$$

(39.6)が成り立つためには，ξ の各冪の係数がゼロでなければならず，

(a) ξ^{p-2} の係数がゼロの条件から，可能な p が次の 2 つに定まる:

$$p(p-1)a_0 = 0 \ (a_0 \neq 0) \quad \Rightarrow \quad p = 0 \quad \text{あるいは} \quad p = 1$$

(b) ξ^{2k+p} $(k = 0, 1, 2, \cdots)$ の係数がゼロから次の漸化式を得る:

$$a_{k+1} = \frac{2(2k+p) - \lambda + 1}{(2k+p+2)(2k+p+1)}\, a_k \quad (k = 0, 1, 2, \cdots) \tag{39.7}$$

問題 40　1次元調和振動子の定常状態波動方程式 (その2)　標準

問題39からの続きの問題である.

5. **問題39**の設問4で得た a_k の漸化式を $k \gg 1$ で考えることにより，級数 (39.4) は有限な $k = k_{\max}(= 0, 1, 2, \cdots)$ で切れて (すなわち，$a_{k_{\max}} \neq 0$，$a_k = 0$ $(k > k_{\max})$)，多項式となるべきことを説明せよ.
6. 調和振動子のエネルギー固有値は**問題08**と**09**で代数的に求め，(09.7)式，$E_n = \left(n + \frac{1}{2}\right)\hbar\omega$ $(n = 0, 1, 2, \cdots)$ を得た．今の $(k_{\max}, p)$ の組で指定される解 $u(\xi)$ のエネルギー固有値 E が，「$(k_{\max}, p)$ と1対1の関係にあり非負の整数に値を取る n」を適当に定義することで，この E_n を再現することを示せ.
7. $(k_{\max}, p)$ で指定される $H(\xi)$ が，全体の定数倍を除いて**エルミート多項式** (Hermite polynomial) と呼ばれる次の n 次多項式 $H_n(\xi)$ で与えられることを示せ:

$$H_n(\xi) = n! \sum_{m=0}^{[n/2]} \frac{(-1)^m}{m!\,(n-2m)!}\,(2\xi)^{n-2m} \tag{40.1}$$

ここに，n は前設問6で導入した「$(k_{\max}, p)$ で定まる整数」であり，実数 x に対して $[x]$ は x の**床関数**あるいは**ガウス記号**と呼ばれ，次で定義される:

$$[x] = x \text{ を超えない最大の整数} \quad (例: [1/2] = 0,\ [1] = 1) \tag{40.2}$$

解説　本問題で，**問題08**と**問題09**において代数的に求めたエネルギー固有値と同じ結果を得る．ここでは，「波動関数の規格化可能性」の条件から「離散的なエネルギー固有値」が得られる.

解答

5. **問題39**の [解答] の漸化式 (39.7)より，$k \gg 1$ において

$$\frac{a_{k+1}}{a_k} = \frac{2(2k+p) - \lambda + 1}{(2k+p+2)(2k+p+1)} \underset{k \gg 1}{\simeq} \frac{2 \times 2k}{2k \times 2k} = \frac{1}{k} \left(\simeq \frac{1}{k+1}\right)$$

ここに，$k \gg 1$ に対して分母と分子の定数項を無視する近似を行った．よって，

$$a_k \simeq \frac{a_{k-1}}{k} \simeq \frac{a_{k-2}}{k(k-1)} \simeq \frac{a_K}{k(k-1)\cdots(K+1)} = \frac{K!\,a_K}{k!} \quad (k \geq K \gg 1)$$

級数 (39.4)の $|\xi| \to \infty$ での振る舞いは，大きな k の項の寄与を考慮し，K を a_k に対する上記の近似が使える十分大きな数として

$$H(\xi) \sim \sum_{k=K}^{\infty} \frac{\xi^{2k}}{k!} \sim \sum_{k=0}^{\infty} \frac{\xi^{2k}}{k!} = e^{\xi^2} \quad (|\xi| \gg 1)$$

となる (上式では，それ全体に掛かる ξ の冪や定数を無視している)．しかし，このとき $u(\xi) = H(\xi)\,e^{-\xi^2/2} \sim e^{\xi^2/2} \to \infty$ $(|\xi| \to \infty)$ であって，波動関数 $u(\xi)$ は規

格化不可能となってしまう．したがって，波動関数の規格化可能性の要請より，級数 (39.4)はある $k = k_{\mathrm{max}}$ で切れて多項式となる必要がある．

6. 級数 (39.4)が $k = k_{\mathrm{max}}$ で切れる，すなわち，$a_{k_{\mathrm{max}}} \neq 0,\ a_{k_{\mathrm{max}}+1} = 0$ のためには，漸化式 (39.7)から

$$2(2k_{\mathrm{max}} + p) - \lambda + 1 = 0 \quad \Rightarrow \quad \lambda = 2(2k_{\mathrm{max}} + p) + 1 \tag{40.3}$$

そこで，**問題 39** 設問 1 の [解答] の (39.5) 式で与えられているエネルギー固有値 E と λ の関係を用いて

$$E = \frac{1}{2}\hbar\omega\lambda = \left(2k_{\mathrm{max}} + p + \frac{1}{2}\right)\hbar\omega = \left(n + \frac{1}{2}\right)\hbar\omega$$

を得る．ここに，n を

$$n \equiv 2k_{\mathrm{max}} + p\ (= 0, 1, 2, \cdots) \tag{40.4}$$

で定義したが，$k_{\mathrm{max}} = 0, 1, 2, \cdots$ と $p = 0, 1$ (**問題 39** 設問 4 の [解答]) から，n はすべての非負の整数値を取り，(k_{max}, p) と n の対応は 1 対 1 である．

7. (39.7)において $k \to k-1$ と置き換え，(40.3)の $\lambda = 2(2k_{\mathrm{max}} + p) + 1$ を代入して

$$\begin{aligned} a_k &= \frac{-4(k_{\mathrm{max}} - k + 1)}{(2k+p)(2k+p-1)}\, a_{k-1} \\ &= a_0 \prod_{\ell=1}^{k} \frac{(-4)(k_{\mathrm{max}} - \ell + 1)}{(2\ell+p)(2\ell+p-1)} = \frac{(-1)^k\, 2^{2k}\, k_{\mathrm{max}}!}{(k_{\mathrm{max}} - k)!\,(2k+p)!}\, a_0 \end{aligned} \tag{40.5}$$

を得る．ここに，$1 \leq k \leq k_{\mathrm{max}}$ の場合の関係式

$$\prod_{\ell=1}^{k}(2\ell+p)(2\ell+p-1) = \frac{(2k+p)!}{p!} = (2k+p)! \quad (p = 0, 1)$$

$$\prod_{\ell=1}^{k}(-4)(k_{\mathrm{max}} - \ell + 1) = \frac{(-1)^k 2^{2k} k_{\mathrm{max}}!}{(k_{\mathrm{max}} - k)!} \quad (k = 1, \cdots, k_{\mathrm{max}})$$

を用いた．なお，(40.5)の最後の表式は $k = 0$ に対しても，また，$k_{\mathrm{max}} = 0$ (したがって $k = 0$) の場合も正しい．この a_k を (39.4)に代入して

$$\begin{aligned} H(\xi) &= \sum_{k=0}^{k_{\mathrm{max}}} a_k \xi^{2k+p} = a_0 \sum_{k=0}^{k_{\mathrm{max}}} \frac{(-1)^k\, 2^{2k}\, k_{\mathrm{max}}!}{(k_{\mathrm{max}} - k)!\,(2k+p)!}\, \xi^{2k+p} \\ &\underset{\substack{\uparrow \\ k = k_{\mathrm{max}} - m}}{=} a_0 k_{\mathrm{max}}! \sum_{m=0}^{k_{\mathrm{max}}} \frac{(-1)^{k_{\mathrm{max}} - m}\, 2^{n-2m-p}}{m!\,(n-2m)!}\, \xi^{n-2m} \\ &= \frac{a_0\, k_{\mathrm{max}}!\,(-1)^{k_{\mathrm{max}}}}{2^p\, n!} \times \underbrace{n! \sum_{m=0}^{[n/2]} \frac{(-1)^m}{m!\,(n-2m)!}\,(2\xi)^{n-2m}}_{H_n(\xi)} \end{aligned}$$

を得る．ここに，k についての和を $m \equiv k_{\mathrm{max}} - k$ についての和とし，$2k + p = (2k_{\mathrm{max}} + p) - 2m = n - 2m$ を用いた．また，$[n/2] = [k_{\mathrm{max}} + (p/2)] = k_{\mathrm{max}}$ に注意．

問題 41　エルミート多項式　標準

エルミート多項式 $H_n(\xi)$ (40.1) は (39.6)式において $\lambda = 2n+1$ (これは**問題 40** [解答] の (40.3)と (40.4)からの関係式) とした 2 階微分方程式

$$H_n''(\xi) - 2\xi H_n'(\xi) + 2nH_n(\xi) = 0 \tag{41.1}$$

の解である．$H_n(\xi)$ には (40.1)の他にもいくつかの (より便利な) 表式/定義式がある．まず，次の**エルミート多項式の母関数** (generating function) $S(\xi, y)$ である:

$$S(\xi, y) = e^{-y^2+2y\xi} = e^{\xi^2-(y-\xi)^2} = \sum_{n=0}^{\infty} \frac{y^n}{n!} H_n(\xi) \tag{41.2}$$

最初の 2 つの等号は $S(\xi, y)$ の定義式であり，それを y についてテイラー展開した係数として $H_n(\xi)$ を与えている．

1. (41.2)式から次の各公式を導出せよ:

$$H_n(\xi) = (-1)^n e^{\xi^2} \left(\frac{d}{d\xi}\right)^n e^{-\xi^2} \tag{41.3}$$

$$H_n' = 2nH_{n-1}, \quad H_{n+1} = 2\xi H_n - 2nH_{n-1} \tag{41.4}$$

$$\int_{-\infty}^{\infty} d\xi\, e^{-\xi^2} H_n(\xi) H_m(\xi) = \sqrt{\pi}\, 2^n n!\, \delta_{n,m} \tag{41.5}$$

2. (41.4)の 2 式を用いて，(41.2)で定義した $H_n(\xi)$ が微分方程式 (41.1)を満たすことを示せ．
3. (40.1)と (41.3)のそれぞれから $H_n(\xi)$ $(n = 0, 1, 2, 3)$ の具体的な表式を求め，両者が一致することを確認せよ．

解 説　(40.1)と (41.3)の 2 つの $H_n(\xi)$ が任意の n に対して一致することは，両者がともに微分方程式 (41.1)を満たす ξ の n 次多項式であり，さらに，ξ^n の係数が両者ともに 2^n であることから理解される．なお，(41.3)の ξ^n 項の係数が 2^n であることは

$$\left(\frac{d}{d\xi}\right)^n e^{-\xi^2} = \left((-2\xi)^n + (\xi^{n-2}\ \text{以下の冪項})\right) e^{-\xi^2}$$

から読み取れる (右辺の (-2ξ) は $(d/d\xi)\, e^{-\xi^2} = (-2\xi)\, e^{-\xi^2}$ から)．

解 答

1. 各公式の導出は以下の通り:

<u>(41.3)式</u>: $(\partial/\partial y)^n (41.2)\Big|_{y=0}$ を考え，$(\partial/\partial y)^n y^m\Big|_{y=0} = n!\,\delta_{n,m}$ を用いて，

$$H_n(\xi) = \left(\frac{\partial}{\partial y}\right)^n S(\xi, y)\bigg|_{y=0} = e^{\xi^2} \underbrace{\left(\frac{\partial}{\partial y}\right)^n e^{-(y-\xi)^2}}_{(-\partial/\partial\xi)^n e^{-(y-\xi)^2}}\bigg|_{y=0} = e^{\xi^2}\left(-\frac{d}{d\xi}\right)^n e^{-\xi^2}$$

を得る．ここに，差 $y-\xi$ の任意関数 $f(y-\xi)$ に対して $(\partial/\partial y)f(y-\xi) = -(\partial/\partial\xi)$ $f(y-\xi)$ であることを用いた．

(41.4): (41.2)を ξ 偏微分して

$$\sum_{n=0}^{\infty} \frac{y^n}{n!} H_n' \underset{\substack{\uparrow \\ (\partial/\partial\xi)(41.2)}}{=} 2y\, e^{-y^2+2y\xi} \underset{\substack{\uparrow \\ (41.2)}}{=} 2y \sum_{n=0}^{\infty} \frac{y^n}{n!} H_n \overset{\boxed{n\to n-1}}{\underset{\downarrow}{=}} 2\sum_{n=1}^{\infty} \frac{ny^n}{n!} H_{n-1}$$

この両辺の y^n の係数を比較して (41.4)の第 1 式を得る．次に (41.2)を y 偏微分して

$$\underbrace{\sum_{n=1}^{\infty} \frac{ny^{n-1}}{n!} H_n}_{\sum_{n=0}^{\infty} \frac{y^n}{n!} H_{n+1}} \underset{\substack{\uparrow \\ \frac{\partial(41.2)}{\partial y}}}{=} (-2y+2\xi)\, e^{-y^2+2y\xi} \underset{\substack{\uparrow \\ (41.2)}}{=} -2\sum_{n=1}^{\infty} \frac{ny^n}{n!} H_{n-1} + 2\xi \sum_{n=0}^{\infty} \frac{y^n}{n!} H_n$$

この両辺の y^n の係数を比較して (41.4)の第 2 式を得る．

(41.5)式: $S(\xi, y)$ (41.2) と $S(\xi, w) = \sum_m (w^m/m!)H_m(\xi)$ を用いた次式を考える:

$$\int_{-\infty}^{\infty} d\xi\, e^{-\xi^2} S(\xi, y) S(\xi, w) = \sum_{n,m=0}^{\infty} \frac{y^n w^m}{n!m!} \int_{-\infty}^{\infty} d\xi\, e^{-\xi^2} H_n(\xi) H_m(\xi) \quad (41.6)$$

この左辺は

$$\int_{-\infty}^{\infty} d\xi\, \underbrace{e^{-\xi^2} e^{-y^2+2y\xi} e^{-w^2+2w\xi}}_{e^{-(\xi-y-w)^2+2yw}} = \sqrt{\pi}\, e^{2yw} = \sqrt{\pi} \sum_{n=0}^{\infty} \frac{(2yw)^n}{n!} \qquad (41.7)$$

ここに，ガウス積分公式 (28.5)および次の指数関数のテイラー展開公式を用いた:

$$e^x = \sum_{n=0}^{\infty} \frac{x^n}{n!} \qquad (41.8)$$

(41.6)と (41.7)のそれぞれの最右辺の $y^n w^m$ の係数を比較して (41.5)式を得る．

2. (41.4)の第 1 式の右辺に第 2 式を用いて

$$H_n' = 2nH_{n-1} = 2\xi H_n - H_{n+1}$$

この両辺を ξ 微分し，(41.4)の第 1 式を用いて (41.1)を得る:

$$H_n'' = 2H_n + 2\xi H_n' - \underbrace{H_{n+1}'}_{2(n+1)H_n} = 2\xi H_n' - 2nH_n$$

3. $H_n(\xi)$ $(n = 0, 1, 2, 3)$ の導出は単純計算であり省略する．(40.1)と (41.3)のどちらで計算しても以下の結果を得る:

$$H_0(\xi) = 1, \quad H_1(\xi) = 2\xi, \quad H_2(\xi) = 4\xi^2 - 2, \quad H_3(\xi) = 8\xi^3 - 12\xi \quad (41.9)$$

問題 42　1次元調和振動子の定常状態波動関数　標準

問題 **39**，**40** および **41** からの続きの問題である．

1. **問題 39**〜**41** の結果から，結局，調和振動子のエネルギー固有値 $E_n = \left(n + \frac{1}{2}\right)\hbar\omega$ の規格化された波動関数 $\psi_n(x)$ はエルミート多項式を用いてどのように与えられるか．なお，(09.4)式の $|n\rangle$ に対して，今の波動関数は $\psi_n(x) = \langle x|n\rangle$ である．
2. 波動関数 $\psi_n(x)$ の概形を $n = 0, 1, 2$ に対して描け．
3. **問題 16** で求めた「状態 $|n\rangle$ での $\widehat{x}$ と $\widehat{p}$ の不確かさ」Δx と Δp を波動関数 $\psi_n(x)$ を用いて計算し，**問題 16** の結果と一致することを確認せよ (**問題 28** 設問 3 参照)．

解 説　**問題 39** から始まった調和振動子の定常状態波動方程式を解く課題は本問題で完了する．設問 3 は求まった波動関数の応用である．

解 答

1. **問題 39**〜**41** の結果から，c_n を規格化のための定数として $\psi_n(x)$ は次式で与えられる ((39.3)式と (39.5)の第 1 式を参照):

$$\psi_n(x) = c_n H_n(\xi)\, e^{-\xi^2/2} \qquad \left(x = a\xi = \sqrt{\frac{\hbar}{m\omega}}\,\xi\right)$$

(25.4)より

$$\langle n|m\rangle = \int_{-\infty}^{\infty} dx\, \psi_n(x)^* \psi_m(x) = c_n^* c_m\, a \underbrace{\int_{-\infty}^{\infty} d\xi\, H_n(\xi) H_m(\xi)\, e^{-\xi^2}}_{=\sqrt{\pi}\,2^n n!\,\delta_{n,m}\ \because\ (41.5)}$$
$$= |c_n|^2 \sqrt{\frac{\pi\hbar}{m\omega}}\, 2^n n!\, \delta_{n,m}$$

よって，規格化 ($\langle n|m\rangle = \delta_{n,m}$) のためには $c_n = (m\omega/(\pi\hbar))^{1/4} / \sqrt{2^n n!}$ と取ればよい (定数位相因子を掛ける任意性はある)．結局，規格化された波動関数 $\psi_n(x)$ は

$$\psi_n(x) = \left(\frac{m\omega}{\pi\hbar}\right)^{1/4} \frac{1}{\sqrt{2^n n!}} H_n(\xi)\, e^{-\xi^2/2} \qquad \left(\xi = \frac{x}{a} = \sqrt{\frac{m\omega}{\hbar}}\, x\right) \tag{42.1}$$

2. (42.1)と (41.9)から

$$\psi_n(x) = \frac{1}{\sqrt{a\sqrt{\pi}}}\, e^{-\xi^2/2} \times \begin{cases} 1 & (n=0) \\ \sqrt{2}\,\xi & (n=1) \\ \sqrt{2}\left(\xi^2 - \frac{1}{2}\right) & (n=2) \end{cases} \qquad (\xi = x/a)$$

各 $\psi_n(x)$ の概形は右図のとおり．一般に $\psi_n(x)$ は n 個の零点を持つ．

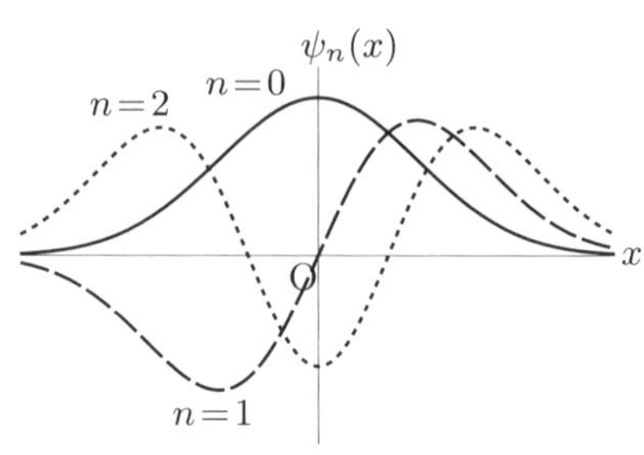

3. 公式 (28.4)を用いて**問題 28** の設問 3 と同様の計算を行う．まず，ここでも $\langle\widehat{x}\rangle=0$ と $\langle\widehat{p}\rangle=0$ が成り立つが，これは $\langle\widehat{x}\rangle$ と $\langle\widehat{p}\rangle$ のそれぞれの被積分関数 $x\,|\psi_n(x)|^2$ と $\psi_n(x)^*(-i\hbar\,d/dx)\psi_n(x)$ がともに x の奇関数であることによる．奇関数であることは (40.1)あるいは (41.3)からエルミート多項式の偶奇性が

$$H_n(-\xi)=(-1)^n H_n(\xi)$$

であり，よって $\psi_n(x)$ (42.1)が $\psi_n(-x)=(-1)^n\psi_n(x)$ を満たすためである．次に，

$$\langle\widehat{x}^{\,2}\rangle=\int_{-\infty}^{\infty}dx\,x^2\,|\psi_n(x)|^2=a^2\int_{-\infty}^{\infty}dx\,\psi_n^*\xi^2\psi_n=a^2\left(n+\frac{1}{2}\right)\underbrace{\int_{-\infty}^{\infty}dx\,|\psi_n(x)|^2}_{=1}$$

ここに，第 3 項の $\xi^2\psi_n$ に対して

$$\xi^2\psi_n=\frac{1}{2}\sqrt{n(n-1)}\,\psi_{n-2}+\left(n+\frac{1}{2}\right)\psi_n+\frac{1}{2}\sqrt{(n+1)(n+2)}\,\psi_{n+2}$$

を用いた (ただし，ψ_{n-2} と ψ_{n+2} は ψ_n との直交性から効かない) が，これは (41.4)の第 2 式からの $\xi H_n=nH_{n-1}+(1/2)H_{n+1}$ を繰り返し用いた

$$\xi^2H_n=n\underbrace{\xi H_{n-1}}_{(n-1)H_{n-2}+(1/2)H_n}+\frac{1}{2}\overbrace{\xi H_{n+1}}^{(n+1)H_n+(1/2)H_{n+2}}=n(n-1)H_{n-2}+\left(n+\frac{1}{2}\right)H_n+\frac{1}{4}H_{n+2}$$

と (42.1)から得られる．次に，$\langle\widehat{p}^{\,2}\rangle$ は

$$\begin{aligned}\langle\widehat{p}^{\,2}\rangle&=\int_{-\infty}^{\infty}dx\,\psi_n(x)^*\left(-i\hbar\frac{d}{dx}\right)^2\psi_n(x)=\frac{\hbar^2}{a^2}\int_{-\infty}^{\infty}dx\,\psi_n^*\left(2n+1-\frac{x^2}{a^2}\right)\psi_n\\&=\frac{\hbar^2}{a^2}\left(2n+1-\frac{1}{a^2}\langle\widehat{x}^{\,2}\rangle\right)=\frac{\hbar^2}{a^2}\left(n+\frac{1}{2}\right)\end{aligned}$$

となる．この第 2 等号では，(39.2)式において $\lambda=2n+1$ とした ψ_n が満たす波動方程式

$$\frac{d^2\psi_n}{d\xi^2}+\left(2n+1-\xi^2\right)\psi_n=0$$

からの次式を用いた:

$$\frac{d^2\psi_n}{dx^2}=\frac{1}{a^2}\frac{d^2\psi_n}{d\xi^2}=\frac{1}{a^2}\left(\xi^2-(2n+1)\right)\psi_n=\frac{1}{a^2}\left(\frac{x^2}{a^2}-(2n+1)\right)\psi_n$$

以上，$a^2=\hbar/(m\omega)$ を考慮して，$\langle\widehat{x}\rangle$, $\langle\widehat{p}\rangle$, $\langle\widehat{x}^{\,2}\rangle$, $\langle\widehat{p}^{\,2}\rangle$ がすべて**問題 16** の結果と同じであり (ただし，**問題 16** の $\widehat{q}$ はここでは $\widehat{x}$)，Δx と Δp も一致する:

$$\Delta x\,\Delta p=a\sqrt{n+\frac{1}{2}}\times\frac{\hbar}{a}\sqrt{n+\frac{1}{2}}=\left(n+\frac{1}{2}\right)\hbar$$

問題 43　調和振動子の代数的解法から波動関数を求める　発展

問題 **08** と **09** において，調和振動子ハミルトニアンの固有値方程式を代数的に解き，$\widehat{H}\,|n\rangle = E_n\,|n\rangle$ を満たすエネルギー固有値 $E_n = \left(n+\frac{1}{2}\right)\hbar\omega\ (n=0,1,2,\cdots)$ (09.7)と固有ベクトル $|n\rangle$ を得た．

ここでは，**問題 42** で求めた規格化された波動関数 $\psi_n(x)$ (42.1)を，波動方程式を直接解くのではなく，$\psi_n(x) = \langle x|n\rangle$ であることと公式 (26.3) (すなわち，(26.4) の置き換え: $\widehat{x} \to x$, $\widehat{p} \to -i\hbar(\partial/\partial x)$) を用い，**問題 08**，**09** の結果を利用して求めることを考える．

1. 基底状態 $|0\rangle$ が (08.7)式，$a\,|0\rangle = 0$，を満たす状態であることから，対応する (規格化された) 基底状態波動関数 $\psi_0(x) = \langle x|0\rangle$ を求めよ．なお，必要なら (07.3) と (07.9)からの次式を用いよ (ここでは $\widehat{q} \to \widehat{x}$):

$$a = \frac{1}{\sqrt{2m\omega\hbar}}\left(m\omega\,\widehat{x} + i\widehat{p}\right), \quad a^\dagger = \frac{1}{\sqrt{2m\omega\hbar}}\left(m\omega\,\widehat{x} - i\widehat{p}\right)$$

2. 規格化された固有ベクトル $|n\rangle$ が (09.4)式，$|n\rangle = \left(1/\sqrt{n!}\right)(a^\dagger)^n\,|0\rangle$，で与えられることから，対応する波動関数 $\psi_n(x) = \langle x|n\rangle$ が (42.1)式となることを示せ．

解 説　(42.1)式で得た調和振動子ハミルトニアンの固有関数 $\psi_n(x)$ が，実は，**問題 08** と **09** の代数的手法と公式 (26.3)からより簡単に求まることを見る．

解 答

1. 公式 (26.3)を用いて

$$a\,|0\rangle = 0 \quad \Rightarrow \quad 0 = \langle x|\,a\,|0\rangle = \frac{1}{\sqrt{2m\omega\hbar}}\underbrace{\langle x|\left(m\omega\widehat{x} + i\widehat{p}\right)|0\rangle}_{\left(m\omega x + \hbar\frac{d}{dx}\right)\langle x|0\rangle}$$

から $\psi_0(x) = \langle x|0\rangle$ は

$$\left(\frac{d}{dx} + \frac{m\omega}{\hbar}\,x\right)\psi_0(x) = 0 \quad \Rightarrow \quad \psi_0(x) = c_0\exp\!\left(-\frac{m\omega}{2\hbar}\,x^2\right)$$

と定数 c_0 を除いて決定される．c_0 は規格化条件より

$$1 = \int_{-\infty}^{\infty} dx\,|\psi_0(x)|^2 = |c_0|^2\underbrace{\int_{-\infty}^{\infty} dx\,\exp\!\left(-\frac{m\omega}{\hbar}\,x^2\right)}_{=\sqrt{\pi\hbar/(m\omega)}} \ \Rightarrow\ c_0 = \left(\frac{m\omega}{\pi\hbar}\right)^{1/4}$$

ここにガウス積分公式 (28.5)を用いた．結局

$$\psi_0(x) = \left(\frac{m\omega}{\pi\hbar}\right)^{1/4}\exp\!\left(-\frac{m\omega}{2\hbar}\,x^2\right) = \left(\frac{m\omega}{\pi\hbar}\right)^{1/4} e^{-\xi^2/2} \qquad (43.1)$$

を得る．最後の表式では**問題 39** で導入した無次元座標 $\xi = (1/a)x = \sqrt{m\omega/\hbar}\,x$ を用いた．この $\psi_0(x)$ は (42.1)式で与えられるものと一致する ($H_0(\xi) = 1$)．

2.　(09.4)と公式 (26.3)を用いて

$$\psi_n(x) = \langle x|n\rangle = \frac{1}{\sqrt{n!}}\langle x|(a^\dagger)^n|0\rangle = \frac{1}{\sqrt{n!}}\left(\frac{1}{\sqrt{2m\omega\hbar}}\right)^n \underbrace{\langle x|\left(m\omega\widehat{x} - i\widehat{p}\right)^n|0\rangle}_{\left(m\omega x - \hbar\frac{d}{dx}\right)^n\langle x|0\rangle}$$

ここで**問題 39** で導入した無次元座標 ξ,

$$x = a\xi = \sqrt{\frac{\hbar}{m\omega}}\,\xi, \qquad \frac{d}{dx} = \frac{1}{a}\frac{d}{d\xi} = \sqrt{\frac{m\omega}{\hbar}}\frac{d}{d\xi}$$

を用いると

$$\begin{aligned}\psi_n(x) &= \frac{1}{\sqrt{n!}}\left(\frac{1}{\sqrt{2m\omega\hbar}}\right)^n\left(\sqrt{m\omega\hbar}\left(\xi - \frac{d}{d\xi}\right)\right)^n\psi_0(x)\\ &= \frac{(-1)^n}{\sqrt{2^n n!}}\left(\frac{d}{d\xi} - \xi\right)^n\psi_0(x) = \left(\frac{m\omega}{\pi\hbar}\right)^{1/4}\frac{(-1)^n}{\sqrt{2^n n!}}\underbrace{\left(\frac{d}{d\xi} - \xi\right)^n e^{-\xi^2/2}}_{(\star)}\end{aligned} \tag{43.2}$$

そこで，任意関数 $f(\xi)$ に対して

$$\left(\frac{d}{d\xi} - \xi\right)f(\xi) = e^{\xi^2/2}\frac{d}{d\xi}\left(e^{-\xi^2/2}f(\xi)\right)$$

であり，したがって

$$\begin{aligned}\left(\frac{d}{d\xi} - \xi\right)^n f(\xi) &= \left(\frac{d}{d\xi} - \xi\right)^{n-1} e^{\xi^2/2}\frac{d}{d\xi}\left(e^{-\xi^2/2}f(\xi)\right)\\ &= \left(e^{\xi^2/2}\underbrace{\frac{d}{d\xi}}_{\text{右の量をすべて微分}}e^{-\xi^2/2}\right)^n f(\xi)\\ &= e^{\xi^2/2}\frac{d}{d\xi}\underbrace{e^{-\xi^2/2}\,e^{\xi^2/2}}_{=1}\frac{d}{d\xi}e^{-\xi^2/2}\ \cdots e^{\xi^2/2}\frac{d}{d\xi}e^{-\xi^2/2}\ f(\xi)\\ &= e^{\xi^2/2}\left(\frac{d}{d\xi}\right)^n\left(e^{-\xi^2/2}f(\xi)\right)\end{aligned}$$

と表されることに注意する．これを (43.2)の最後の $(\star)$ 部分に用いて $(f(\xi) = e^{-\xi^2/2})$ (42.1)と同じ $\psi_n(x)$ を得る:

$$\begin{aligned}\psi_n(x) &= \left(\frac{m\omega}{\pi\hbar}\right)^{1/4}\frac{1}{\sqrt{2^n n!}}\underbrace{(-1)^n e^{\xi^2/2}\left(\frac{d}{d\xi}\right)^n e^{-\xi^2/2}e^{-\xi^2/2}}_{= e^{-\xi^2/2}(-1)^n e^{\xi^2}(d/d\xi)^n e^{-\xi^2}}\\ &= \left(\frac{m\omega}{\pi\hbar}\right)^{1/4}\frac{1}{\sqrt{2^n n!}}H_n(\xi)\,e^{-\xi^2/2}\end{aligned}$$

ここに，エルミート多項式 $H_n(\xi)$ の公式 (41.3)を用いた．

Tea Time ……………………… 量子力学をつくった人々 I

量子力学は「原子・分子以下の微視的な世界を記述する新しい力学」として主にヨーロッパの若い物理学者たちにより20世紀初頭に構築された．ここでは，本書にその名前が現れる人々に言及しながら，量子力学構築の歴史を紹介しよう．

19世紀末，物理学者たちは当時の力学 (現在の「古典力学」) では説明できないいくつもの謎に直面していた．そのうちの一つは「固体の低温比熱」の謎である．固体は多数の原子がバネでつながった連成振動子の系と見なせるが，これがさまざまな振動数の調和振動子の集まりと等価であることを用い，古典力学と統計力学にもとづいて比熱を計算すると「温度に依らず一定」となる．しかし，現実の固体 (具体的には鉛や亜鉛等の金属) の比熱を温度を変えて測定すると，常温以上では「理論的一定値」と一致するが，低温では絶対零度に近づくにつれて (T を絶対温度として) T^3 に比例して小さくなる．

もう一つの謎として「黒体放射のスペクトル分布」，すなわち，熱せられた物体から放出される光の (振動数の関数としての) エネルギー分布に関するものがあった．光 (=電磁場) のラグランジアンは「連続的な値を取る振動数を持った連続無限個の調和振動子の系」として表すことができるが，このことからスペクトル分布を求めると「振動数の平方に比例して単調に増大する (したがって，それを積分したエネルギー密度は発散する)」ということになる．しかし，現実のスペクトル分布は大きな振動数でゼロに近づき，エネルギー密度も有限である．

これら2つの謎は，いずれも「古典力学では調和振動子のエネルギーは連続的な値を取ることができる」ことから生じたものである．そこで，ドイツの物理学者**プランク** (Max Planck) は「振動数 ν (角振動数 $\omega = 2\pi\nu$) の調和振動子のエネルギーは $h\nu$ を単位とした飛び飛びの値 $nh\nu$ ($n = 0, 1, 2, \cdots$) しか取ることができない」と仮定し，エネルギーの最小単位 $h\nu$ を**エネルギー量子** (energy quanta) と呼んだ．そして，このエネルギー量子の仮説にもとづいて黒体放射のスペクトル分布を求めると，(現在，プランク定数と呼ばれる) 比例定数 h を $h = 6.626 \times 10^{-34}\ \mathrm{J \cdot s}$ と取ることで実験とちょうど一致する結果が得られることがわかった (1900年)．エネルギー量子の概念は，当時は「(古典) 力学からは導くことができない，まったくの仮説」であったが，その後の量子力学の構築への大きなヒントを与えるものであった (「量子力学」という名称もエネルギー量子が起源である)．なお，プランクが仮定した調和振動子の飛び飛びのエネルギー値 $nh\nu(= n\hbar\omega)$ が (零点エネルギー $\hbar\omega/2$ を除いて) 量子力学から得られるものであることは，本書の第1章を学んだ読者はすでに知っているとおりである．

さらに，調和振動子のエネルギー量子の仮説を「固体の低温比熱」に適用することで，絶対零度に近づくにつれて小さくなる比熱が得られることもわかった (これを最初に得たのは後述のアインシュタインである)．

次の第4章末の **Tea Time** に続く．

Chapter 4

1次元定常状態波動方程式の連続散乱状態解

定常状態波動方程式 (29.11) においてエネルギー固有値 E が無限遠方でのポテンシャルの値より大きい場合，固有値 E は連続的に存在し，波動関数 $\psi_E(x)$ は遠方で運動量の固有関数 $e^{\pm ipx}$ の線形和となる (したがって，$\psi_E(x)$ の規格化はデルタ関数型 $\delta(E-E')$ となる)．この波動関数は粒子の定常的な流れを表し，波動方程式 (29.11) を解くことで，ポテンシャルに入射する粒子の反射や透過を調べることができる (このことと，E が連続値を取ることから，$\psi_E(x)$ を「連続散乱状態解」と呼ぶ)．本章では，障壁型，井戸型，およびデルタ関数型の各ポテンシャル $U(x)$ を考え，反射率と透過率を求める演習問題を扱う．特に，エネルギー E が障壁の高さ以下であり，古典力学では粒子が障壁を超えることができない場合も，量子力学では透過が起こることを見る (トンネル効果)．

問題 44　障壁による反射と透過 (その 1)　基本

1 次元空間において高さ U_0 で幅 a の障壁ポテンシャル $U(x)$ を考える:

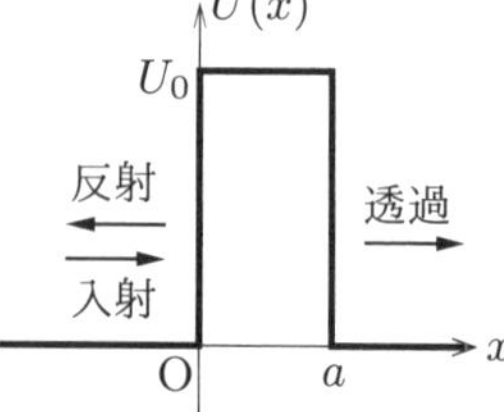

$$U(x) = \begin{cases} 0 & (x < 0,\ x > a) \\ U_0\,(> 0) & (0 < x < a) \end{cases}$$

この障壁の左側 $(x < 0)$ から障壁に入射した質点 (質量 m, エネルギー $E\,(> 0)$) が, 障壁で反射 (跳ね返り) あるいは透過 (乗り越え) する過程を定常状態波動方程式 (29.11)により考察する.

まず, 障壁の外である $x < 0$ と $x > a$ の領域 $(U(x) = 0)$ での定常状態波動方程式 (29.11) の一般解は e^{ikx} と e^{-ikx} の任意の線形和である $(k \equiv \sqrt{2mE}/\hbar)$. **問題 27** 設問 10 で見たように, e^{ikx} は (x の正方向への) 運動量 $p = \hbar k$ の状態を, e^{-ikx} は運動量 $p = -\hbar k$ の状態を表す (運動量固有関数 (27.3)参照). そこで, 質点の障壁に対する入射・反射・透過を表す (障壁の外での) 波動関数 $\psi_E(x)$ として次のものを取る (A, B, C は複素定数):

$$\psi_E(x) = \begin{cases} A\,e^{ikx} + B\,e^{-ikx} & (x < 0) \\ C\,e^{ik(x-a)} & (x > a) \end{cases} \qquad \left(\hbar k = \sqrt{2mE}\right) \tag{44.1}$$

A 項は入射, B 項は反射, C 項は透過を表す. C 項に掛かる定数位相因子 e^{-ika} は単に便宜上のものである (C に吸収することもできる).

1. (44.1)の $\psi_E(x)$ に対して確率流 $j(x,t)$ (29.5)は, $x < 0$ の領域では入射項と反射項の和 $j = j_{入射} + j_{反射}$ と表され, また, $x > a$ では $j = j_{透過}$ とする. $j_{入射}$, $j_{反射}$, $j_{透過}$ をそれぞれ (A, B, C) を用いて与えよ.
2. 質点の障壁への衝突における**透過率** (transmission coefficient) T と**反射率** (reflection coefficient) R を次式で定義する:

$$T = \frac{j_{透過}}{j_{入射}}, \qquad R = \frac{-j_{反射}}{j_{入射}} \tag{44.2}$$

T と R を (A, B, C) を用いて表せ. また, 透過率と反射率が満たすべき関係式 $T + R = 1$ が ($0 < x < a$ での $U(x)$ の形に依らず) 成り立つことを示せ.

解 説　古典力学では, エネルギー $E\,(> 0)$ の質点がこの障壁に左側 $(x < 0)$ から衝突すると, $E < U_0$ の場合は質点は障壁で跳ね返り, $E > U_0$ の場合は障壁を乗り越えて右側へ走っていく (障壁の角は滑らかであるとする). 本問および続く**問題 45** と **46** では，この問題を量子力学において考える．

解答

1. まず，定常状態波動関数 $\psi(x,t)=\psi_E(x)\,e^{-iEt/\hbar}$ を $j(x,t)$ (29.5)に代入して

$$j(x,t)=\frac{-i\hbar}{2m}\left(\psi_E(x)^*\psi_E'(x)-\psi_E'(x)^*\psi_E(x)\right)=\frac{\hbar}{m}\,\mathrm{Im}\big(\psi_E(x)^*\psi_E'(x)\big) \tag{44.3}$$

ここに Im は虚部を表す．$j(x,t)$ においては $e^{\mp iEt/\hbar}$ が相殺し t に依らない．そこで，(44.1)の $\psi_E(x)$ を (44.3) に代入して，$x<0$ では

$$\begin{aligned} j(x,t)&=\frac{\hbar}{m}\,\mathrm{Im}\left[\left(A^*e^{-ikx}+B^*e^{ikx}\right)ik\left(A\,e^{ikx}-B\,e^{-ikx}\right)\right]\\ &=\frac{\hbar k}{m}\,\mathrm{Re}\left(|A|^2-|B|^2-A^*B\,e^{-2ik}+AB^*e^{2ik}\right)=\frac{\hbar k}{m}\left(|A|^2-|B|^2\right)\end{aligned}$$

ここに，Re は実部を表す ($\mathrm{Im}(iz)=\mathrm{Re}\,z$ に注意)．同様に，$x>a$ では

$$j(x,t)=\frac{\hbar k}{m}\,|C|^2$$

よって，

$$j_{\text{入射}}=\frac{\hbar k}{m}\,|A|^2,\qquad j_{\text{反射}}=-\frac{\hbar k}{m}\,|B|^2,\qquad j_{\text{透過}}=\frac{\hbar k}{m}\,|C|^2 \tag{44.4}$$

これらの各右辺に掛かる $\hbar k/m$ は，$p=\pm\hbar k$ であることから $\hbar k/m=$ (質点の速さ) である．また，反射質点の確率流 $j_{\text{反射}}$ は負であるが，これは $j_{\text{反射}}$ が左向き (x の負の方向) であることに対応している．

2. まず，T と R の定義 (44.2)式に (44.4)を代入して

$$T=\frac{(\hbar k/m)\,|C|^2}{(\hbar k/m)\,|A|^2}=\left|\frac{C}{A}\right|^2,\quad R=\frac{(\hbar k/m)\,|B|^2}{(\hbar k/m)\,|A|^2}=\left|\frac{B}{A}\right|^2 \tag{44.5}$$

次に，定常状態波動関数 $\psi(x,t)=\psi_E(x)\,e^{-iEt/\hbar}$ に対して確率密度 $\rho(x,t)$ (29.4) は $\rho(x,t)=|\psi(x,t)|^2=|\psi_E(x)|^2$ となり，時間 t に依らない: $(\partial/\partial t)\rho(x,t)=0$. これと (波動方程式から導かれる) 連続の方程式 (29.3)から確率流 $j(x,t)$ が x に依らないことがわかる:

$$\text{(29.3)式:}\quad \underbrace{\frac{\partial}{\partial t}\rho(x,t)}_{=0}+\frac{\partial}{\partial x}j(x,t)=0\quad\Rightarrow\quad\frac{\partial}{\partial x}j(x,t)=0$$

したがって，$x<0$ における $j=j_{\text{入射}}+j_{\text{反射}}$ と $x>a$ における $j=j_{\text{透過}}$ は等しく，

$$j_{\text{入射}}+j_{\text{反射}}=j_{\text{透過}}\quad\Rightarrow\quad T+R=1 \tag{44.6}$$

を得る．この導出には障壁の形の詳細 (今の場合は高さが一定値 U_0) を用いていないことに注意.

問題 45 障壁による反射と透過 (その 2) 基本

問題 44 からの続きの問題である.

3. 質点のエネルギー E が障壁よりも低い $0 < E < U_0$ の場合に，定常状態波動方程式 (29.11)の解 $\psi_E(x)$ を $0 < x < a$ の領域も含めて構成することにより，(44.2)式の透過率 T と反射率 R を求めよ.
4. 質点のエネルギー E が障壁よりも高い $E > U_0$ の場合に，前設問 3 と同様に T と R を求めよ.

解 説 設問 3 と設問 4 では障壁に衝突する質点の透過率 T と反射率 R を求める．古典力学との顕著な違いとして，質点のエネルギー E が障壁の高さ U_0 よりも低い $E < U_0$ の場合も $T > 0$ となり，質点が障壁を透過するという現象が起こることを見る．この現象は**トンネル効果** (tunneling effect) と呼ばれ，量子力学の特徴的な性質の一つである．トンネル効果は現実のさまざまな物理現象に役割を果たしている.

解 答

3. 障壁の領域 $0 < x < a$ における波動方程式 (29.11)は

$$\frac{d^2\psi_E(x)}{dx^2} = \frac{2m}{\hbar^2}(U_0 - E)\,\psi_E(x) \tag{45.1}$$

であり，$E < U_0$ の場合，その一般解は (F と G は複素定数)

$$\psi_E(x) = F\,e^{\alpha x} + G\,e^{-\alpha x} \qquad \left(0 < x < a,\ \alpha \equiv \frac{1}{\hbar}\sqrt{2m(U_0 - E)}\right) \tag{45.2}$$

障壁の両端 $(x = 0, a)$ における $\psi_E(x)$ と $\psi'_E(x)$ の連続条件 (**問題 30** 設問 2 および **問題 35** 設問 1 参照) は，(44.1)と (45.2)から，

$$\psi_E(-0) = \psi_E(+0) \ \Rightarrow\ A + B = F + G \tag{i}$$

$$\psi'_E(-0) = \psi'_E(+0) \ \Rightarrow\ ik\,(A - B) = \alpha\,(F - G) \tag{ii}$$

$$\psi_E(a - 0) = \psi_E(a + 0) \ \Rightarrow\ F\,e^{\alpha a} + G\,e^{-\alpha a} = C \tag{iii}$$

$$\psi'_E(a - 0) = \psi'_E(a + 0) \ \Rightarrow\ \alpha\left(F\,e^{\alpha a} - G\,e^{-\alpha a}\right) = ikC \tag{iv}$$

そこで，まず (iii) と (iv) から F と G を C で表すと

$$F = \frac{\alpha + ik}{2\alpha}\,e^{-\alpha a}C, \qquad G = \frac{\alpha - ik}{2\alpha}\,e^{\alpha a}C$$

これを (i) と (ii) の右辺に代入して，A と B を C で表すことで次式を得る:

$$\frac{A}{C} = \frac{(\alpha + ik)^2 e^{-\alpha a} - (\alpha - ik)^2 e^{\alpha a}}{4i\alpha k} = \cosh\alpha a + \frac{(k^2 - \alpha^2)\sinh\alpha a}{2i\alpha k}$$

$$\frac{B}{C} = \frac{(k^2 + \alpha^2)(e^{\alpha a} - e^{-\alpha a})}{4i\alpha k} = \frac{(k^2 + \alpha^2)\sinh\alpha a}{2i\alpha k} \tag{45.3}$$

ここに双曲線関数 sinh と cosh は

$$\sinh z = \frac{e^z - e^{-z}}{2}, \qquad \cosh z = \frac{e^z + e^{-z}}{2}$$

この結果を T と R の (A, B, C) による表式 (44.5)に代入して

$$\begin{aligned} T &= \left|\frac{C}{A}\right|^2 = \left(1 + \frac{(k^2+\alpha^2)^2 \sinh^2\alpha a}{4\alpha^2 k^2}\right)^{-1} = \left(1 + \frac{U_0^2 \sinh^2\alpha a}{4E(U_0 - E)}\right)^{-1} \\ R &= \left|\frac{B/C}{A/C}\right|^2 = \left(1 + \frac{4\alpha^2 k^2}{(k^2+\alpha^2)^2 \sinh^2\alpha a}\right)^{-1} = \left(1 + \frac{4E(U_0 - E)}{U_0^2 \sinh^2\alpha a}\right)^{-1} \end{aligned} \tag{45.4}$$

を得る．この計算において次の公式を用いた:

$$\cosh^2 z - \sinh^2 z = 1$$

関係式 $T + R = 1$ (44.6)は確かに成り立っている．なお，$E < U_0$ の場合，古典力学では粒子は障壁を越えることができないが，このことに対応して (45.4)の T と R において $\hbar \to 0$ の「古典極限」を取ると，$\alpha \to \infty$ ($\Rightarrow \ \sinh^2\alpha a \to \infty$) のために $(T, R) \to (0, 1)$ となる．

4. $E > U_0$ の場合，障壁の領域 $0 < x < a$ における (45.1)の一般解は (F, G は複素定数)

$$\psi_E(x) = F\, e^{i\beta x} + G\, e^{-i\beta x} \qquad \left(0 < x < a,\ \beta \equiv \frac{1}{\hbar}\sqrt{2m(E - U_0)}\right) \tag{45.5}$$

であり，$x = 0, a$ における連続条件は前設問 3 の [解答] の (i)〜(iv) 式において $\alpha \to i\beta$ の置き換えを行ったものである．よって，今の場合の比 A/C と B/C は (45.3)に $\alpha \to i\beta$ の置き換えをして得られる:

$$\frac{A}{C} = \cos\beta a + \frac{(k^2+\beta^2)\sin\beta a}{2i\beta k}, \quad \frac{B}{C} = \frac{(k^2-\beta^2)\sin\beta a}{2i\beta k}$$

なお，次の関係式を用いた:

$$\sinh(iz) = i\sin z, \qquad \cosh(iz) = \cos z$$

この結果を用いて，T と R は

$$\begin{aligned} T &= \left|\frac{C}{A}\right|^2 = \left(1 + \frac{(k^2-\beta^2)^2 \sin^2\beta a}{4\beta^2 k^2}\right)^{-1} = \left(1 + \frac{U_0^2 \sin^2\beta a}{4E(E - U_0)}\right)^{-1} \\ R &= \left|\frac{B}{A}\right|^2 = \left(1 + \frac{4\beta^2 k^2}{(k^2-\beta^2)^2 \sin^2\beta a}\right)^{-1} = \left(1 + \frac{4E(E - U_0)}{U_0^2 \sin^2\beta a}\right)^{-1} \end{aligned} \tag{45.6}$$

問題 46　障壁による反射と透過 (その3)　標準

問題 44，45 からの続きの問題である．

5. 次の各場合の透過率 T(の近似形) を求めよ:
   (a) E がちょうど障壁の高さ U_0 に一致する極限: $E \to U_0$
   (b) U_0 に比べて E が非常に小さい場合 $(0 < E \ll U_0)$
   (c) $0 < E < U_0$ で障壁の幅 a が非常に長く，$\alpha a \gg 1$ の場合 ((45.2)参照)
6. 完全透過 $(T, R) = (1, 0)$ が起こることがあるか．起こるならどのような場合か．

解説　この問題では**問題 45** で求めた透過率 T のさまざまな振る舞いを調べる．

解答

5. 各小設問の解答は以下の通り:

(a) E が U_0 に下から近づく場合 $(E \nearrow U_0)$ は (45.4)式の T を考える．$E \nearrow U_0$ で $\alpha a \to 0$ であり ((45.2)参照)，テイラー展開公式

$$\sinh z = z + O(z^2) \tag{46.1}$$

からの $\sinh^2 \alpha a \simeq (\alpha a)^2 = 2ma^2 (U_0 - E)/\hbar^2$ を (45.4)式の T に用いて次の極限を得る:

$$\lim_{E \nearrow U_0} T = \lim_{E \to U_0} \left(1 + \frac{U_0^2}{4E(U_0 - E)} \frac{2ma^2 (U_0 - E)}{\hbar^2}\right)^{-1} = \left(1 + \frac{ma^2 U_0}{2\hbar^2}\right)^{-1}$$

他方，E が U_0 に上から近づく場合 $(E \searrow U_0)$ は (45.6)式の T を考える．$\beta a \to 0$ であり ((45.5)参照)，テイラー展開公式

$$\sin z = z + O(z^2)$$

からの $\sin^2 \beta a \simeq (\beta a)^2 = 2ma^2 (E - U_0)/\hbar^2$ を (45.6)式の T に用いて，上の $\lim_{E \nearrow U_0} T$ と同じ結果を得る．

(b) (45.4)式の T において $U_0 - E \simeq U_0$ $(\Rightarrow \alpha a \simeq a\sqrt{2mU_0}/\hbar)$ の近似を行い

$$T = \left(1 + \frac{U_0^2 \sinh^2 \alpha a}{4E(U_0 - E)}\right)^{-1} \simeq \left(1 + \underbrace{\frac{U_0 \sinh^2\left(a\sqrt{2mU_0}/\hbar\right)}{4E}}_{\gg 1}\right)^{-1}$$
$$\simeq \frac{4E}{U_0} \sinh^{-2}\left(\frac{a\sqrt{2mU_0}}{\hbar}\right)$$

最後の $\simeq$ では

$$(1 + z)^{-1} = \frac{1}{z} + O\left(\frac{1}{z^2}\right) \qquad (|z| \gg 1)$$

を用いた．$E/U_0 \to 0$ で透過率 T は E に比例して小さくなる．

(c) (45.4)式の T において

$$\sinh^2 \alpha a = \frac{1}{4} e^{2\alpha a}\bigl(1 + \underbrace{e^{-2\alpha a}}_{\ll 1}\bigr)^2 \simeq \frac{1}{4} e^{2\alpha a} \qquad (\alpha a \gg 1)$$

の近似を行い

$$T = \left(1 + \frac{U_0^2 \sinh^2 \alpha a}{4E(U_0 - E)}\right)^{-1} \simeq \left(1 + \underbrace{\frac{U_0^2\, e^{2\alpha a}}{16E(U_0 - E)}}_{\gg 1}\right)^{-1}$$

$$\simeq \frac{16E(U_0 - E)}{U_0^2}\, e^{-2\alpha a}$$

の近似を得る．$\alpha a \to \infty$ で透過率 T は指数関数的に小さくなる．

6. $E < U_0$ の場合の T (45.4)は $T = 1$ となることはない．
他方，$E > U_0$ の場合の T (45.6)

$$T = \left(1 + \frac{U_0^2 \sin^2 \beta a}{4E(E - U_0)}\right)^{-1}$$

については

$$\sin \beta a = 0 \quad \Rightarrow \quad \beta a = n\pi\,(= \pi, 2\pi, 3\pi, \cdots) \quad (n = 1, 2, 3, \cdots)$$

の場合に $T = 1$ が実現する．この条件式を $\beta \equiv \sqrt{2m\,(E - U_0)}/\hbar$ ((45.5)参照) を用いてエネルギー E で表すと，$T = 1$ となるのは次の場合である:

$$E = U_0 + \frac{1}{2m}\left(\frac{\pi\hbar}{a}\right)^2 n^2 \qquad (n = 1, 2, 3, \cdots)$$

なお，$n = 0$ $(E = U_0)$ の場合は前設問 5 (a) の解答のとおり $T \neq 1$ である．

補足

周期振動関数 $e^{\pm i\beta x}$ からなる障壁内の波動関数 (45.5) を「波動」と見なすと，その波長 λ は

$$\beta\lambda = 2\pi \quad \Rightarrow \quad \lambda = \frac{2\pi}{\beta}$$

であり，「$T = 1$ となる a の値」は

$$a = \frac{n\pi}{\beta} = \frac{\lambda}{2} n = \text{半波長の整数倍}$$

である．障壁の厚み a に依存して透過率 T に強弱が発生するのは，光学における「光の薄膜透過」でも見られる干渉現象であり，量子力学における「粒子の波動性」の表れである．

問題 47　井戸型ポテンシャルによる反射と透過　標準

1次元空間において次の井戸型ポテンシャル $U(x)$ の下で，井戸の左側からエネルギー $E\,(>0)$ で入射する質点 (質量 m) の透過と反射を考える:

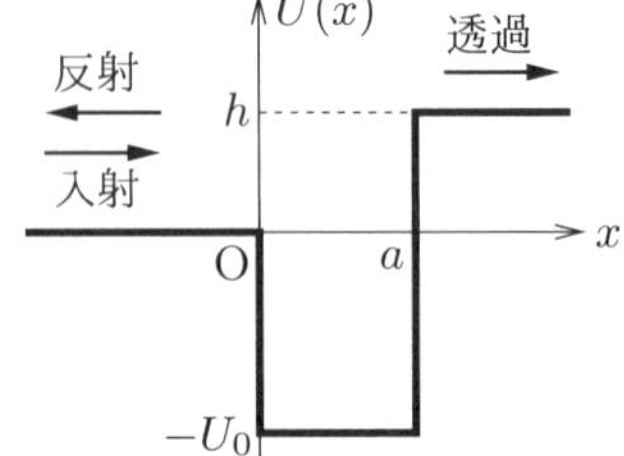

$$U(x) = \begin{cases} 0 & (x < 0) \\ -U_0\,(<0) & (0 < x < a) \\ h\,(>0) & (x > a) \end{cases}$$

$U(x)$ の井戸部分は深さ $U_0\,(>0)$，幅 a であり，井戸の右外側は左外側に比べて $h\,(>0)$ だけ高くなっている．

1. $E > h$ の場合の透過率 T と反射率 R を求めよ．
2. $0 < E < h$ の場合の透過率 T と反射率 R を求めよ．

解 説　井戸型ポテンシャルによる透過と反射についての問題である．単純な井戸型ポテンシャルではなく，井戸の左外側と右外側でポテンシャルの高さ (一定) が異なっている．このため，透過率の表式には注意が必要となる．

解 答

1. $E > h$ の場合，定常状態波動方程式 (29.11)の解で，$x < 0$ で 入射波 + 反射波，$x > a$ で透過波からなるものは一般的に次式で与えられる:

$$\psi_E(x) = \begin{cases} A\,e^{ikx} + B\,e^{-ikx} & (x < 0) \\ F\,e^{i\beta x} + G\,e^{-i\beta x} & (0 < x < a) \\ C\,e^{i\underline{k}(x-a)} & (x > a) \end{cases} \tag{47.1}$$

ここに，(A, B, C, F, G) は複素定数であり，k, β, $\underline{k}$ は次式で定義される:

$$k = \frac{1}{\hbar}\sqrt{2mE}, \qquad \beta = \frac{1}{\hbar}\sqrt{2m(E+U_0)}, \qquad \underline{k} = \frac{1}{\hbar}\sqrt{2m(E-h)}$$

$\psi_E(x)$ と $\psi'_E(x)$ の井戸の両端 $x = 0, a$ における連続条件は

$$\psi_E(-0) = \psi_E(+0) \;\Rightarrow\; A + B = F + G \tag{i}$$

$$\psi'_E(-0) = \psi'_E(+0) \;\Rightarrow\; ik\,(A - B) = i\beta\,(F - G) \tag{ii}$$

$$\psi_E(a-0) = \psi_E(a+0) \;\Rightarrow\; F\,e^{i\beta a} + G\,e^{-i\beta a} = C \tag{iii}$$

$$\psi'_E(a-0) = \psi'_E(a+0) \;\Rightarrow\; i\beta\left(F\,e^{i\beta a} - G\,e^{-i\beta a}\right) = i\underline{k}C \tag{iv}$$

(iii) と (iv) から F と G を C で表すと

$$F = \frac{1}{2}\left(1 + \frac{\underline{k}}{\beta}\right)e^{-i\beta a}C, \quad G = \frac{1}{2}\left(1 - \frac{\underline{k}}{\beta}\right)e^{i\beta a}C$$

これを (i) と (ii) の右辺に代入した式から

$$\left.\begin{matrix} A/C \\ B/C \end{matrix}\right\} = \frac{1}{2}\left(1 \pm \frac{\underline{k}}{k}\right)\cos\beta a - \frac{i}{2}\left(\frac{\underline{k}}{\beta} \pm \frac{\beta}{k}\right)\sin\beta \qquad (47.2)$$

ここに，右辺の $\pm$ は $+$ が A/C に，$-$ が B/C に対応する．この絶対値を取ると

$$\left.\begin{matrix} |A/C|^2 \\ |B/C|^2 \end{matrix}\right\} = \frac{1}{4}\left\{\left(1 \pm \frac{\underline{k}}{k}\right)^2 + \left[\left(\frac{\underline{k}}{\beta} \pm \frac{\beta}{k}\right)^2 - \left(1 \pm \frac{\underline{k}}{k}\right)^2\right]\sin^2\beta a\right\}$$

$$= \frac{1}{4}\left\{\left(1 \pm \sqrt{1 - \frac{h}{E}}\right)^2 + \frac{U_0\,(U_0 + h)}{E\,(E + U_0)}\sin^2\beta a\right\}$$

ここに，次式を用いた:

$$\left(\frac{\underline{k}}{\beta} \pm \frac{\beta}{k}\right)^2 - \left(1 \pm \frac{\underline{k}}{k}\right)^2 = \left(\frac{\underline{k}}{\beta}\right)^2 + \left(\frac{\beta}{k}\right)^2 - 1 - \left(\frac{\underline{k}}{k}\right)^2 = \frac{U_0\,(U_0 + h)}{E\,(E + U_0)}$$

(47.1)式の $\psi_E(x)$ に対する確率流 j (44.3)を $j = j_{入射} + j_{反射}$ $(x < 0)$ および $j = j_{透過}$ $(x > a)$ と同定して

$$j_{入射} = \frac{\hbar k}{m}|A|^2, \qquad j_{反射} = -\frac{\hbar k}{m}|B|^2, \qquad j_{透過} = \frac{\hbar \underline{k}}{m}|C|^2$$

$j_{入射}$ と $j_{反射}$ には k が，$j_{透過}$ には $\underline{k}$ が掛かっていることに注意．これを (44.2)式の透過率 T と反射率 R の定義に代入して次の結果を得る:

$$T = \frac{\underline{k}}{k}\left|\frac{C}{A}\right|^2 = 4\sqrt{1 - \frac{h}{E}}\left[\left(1 + \sqrt{1 - \frac{h}{E}}\right)^2 + \frac{U_0\,(U_0 + h)}{E\,(E + U_0)}\sin^2\beta a\right]^{-1}$$

$$R = \left|\frac{B}{A}\right|^2 = \frac{|B/C|^2}{|A/C|^2} = \left[\left(1 - \sqrt{1 - \frac{h}{E}}\right)^2 + \frac{U_0\,(U_0 + h)}{E\,(E + U_0)}\sin^2\beta a\right]$$

$$\times\left[\left(1 + \sqrt{1 - \frac{h}{E}}\right)^2 + \frac{U_0\,(U_0 + h)}{E\,(E + U_0)}\sin^2\beta a\right]^{-1}$$

関係式 $T + R = 1$ (44.6)は確かに成り立っている．また，極限 $E \searrow h$ で $(T, R) \to (0, 1)$ となる．

2. $0 < E < h$ の場合の $\psi_E(x)$ は (47.1)式において井戸の右外側 $x > a$ での表式を

$$\psi_E(x) = C\,e^{-\gamma(x-a)} \qquad \left(x > a,\ \gamma = (1/\hbar)\sqrt{2m(h - E)}\right)$$

に置き換えたものである ($e^{+\gamma(x-a)}$ も解であるが，$x \to +\infty$ で発散するので除外する)．しかし，この $\psi_E(x)$ を確率流 (44.3)に代入すると

$$j_{透過} = \frac{\hbar}{m}\mathrm{Im}\left(\psi_E(x)^*\psi_E'(x)\right) = \frac{\hbar}{m}\mathrm{Im}\left(|C|^2\,(-\gamma)\,e^{-2\gamma(x-a)}\right) = 0$$

であり，$T = j_{透過}/j_{入射} = 0$，したがって，$R = 1 - T = 1$ である．なお，今の場合，連続条件から得られる A/C と B/C は (47.2)において $\underline{k} \to i\gamma$ と置き換えたものであり，これからも $R = |B/A|^2 = 1$ が得られる．

問題 48　デルタ関数ポテンシャルによる反射と透過　標準

1. 1 次元空間においてデルタ関数ポテンシャル

$$U(x) = u_0\delta(x) \quad (u_0\text{: 正あるいは負の定数})$$

による質点 (質量 m, エネルギー $E\,(>0)$) の透過率と反射率を求めよ.

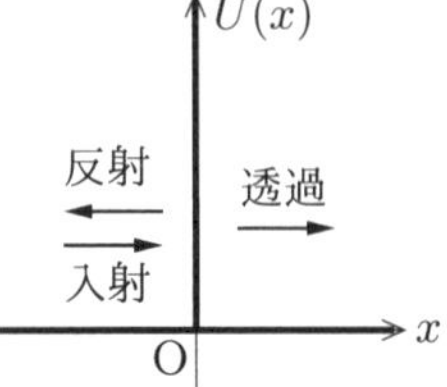

2. $u_0 > 0$ の場合に，前設問 1 で得た透過率と反射率を，**問題 45** の [解答] の (45.4)式で与えられる「高さ U_0，幅 a の障壁ポテンシャルによる透過率と反射率 ($E < U_0$ の場合)」から適当な極限を取ることにより再現せよ.

解 説　デルタ関数ポテンシャルはその幅が無限小であるが，高さが無限大であるため，**問題 44〜46** で考えた障壁ポテンシャルと同様に反射や透過が起きる．設問 2 では障壁ポテンシャルの場合に得た結果の極限としてデルタ関数ポテンシャルによる透過率と反射率を求める.

解 答

1. $x<0$ の領域で 入射波 + 反射波，$x>0$ の領域で透過波からなる定常状態波動方程式 (29.11)の一般解を取る (A, B, C は複素定数):

$$\psi_E(x) = \begin{cases} A\,e^{ikx} + B\,e^{-ikx} & (x<0) \\ C\,e^{ikx} & (x>0) \end{cases} \qquad \left(k = \frac{1}{\hbar}\sqrt{2mE}\right)$$

今のデルタ関数ポテンシャルの場合，$x=0$ において $\psi_E(x)$ 自体は連続条件を満たすが，その x 微分 $\psi'_E(x)$ は $x=0$ で次の飛びがある:

$$\psi'_E(+0) - \psi'_E(-0) = \frac{2mu_0}{\hbar^2}\,\psi_E(0) \tag{48.1}$$

問題 38 の設問 1 およびその [解答], 特に (38.4)式を参照のこと (ただし, $u_0 \to -u_0$). よって,

$$\psi_E(-0) = \psi_E(+0) \;\Rightarrow\; A + B = C$$

$$(48.1)\text{式} \;\Rightarrow\; ik\,(C - (A - B)) = \frac{2mu_0}{\hbar^2}\,C$$

これら 2 式から

$$\frac{A}{C} = 1 + i\frac{mu_0}{\hbar^2 k}, \qquad \frac{B}{C} = -i\frac{mu_0}{\hbar^2 k}$$

今の場合

$$j_{\text{入射}} = \frac{\hbar k}{m}\,|A|^2, \qquad j_{\text{反射}} = -\frac{\hbar k}{m}\,|B|^2, \qquad j_{\text{透過}} = \frac{\hbar k}{m}\,|C|^2$$

であって，(44.2)式の透過率 T と反射率 R は

$$T = \left|\frac{C}{A}\right|^2 = \left[1 + \left(\frac{mu_0}{\hbar^2 k}\right)^2\right]^{-1} = \left(1 + \frac{mu_0^2}{2\hbar^2 E}\right)^{-1}$$

$$R = \left|\frac{B}{A}\right|^2 = \frac{|B/C|^2}{|A/C|^2} = \left(\frac{mu_0}{\hbar^2 k}\right)^2 \left[1 + \left(\frac{mu_0}{\hbar^2 k}\right)^2\right]^{-1} = \left(1 + \frac{2\hbar^2 E}{mu_0^2}\right)^{-1} \tag{48.2}$$

結局，T も R も u_0 の正/負には依らない．

2. 今のデルタ関数ポテンシャルは**問題 44〜46** で扱った「高さ U_0，幅 a の障壁ポテンシャル」の

$$\text{積 } aU_0 \text{ を } aU_0 = u_0 \text{ に固定した，} U_0 \to +\infty,\ a \to 0 \text{ の極限} \tag{48.3}$$

と考えることもできる．$aU_0 = u_0$ は両ポテンシャルの積分 $\int_{-\infty}^{\infty} dx\, U(x)$ が一致する条件である．

$U_0 \to \infty$ なので，当然 $E < U_0$ の場合であり，(45.4)式に与えられた透過率 T と反射率 R の表式において $U_0 = u_0/a$ と置いて $a \to 0$ の極限を取る．まず，

$$\alpha a = \frac{a}{\hbar}\sqrt{2m\,(U_0 - E)} = \frac{a}{\hbar}\sqrt{2m\left(\frac{u_0}{a} - E\right)} = \frac{\sqrt{a}}{\hbar}\sqrt{2m\,(u_0 - aE)}$$
$$\underset{a\to 0}{\simeq} \frac{1}{\hbar}\sqrt{2mu_0 a}\ (\ll 1)$$

であって，これとテイラー展開公式 (46.1)を用いて

$$\sinh^2 \alpha a \underset{\substack{\uparrow \\ (46.1)}}{\simeq} (\alpha a)^2 \simeq \frac{2mu_0 a}{\hbar^2} \quad (a \to 0)$$

この近似式を用いて，

$$\frac{U_0^2 \sinh^2 \alpha a}{4E(U_0 - E)} = \frac{(u_0/a)^2 \sinh^2 \alpha a}{4E\,((u_0/a) - E)} \underset{a\to 0}{\simeq} \frac{(u_0/a)^2\, 2mu_0 a/\hbar^2}{4E(u_0/a)} = \frac{mu_0^2}{2\hbar^2 E}$$

を得る．したがって，(48.3)の極限で

$$(45.4)\text{式の } T = \left(1 + \frac{U_0^2 \sinh^2 \alpha a}{4E(U_0 - E)}\right)^{-1} \to \left(1 + \frac{mu_0^2}{2\hbar^2 E}\right)^{-1} = (48.2)\text{式の } T$$

$$(45.4)\text{式の } R = \left(1 + \frac{4E(U_0 - E)}{U_0^2 \sinh^2 \alpha a}\right)^{-1} \to \left(1 + \frac{2\hbar^2 E}{mu_0^2}\right)^{-1} = (48.2)\text{式の } R$$

となり，期待の結果を得る．

Tea Time ……………………… 量子力学をつくった人々 II

第 3 章末の **Tea Time** からの続きである.

特殊および一般相対性理論で有名なドイツの物理学者**アインシュタイン** (Albert Einstein) は，本書では (一般相対性理論の数式を簡潔にするために発明された)「アインシュタインの縮約ルール」でのみ現れるが，量子力学の誕生にも大きな貢献をしている．例えば，「振動数 ν の光は，エネルギーが $h\nu$ で運動量の大きさが $h\nu/c$ (h はプランク定数，c は光速) の粒子 (**光子** (photon)) の流れと見なせる」という**光量子仮説**を提唱し (1905 年)，それまでは謎だった**光電効果**や**コンプトン効果**の説明に成功した．ただし，アインシュタインはその後にできた量子力学には (特にその確率解釈に対して) 否定的であった.

また，本書では「ボーア半径」で現れるデンマークの物理学者**ボーア** (Niels Bohr) は，解析力学における作用変数 J (周期運動をする系が (q, p) 空間 (位相空間) に描く 1 周期分の軌跡で囲まれた面積) に対して $J = nh$ $(n = 1, 2, \cdots)$ という**ボーアの量子化条件**を提唱した (1913 年)．この条件からは調和振動子や水素原子のエネルギー準位が導かれた (前者については零点エネルギーを除き)．また，この条件は量子力学から **WKB 近似**と呼ばれる $\hbar$ が小さいとした近似法 (半古典近似) で導かれることが知られている.

さて，上記のようなさまざまなヒント (**前期量子論**と呼ばれる) をもとに，現在の量子力学を構築したのが本書にも現れる**ハイゼンベルク** (Werner Heisenberg)，**シュレーディンガー** (Erwin Schrödinger)，**ディラック** (Paul Dirac) をはじめとする人たちである.

まず，ドイツの物理学者ハイゼンベルクとボーアは**行列力学** (matrix mechanics) と呼ばれる量子力学の形式を作り上げた (1925 年)．これは，第 2 章末の **Tea Time** で触れたハイゼンベルク描像において，正準変数 $(\widehat{q}, \widehat{p})$ を正準交換関係を満たす具体的な行列とし，ハイゼンベルクの運動方程式を考えるものである.

これに対して，**波動力学** (wave mechanics) と呼ばれる量子力学の形式を作り上げたのがオーストリアの物理学者シュレーディンガーである (1925～26 年)．この波動力学は，本書の第 2 章や第 5 章で導入した $\boldsymbol{x}$-表示での量子力学のことであり，第 6 章で扱う水素原子の波動方程式もシュレーディンガーが与えてその解を得た.

このように，量子力学には当初，行列力学と波動力学という 2 つの形式があったが，シュレーディンガーと (英国の物理学者) ディラックが両形式の等価性を示した．これはハイゼンベルク描像とシュレーディンガー描像の等価性に加えて，演算子の行列表示と x-表示の等価性の問題である．ディラックは他にも，フェルミ・ディラック統計，ディラック方程式，ディラックのデルタ関数，等々の量子力学における重要な業績を残した．本書で用いている「ブラ・ケット記法」もディラックの発明品である.

なお，量子力学を作り上げた当時，ハイゼンベルクとディラックは 25 歳であった (シュレーディンガーは 38 歳)．量子力学は決して古典力学から自動的に得られるものではなく，その構築には若い独創的な発想が必要だったのであろう.

Chapter 5

量子力学における角運動量

角運動量演算子は 3 次元空間における量子力学において非常に重要な量である．特に，角運動量演算子の固有ベクトルの構成は，3 次元球対称ポテンシャル下の質点系 (例えば，水素原子系) のハミルトニアンの固有値方程式を解くために不可欠である．本章では，角運動量演算子の基礎事項から始めて，その固有ベクトルの構成，固有ベクトルの $\boldsymbol{x}$-表示である球面調和関数を演習問題を解きながら理解する．また，空間回転を生成する演算子としての角運動量の諸性質も演習で扱う．角運動量の合成とスピンについては第 7 章で取り上げる．本章で学ぶ角運動量に関する基本事項は，次の第 6 章以降の具体的問題において用いることになる．なお，足し上げインデックスについての「アインシュタインの縮約ルール」を問題 **50** で導入し，それ以後の問題ではことわりなく用いている．

問題 49　レビ・チビタ記号とベクトル演算子の積　基本

以下では，小文字のアルファベット文字 $(a, b, c, i, j, k, \ell, m$ 等) は 1, 2, 3 のいずれかを取るものとする．

3 階**レビ・チビタ記号** (Levi-Civita symbol) ϵ_{ijk} を

$$\epsilon_{ijk} = \begin{cases} +1 & : (i,j,k) = (1,2,3) \text{ の偶置換} = (1,2,3), (2,3,1), (3,1,2) \\ -1 & : (i,j,k) = (1,2,3) \text{ の奇置換} = (1,3,2), (2,1,3), (3,2,1) \\ 0 & : \text{上記以外の場合} \ (i,j,k \text{ のうち少なくとも 2 つが等しい場合}) \end{cases} \tag{49.1}$$

で定義する．ϵ_{ijk} はそのインデックス (i, j, k) について完全反対称，すなわち，どの 2 つのインデックスを交換しても符号が反転する:

$$\epsilon_{ijk} = -\epsilon_{jik} = -\epsilon_{kji} = -\epsilon_{ikj} \tag{49.2}$$

したがって，(i, j, k) の偶置換で関係したもの同士は等しい:

$$\epsilon_{ijk} = \epsilon_{jki} = \epsilon_{kij} \tag{49.3}$$

1. ϵ_{ijk} についての次の各公式が成り立つことを示せ:

$$\sum_{k=1}^{3} \epsilon_{ijk}\epsilon_{abk} = \delta_{ia}\delta_{jb} - \delta_{ib}\delta_{ja} \tag{49.4}$$

$$\sum_{j,k=1}^{3} \epsilon_{ijk}\epsilon_{ajk} = 2\delta_{ia} \tag{49.5}$$

$$\sum_{j=1}^{3} (\epsilon_{iaj}\epsilon_{jbc} + \epsilon_{ibj}\epsilon_{jca} + \epsilon_{icj}\epsilon_{jab}) = 0 \tag{49.6}$$

   (49.6)式は ϵ_{ijk} の**ヤコビ恒等式** (Jacobi identity) とも呼ばれる．この左辺の第 2，第 3 項は第 1 項に $a \rightleftarrows b \rightleftarrows c \rightleftarrows a$ の置き換えを行ったものである．

2. 任意の 2 つの 3 次元ベクトル演算子 $\widehat{\boldsymbol{A}} = (\widehat{A}_1, \widehat{A}_2, \widehat{A}_3)$ と $\widehat{\boldsymbol{B}} = (\widehat{B}_1, \widehat{B}_2, \widehat{B}_3)$ (各成分 $\widehat{A}_i$ と $\widehat{B}_i$ が線形演算子) に対して，それらの**ベクトル積 (外積)** $\widehat{\boldsymbol{A}} \times \widehat{\boldsymbol{B}}$ と**スカラー積 (内積)** $\widehat{\boldsymbol{A}} \cdot \widehat{\boldsymbol{B}}$ を次式で定義する:

$$(\widehat{\boldsymbol{A}} \times \widehat{\boldsymbol{B}})_i = \sum_{j,k=1}^{3} \epsilon_{ijk}\widehat{A}_j\widehat{B}_k, \qquad \widehat{\boldsymbol{A}} \cdot \widehat{\boldsymbol{B}} = \sum_{i=1}^{3} \widehat{A}_i\widehat{B}_i \tag{49.7}$$

   これらの定義は $\widehat{\boldsymbol{A}}$ と $\widehat{\boldsymbol{B}}$ が演算子ではなく c 数ベクトル $\boldsymbol{A}$ と $\boldsymbol{B}$ の場合の定義と同一である．c 数ベクトルの場合は $\boldsymbol{A} \times \boldsymbol{B} = -\boldsymbol{B} \times \boldsymbol{A}$ および $\boldsymbol{A} \cdot \boldsymbol{B} = \boldsymbol{B} \cdot \boldsymbol{A}$ が成り立つが，ベクトル演算子 $\widehat{\boldsymbol{A}}$ と $\widehat{\boldsymbol{B}}$ の場合にこれらの関係式の成立/非成立について説明せよ．

解説 c 数ベクトルのベクトル積やスカラー積に対して成り立つ関係式は，設問 2 の 2 つ以外にも $\boldsymbol{A}\cdot(\boldsymbol{B}\times\boldsymbol{C})=\boldsymbol{B}\cdot(\boldsymbol{C}\times\boldsymbol{A})$ ((49.3)より) や $\boldsymbol{A}\times(\boldsymbol{B}\times\boldsymbol{C})=(\boldsymbol{A}\cdot\boldsymbol{C})\boldsymbol{B}-(\boldsymbol{A}\cdot\boldsymbol{B})\boldsymbol{C}$ ((49.4)より) 等あるが，いずれもベクトル演算子の場合は (非可換性のために) 一般には成り立たず，注意が必要である．

解答

1. (49.4)式: ϵ_{ijk} は (i,j,k) が $(1,2,3)$ の置換ではない場合はゼロなので，和 $\sum_k \epsilon_{ijk}\epsilon_{abk}$ がゼロでないのは「$i\neq j$ であり，かつ $(a,b)=(i,j)$ あるいは (j,i)」の場合だけである．$i\neq j$ に対して記号 $\langle ij\rangle$ を「$(1,2,3)$ のうちの i と j 以外のもの (例: $\langle 13\rangle=2$)」とすると，和に効くのは $k=\langle ij\rangle$ だけであり，

$$(a,b)=(i,j)\ \Rightarrow\ \sum_k \epsilon_{ijk}\epsilon_{ijk}=\left(\epsilon_{ij\langle ij\rangle}\right)^2=1$$

$$(a,b)=(j,i)\ \Rightarrow\ \sum_k \epsilon_{ijk}\epsilon_{jik}=\epsilon_{ij\langle ij\rangle}\underbrace{\epsilon_{ji\langle ij\rangle}}_{-\epsilon_{ij\langle ij\rangle}}=-\left(\epsilon_{ij\langle ij\rangle}\right)^2=-1$$

よって $i\neq j$ の場合，(49.4)は成り立っている．$i=j$ の場合は (49.4)の両辺ともゼロであって成り立っている．

(49.5)式: (49.4)式において $b=j$ とおいて $\sum_j$ を実行し，$\sum_j \delta_{jj}=3$ を用いて

$$\sum_{j,k}\epsilon_{ijk}\epsilon_{ajk}=\sum_j\left(\delta_{ia}\delta_{jj}-\delta_{ij}\delta_{ja}\right)=3\delta_{ia}-\delta_{ia}=2\delta_{ia}$$

(49.6)式: (49.6)の左辺の各 3 項に (49.4)を用いると ($\sum_j \epsilon_{iaj}\epsilon_{jbc}=\sum_j \epsilon_{iaj}\epsilon_{bcj}$ に注意)

$$\text{(49.6)の左辺}=(\delta_{ib}\delta_{ac}-\delta_{ic}\delta_{ab})+(\delta_{ic}\delta_{ba}-\delta_{ia}\delta_{bc})+(\delta_{ia}\delta_{cb}-\delta_{ib}\delta_{ca})=0$$

2. 恒等式 $\widehat{A}_j\widehat{B}_k=\widehat{B}_k\widehat{A}_j+[\widehat{A}_j,\widehat{B}_k]$ を用いて

$$(\widehat{\boldsymbol{A}}\times\widehat{\boldsymbol{B}})_i=\sum_{j,k=1}^{3}\epsilon_{ijk}\widehat{A}_j\widehat{B}_k=\sum_{j,k=1}^{3}\epsilon_{ijk}\left(\widehat{B}_k\widehat{A}_j+[\widehat{A}_j,\widehat{B}_k]\right)$$

$$=\sum_{j,k=1}^{3}\underbrace{\epsilon_{ijk}}_{-\epsilon_{ikj}}\widehat{B}_k\widehat{A}_j+\sum_{j,k=1}^{3}\epsilon_{ijk}[\widehat{A}_j,\widehat{B}_k]=-(\widehat{\boldsymbol{B}}\times\widehat{\boldsymbol{A}})_i+\sum_{j,k=1}^{3}\epsilon_{ijk}[\widehat{A}_j,\widehat{B}_k]$$

$\epsilon_{ijk}=0\ (j=k)$ なので $[\widehat{A}_j,\widehat{B}_k]=0\ (j\neq k)$ が成り立つ場合以外は一般に $\widehat{\boldsymbol{A}}\times\widehat{\boldsymbol{B}}\neq-\widehat{\boldsymbol{B}}\times\widehat{\boldsymbol{A}}$ である．同様に

$$\widehat{\boldsymbol{A}}\cdot\widehat{\boldsymbol{B}}=\sum_{i=1}^{3}\left(\widehat{B}_i\widehat{A}_i+[\widehat{A}_i,\widehat{B}_i]\right)=\widehat{\boldsymbol{B}}\cdot\widehat{\boldsymbol{A}}+\sum_{i=1}^{3}[\widehat{A}_i,\widehat{B}_i]$$

であり，各 i に対して $[\widehat{A}_i,\widehat{B}_i]=0$ が成り立つ場合以外は一般に $\widehat{\boldsymbol{A}}\cdot\widehat{\boldsymbol{B}}\neq\widehat{\boldsymbol{B}}\cdot\widehat{\boldsymbol{A}}$ である．

問題 50　角運動量演算子とその交換子　基本

3 次元空間における 1 質点系の量子力学において，次式で定義される角運動量演算子 $\widehat{\boldsymbol{L}} = (\widehat{L}_1, \widehat{L}_2, \widehat{L}_3)$ を考える:

$$\widehat{\boldsymbol{L}} = \widehat{\boldsymbol{x}} \times \widehat{\boldsymbol{p}}, \qquad \widehat{L}_i = \epsilon_{ijk}\widehat{x}_j\widehat{p}_k \tag{50.1}$$

ここに，$\widehat{\boldsymbol{x}} = (\widehat{x}_1, \widehat{x}_2, \widehat{x}_3)$ はこの系の力学変数である質点の位置ベクトル (デカルト座標) 演算子，$\widehat{\boldsymbol{p}} = (\widehat{p}_1, \widehat{p}_2, \widehat{p}_3)$ は対応する運動量演算子であって，次の正準交換関係を満足する:

$$[\widehat{x}_i, \widehat{p}_j] = i\hbar\delta_{ij}, \quad [\widehat{x}_i, \widehat{x}_j] = 0, \quad [\widehat{p}_i, \widehat{p}_j] = 0 \quad (i, j = 1, 2, 3) \tag{50.2}$$

また，ここでは**アインシュタインの縮約ルール** (本問題の [解説] を参照) を用いており，(50.1)の第 2 式右辺においては $\sum_{j,k=1}^{3}$ が省略されている.

1. $\widehat{\boldsymbol{L}}$ (50.1)が $\widehat{\boldsymbol{L}}^\dagger = \widehat{\boldsymbol{L}}$ を満たすエルミート演算子であることを示せ.
2. 次の交換関係を示せ:

$$[\widehat{x}_i, \widehat{L}_j] = i\hbar\,\epsilon_{ijk}\widehat{x}_k, \qquad [\widehat{p}_i, \widehat{L}_j] = i\hbar\,\epsilon_{ijk}\widehat{p}_k \tag{50.3}$$

$$[\widehat{L}_i, \widehat{L}_j] = i\hbar\,\epsilon_{ijk}\widehat{L}_k \tag{50.4}$$

3. (50.4)式が次式と等価であることを示せ:

$$\widehat{\boldsymbol{L}} \times \widehat{\boldsymbol{L}} = i\hbar\widehat{\boldsymbol{L}}, \qquad \epsilon_{ijk}\widehat{L}_j\widehat{L}_k = i\hbar\widehat{L}_i \tag{50.5}$$

解 説　交換関係 (50.4)は量子力学における角運動量演算子 $\widehat{\boldsymbol{L}}$ の基本方程式である. また，これは解析力学における角運動量 $\boldsymbol{L} = \boldsymbol{x} \times \boldsymbol{p}$ に対するポアソン括弧の関係式 $\{L_i, L_j\}_{\mathrm{PB}} = \epsilon_{ijk}L_k$ に対応するものである (**問題 05** 参照). (50.3)式は角運動量演算子 $\widehat{L}_i$ が i 軸周りの微小空間回転を生成することを意味するが，詳細は**問題 64～66** で扱う.

なお，本問題以降では，和記号を含む数式が煩雑になるのを防ぐために，次の**アインシュタインの縮約ルール** (Einstein summation convention) を採用する:

アインシュタインの縮約ルール

ある単項式において同じインデックス (例えば i) が 2 回現れたら，(和記号がなくても) そのインデックスについて足し上げるものとする.

例えば，A_iB_i と $A_i^2(= A_iA_i)$ は，いずれも $\sum_i$ が省略されているものと見なす.

ただし，わかり易さのためや誤解を防ぐために，和記号を明記する場合もある.

本問題文では，(50.1)式以外でも，(50.3)と (50.4) の各右辺において $\sum_{k=1}^{3}$ が，(50.5) の第 2 式左辺において $\sum_{j,k=1}^{3}$ がそれぞれ省略されている.

解答

1. $\widehat{L}_i = \epsilon_{ijk}\widehat{x}_j\widehat{p}_k$ のエルミート共役を取って

$$\widehat{L}_i^\dagger = \epsilon_{ijk}(\widehat{x}_j\widehat{p}_k)^\dagger \underset{\uparrow \atop (06.8)}{=} \epsilon_{ijk}\widehat{p}_k^\dagger\widehat{x}_j^\dagger = \epsilon_{ijk}\underbrace{\widehat{p}_k\widehat{x}_j}_{\widehat{x}_j\widehat{p}_k - i\hbar\delta_{jk} \leftarrow (50.2)} = \epsilon_{ijk}\widehat{x}_j\widehat{p}_k - i\hbar\underbrace{\epsilon_{ijj}}_{=0} = \widehat{L}_i$$

を得る．最後に $\epsilon_{ijj} = 0$ (j についての和を取らなくても) を用いた．

2. 交換子の一般公式 (02.6)と正準交換関係 (50.2) を用いて

$$[\widehat{x}_i, \widehat{L}_j] = \epsilon_{jk\ell}[\widehat{x}_i, \widehat{x}_k\widehat{p}_\ell] \underset{\uparrow \atop (02.6)}{=} \epsilon_{jk\ell}\Big(\underbrace{[\widehat{x}_i, \widehat{x}_k]}_{0}\widehat{p}_\ell + \widehat{x}_k\underbrace{[\widehat{x}_i, \widehat{p}_\ell]}_{i\hbar\delta_{i\ell}}\Big) = i\hbar\epsilon_{jki}\widehat{x}_k \underset{\uparrow \atop (49.3)}{=} i\hbar\epsilon_{ijk}\widehat{x}_k$$

まったく同様にして

$$[\widehat{p}_i, \widehat{L}_j] = \epsilon_{jk\ell}[\widehat{p}_i, \widehat{x}_k\widehat{p}_\ell] = \epsilon_{jk\ell}\Big(\underbrace{[\widehat{p}_i, \widehat{x}_k]}_{-i\hbar\delta_{ik}}\widehat{p}_\ell + \widehat{x}_k\underbrace{[\widehat{p}_i, \widehat{p}_\ell]}_{0}\Big) = -i\hbar\epsilon_{ji\ell}\widehat{p}_\ell \underset{\uparrow \atop (49.2)}{=} i\hbar\epsilon_{ijk}\widehat{p}_k$$

以上の結果を用いて

$$[\widehat{L}_i, \widehat{L}_j] = \epsilon_{ik\ell}[\widehat{x}_k\widehat{p}_\ell, \widehat{L}_j] = \epsilon_{ik\ell}\Big(\underbrace{[\widehat{x}_k, \widehat{L}_j]}_{i\hbar\epsilon_{kjm}\widehat{x}_m}\widehat{p}_\ell + \widehat{x}_k\underbrace{[\widehat{p}_\ell, \widehat{L}_j]}_{i\hbar\epsilon_{\ell jm}\widehat{p}_m}\Big)$$

$$= i\hbar\Big(\underbrace{\epsilon_{ik\ell}}_{-\epsilon_{i\ell k}}\overbrace{\epsilon_{kjm}}^{-\epsilon_{kmj}}\widehat{x}_m\widehat{p}_\ell + \epsilon_{i\underset{m}{k}\underset{k}{\ell}}\epsilon_{\underset{\ell}{\ell}jm}\widehat{x}_{\underset{m}{k}}\widehat{p}_{\underset{\ell}{m}}\Big) \Leftarrow \boxed{\text{第 1 項に合わせ，第 2 項に } k \to m \to \ell \to k \text{ の置換}}$$

$$= i\hbar\underbrace{(\epsilon_{i\ell k}\epsilon_{kmj} + \epsilon_{imk}\epsilon_{kj\ell})}_{-\epsilon_{ijk}\epsilon_{k\ell m} = \epsilon_{ijk}\epsilon_{km\ell}}\widehat{x}_m\widehat{p}_\ell \Leftarrow \boxed{\epsilon_{ijk}\text{ のヤコビ恒等式 (49.6)}}$$

$$= i\hbar\,\epsilon_{ijk}\epsilon_{km\ell}\widehat{x}_m\widehat{p}_\ell = i\hbar\,\epsilon_{ijk}\widehat{L}_k$$

3. (50.4) ⇒ (50.5): (50.4)のインデックスを置き換えた $[\widehat{L}_j, \widehat{L}_k] = i\hbar\epsilon_{jk\ell}\widehat{L}_\ell$ の両辺に ϵ_{ijk} を掛けて j と k について和を取ると

$$(\text{左辺}) \Rightarrow \epsilon_{ijk}[\widehat{L}_j, \widehat{L}_k] = \epsilon_{ijk}\widehat{L}_j\widehat{L}_k - \underbrace{\epsilon_{ijk}}_{-\epsilon_{ikj}}\widehat{L}_k\widehat{L}_j = 2\epsilon_{ijk}\widehat{L}_j\widehat{L}_k = 2(\widehat{\boldsymbol{L}} \times \widehat{\boldsymbol{L}})_i$$

$$(\text{右辺}) \Rightarrow \epsilon_{ijk}\,i\hbar\,\overbrace{\epsilon_{jk\ell}}^{\epsilon_{\ell jk}}\widehat{L}_\ell = i\hbar\underbrace{\epsilon_{ijk}\epsilon_{\ell jk}}_{2\delta_{i\ell} \leftarrow (49.5)}\widehat{L}_\ell = 2i\hbar\widehat{L}_i$$

となり，(50.5)を得る．

(50.5) ⇒ (50.4): (50.5)の第 2 式のインデックスを置き換えた $\epsilon_{k\ell m}\widehat{L}_\ell\widehat{L}_m = i\hbar\widehat{L}_k$ の両辺に ϵ_{ijk} を掛けて k について和を取ると

$$(\text{左辺}) \Rightarrow \epsilon_{ijk}\epsilon_{k\ell m}\widehat{L}_\ell\widehat{L}_m = \underbrace{\epsilon_{ijk}\epsilon_{\ell mk}}_{\delta_{i\ell}\delta_{jm} - \delta_{im}\delta_{j\ell} \leftarrow (49.4)}\widehat{L}_\ell\widehat{L}_m = \widehat{L}_i\widehat{L}_j - \widehat{L}_j\widehat{L}_i = [\widehat{L}_i, \widehat{L}_j]$$

$$(\text{右辺}) \Rightarrow i\hbar\,\epsilon_{ijk}\widehat{L}_k$$

となり，(50.4)を得る．

問題 51　角運動量の固有値と固有ベクトル (その 1)　基本

角運動量演算子 $\widehat{\boldsymbol{L}}$ (50.1)は交換関係 (50.4)，あるいはそれと等価な (50.5) を満足するが，ここでは同じ交換関係を満たすより一般的なエルミートなベクトル演算子 $\widehat{\boldsymbol{J}}=(\widehat{J}_1,\widehat{J}_2,\widehat{J}_3)$ $(\widehat{J}_i^\dagger=\widehat{J}_i)$ を考える (この $\widehat{\boldsymbol{J}}$ も角運動量演算子と呼ぶ):

$$[\widehat{J}_i,\widehat{J}_j]=i\hbar\,\epsilon_{ijk}\widehat{J}_k,\qquad \widehat{\boldsymbol{J}}\times\widehat{\boldsymbol{J}}=i\hbar\widehat{\boldsymbol{J}} \tag{51.1}$$

具体的な $\widehat{\boldsymbol{J}}$ としては，$\widehat{\boldsymbol{L}}$ (50.1)の場合や，**問題 84** 以降で扱うスピン演算子 $\widehat{\boldsymbol{S}}$，あるいは両者の和の場合がある (本問題の [解説] 参照).

1. $\widehat{\boldsymbol{J}}^2(=\widehat{J}_i^{\,2}=\widehat{J}_1^{\,2}+\widehat{J}_2^{\,2}+\widehat{J}_3^{\,2})$ と $\widehat{\boldsymbol{J}}$ の各成分が互いに可換であること，

$$[\widehat{J}_i,\widehat{\boldsymbol{J}}^2]=0\quad(i=1,2,3) \tag{51.2}$$

を示せ.

2. $\widehat{J}_+$ と $\widehat{J}_-$ を

$$\widehat{J}_+=\widehat{J}_1+i\widehat{J}_2,\qquad \widehat{J}_-=\widehat{J}_1-i\widehat{J}_2\qquad(\widehat{J}_\pm^\dagger=\widehat{J}_\mp) \tag{51.3}$$

で定義する．次の交換関係を示せ:

$$[\widehat{J}_3,\widehat{J}_+]=\hbar\widehat{J}_+,\qquad [\widehat{J}_3,\widehat{J}_-]=-\hbar\widehat{J}_-,\qquad [\widehat{J}_+,\widehat{J}_-]=2\hbar\widehat{J}_3 \tag{51.4}$$

(51.2)式から，$\widehat{\boldsymbol{J}}$ のどれか 1 成分 (ここでは $\widehat{J}_3$ とする) と $\widehat{\boldsymbol{J}}^2$ の同時固有ベクトルを考えることができる (**問題 19** 参照)．そこで，$\widehat{\boldsymbol{J}}^2$ と $\widehat{J}_3$ の (固有値がそれぞれ $\hbar^2C$ と $\hbar m$ の) 規格化された同時固有ベクトルを $|C,m\rangle$ とする:

$$\widehat{\boldsymbol{J}}^2\,|C,m\rangle=\hbar^2C\,|C,m\rangle \tag{51.5}$$

$$\widehat{J}_3\,|C,m\rangle=\hbar m\,|C,m\rangle \tag{51.6}$$

$$\langle C,m|C',m'\rangle=\delta_{C,C'}\delta_{m,m'} \tag{51.7}$$

各固有値に $\hbar^2$ や $\hbar$ が掛かっているのは後の便宜のためである．なお，今の段階では C と m はそれぞれ実数であることしか知らない.

3. ある複素数 α_m が存在して

$$\widehat{J}_+\,|C,m\rangle=\alpha_m\,|C,m+1\rangle,\quad \widehat{J}_-\,|C,m\rangle=\alpha_{m-1}^*\,|C,m-1\rangle \tag{51.8}$$

が成り立つことを示せ．特に，i) 両辺で C が変わらないこと，ii) 両辺での m の変化，iii) 第 1 式の α_m に対して第 2 式に α_{m-1}^* が現れること，を説明せよ．なお，(51.8)から，$\widehat{J}_+$ $(\widehat{J}_-)$ は $\widehat{J}_3$ の固有値を与える m を 1 だけ上げる (下げる) 演算子であり，m は「間隔 1 の離散的な値」を取ることがわかる.

解 説　量子力学では，質点の空間運動による角運動量 $\widehat{\boldsymbol{L}}=\widehat{\boldsymbol{x}}\times\widehat{\boldsymbol{p}}$ (50.1) だけでなく，質点の「自転」による角運動量 $\widehat{\boldsymbol{S}}$ (スピン (spin) と呼ばれる) も現れ (**問題 84** 参照)，

問題 51〜53 の一般論は $\widehat{\boldsymbol{J}} = \widehat{\boldsymbol{L}}$, $\widehat{\boldsymbol{S}}$, $\widehat{\boldsymbol{L}} + \widehat{\boldsymbol{S}}$ のそれぞれに対して成り立つ．なお，$\widehat{\boldsymbol{L}}$ は**軌道角運動量** (orbital angular momentum) と呼んでスピンと区別する．

解 答

1. 交換子の一般公式 (02.6)と (51.1)式を用いて

$$[\widehat{J}_i, \widehat{\boldsymbol{J}}^2] = [\widehat{J}_i, \widehat{J}_j^2] \underset{\substack{\uparrow \\ (02.6)}}{=} [\widehat{J}_i, \widehat{J}_j]\widehat{J}_j + \widehat{J}_j[\widehat{J}_i, \widehat{J}_j] \underset{\substack{\uparrow \\ (51.1)}}{=} i\hbar\,\epsilon_{ijk}\left(\widehat{J}_k\widehat{J}_j + \widehat{J}_j\widehat{J}_k\right) = 0$$

最後の等号では，2 つのインデックスについて対称な任意の $A_{ij} (= A_{ji})$ に対して

$$\epsilon_{ijk}A_{jk} = 0 \quad (A_{jk} = A_{kj}) \tag{51.9}$$

であることを用いた (今の場合 $A_{jk} = \widehat{J}_k\widehat{J}_j + \widehat{J}_j\widehat{J}_k$) が，(51.9)の証明は

$$2\epsilon_{ijk}A_{jk} = \epsilon_{ijk}A_{jk} + \underbrace{\epsilon_{ijk}}_{-\epsilon_{ikj}}A_{kj} = 0$$

2. 交換関係 (51.1)を用いて計算すると

$$[\widehat{J}_3, \widehat{J}_\pm] = [\widehat{J}_3, \widehat{J}_1 \pm i\widehat{J}_2] = \underbrace{[\widehat{J}_3, \widehat{J}_1]}_{i\hbar\widehat{J}_2} \pm i\underbrace{[\widehat{J}_3, \widehat{J}_2]}_{-i\hbar\widehat{J}_1} = \pm\hbar(\widehat{J}_1 \pm i\widehat{J}_2) = \pm\hbar\widehat{J}_\pm$$

$$[\widehat{J}_+, \widehat{J}_-] = [\widehat{J}_1 + i\widehat{J}_2, \widehat{J}_1 - i\widehat{J}_2] = \underbrace{[\widehat{J}_1, \widehat{J}_1]}_{0} - i\underbrace{[\widehat{J}_1, \widehat{J}_2]}_{i\hbar\widehat{J}_3} + i\underbrace{[\widehat{J}_2, \widehat{J}_1]}_{-i\hbar\widehat{J}_3} + \underbrace{[\widehat{J}_2, \widehat{J}_2]}_{0}$$
$$= 2\hbar\widehat{J}_3$$

となり，(51.4)が示された．

3. まず，(51.2)からの $[\widehat{J}_\pm, \widehat{\boldsymbol{J}}^2] = 0$ を用いて

$$\widehat{\boldsymbol{J}}^2\widehat{J}_\pm|C,m\rangle = \widehat{J}_\pm\underbrace{\widehat{\boldsymbol{J}}^2|C,m\rangle}_{\hbar^2C|C,m\rangle} = \hbar^2C\widehat{J}_\pm|C,m\rangle$$

すなわち「$\widehat{J}_\pm|C,m\rangle$ も $\widehat{\boldsymbol{J}}^2$ の固有値 $\hbar^2C$ の固有ベクトル」であり「i) (51.8)の 2 式の両辺で C が変わらないこと」がわかる．次に，(51.4)の第 1，2 式を用いて

$$\widehat{J}_3\widehat{J}_\pm|C,m\rangle = \Big(\underbrace{[\widehat{J}_3, \widehat{J}_\pm]}_{\pm\hbar\widehat{J}_\pm} + \widehat{J}_\pm\widehat{J}_3\Big)|C,m\rangle = \widehat{J}_\pm\left(\widehat{J}_3 \pm \hbar\right)|C,m\rangle \underset{\substack{\uparrow \\ (51.6)}}{=} \hbar(m\pm1)\widehat{J}_\pm|C,m\rangle$$

すなわち「$\widehat{J}_\pm|C,m\rangle$ は $\widehat{J}_3$ の固有値 $\hbar(m\pm1)$ の固有ベクトル」であって $\widehat{J}_\pm|C,m\rangle \propto |C,m\pm1\rangle$ である．比例定数を α_m および β_m として $\widehat{J}_+|C,m\rangle = \alpha_m|C,m+1\rangle$ ((51.8)の第 1 式) および $\widehat{J}_-|C,m\rangle = \beta_m|C,m-1\rangle$ とすると，後者に正規直交性 (51.7)を用いて

$$\beta_m = \langle C,m-1|\widehat{J}_-|C,m\rangle = \alpha_{m-1}^*\langle C,m|C,m\rangle = \alpha_{m-1}^*$$

を得る．ここに，第 2 等号において，(51.8)の第 1 式のエルミート共役を取り，$\widehat{J}_+^\dagger = \widehat{J}_-$ を用いて得られる $\langle C,m|\widehat{J}_- = \alpha_m^*\langle C,m+1|$ に対して $m \to m-1$ とした $\langle C,m-1|\widehat{J}_- = \alpha_{m-1}^*\langle C,m|$ を用いた．以上より (51.8)の 2 式で「ii) 両辺での m の変化」と「iii) 第 1 式の α_m に対して第 2 式に α_{m-1}^* が現れること」が理解できる．

問題 52　角運動量の固有値と固有ベクトル (その 2)　標準

問題 **51** からの続きの問題である.

4. (51.8)式の α_m が m についての次の漸化式を満たすことを示せ (**ヒント:** (51.4) の第 3 式の両辺の $|C,m\rangle$ による期待値を考え, (51.8) を用いるとよい):

$$|\alpha_{m-1}|^2 - |\alpha_m|^2 = 2\hbar^2 m \tag{52.1}$$

さらに, この漸化式の一般解が次式で与えられることを示せ:

$$|\alpha_m|^2 = A - \hbar^2 m(m+1) \qquad (A\colon m \text{ に依らない定数}) \tag{52.2}$$

5. 次の関係式を示せ:

$$\widehat{\boldsymbol{J}}^{\,2} = \frac{1}{2}\Big(\widehat{J}_+\widehat{J}_- + \widehat{J}_-\widehat{J}_+\Big) + \widehat{J}_3^{\,2} \tag{52.3}$$

また, これを用いて, $|C,m\rangle$ の与えられた C に対して m が取る値には (有限な) 上限と下限があることを示せ.

6. 以上の結果から次のことを示せ:

j を非負の整数あるいは半整数 $(j = 0, \frac{1}{2}, 1, \frac{3}{2}, 2, \cdots)$ として, $|\alpha_m|^2$ は

$$|\alpha_m|^2 = \hbar^2\Big[j(j+1) - m(m+1)\Big] \tag{52.4}$$

と与えられ, このとき, 実数 m は

$$m = -j, -j+1, \cdots j-1, j \tag{52.5}$$

の $(2j+1)$ 個の整数あるいは半整数の値に限られる.

解説　設問 6 の箱内の事柄を示す方法はここで与えている以外にもいろいろある. 教科書等を参照のこと.

解答

4. (51.4)の第 3 式 $[\widehat{J}_+, \widehat{J}_-] = 2\hbar\widehat{J}_3$ を $\langle C,m|$ と $|C,m\rangle$ で挟んで得られる関係式を考える. その左辺は (51.8)とそのエルミート共役 ($\widehat{J}_\pm^\dagger = \widehat{J}_\mp$ に注意)

$$\langle C,m|\,\widehat{J}_- = \alpha_m^*\,\langle C,m+1|, \quad \langle C,m|\,\widehat{J}_+ = \alpha_{m-1}\,\langle C,m-1| \tag{52.6}$$

および正規直交性 (51.7)を用いて

$$\langle C,m|\,[\widehat{J}_+,\widehat{J}_-]\,|C,m\rangle = \underbrace{\langle C,m|\,\widehat{J}_+}_{\alpha_{m-1}\,\langle C,m-1|}\overbrace{\widehat{J}_-\,|C,m\rangle}^{\alpha_{m-1}^*\,|C,m-1\rangle} - \underbrace{\langle C,m|\,\widehat{J}_-}_{\alpha_m^*\,\langle C,m+1|}\overbrace{\widehat{J}_+\,|C,m\rangle}^{\alpha_m\,|C,m+1\rangle}$$

$$= |\alpha_{m-1}|^2\langle C,m-1|C,m-1\rangle - |\alpha_m|^2\langle C,m+1|C,m+1\rangle = |\alpha_{m-1}|^2 - |\alpha_m|^2$$

他方，右辺は (51.6)を用いて

$$2\hbar \langle C, m| \underbrace{\widehat{J}_3 |C, m\rangle}_{\hbar m |C, m\rangle} = 2\hbar^2 m \langle C, m|C, m\rangle = 2\hbar^2 m$$

これらを等置して (52.1)式を得る．

次に，漸化式 (52.1)で $m \to k$ と置き換えた式に対して和 $\sum_{k=n}^{m}$ を実行し

$$\begin{aligned} |\alpha_{n-1}|^2 - |\alpha_m|^2 &= \sum_{k=n}^{m} \left(|\alpha_{k-1}|^2 - |\alpha_k|^2\right) = 2\hbar^2 \sum_{k=n}^{m} k \\ &= \hbar^2 \left[m(m+1) - (n-1)n\right] \end{aligned}$$

すなわち，$A = |\alpha_{n-1}|^2 + \hbar^2(n-1)n$ として (52.2)を得る．

5. (51.3)より

$$\widehat{J}_1 = \frac{1}{2}\left(\widehat{J}_+ + \widehat{J}_-\right), \qquad \widehat{J}_2 = \frac{1}{2i}\left(\widehat{J}_+ - \widehat{J}_-\right) \tag{52.7}$$

これを用いて $\widehat{J}_1{}^2 + \widehat{J}_2{}^2$ を $\widehat{J}_\pm$ で表すことでただちに (52.3)を得る．

次に，(52.3)の両辺の $|C.m\rangle$ による期待値を考え，(51.5)〜(51.7)，$\widehat{J}_\pm^\dagger = \widehat{J}_\mp$，および，ノルムの記号 (08.9)を用いて

$$\underbrace{\langle C, m| \widehat{\boldsymbol{J}}^2 |C, m\rangle}_{\hbar^2 C} = \frac{1}{2} \underbrace{\langle C, m| \left(\widehat{J}_+\widehat{J}_- + \widehat{J}_-\widehat{J}_+\right) |C, m\rangle}_{\left\|\widehat{J}_- |C, m\rangle\right\|^2 + \left\|\widehat{J}_+ |C, m\rangle\right\|^2} + \underbrace{\langle C, m| \widehat{J}_3{}^2 |C, m\rangle}_{\hbar^2 m^2}$$

これとノルムの非負性から $m^2 \le C$ であり，m^2 には上限，したがって，m には上限と下限がある (あとでわかるように，$m^2 = C$ となることはない)．なお，m に上限と下限があることは，十分に大きな $|m|$ に対して (52.2)式の $|\alpha_m|^2$ が負になることからもわかる．

6. 前設問 5 の m の上限を M，下限を L $(L \le M)$ とすると (51.8)式から

$$\widehat{J}_+ |C, M\rangle = 0, \quad \widehat{J}_- |C, L\rangle = 0 \quad \Rightarrow \quad \alpha_M = 0, \quad \alpha_{L-1}^* = 0$$

が成り立つ必要がある．さもなければ，$m = M+1$ と $m = L-1$ が現れるからである．そこで (52.2)を用いて

$$\begin{aligned} &0 = |\alpha_M|^2 = A - \hbar^2 M(M+1), \quad 0 = |\alpha_{L-1}|^2 = A - \hbar^2 (L-1)L \\ &\Rightarrow\ M(M+1) = (L-1)L \ \Rightarrow\ L = -M \quad (L = M+1 \text{ は不可}) \end{aligned}$$

さらに，(51.8)から「m は間隔 1 の離散的値」を取り，よって「$M - L =$ 非負整数」であることから

$$M - L = 2M = \text{非負整数} = 0, 1, 2, \cdots \ \Rightarrow\ M = 0, \frac{1}{2}, 1, \cdots = \text{非負の(半)整数}$$

そこで，$M = j$ とし，$|\alpha_M|^2 = 0$ からの $A = \hbar^2 M(M+1) = \hbar^2 j(j+1)$ を (52.2)に用いて (52.4)式を得る．m の範囲は $m = L, L+1, \cdots, M-1, M$，すなわち，(52.5)であり，$j(= M = -L)$ は(半)整数の値を取る．

問題 53　角運動量の固有値と固有ベクトル (その 3)　標準

問題 51，**52** からの続きの問題である．

7. $\widehat{\boldsymbol{J}}^2$ の固有値 $\hbar^2 C$ を指定する実数 C ((51.5)参照) は**問題 52** 設問 6 の非負の(半)整数 j を用いて
$$C = j(j+1)$$
で与えられることを示せ．

8. 前設問 7 のとおり，C は非負の(半)整数 j で与えられるので，これまでの $\widehat{\boldsymbol{J}}^2$ と $\widehat{J}_3$ の同時固有ベクトル $|C,m\rangle$ を $|j,m\rangle$ と書き改めることにする．
問題 51 の (51.5)〜(51.8)式を $|j,m\rangle$ を用いて表し直せ．なお，α_m は正の実数に取り，その具体形を用いよ．必要な説明文章も加えること．

9. 2 つの固有ベクトル $|j,m\rangle$ と $|j',m'\rangle$ による $\widehat{\boldsymbol{J}}$ の各成分の行列要素 $\langle j,m|\,\widehat{J}_i|j',m'\rangle$ $(i=1,2,3)$ を与えよ．

解説　**問題 51**，**52** から得られた $\widehat{J}_3$ と $\widehat{\boldsymbol{J}}^2$ の固有値方程式の解に関する結果をまとめ，全体の理解を確認する問題である．

解答

7. (52.3)式の両辺を $|C,m\rangle$ に作用させ，(51.8) (および $m \to m\pm1$ とした式)，(51.6)，(52.4) を用いて
$$\begin{aligned}
\widehat{\boldsymbol{J}}^2\,|C.m\rangle &= \frac{1}{2}\widehat{J}_+ \underbrace{\widehat{J}_-\,|C,m\rangle}_{\alpha^*_{m-1}\,|C,m-1\rangle} + \frac{1}{2}\widehat{J}_- \underbrace{\widehat{J}_+\,|C,m\rangle}_{\alpha_m\,|C,m+1\rangle} + \widehat{J}_3 \underbrace{\widehat{J}_3\,|C,m\rangle}_{\hbar m\,|C,m\rangle} \\
&= \frac{1}{2}\alpha^*_{m-1} \underbrace{\widehat{J}_+\,|C,m-1\rangle}_{\alpha_{m-1}\,|C,m\rangle} + \frac{1}{2}\alpha_m \underbrace{\widehat{J}_-\,|C,m+1\rangle}_{\alpha^*_m\,|C,m\rangle} + \hbar m \underbrace{\widehat{J}_3\,|C,m\rangle}_{\hbar m\,|C,m\rangle} \\
&= \left(\frac{1}{2}\,|\alpha_{m-1}|^2 + \frac{1}{2}\,|\alpha_m|^2 + \hbar^2 m^2\right)|C,m\rangle \\
&= \hbar^2\left\{\frac{1}{2}\Big[j(j+1)-(m-1)m\Big] + \frac{1}{2}\Big[j(j+1)-m(m+1)\Big] + m^2\right\}|C,m\rangle \\
&= \hbar^2 j(j+1)\,|C,m\rangle
\end{aligned}$$
これより $C = j(j+1)$ を得る．あるいは，$\langle C,m|\,\widehat{\boldsymbol{J}}^2\,|C,m\rangle$ を考えて，**問題 52** 設問 4 の [解答] と同様の計算を行ってもよい．

8. 設問の指示に従って (52.4)から $\alpha_m = \hbar\Big[j(j+1)-m(m+1)\Big]^{1/2}$ と取って，次のようにまとめられる:

$\widehat{\boldsymbol{J}}^2$ と $\widehat{J}_3$ の (正規直交) 同時固有ベクトル $|j,m\rangle$ は，$\widehat{\boldsymbol{J}}^2$ の固有値を指定する非負の(半)整数 $j\left(=0,\frac{1}{2},1,\frac{3}{2},2,\cdots\right)$ と，$\widehat{J}_3$ の固有値を指定し，与えられた j に対して

$$m=-j,-j+1,\cdots,j-1,j$$

の $(2j+1)$ 個の値を取る(半)整数 m により与えられ，次の固有値方程式および正規直交条件を満たす:

$$\widehat{\boldsymbol{J}}^2|j,m\rangle=\hbar^2 j(j+1)|j,m\rangle \tag{53.1}$$

$$\widehat{J}_3|j,m\rangle=\hbar m|j,m\rangle \tag{53.2}$$

$$\langle j,m|j',m'\rangle=\delta_{jj'}\delta_{mm'} \tag{53.3}$$

また，$\widehat{J}_\pm$ (51.3)は $\widehat{J}_3$ の固有値を $\hbar$ だけ上/下げる演算子であり次式を満たす:

$$\widehat{J}_\pm|j,m\rangle=\hbar\big[j(j+1)-m(m\pm 1)\big]^{1/2}|j,m\pm 1\rangle \tag{53.4}$$

なお,

- (53.4)式において $m=\pm j$ (符号同順) と置くと

  $$\widehat{J}_+|j,m=j\rangle=0,\qquad \widehat{J}_-|j,m=-j\rangle=0$$

  となり，確かに $|m|$ は j を超えることができないようになっている.
- (53.1)と (53.2)を直観的に説明すると:
  2 つの量子数 (j,m) のうち，j は「角運動量ベクトルの長さ」を指定し，m は「角運動量ベクトルの第 3 軸に対する方向」を指定する (特に，$m=j/-j$ のとき角運動量ベクトルは第 3 軸に平行/反平行).

9. $\widehat{J}_{1,2}$ の $\widehat{J}_\pm$ による表式 (52.7) と公式 (53.4)，および正規直交性 (53.3)を用いて

$$\begin{aligned}\langle j',m'|\widehat{J}_1|j,m\rangle&=\frac{\hbar}{2}\Big\{\big[j(j+1)-m(m+1)\big]^{1/2}\delta_{m',m+1}\\&\qquad+\big[j(j+1)-m(m-1)\big]^{1/2}\delta_{m',m-1}\Big\}\delta_{j'j}\\\langle j',m'|\widehat{J}_2|j,m\rangle&=\frac{\hbar}{2i}\Big\{\big[j(j+1)-m(m+1)\big]^{1/2}\delta_{m',m+1}\\&\qquad-\big[j(j+1)-m(m-1)\big]^{1/2}\delta_{m',m-1}\Big\}\delta_{j'j}\\\langle j',m'|\widehat{J}_3|j,m\rangle&=\hbar m\,\delta_{m'm}\delta_{j'j}\end{aligned} \tag{53.5}$$

問題 54　角運動量演算子の行列表示　標準

$\widehat{\boldsymbol{J}}^2$ の固有値を定める各(半)整数 j に対して，$(2j+1)\times(2j+1)$ 行列 $J_i^{(j)}$ $(i=1,2,3)$ をその (a,b) 成分 $(J_i^{(j)})_{ab}$ が次式で与えられるものとして定義する:

$$(J_i^{(j)})_{ab} = \langle j, j-a+1|\widehat{J}_i|j, j-b+1\rangle \qquad (a,b=1,2,\cdots,2j+1) \tag{54.1}$$

例えば，$j=1/2$ と $j=1$ の場合は

$$J_i^{(1/2)} = \begin{pmatrix} \langle\frac{1}{2},\frac{1}{2}|\widehat{J}_i|\frac{1}{2},\frac{1}{2}\rangle & \langle\frac{1}{2},\frac{1}{2}|\widehat{J}_i|\frac{1}{2},-\frac{1}{2}\rangle \\ \langle\frac{1}{2},-\frac{1}{2}|\widehat{J}_i|\frac{1}{2},\frac{1}{2}\rangle & \langle\frac{1}{2},-\frac{1}{2}|\widehat{J}_i|\frac{1}{2},-\frac{1}{2}\rangle \end{pmatrix} \tag{54.2}$$

$$J_i^{(1)} = \begin{pmatrix} \langle 1,1|\widehat{J}_i|1,1\rangle & \langle 1,1|\widehat{J}_i|1,0\rangle & \langle 1,1|\widehat{J}_i|1,-1\rangle \\ \langle 1,0|\widehat{J}_i|1,1\rangle & \langle 1,0|\widehat{J}_i|1,0\rangle & \langle 1,0|\widehat{J}_i|1,-1\rangle \\ \langle 1,-1|\widehat{J}_i|1,1\rangle & \langle 1,-1|\widehat{J}_i|1,0\rangle & \langle 1,-1|\widehat{J}_i|1,-1\rangle \end{pmatrix} \tag{54.3}$$

であり，$J_i^{(0)} = \langle 0,0|\,\widehat{J}_i\,|0,0\rangle = 0$．以下では $\boldsymbol{J}^{(j)} = (J_1^{(j)}, J_2^{(j)}, J_3^{(j)})$ と表す．

1. 各 $J_i^{(j)}$ はエルミート行列であることを示せ．さらに，行列 $\boldsymbol{J}^{(j)}$ が角運動量演算子 $\widehat{\boldsymbol{J}}$ の交換関係 (51.1)と同じ交換関係

$$\left[J_k^{(j)}, J_\ell^{(j)}\right] = i\hbar\,\epsilon_{k\ell m} J_m^{(j)} \tag{54.4}$$

を満たすこと，および，

$$(\boldsymbol{J}^{(j)})^2 \equiv \sum_{i=1}^{3} (J_i^{(j)})^2 = \hbar^2 j(j+1)\,\mathbb{I}_{2j+1} \tag{54.5}$$

を示せ．ここに，$\mathbb{I}_{2j+1}$ は $(2j+1)\times(2j+1)$ 単位行列である．なお，$\widehat{\boldsymbol{J}}^2$ の固有値を指定する j を空間インデックスに用いないように注意すること．

2. $J_i^{(1/2)}$ と $J_i^{(1)}$ $(i=1,2,3)$ の具体形を書き下せ．また，得られた $J_i^{(1/2)}$ と $J_i^{(1)}$ が (54.4)と (54.5)を確かに満たすことを確認せよ．

解 説　(53.5)式で与えられる角運動量演算子の行列表示に関する問題である．$j=1/2$ に対する 2×2 行列 $J_i^{(1/2)}$ $(i=1,2,3)$ は問題 **86** においてスピン自由度に伴って登場する．

解 答

1. $J_i^{(j)}$ がエルミート行列であることは次の通り: (06.6)

$$\begin{aligned}(J_i^{(j)})^*_{ba} &= \left(\langle j, j-b+1|\widehat{J}_i|j, j-a+1\rangle\right)^* \overset{\downarrow}{=} \langle j, j-a+1|\widehat{J}_i^{\dagger}|j, j-b+1\rangle \\ &= \langle j, j-a+1|\widehat{J}_i|j, j-b+1\rangle = (J_i^{(j)})_{ab}\end{aligned}$$

ここに，2行目の最初の等号で $\widehat{J}_i^{\dagger} = \widehat{J}_i$ を用いた．

次に，交換関係 (54.4)を示すために，まず $\{|j,m\rangle\}$ の完全性 (**問題 13** 参照) に注意:

$$\sum_{(j,m)} |j,m\rangle\,\langle jm| = \mathbb{I}_J = \{|j,m\rangle\} \text{ で張られる空間の単位演算子}$$

ここに，$\sum_{(j,m)}$ は $j=0,\frac{1}{2},1,\frac{3}{2},\cdots$ および $m=-j,-j+1,\cdots,j-1,j$ についての和である．これを用いて

$$\begin{aligned}
&\langle j,j-a+1|\,\widehat{J}_k\widehat{J}_\ell\,|j,j-b+1\rangle \\
&= \sum_{(j',m')} \langle j,j-a+1|\widehat{J}_k|j',m'\rangle\,\underbrace{\langle j',m'|\widehat{J}_\ell|j,j-b+1\rangle}_{\propto\,\delta_{j',j}} \\
&= \sum_{c=1}^{2j+1} \langle j,j-a+1|\widehat{J}_k|j,j-c+1\rangle\langle j,j-c+1|\widehat{J}_\ell|j,j-b+1\rangle \\
&= \sum_{c=1}^{2j+1} (J_k^{(j)})_{ac}(J_\ell^{(j)})_{cb} = (J_k^{(j)}J_\ell^{(j)})_{ab}
\end{aligned} \tag{54.6}$$

を得る．$\widehat{\boldsymbol{J}}$ の交換関係 (51.1)，$\left[\widehat{J}_k,\widehat{J}_\ell\right]=i\hbar\,\epsilon_{k\ell m}\widehat{J}_m$，の両辺を $\langle j,j-a+1|$ と $|j,j-b+1\rangle$ で挟み，(54.6)を用いることで行列 $\boldsymbol{J}^{(j)}$ の交換関係 (54.4)を得る．

最後に (54.5)を導出するために，$\widehat{\boldsymbol{J}}^{\,2}$ の固有値方程式 (53.1) (ただし，$m=j-b+1$) に左から $\langle j,j-a+1|$ を当て，上の (54.6) (ただし，$\ell=k$) と正規直交性 (53.3)を用いて

$$\sum_{k=1}^{3}\underbrace{\langle j,j-a+1|\,\widehat{J}_k^{\,2}\,|j,j-b+1\rangle}_{=(J_k^{(j)}J_k^{(j)})_{ab}} = \hbar^2 j(j+1)\underbrace{\langle j,j-a+1|j,j-b+1\rangle}_{=\delta_{ab}}$$

を得る．これは行列関係式 (54.5) の (a,b) 成分に他ならない．

2. 公式 (53.5)を用いて $J_i^{(1/2)}$(54.2) と $J_i^{(1)}$(54.3)の各成分を計算して以下の表式を得る:

$$J_1^{(1/2)}=\frac{\hbar}{2}\begin{pmatrix}0&1\\1&0\end{pmatrix},\quad J_2^{(1/2)}=\frac{\hbar}{2}\begin{pmatrix}0&-i\\i&0\end{pmatrix},\quad J_3^{(1/2)}=\frac{\hbar}{2}\begin{pmatrix}1&0\\0&-1\end{pmatrix} \tag{54.7}$$

$$J_1^{(1)}=\frac{\hbar}{\sqrt{2}}\begin{pmatrix}0&1&0\\1&0&1\\0&1&0\end{pmatrix},\quad J_2^{(1)}=\frac{\hbar}{\sqrt{2}}\begin{pmatrix}0&-i&0\\i&0&-i\\0&i&0\end{pmatrix},\quad J_3^{(1)}=\hbar\begin{pmatrix}1&0&0\\0&0&0\\0&0&-1\end{pmatrix} \tag{54.8}$$

これらの行列が交換関係 (54.4)を満たすことの確認は省略する．(54.5)式については，左辺がそれぞれ

$$(\boldsymbol{J}^{(1/2)})^2=\frac{3}{4}\hbar^2\begin{pmatrix}1&0\\0&1\end{pmatrix},\qquad (\boldsymbol{J}^{(1)})^2=2\hbar^2\begin{pmatrix}1&0&0\\0&1&0\\0&0&1\end{pmatrix},$$

となり，確かに右辺 $\hbar^2 j(j+1)\mathbb{I}_{2j+1}$ に等しい．

問題 55 3次元空間の量子力学における $\boldsymbol{x}$-表示 (その1) 基本

問題 25〜**27** において1自由度系における x-表示を導入したが，これは任意自由度系に一般化することができる．ここでは，$(\widehat{\boldsymbol{x}}, \widehat{\boldsymbol{p}})$ を正準変数とし，(50.2)式の正準交換関係

$$[\widehat{x}_i, \widehat{p}_j] = i\hbar\delta_{ij}, \quad [\widehat{x}_i, \widehat{x}_j] = 0, \quad [\widehat{x}_i, \widehat{p}_j] = 0 \quad (i, j = 1, 2, 3) \tag{50.2}$$

が課された3次元空間内の1質点系 (3自由度系) の量子力学の $\boldsymbol{x}$-表示を考える．すなわち，$\widehat{x}_i$ 同士は互いに可換なので，それらの同時固有ベクトル $|\boldsymbol{x}\rangle$ (固有値 $\boldsymbol{x}$) を考えることができる:

$$\widehat{\boldsymbol{x}}\,|\boldsymbol{x}\rangle = \boldsymbol{x}\,|\boldsymbol{x}\rangle \qquad \left(\widehat{x}_i\,|\boldsymbol{x}\rangle = x_i\,|\boldsymbol{x}\rangle\right) \tag{55.1}$$

固有ベクトル全体 $\{|\boldsymbol{x}\rangle\}$ の正規直交性と完全性は

$$\text{正規直交性}: \ \langle\boldsymbol{x}|\boldsymbol{x}'\rangle = \delta^3(\boldsymbol{x} - \boldsymbol{x}'), \quad \text{完全性}: \ \int d^3x\,|\boldsymbol{x}\rangle\langle\boldsymbol{x}| = \mathbb{I} \tag{55.2}$$

ここに，3次元積分は $\int d^3x = \int_{-\infty}^{\infty} dx_1 \int_{-\infty}^{\infty} dx_2 \int_{-\infty}^{\infty} dx_3$ であり，また，3次元デルタ関数 $\delta^3(\boldsymbol{x})$ は $\delta^3(\boldsymbol{x}) = \delta(x_1)\delta(x_2)\delta(x_3)$ であって，任意の $f(\boldsymbol{x})$ に対して (23.4) の一般化である次式を満たす:

$$\int d^3x\,\delta^3(\boldsymbol{x} - \boldsymbol{a}) f(\boldsymbol{x}) = f(\boldsymbol{a}) \tag{55.3}$$

問題 25 と**問題 26** で導出した1自由度系における次の各式が，今の3自由度系にどのように拡張されるかを説明せよ:

(a) 内積 $\langle\psi_1|\psi_2\rangle$ の波動関数による表現 (25.4)式

(b) $\widehat{p}\,|x\rangle$ に対する (25.5)式

(c) 任意の $A(\widehat{x}, \widehat{p})$ に対する $\langle x|\,A(\widehat{x}, \widehat{p})\,|\psi\rangle$ および $\langle\psi_1|\,A(\widehat{x}, \widehat{p})\,|\psi_2\rangle$ の表現 (26.3)式および (26.5)式

解説 [解答] の (55.7)式と (55.8)式は，$(\widehat{\boldsymbol{x}}, \widehat{\boldsymbol{p}})$ からなる演算子は $\boldsymbol{x}$-表示において次の置き換えをすればよいことを意味する:

$$\widehat{\boldsymbol{x}} \to \boldsymbol{x}, \qquad \widehat{\boldsymbol{p}} \to -i\hbar\frac{\partial}{\partial\boldsymbol{x}} = -i\hbar\boldsymbol{\nabla} \tag{55.4}$$

置き換えの右側の量は元の (50.2)と同じ正準交換関係を満足する (**問題 26** 設問8参照):

$$[x_i, -i\hbar(\partial/\partial x_j)] = i\hbar\delta_{ij}, \quad [x_i, x_j] = 0, \quad [-i\hbar(\partial/\partial x_i), -i\hbar(\partial/\partial x_j)] = 0$$

なお，$|\boldsymbol{x}\rangle$ は各 $\widehat{x}_i$ の固有ベクトル $|x_i\rangle$ ($\widehat{x}_i\,|x_i\rangle = x_i\,|x_i\rangle$, $\langle x_i|x_i'\rangle = \delta(x_i - x_i')$, $\int_{-\infty}^{\infty} dx_i\,|x_i\rangle\langle x_i| = \mathbb{I}_{x_i} =$ 自由度 $\widehat{x}_i$ の空間の単位演算子) を用いてテンソル積 $|\boldsymbol{x}\rangle = |x_1\rangle \otimes |x_2\rangle \otimes |x_3\rangle$ としても表される．

解答

(a) 完全性 (55.2)を用いて

$$\langle\psi_1|\psi_2\rangle = \langle\psi_1|\left(\int d^3x\,|\boldsymbol{x}\rangle\langle\boldsymbol{x}|\right)|\psi_2\rangle = \int d^3x\,\langle\psi_1|\boldsymbol{x}\rangle\langle\boldsymbol{x}|\psi_2\rangle$$
$$= \int d^3x\,\psi_1(\boldsymbol{x})^*\psi_2(\boldsymbol{x}) \qquad (55.5)$$

ここに状態ベクトル $|\psi\rangle$ の波動関数 $\psi(\boldsymbol{x})$ は次の内積で定義される:

$$\psi(\boldsymbol{x}) = \langle\boldsymbol{x}|\psi\rangle$$

(b) (25.5)式は次式に拡張される:

$$\widehat{\boldsymbol{p}}|\boldsymbol{x}\rangle = i\hbar\frac{\partial}{\partial\boldsymbol{x}}|\boldsymbol{x}\rangle = i\hbar\boldsymbol{\nabla}|\boldsymbol{x}\rangle \qquad \left(\widehat{p}_i\,|\boldsymbol{x}\rangle = i\hbar\frac{\partial}{\partial x_i}|\boldsymbol{x}\rangle\right) \qquad (55.6)$$

これにより，正準交換関係 $[\widehat{x}_i,\widehat{p}_j] = i\hbar\delta_{ij}$ の両辺を $|\boldsymbol{x}\rangle$ に作用させた式が成り立つ．実際，$[\widehat{x}_i,\widehat{p}_j]\,|x\rangle$ の交換子を展開した各項に (55.1)と (55.6) の各成分表示式を繰り返し用いて

$$[\widehat{x}_i,\widehat{p}_j]\,|\boldsymbol{x}\rangle = \widehat{x}_i\underbrace{\widehat{p}_j\,|\boldsymbol{x}\rangle}_{i\hbar(\partial/\partial x_j)\,|\boldsymbol{x}\rangle} - \widehat{p}_j\overbrace{\widehat{x}_i\,|\boldsymbol{x}\rangle}^{x_i\,|\boldsymbol{x}\rangle} = i\hbar\frac{\partial}{\partial x_j}\overbrace{\widehat{x}_i\,|\boldsymbol{x}\rangle}^{x_j\,|\boldsymbol{x}\rangle} - x_i\underbrace{\widehat{p}_j\,|\boldsymbol{x}\rangle}_{i\hbar(\partial/\partial x_j)\,|\boldsymbol{x}\rangle}$$
$$= i\hbar\left[\frac{\partial}{\partial x_j}, x_i\right]|\boldsymbol{x}\rangle = i\hbar\,\delta_{ij}\,|\boldsymbol{x}\rangle$$

なお，第 2 等号では c 数である x_i とその微分 $\partial/\partial x_i$ は演算子 $\widehat{x}_i$ および $\widehat{p}_i$ と交換可能であることを用いた．$[\widehat{x}_i,\widehat{p}_j]\,|\boldsymbol{x}\rangle = i\hbar\delta_{ij}\,|\boldsymbol{x}\rangle$ が成り立てば，完全性 (55.2)により $[\widehat{x}_i,\widehat{p}_j] = i\hbar\delta_{ij}$ 自体が成り立つ．

(c) (55.1)と (55.6)のエルミート共役を取ると

$$\langle\boldsymbol{x}|\,\widehat{\boldsymbol{x}} = \boldsymbol{x}\,\langle\boldsymbol{x}|, \qquad \langle\boldsymbol{x}|\,\widehat{\boldsymbol{p}} = -i\hbar\boldsymbol{\nabla}\,\langle\boldsymbol{x}|$$

これを用いると，任意の $A(\widehat{\boldsymbol{x}},\widehat{\boldsymbol{p}})$ に対して (26.3)式の拡張である次式が成り立つ:

$$\langle\boldsymbol{x}|\,A(\widehat{\boldsymbol{x}},\widehat{\boldsymbol{p}})\,|\psi\rangle = A\,(\boldsymbol{x},-i\hbar\boldsymbol{\nabla})\,\psi(\boldsymbol{x}) \qquad (55.7)$$

次に，完全性 (55.2)と公式 (55.7)を用いて

$$\langle\psi_1|\,A(\widehat{\boldsymbol{x}},\widehat{\boldsymbol{p}})\,|\psi_2\rangle \underset{\uparrow\,(55.2)}{=} \langle\psi_1|\left(\int d^3x\,|\boldsymbol{x}\rangle\langle\boldsymbol{x}|\right)A(\widehat{\boldsymbol{x}},\widehat{\boldsymbol{p}})\,|\psi_2\rangle$$
$$= \int d^3x\,\underbrace{\langle\psi_1|\boldsymbol{x}\rangle}_{\psi_1(\boldsymbol{x})^*}\,\langle\boldsymbol{x}|\,A(\widehat{\boldsymbol{x}},\widehat{\boldsymbol{p}})\,|\psi_2\rangle \underset{\uparrow\,(55.7)}{=} \int d^3x\,\psi_1(\boldsymbol{x})^*A(\boldsymbol{x},-i\hbar\boldsymbol{\nabla})\,\psi_2(\boldsymbol{x}) \qquad (55.8)$$

これが (26.5)式に対応する．

問題 56　3 次元空間の量子力学における $\boldsymbol{x}$-表示 (その 2)　基本

問題 55 からの続きの問題である．

1. この 1 質点系が状態 $|\psi\rangle$ にあるとき ($|\psi\rangle$ は規格化されているとする)，質点の位置 $\widehat{\boldsymbol{x}}$ を観測したとする．1 次元空間の場合の「質点が $x_1 \le x \le x_2$ に存在する確率 $P(x_1, x_2)$ (28.2)」は，今の 3 次元空間の場合にどのように一般化されるか．
2. 3 次元空間におけるポテンシャル $U(\boldsymbol{x})$ 下の質点のハミルトニアンを考える:
$$\widehat{H} = \frac{1}{2m}\widehat{\boldsymbol{p}}^2 + U(\widehat{\boldsymbol{x}})$$
この系の状態ベクトル $|\psi(t)\rangle$ の時間発展を定めるシュレーディンガー方程式 (20.1)，$i\hbar(d/dt)\,|\psi(t)\rangle = \widehat{H}\,|\psi(t)\rangle$，の $\boldsymbol{x}$-表示を時刻 t における波動関数 $\psi(\boldsymbol{x}, t) = \langle \boldsymbol{x}|\psi(t)\rangle$ に対する偏微分方程式として与えよ．さらに，**問題 29** 設問 2 で与えた 1 次元空間における確率密度 (29.4)，確率流 (29.5) およびそれらが満たす連続の方程式 (29.3)は，今の 3 次元空間の場合にそれぞれどのように与えられるか．
3. A を定数成分の 3×3 行列 (ただし $\det A \neq 0$)，$\boldsymbol{x}$ を縦 3 成分ベクトルとして，3 次元デルタ関数に関する次の公式を示せ:
$$\delta^3(A\boldsymbol{x}) = \frac{1}{|\det A|}\delta^3(\boldsymbol{x}) \tag{56.1}$$
なお，これは 1 次元デルタ関数の性質 (23.7)に対応するものである．

解 説　3 次元空間でも確率密度や確率流を定義することができることを見る．設問 3 は 3 次元デルタ関数の重要な性質についての問題である．

解 答

1. 状態 $|\psi\rangle$ にある 3 次元空間上の 1 質点系に対して位置ベクトル $\widehat{\boldsymbol{x}}$ を観測したとき，それが 3 次元空間内の領域 V 内に存在する確率 P_V は，波動関数 $\psi(\boldsymbol{x}) = \langle \boldsymbol{x}|\psi\rangle$ を用いた領域 V 内の体積積分
$$P_V = \int_V d^3x\,|\psi(\boldsymbol{x})|^2$$
で与えられる．すなわち，$|\psi(\boldsymbol{x})|^2$ は質点が点 $\boldsymbol{x}$ に存在する確率密度である．全 3 次元空間のどこかに存在する確率 $P_{V=\text{全空間}}$ は $|\psi\rangle$ の規格化
$$\langle\psi|\psi\rangle = \int_{\text{全空間}} d^3x\,|\psi(\boldsymbol{x})|^2 = 1$$
から 1 となっている ($P_{V=\text{全空間}} = 1$)．

2. シュレーディンガー方程式 (20.1)に左から $\langle \boldsymbol{x}|$ を当て，公式 (55.7)を用いて波動関数 $\psi(\boldsymbol{x},t)$ に対する**シュレーディンガーの波動方程式**を得る:

$$i\hbar\frac{\partial}{\partial t}\psi(\boldsymbol{x},t)=\left(-\frac{\hbar^2}{2m}\boldsymbol{\nabla}^2+U(\boldsymbol{x})\right)\psi(\boldsymbol{x},t) \tag{56.2}$$

連続の方程式は 1 次元空間の場合の**問題 29** 設問 2 の [解答] と同様にして得られる．まず，前設問 1 から $\rho(\boldsymbol{x},t)=|\psi(\boldsymbol{x},t)|^2$ が確率密度である．以下では，$\psi=\psi(\boldsymbol{x},t)$, $\psi^*=\psi(\boldsymbol{x},t)^*$ として，$\psi^*\times(56.2)$ から

$$i\hbar\psi^*\frac{\partial\psi}{\partial t}=-\frac{\hbar^2}{2m}\psi^*\boldsymbol{\nabla}^2\psi+U\,|\psi|^2$$

次に，$(56.2)^*\times\psi$ から

$$-i\hbar\frac{\partial\psi^*}{\partial t}\psi=-\frac{\hbar^2}{2m}\left(\boldsymbol{\nabla}^2\psi^*\right)\psi+U\,|\psi|^2$$

この 2 式を辺々引き算すると，$U\,|\psi|^2$ 項は相殺し，次式を得る:

$$i\hbar\underbrace{\left(\psi^*\frac{\partial\psi}{\partial t}+\hbar\frac{\partial\psi^*}{\partial t}\psi\right)}_{(\partial/\partial t)\,|\psi|^2}=-\frac{\hbar^2}{2m}\underbrace{\left[\psi^*\boldsymbol{\nabla}^2\psi-\left(\boldsymbol{\nabla}^2\psi^*\right)\psi\right]}_{\boldsymbol{\nabla}\cdot\left(\psi^*\boldsymbol{\nabla}\psi-(\boldsymbol{\nabla}\psi^*)\psi\right)} \tag{56.3}$$

ここに右辺では任意の $f=f(\boldsymbol{x})$ と $g=g(\boldsymbol{x})$ に対して次式が成り立つことを用いた:

$$\boldsymbol{\nabla}\cdot(f\,\boldsymbol{\nabla}g)=(\boldsymbol{\nabla}f)\cdot(\boldsymbol{\nabla}g)+f\,\boldsymbol{\nabla}^2g\quad\left[\frac{\partial}{\partial x_i}\left(f\frac{\partial g}{\partial x_i}\right)=\frac{\partial f}{\partial x_i}\frac{\partial g}{\partial x_i}+f\frac{\partial^2 g}{\partial x_i^2}\right]$$

(56.3)式から次の各量が同定される:

$$\text{確率密度:}\quad \rho(\boldsymbol{x},t)=|\psi(\boldsymbol{x},t)|^2=\psi(\boldsymbol{x},t)^*\psi(\boldsymbol{x},t) \tag{56.4}$$

$$\text{確率流:}\quad \boldsymbol{j}(\boldsymbol{x},t)=\frac{-i\hbar}{2m}\left(\psi(\boldsymbol{x},t)^*\,\boldsymbol{\nabla}\psi(\boldsymbol{x},t)-\left(\boldsymbol{\nabla}\psi(\boldsymbol{x},t)^*\right)\psi(\boldsymbol{x},t)\right) \tag{56.5}$$

$$\text{連続の方程式:}\quad \frac{\partial}{\partial t}\rho(\boldsymbol{x},t)+\boldsymbol{\nabla}\cdot\boldsymbol{j}(\boldsymbol{x},t)=0 \tag{56.6}$$

3. まず，$\boldsymbol{y}=A\boldsymbol{x}$ として $\int d^3x\equiv\prod_{i=1}^3\int_{-\infty}^{\infty}dx_i$ と $\int d^3y\equiv\prod_{i=1}^3\int_{-\infty}^{\infty}dy_i$ の関係は

$$\boldsymbol{y}=A\boldsymbol{x}\ \Rightarrow\ \boldsymbol{x}=A^{-1}\boldsymbol{y}\ \Rightarrow\ \int d^3x=\left|\det A^{-1}\right|\int d^3y=\frac{1}{|\det A|}\int d^3y$$

これを用いて，任意の $f(\boldsymbol{x})$ に対して

$$\int d^3x\,\delta^3(A\boldsymbol{x})f(\boldsymbol{x})=\frac{1}{|\det A|}\int d^3y\,\delta^3(\boldsymbol{y})f(A^{-1}\boldsymbol{y})\overset{\text{3 次元デルタ関数の定義 (55.3)}}{=}\frac{1}{|\det A|}f(0)$$

これは (56.1)式を意味する．

問題	57	3次元極座標系	基本

量子力学における角運動量を $\boldsymbol{x}$-表示で扱うには，デカルト座標の代わりに**3次元極座標** (r, θ, φ) を用いるのが便利である (右図参照)．質点の位置ベクトル $\boldsymbol{x}$ のデカルト座標成分は (r, θ, φ) により次式で与えられる:

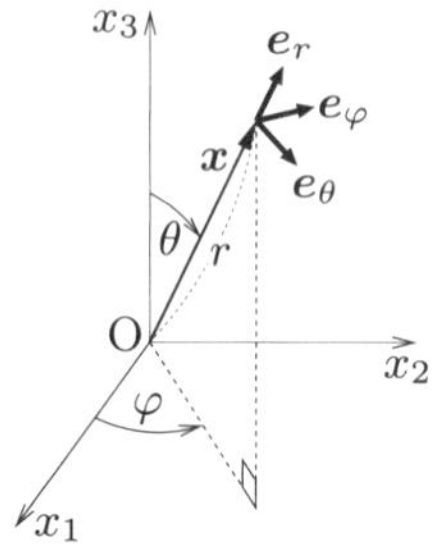

$$\boldsymbol{x} = \begin{pmatrix} x_1 \\ x_2 \\ x_3 \end{pmatrix} = r \begin{pmatrix} \sin\theta\cos\varphi \\ \sin\theta\sin\varphi \\ \cos\theta \end{pmatrix} \tag{57.1}$$

$$(r = |\boldsymbol{x}|, \quad 0 \le \theta \le \pi, \quad 0 \le \varphi < 2\pi)$$

1. 3つの**単位ベクトル** $\boldsymbol{e}_r$, $\boldsymbol{e}_\theta$, $\boldsymbol{e}_\varphi$ (図参照) を，r, θ, φ を微小に (正に) 変化させた際の $\boldsymbol{x}$ の変化分がそれぞれ $\boldsymbol{e}_r$, $\boldsymbol{e}_\theta$, $\boldsymbol{e}_\varphi$ に比例する (比例係数は非負) ように構成し，それらのデカルト座標成分を与えよ．なお，極座標系は**直交曲線座標系**であり，$\boldsymbol{e}_r$, $\boldsymbol{e}_\theta$, $\boldsymbol{e}_\varphi$ は**正規直交性** (長さ1で互いに直交) を満たす:
$$\boldsymbol{e}_a \cdot \boldsymbol{e}_b = \delta_{ab} \quad (a, b = r, \theta, \varphi) \tag{57.2}$$
2. 微小変化 $(r, \theta, \varphi) \to (r + dr, \theta + d\theta, \varphi + d\varphi)$ の下での位置ベクトル $\boldsymbol{x}$ の微小変化分 $d\boldsymbol{x}$ を $(\boldsymbol{e}_r, \boldsymbol{e}_\theta, \boldsymbol{e}_\varphi)$ を用いて表せ．また，この結果を用いてナブラ $\boldsymbol{\nabla}$ が
$$\boldsymbol{\nabla} = \boldsymbol{e}_r \frac{\partial}{\partial r} + \boldsymbol{e}_\theta \frac{1}{r} \frac{\partial}{\partial \theta} + \boldsymbol{e}_\varphi \frac{1}{r\sin\theta} \frac{\partial}{\partial \varphi} \tag{57.3}$$
と表されることを示せ (**ヒント:** 任意関数 $f(\boldsymbol{x})$ の $\boldsymbol{x} \to \boldsymbol{x} + d\boldsymbol{x}$ の下での微小変化分が $df = (\boldsymbol{\nabla} f) \cdot d\boldsymbol{x}$ であることを用いよ)．
3. 関数 $f(\boldsymbol{x})$ に対するラプラシアン $\boldsymbol{\nabla}^2 f$ を (r, θ, φ) およびそれらの微分で表せ．
4. 3次元積分の体積要素 d^3x および全空間積分 $\int d^3x\, f(\boldsymbol{x})$ を極座標で表せ．

解説　角運動量の $\boldsymbol{x}$-表示での扱いに必要な3次元極座標の基礎事項に関する問題である．本問題の結果は，以後の問題でたびたび用いることになる．

解答

1. (57.1)の $\boldsymbol{x}$ を (r, θ, φ) で偏微分し

$$\frac{\partial \boldsymbol{x}}{\partial r} = \begin{pmatrix} \sin\theta\cos\varphi \\ \sin\theta\sin\varphi \\ \cos\theta \end{pmatrix}, \quad \frac{\partial \boldsymbol{x}}{\partial \theta} = r \begin{pmatrix} \cos\theta\cos\varphi \\ \cos\theta\sin\varphi \\ -\sin\theta \end{pmatrix}, \quad \frac{\partial \boldsymbol{x}}{\partial \varphi} = r\sin\theta \begin{pmatrix} -\sin\varphi \\ \cos\varphi \\ 0 \end{pmatrix}$$

これと $\partial\boldsymbol{x}/\partial r \propto \boldsymbol{e}_r$，$\partial\boldsymbol{x}/\partial\theta \propto \boldsymbol{e}_\theta$，$\partial\boldsymbol{x}/\partial\varphi \propto \boldsymbol{e}_\varphi$ (比例係数は非負; $\sin\theta \ge 0$ に注意) および「各 $\boldsymbol{e}_a$ の長さが1」の条件 (直交性は自動的) より次の結果を得る:

$$\boldsymbol{e}_r = \begin{pmatrix} \sin\theta\cos\varphi \\ \sin\theta\sin\varphi \\ \cos\theta \end{pmatrix}, \quad \boldsymbol{e}_\theta = \begin{pmatrix} \cos\theta\cos\varphi \\ \cos\theta\sin\varphi \\ -\sin\theta \end{pmatrix}, \quad \boldsymbol{e}_\varphi = \begin{pmatrix} -\sin\varphi \\ \cos\varphi \\ 0 \end{pmatrix} \tag{57.4}$$

なお，位置ベクトル $\boldsymbol{x}$ 自体は

$$\boldsymbol{x} = r\boldsymbol{e}_r \tag{57.5}$$

2. 前設問 1 の結果を用いて

$$d\boldsymbol{x} = \frac{\partial \boldsymbol{x}}{\partial r}dr + \frac{\partial \boldsymbol{x}}{\partial \theta}d\theta + \frac{\partial \boldsymbol{x}}{\partial \varphi}d\varphi = \boldsymbol{e}_r\,dr + \boldsymbol{e}_\theta\,rd\theta + \boldsymbol{e}_\varphi\,r\sin\theta d\varphi \tag{57.6}$$

次に，微小変化 $\boldsymbol{x} \to \boldsymbol{x} + d\boldsymbol{x}$ の下での任意関数 $f(\boldsymbol{x})$ の変化分 df は

$$df = (\boldsymbol{\nabla} f)\cdot d\boldsymbol{x} = \frac{\partial f}{\partial r}dr + \frac{\partial f}{\partial \theta}d\theta + \frac{\partial f}{\partial \varphi}d\varphi$$

この第 2 等号を再現する $\boldsymbol{\nabla} f$ は (57.6)式の $d\boldsymbol{x}$ の表式と正規直交性 (57.2)を考慮して

$$\boldsymbol{\nabla} f = \boldsymbol{e}_r\frac{\partial f}{\partial r} + \boldsymbol{e}_\theta\frac{1}{r}\frac{\partial f}{\partial \theta} + \boldsymbol{e}_\varphi\frac{1}{r\sin\theta}\frac{\partial f}{\partial \varphi}$$

であり，ナブラ $\boldsymbol{\nabla}$ は (57.3)式で与えられる．

3. ナブラ $\boldsymbol{\nabla}$ の表式 (57.3)と正規直交性 (57.2)を用いて

$$\begin{aligned}
\boldsymbol{\nabla}^2 f &= \left(\boldsymbol{e}_r\frac{\partial}{\partial r} + \boldsymbol{e}_\theta\frac{1}{r}\frac{\partial}{\partial \theta} + \boldsymbol{e}_\varphi\frac{1}{r\sin\theta}\frac{\partial}{\partial \varphi}\right)\cdot\left(\boldsymbol{e}_r\frac{\partial f}{\partial r} + \boldsymbol{e}_\theta\frac{1}{r}\frac{\partial f}{\partial \theta} + \boldsymbol{e}_\varphi\frac{1}{r\sin\theta}\frac{\partial f}{\partial \varphi}\right) \\
&= \boldsymbol{e}_r\cdot\boldsymbol{e}_r\frac{\partial^2 f}{\partial r^2} + \boldsymbol{e}_\theta\cdot\boldsymbol{e}_\theta\frac{1}{r^2}\frac{\partial^2 f}{\partial \theta^2} + \boldsymbol{e}_\varphi\cdot\boldsymbol{e}_\varphi\frac{1}{r^2\sin^2\theta}\frac{\partial^2 f}{\partial \varphi^2} \\
&\quad + \boldsymbol{e}_\theta\cdot\left(\frac{\partial \boldsymbol{e}_r}{\partial \theta}\frac{1}{r}\frac{\partial f}{\partial r} + \frac{\partial \boldsymbol{e}_\theta}{\partial \theta}\frac{1}{r^2}\frac{\partial f}{\partial \theta} + \frac{\partial \boldsymbol{e}_\varphi}{\partial \theta}\frac{1}{r^2\sin\theta}\frac{\partial f}{\partial \varphi}\right) \\
&\quad + \boldsymbol{e}_\varphi\cdot\left(\frac{\partial \boldsymbol{e}_r}{\partial \varphi}\frac{1}{r\sin\theta}\frac{\partial f}{\partial r} + \frac{\partial \boldsymbol{e}_\theta}{\partial \varphi}\frac{1}{r^2\sin\theta}\frac{\partial f}{\partial \theta} + \frac{\partial \boldsymbol{e}_\varphi}{\partial \varphi}\frac{1}{r^2\sin^2\theta}\frac{\partial f}{\partial \varphi}\right)
\end{aligned}$$

ここに，最後の 2 行は「$\boldsymbol{e}_a$ が微分される項」であるが，$\boldsymbol{e}_a = \boldsymbol{e}_a(\theta,\varphi)$ は r には依らず $(\partial/\partial r)\boldsymbol{e}_a = 0$ であることを用いた．そこで，さらに (57.4)の微分からの

$$\begin{aligned}
&\frac{\partial \boldsymbol{e}_r}{\partial \theta} = \boldsymbol{e}_\theta, \quad \frac{\partial \boldsymbol{e}_r}{\partial \varphi} = \sin\theta\,\boldsymbol{e}_\varphi, \quad \frac{\partial \boldsymbol{e}_\theta}{\partial \theta} = -\boldsymbol{e}_r, \quad \frac{\partial \boldsymbol{e}_\theta}{\partial \varphi} = \cos\theta\,\boldsymbol{e}_\varphi, \\
&\frac{\partial \boldsymbol{e}_\varphi}{\partial \theta} = 0, \quad \frac{\partial \boldsymbol{e}_\varphi}{\partial \varphi} = -\sin\theta\,\boldsymbol{e}_r - \cos\theta\,\boldsymbol{e}_\theta
\end{aligned} \tag{57.7}$$

と正規直交性 (57.2)を用いて計算することで，次の $\boldsymbol{\nabla}^2 f$ の表式を得る:

$$\begin{aligned}
\boldsymbol{\nabla}^2 f &= \frac{\partial^2 f}{\partial r^2} + \frac{2}{r}\frac{\partial f}{\partial r} + \frac{1}{r^2}\frac{\partial^2 f}{\partial \theta^2} + \frac{\cos\theta}{r^2\sin\theta}\frac{\partial f}{\partial \theta} + \frac{1}{r^2\sin^2\theta}\frac{\partial^2 f}{\partial \varphi^2} \\
&= \frac{1}{r^2}\frac{\partial}{\partial r}\left(r^2\frac{\partial f}{\partial r}\right) + \frac{1}{r^2}\left[\frac{1}{\sin\theta}\frac{\partial}{\partial \theta}\left(\sin\theta\frac{\partial f}{\partial \theta}\right) + \frac{1}{\sin^2\theta}\frac{\partial^2 f}{\partial \varphi^2}\right]
\end{aligned} \tag{57.8}$$

4. 微小変化 $d\boldsymbol{x}$ (57.6)を表す 3 つのたがいに直交する微小ベクトル $(\boldsymbol{e}_r\,dr, \boldsymbol{e}_\theta\,rd\theta, \boldsymbol{e}_\varphi\,r\sin\theta d\varphi)$ を 3 辺とする微小直方体の体積より

$$d^3x = dr\,rd\theta\,r\sin\theta d\varphi = r^2\sin\theta\,drd\theta d\varphi \tag{57.9}$$

したがって，関数 $f(\boldsymbol{x})$ の全空間積分は

$$\int d^3x\,f(\boldsymbol{x}) = \int_0^\infty dr\,r^2\int_0^\pi d\theta\,\sin\theta\int_0^{2\pi} d\varphi\,f(\boldsymbol{x}) \tag{57.10}$$

問題 58　**$\boldsymbol{x}$-表示における角運動量演算子**　標準

問題 55 で見たように，3 次元空間内の 1 質点系量子力学の $\boldsymbol{x}$-表示では，正準変数 $(\widehat{\boldsymbol{x}}, \widehat{\boldsymbol{p}})$ からなる演算子に対して (55.4)の置き換えをすればよい．したがって，(軌道) 角運動量演算子 $\widehat{\boldsymbol{L}} = \widehat{\boldsymbol{x}} \times \widehat{\boldsymbol{p}}$ (50.1)に対しては $\boldsymbol{x}$-表示での演算子は

$$\hat{\boldsymbol{L}} = \boldsymbol{x} \times (-i\hbar\boldsymbol{\nabla}) \qquad \left(\hat{L}_i = -i\hbar\epsilon_{ijk}x_j\frac{\partial}{\partial x_k}\right) \tag{58.1}$$

となる (以下では，$\boldsymbol{x}$-表示の演算子に対しては小さいハット (ˆ) を付けて表す)．

1. $\boldsymbol{x}$-表示での角運動量演算子 $\hat{\boldsymbol{L}}$ (58.1)を**問題 57** で導入した 3 次元極座標 (r, θ, φ) および単位ベクトル $(\boldsymbol{e}_r, \boldsymbol{e}_\theta, \boldsymbol{e}_\varphi)$ を用いて表せ．
2. 前設問 1 の結果から，$\hat{L}_3$ ($\hat{\boldsymbol{L}}$ のデカルト座標第 3 成分)，$\hat{L}_\pm = \hat{L}_1 \pm i\hat{L}_2$ ((51.3)参照)，および，$\hat{\boldsymbol{L}}^2$ を極座標で表せ．
3. 関数 $f(\boldsymbol{x})$ に対するラプラシアン $\boldsymbol{\nabla}^2 f$ が $\hat{\boldsymbol{L}}^2$ を用いて次式で与えられることを示せ:

$$\boldsymbol{\nabla}^2 f = \frac{1}{r^2}\frac{\partial}{\partial r}\left(r^2\frac{\partial f}{\partial r}\right) - \frac{1}{\hbar^2 r^2}\hat{\boldsymbol{L}}^2 f \tag{58.2}$$

解 説　中心力ポテンシャル下の定常状態波動方程式を極座標で表すための数学的準備の問題である．「小さいハット」で $\boldsymbol{x}$-表示の演算子を表すと，(55.4)から

$$\hat{\boldsymbol{x}} = \boldsymbol{x}, \qquad \hat{\boldsymbol{p}} = -i\hbar\boldsymbol{\nabla}$$

である．なお，(58.2)式は次式と等価である:

$$\langle\boldsymbol{x}|\,\widehat{\boldsymbol{p}}^2\,|\psi\rangle = -\hbar^2\left[\frac{1}{r^2}\frac{\partial}{\partial r}\left(r^2\frac{\partial}{\partial r}\langle\boldsymbol{x}|\psi\rangle\right) - \frac{1}{\hbar^2 r^2}\langle\boldsymbol{x}|\,\widehat{\boldsymbol{L}}^2\,|\psi\rangle\right] \tag{58.3}$$

解 答

1. ナブラ $\boldsymbol{\nabla}$ の極座標での表式 (57.3) および $\boldsymbol{x} = r\boldsymbol{e}_r$ (57.5)を用いて

$$\begin{aligned}\hat{\boldsymbol{L}} &= -i\hbar\boldsymbol{x}\times\boldsymbol{\nabla} = -i\hbar r\boldsymbol{e}_r \times \left(\boldsymbol{e}_r\frac{\partial}{\partial r} + \boldsymbol{e}_\theta\frac{1}{r}\frac{\partial}{\partial\theta} + \boldsymbol{e}_\varphi\frac{1}{r\sin\theta}\frac{\partial}{\partial\varphi}\right)\\ &= -i\hbar\left(\boldsymbol{e}_\varphi\frac{\partial}{\partial\theta} - \boldsymbol{e}_\theta\frac{1}{\sin\theta}\frac{\partial}{\partial\varphi}\right)\end{aligned} \tag{58.4}$$

ここに，3 つの互いに直交する単位ベクトル $(\boldsymbol{e}_r, \boldsymbol{e}_\theta, \boldsymbol{e}_\varphi)$ が右手系をなしており，それらのベクトル積が

$$\boldsymbol{e}_r\times\boldsymbol{e}_\theta = \boldsymbol{e}_\varphi, \quad \boldsymbol{e}_\theta\times\boldsymbol{e}_\varphi = \boldsymbol{e}_r, \quad \boldsymbol{e}_\varphi\times\boldsymbol{e}_r = \boldsymbol{e}_\theta$$

であること (および，一般公式 $\boldsymbol{A}\times\boldsymbol{B} = -\boldsymbol{B}\times\boldsymbol{A}$, $\boldsymbol{A}\times\boldsymbol{A} = 0$) を用いた．

2. (58.4)式と $\boldsymbol{e}_\theta$ と $\boldsymbol{e}_\varphi$ のデカルト座標成分 (57.4)から

$$\hat{L}_3 = -i\hbar\left(\underbrace{(\boldsymbol{e}_\varphi)_3}_{0}\frac{\partial}{\partial\theta} - \underbrace{(\boldsymbol{e}_\theta)_3}_{-\sin\theta}\frac{1}{\sin\theta}\frac{\partial}{\partial\varphi}\right) = -i\hbar\frac{\partial}{\partial\varphi} \tag{58.5}$$

$$\hat{L}_{\pm} = -i\hbar\left(\underbrace{(\boldsymbol{e}_\varphi)_{1\pm i2}}_{\pm ie^{\pm i\varphi}}\frac{\partial}{\partial\theta} - \underbrace{(\boldsymbol{e}_\theta)_{1\pm i2}}_{\cos\theta\, e^{\pm i\varphi}}\frac{1}{\sin\theta}\frac{\partial}{\partial\varphi}\right) = \hbar\, e^{\pm i\varphi}\left(\pm\frac{\partial}{\partial\theta} + i\cot\theta\frac{\partial}{\partial\varphi}\right) \tag{58.6}$$

ここに，3 次元ベクトル $\boldsymbol{A}$ に対して $(\boldsymbol{A})_{1\pm i2} \equiv A_1 \pm iA_2$ とした．

次に，(58.4)式と直交性 $\boldsymbol{e}_\theta \cdot \boldsymbol{e}_\varphi = 0$ を用いて

$$\begin{aligned}
\frac{1}{(-i\hbar)^2}\hat{\boldsymbol{L}}^2 &= \left(\boldsymbol{e}_\varphi\frac{\partial}{\partial\theta} - \boldsymbol{e}_\theta\frac{1}{\sin\theta}\frac{\partial}{\partial\varphi}\right)\cdot\left(\boldsymbol{e}_\varphi\frac{\partial}{\partial\theta} - \boldsymbol{e}_\theta\frac{1}{\sin\theta}\frac{\partial}{\partial\varphi}\right)\\
&= \boldsymbol{e}_\varphi^2\left(\frac{\partial}{\partial\theta}\right)^2 + \boldsymbol{e}_\theta^2\frac{1}{\sin^2\theta}\left(\frac{\partial}{\partial\varphi}\right)^2 + \underbrace{\left(\boldsymbol{e}_\varphi\cdot\frac{\partial\boldsymbol{e}_\varphi}{\partial\theta}\right)}_{0}\frac{\partial}{\partial\theta} - \underbrace{\left(\boldsymbol{e}_\varphi\cdot\frac{\partial\boldsymbol{e}_\theta}{\partial\theta}\right)}_{0}\frac{1}{\sin\theta}\frac{\partial}{\partial\varphi}\\
&\quad - \underbrace{\left(\boldsymbol{e}_\theta\cdot\frac{\partial\boldsymbol{e}_\varphi}{\partial\varphi}\right)}_{-\cos\theta}\frac{1}{\sin\theta}\frac{\partial}{\partial\theta} + \underbrace{\left(\boldsymbol{e}_\theta\cdot\frac{\partial\boldsymbol{e}_\theta}{\partial\varphi}\right)}_{0}\frac{1}{\sin^2\theta}\frac{\partial}{\partial\varphi}
\end{aligned}$$

ここに，内積 $\boldsymbol{e}_a\cdot\dfrac{\partial\boldsymbol{e}_b}{\partial(\theta,\varphi)}$ $(a, b = \theta, \varphi)$ の値は (57.7)と正規直交性 (57.2)から得られる．結局，

$$\begin{aligned}
\hat{\boldsymbol{L}}^2 &= -\hbar^2\left[\left(\frac{\partial}{\partial\theta}\right)^2 + \cot\theta\frac{\partial}{\partial\theta} + \frac{1}{\sin^2\theta}\left(\frac{\partial}{\partial\varphi}\right)^2\right]\\
&= -\hbar^2\left[\frac{1}{\sin\theta}\frac{\partial}{\partial\theta}\left(\sin\theta\frac{\partial}{\partial\theta}\right) + \frac{1}{\sin^2\theta}\left(\frac{\partial}{\partial\varphi}\right)^2\right]
\end{aligned} \tag{58.7}$$

3. **問題 57** の (57.8)式の $\boldsymbol{\nabla}^2 f$ と前設問 2 の結果の (58.7)式を比べることで，直ちに (58.2)式を得る．あるいは，あらためて導出するならば，$\widehat{L}_i = \epsilon_{ijk}\widehat{x}_j\widehat{p}_k$ (50.1)から

$$\begin{aligned}
\widehat{\boldsymbol{L}}^2 &= \underbrace{\epsilon_{ijk}\epsilon_{i\ell m}}_{\delta_{j\ell}\delta_{km}-\delta_{jm}\delta_{k\ell}}\widehat{x}_j\widehat{p}_k\widehat{x}_\ell\widehat{p}_m = \widehat{x}_j\underbrace{\widehat{p}_k\widehat{x}_j}_{\widehat{x}_j\widehat{p}_k - i\hbar\delta_{kj}}\widehat{p}_k - \widehat{x}_j\widehat{p}_k\underbrace{\widehat{x}_k\widehat{p}_j}_{\widehat{p}_j\widehat{x}_k + i\hbar\delta_{kj}}\\
&= \widehat{\boldsymbol{x}}^2\widehat{\boldsymbol{p}}^2 - (\widehat{\boldsymbol{x}}\cdot\widehat{\boldsymbol{p}})\underbrace{(\widehat{\boldsymbol{p}}\cdot\widehat{\boldsymbol{x}})}_{(\widehat{\boldsymbol{x}}\cdot\widehat{\boldsymbol{p}}) - 3i\hbar} - 2i\hbar\,\widehat{\boldsymbol{x}}\cdot\widehat{\boldsymbol{p}} = \widehat{\boldsymbol{x}}^2\widehat{\boldsymbol{p}}^2 - (\widehat{\boldsymbol{x}}\cdot\widehat{\boldsymbol{p}})^2 + i\hbar\,\widehat{\boldsymbol{x}}\cdot\widehat{\boldsymbol{p}}
\end{aligned}$$

ここに，公式 (49.4)，正準交換関係 (50.2)，および，$\delta_{kk} = 3$ (k についての和) を用いた．$\boldsymbol{x}$-表示に移ると

$$\begin{aligned}
\hat{\boldsymbol{L}}^2 &= \boldsymbol{x}^2(-i\hbar\boldsymbol{\nabla})^2 - (-i\hbar\,\boldsymbol{x}\cdot\boldsymbol{\nabla})^2 + i\hbar(-i\hbar\,\boldsymbol{x}\cdot\boldsymbol{\nabla})\\
&= \hbar^2\left[-\boldsymbol{x}^2\boldsymbol{\nabla}^2 + (\boldsymbol{x}\cdot\boldsymbol{\nabla})^2 + \boldsymbol{x}\cdot\boldsymbol{\nabla}\right] = \hbar^2\left[-r^2\boldsymbol{\nabla}^2 + \overbrace{\left(r\frac{\partial}{\partial r}\right)^2 + r\frac{\partial}{\partial r}}^{r^2\left(\frac{\partial}{\partial r}\right)^2 + 2r\frac{\partial}{\partial r}}\right]
\end{aligned} \tag{58.8}$$

ここに，$\boldsymbol{x}^2 = r^2$ と ((57.3)と (57.5)からの) $\boldsymbol{x}\cdot\boldsymbol{\nabla} = r(\partial/\partial r)$ を用いた．これより

$$\boldsymbol{\nabla}^2 = \left(\frac{\partial}{\partial r}\right)^2 + \frac{2}{r}\frac{\partial}{\partial r} - \frac{1}{\hbar^2 r^2}\hat{\boldsymbol{L}}^2 = \frac{1}{r^2}\frac{\partial}{\partial r}\left(r^2\frac{\partial}{\partial r}\right) - \frac{1}{\hbar^2 r^2}\hat{\boldsymbol{L}}^2$$

問題 59　球面調和関数 (その 1)　標準

軌道角運動量 $\widehat{\boldsymbol{L}} = \widehat{\boldsymbol{x}} \times \widehat{\boldsymbol{p}}$ (50.1)に対して $\widehat{\boldsymbol{L}}^2$ と $\widehat{L}_3$ の同時固有ベクトルを $\boldsymbol{x}$-表示で考えたい．出発点の固有値方程式は (53.1)と (53.2) において $\widehat{\boldsymbol{J}} \to \widehat{\boldsymbol{L}}$ (さらに，$j \to \ell$) と置き換えた次の 2 式である:

$$\widehat{\boldsymbol{L}}^2 \left|\ell, m\right\rangle = \hbar^2 \ell(\ell+1) \left|\ell, m\right\rangle \tag{59.1}$$

$$\widehat{L}_3 \left|\ell, m\right\rangle = \hbar m \left|\ell, m\right\rangle \tag{59.2}$$

$\boldsymbol{x}$-表示での (59.1)と (59.2)は，これらに左から $\langle \boldsymbol{x}|$ を当て公式 (55.7)を用いて得られるが，(58.4)の極座標での $\hat{\boldsymbol{L}} = \boldsymbol{x} \times (-i\hbar\boldsymbol{\nabla})$，そして，$\hat{\boldsymbol{L}}^2$ (58.7)と $\hat{L}_3$ (58.5)は r には依っていないことを考慮する必要がある．そのために，$|\boldsymbol{x}\rangle\ (= |r, \theta, \varphi\rangle)$ を

$$|\boldsymbol{x}\rangle = |r, \theta, \varphi\rangle = |r\rangle \otimes |\theta, \varphi\rangle \tag{59.3}$$

として，$|r\rangle$ と $|\theta, \varphi\rangle$ のテンソル積として表す．$(\widehat{r}, \widehat{\theta}, \widehat{\varphi})$ を元の $\widehat{\boldsymbol{x}}$ から (57.1)式の演算子版により定義された極座標演算子とすると，$|r\rangle$ と $|\theta, \varphi\rangle$ は固有値方程式 $\widehat{r}\,|r\rangle = r\,|r\rangle$ と $(\widehat{\theta}, \widehat{\varphi})\,|\theta, \varphi\rangle = (\theta, \varphi)\,|\theta, \varphi\rangle$ を満たすものである．

1. (55.2)の正規直交性と完全性の式は，$|r\rangle$ と $|\theta, \varphi\rangle$ のそれぞれに対するものにどのように分離するか．必要なら，極座標による体積要素 d^3x が (57.9)式で与えられ，これに対応して 3 次元デルタ関数が極座標では

$$\delta^3(\boldsymbol{x} - \boldsymbol{x}') = \frac{1}{r^2 \sin\theta} \delta(r - r')\delta(\theta - \theta')\delta(\varphi - \varphi') \tag{59.4}$$

で与えられることを用いよ ((59.4)の右辺が $\int d^3x\, \delta^3(\boldsymbol{x} - \boldsymbol{x}') = 1$ を満たすことに注意せよ).

2. したがって，$\widehat{\boldsymbol{L}}$ のみに依る $A(\widehat{\boldsymbol{L}})$ に対して (55.7)式だけでなく

$$\langle \theta, \varphi|\, A\bigl(\widehat{\boldsymbol{L}} = \widehat{\boldsymbol{x}} \times \widehat{\boldsymbol{p}}\bigr)\, |\psi\rangle = A\bigl(\hat{\boldsymbol{L}} = \boldsymbol{x} \times (-i\hbar\boldsymbol{\nabla})\bigr) \langle \theta, \varphi|\psi\rangle \tag{59.5}$$

が成り立つ．このことを用いて，(59.1)と (59.2)に左から $\langle \theta, \varphi|$ を当てて得られる**球面調和関数** (spherical harmonics)

$$Y_\ell^m(\theta, \varphi) \equiv \langle \theta, \varphi|\ell, m\rangle \tag{59.6}$$

に対する 2 本の微分方程式を書き下せ．

3. 前設問 2 で得た微分方程式の片方から $Y_\ell^m(\theta, \varphi)$ の φ-依存性を求め，これより「m (および ℓ) が取る値は整数に限られる」ことを論ぜよ．

解 説　本問から続く 5 つの問題で第 6 章で必要となる球面調和関数の構成を行う．なお，設問 3 の [解答] のとおり，φ と $\varphi + 2\pi$ は同一視される．したがって，φ のデルタ関数 $\delta(\varphi - \varphi')$ は正確には $\sum_{n=-\infty}^{\infty} \delta(\varphi - \varphi' - 2\pi n)$ とすべきである．幅 2π の区間

での φ-積分に寄与するのは「ある 1 つの n の項」のみである．また，$\hat{\boldsymbol{L}} = \boldsymbol{x} \times (-i\hbar\boldsymbol{\nabla})$ (58.4)が r に依らないのは，それが原点周りの微小空間回転 (r は不変) を生成するからである (**問題 64** 参照).

解答

1. まず，諸式を簡潔にするために，3 次元体積要素 d^3x (57.9)を立体角要素 $d\Omega = \sin\theta\, d\theta\, d\varphi$ を用いて

$$d^3x = r^2 dr\, d\Omega \qquad (d\Omega \equiv \sin\theta\, d\theta\, d\varphi) \tag{59.7}$$

と表すと，全空間積分 (57.10)は r 積分と**立体角積分**の積となる:

$$\int d^3x\, f(\boldsymbol{x}) = \int_0^\infty dr\, r^2 \int d\Omega\, f(r,\theta,\varphi) \quad \left(\int d\Omega \equiv \int_0^\pi d\theta \sin\theta \int_0^{2\pi} d\varphi\right) \tag{59.8}$$

これにより，完全性 (55.2)は次の 2 式に分離する:

$$\textbf{完全性：}\quad \int_0^\infty dr\, r^2\, |r\rangle\langle r| = \mathbb{I}_r, \qquad \int d\Omega\, |\theta,\varphi\rangle\langle\theta,\varphi| = \mathbb{I}_{\theta,\varphi} \tag{59.9}$$

ここに，$\mathbb{I}_r$ と $\mathbb{I}_{\theta,\varphi}$ はそれぞれ $\widehat{r}$ と $(\widehat{\theta},\widehat{\varphi})$ の自由度の状態ベクトル空間の単位演算子である (全状態ベクトル空間の単位演算子は 2 つの積 $\mathbb{I} = \mathbb{I}_r \otimes \mathbb{I}_{\theta,\varphi}$)．さらに，完全性 (59.9)に対応して正規直交性は次の 2 式で与えられる:

$$\textbf{正規直交性：}\ \langle r|r'\rangle = \frac{1}{r^2}\delta(r-r'), \quad \langle\theta,\varphi|\theta',\varphi'\rangle = \frac{1}{\sin\theta}\delta(\theta-\theta')\delta(\varphi-\varphi') \tag{59.10}$$

(59.9)の 2 式の両辺にそれぞれ右から $|r'\rangle$ と $|\theta',\varphi'\rangle$ を当てた式が (59.10)を用いて成り立っている．また，$\langle\boldsymbol{x}|\boldsymbol{x}'\rangle\big(= \langle r|r'\rangle\langle\theta,\varphi|\theta',\varphi'\rangle\big) = \delta^3(\boldsymbol{x}-\boldsymbol{x}')$ も (59.4)により成り立っている．

2. (59.1)と (59.2)に左から $\langle\theta,\varphi|$ を当て，公式 (59.5)を用いて

$$\hat{\boldsymbol{L}}^2 Y_\ell^m(\theta,\varphi) = \hbar^2\ell(\ell+1)Y_\ell^m(\theta,\varphi), \quad \hat{L}_3 Y_\ell^m(\theta,\varphi) = \hbar m Y_\ell^m(\theta,\varphi) \tag{59.11}$$

を得るが，$\hat{\boldsymbol{L}}^2$ の表式 (58.7)と $\hat{L}_3$ の表式 (58.5)を用いると，これらはそれぞれ

$$-\left[\frac{1}{\sin\theta}\frac{\partial}{\partial\theta}\left(\sin\theta\frac{\partial}{\partial\theta}\right) + \frac{1}{\sin^2\theta}\left(\frac{\partial}{\partial\varphi}\right)^2\right]Y_\ell^m(\theta,\varphi) = \ell(\ell+1)Y_\ell^m(\theta,\varphi) \tag{59.12}$$

$$-i\frac{\partial}{\partial\varphi}Y_\ell^m(\theta,\varphi) = mY_\ell^m(\theta,\varphi) \tag{59.13}$$

3. 変数 φ についての微分方程式 (59.13)より，Y_ℓ^m の φ-依存性は $Y_\ell^m \propto e^{im\varphi}$ である．(57.1)式およびその右の図からわかるように，極座標 (r,θ,φ) の点と $(r,\theta,\varphi+2\pi)$ の点は同一であり，

$$Y_\ell^m(\theta,\varphi+2\pi) = Y_\ell^m(\theta,\varphi)$$

が要求される．これより $e^{2\pi im} = 1$ であって m は整数に限られる．**問題 51〜53** の一般論では「m は整数あるいは半整数」であったが，軌道角運動量 $\widehat{\boldsymbol{L}}$ に対しては半整数は許されない (したがって，ℓ も整数に限られる).

問題 60　球面調和関数 (その 2)　標準

問題 59 からの続きの問題である.

4. **問題 59** 設問 3 で得た $Y_\ell^m(\theta,\varphi)$ の φ-依存性を取り出し
$$Y_\ell^m(\theta,\varphi) = f_\ell^m(w)\,e^{im\varphi} \qquad (w=\cos\theta,\ -1\le w\le 1) \tag{60.1}$$
と表す. 関数 $f_\ell^m(w)$ が次の微分方程式に従うことを示せ:
$$\frac{d}{dw}\left[(1-w^2)\frac{df_\ell^m}{dw}\right] + \left(\ell(\ell+1) - \frac{m^2}{1-w^2}\right)f_\ell^m = 0 \tag{60.2}$$

さて, 微分方程式 (60.2)において特に $m=0$ の場合を考える:
$$\frac{d}{dw}\left[(1-w^2)\frac{df_\ell}{dw}\right] + \ell(\ell+1)f_\ell = 0 \qquad \big(f_\ell(w)\equiv f_\ell^0(w)\big) \tag{60.3}$$
2 階微分方程式 (60.3)の独立な解は 2 つあるが, ℓ が非負整数の場合のみ $w=\pm 1$ $(\theta=0,\pi)$ で発散しない解が (定数倍の任意性を除いて) 1 つ存在し
$$P_\ell(w) = \frac{1}{2^\ell \ell!}\left(\frac{d}{dw}\right)^\ell (w^2-1)^\ell \quad (\ell=0,1,2,\cdots) \tag{60.4}$$
と表される. $P_\ell(w)$ は変数 w の ℓ 次多項式であり, **ルジャンドル多項式** (Legendre polynomial) と呼ばれ, また, (60.4)式は**ロドリゲスの公式** (Rodrigues' formula) と呼ばれる.

5. $f_\ell(w)=P_\ell(w)$ (60.4)が微分方程式 (60.3)を満たすことを示せ. また, $P_\ell(w)$ を $\ell=0,1,2,3$ に対して陽に与えよ.
6. $P_\ell(w)$ $(\ell=0,1,2,\cdots)$ に関する次の各公式を (60.4)式から導け:
$$P_\ell(-w) = (-1)^\ell P_\ell(w) \tag{60.5}$$
$$\int_{-1}^{1} dw\, w^k\, P_\ell(w) = \frac{2^{\ell+1}(\ell!)^2}{(2\ell+1)!}\,\delta_{k\ell} \quad (k=0,1,2,\cdots,\ell) \tag{60.6}$$
$$\int_{-1}^{1} dw\, P_\ell(w)\,P_{\ell'}(w) = \frac{2}{2\ell+1}\delta_{\ell\ell'} \tag{60.7}$$

解 説　微分方程式 (60.3)は**ルジャンドルの微分方程式**, また, (60.2)は**ルジャンドルの陪微分方程式**と呼ばれる. ℓ が非負整数に限られることは, **問題 51〜53** での代数的議論および**問題 59** 設問 3 からすでに知っているが, 微分方程式 (60.3) の解の $w=\pm 1$ での正則性からも要請される. **問題 39**, **40** でのエルミート多項式の構成と同様に, $P_\ell(w)$ (60.4)はルジャンドルの微分方程式 (60.3)の級数解として構成することもできる.

解 答

4. (60.1)を微分方程式 (59.12) に代入し, $(\partial/\partial\varphi)^2 e^{im\varphi} = -m^2 e^{im\varphi}$ を用いて

$$\frac{1}{\sin\theta}\frac{d}{d\theta}\left(\sin\theta\frac{df_\ell^m}{d\theta}\right)+\left(\ell(\ell+1)-\frac{m^2}{\sin^2\theta}\right)f_{\ell m}=0$$

を得る．さらに，この微分方程式は $w=\cos\theta \ \Rightarrow\ \dfrac{d}{d\theta}=\dfrac{dw}{d\theta}\dfrac{d}{dw}=-\sin\theta\dfrac{d}{dw}$ を用いて (60.2)になる．

5. まず，次の等式が成り立つ:

$$(w^2-1)\frac{d}{dw}(w^2-1)^\ell=2\ell w(w^2-1)^\ell \tag{60.8}$$

この両辺に $(d/dw)^{\ell+1}$ を作用させ，**一般ライプニッツ則**

$$\left(\frac{d}{dw}\right)^n\bigl(f(w)g(w)\bigr)=\sum_{k=0}^{n}\frac{n!}{(n-k)!\,k!}\frac{d^kf(w)}{dw^k}\frac{d^{n-k}g(w)}{dw^{n-k}} \tag{60.9}$$

を用いる．以下では $\partial\equiv(d/dw)$ の簡略記号を用いて，(60.8)左辺に対しては $\partial^{\ell+1}=\partial\partial^\ell$ として (60.9)を $n=\ell$，$f=w^2-1$，$g=\partial(w^2-1)^\ell$ として用い，(60.8)右辺に対しては (60.9)を $n=\ell+1$，$f=2\ell w$，$g=(w^2-1)^\ell$ として用いると

$$\begin{aligned}\partial^{\ell+1}(\text{左辺})&=\partial\Bigl\{\Bigl[(w^2-1)\partial^\ell+2\ell w\partial^{\ell-1}+\ell(\ell-1)\partial^{\ell-2}\Bigr]\partial(w^2-1)^\ell\Bigr\}\\&=\partial\left[(w^2-1)\partial^{\ell+1}(w^2-1)^\ell\right]+\left[2\ell w\partial^{\ell+1}+2\ell\partial^\ell+\ell(\ell-1)\partial^\ell\right](w^2-1)^\ell\end{aligned}$$

$$\partial^{\ell+1}(\text{右辺})=2\ell\left[w\partial^{\ell+1}+(\ell+1)\partial^\ell\right](w^2-1)^\ell$$

(左辺) = (右辺) から $f_\ell=P_\ell$ が (60.3)を満たすことがわかる．また，(60.4)より

$$P_0(w)=1,\quad P_1(w)=w,\quad P_2(w)=\frac{1}{2}(3w^2-1),\quad P_3(w)=\frac{1}{2}(5w^3-3w) \tag{60.10}$$

6. (60.5)式: (60.4)と $(d/d(-w))^\ell=(-1)^\ell(d/dw)^\ell$ から明らか．

(60.6)式: $k\le\ell-1$ (ただし $\ell\ge1$) の場合は，(60.4)を用い，部分積分を繰り返して

$$\begin{aligned}2^\ell\ell!\int_{-1}^{1}dw\,w^k\,P_\ell(w)&=\int_{-1}^{1}dw\,w^k\left(\frac{d}{dw}\right)^\ell(w^2-1)^\ell\\&=\underbrace{\left[w^k\left(\frac{d}{dw}\right)^{\ell-1}(w^2-1)^\ell\right]_{w=-1}^{w=1}}_{=0}-k\int_{-1}^{1}dw\,w^{k-1}\left(\frac{d}{dw}\right)^{\ell-1}(w^2-1)^\ell\\&=\cdots=(-k)(-k+1)\cdots(-2)(-1)\int_{-1}^{1}dw\left(\frac{d}{dw}\right)^{\ell-k}(w^2-1)^\ell=0\end{aligned}$$

$k=\ell$ の場合は，同様の部分積分により，

$$\int_{-1}^{1}dw\,w^\ell\,P_\ell(w)=\frac{1}{2^\ell}\int_{-1}^{1}dw\,\left(1-w^2\right)^\ell\underset{\substack{\uparrow\\ w=\cos\theta}}{=}\frac{1}{2^\ell}\int_0^\pi d\theta\,\sin^{2\ell+1}\theta=\frac{2^{\ell+1}(\ell!)^2}{(2\ell+1)!}$$

(60.7)式: $\ell\le\ell'$ の場合，(60.4)から

$$P_\ell(w)=\frac{(2\ell)!}{2^\ell(\ell!)^2}w^\ell+(w^{\ell-2}\text{ 以下}) \tag{60.11}$$

であることと，公式 (60.6)から直ちに (60.7) を得る．$\ell\ge\ell'$ の場合は $\ell\rightleftarrows\ell'$ として同様に成り立つ．

問題 61　球面調和関数 (その3)　標準

問題 **59**，**60** からの続きの問題である．

微分方程式 (60.2)において「$m=$ 整数」の一般の場合を考える．ただし，m は (60.2)に m^2 の形でのみ現れるので，$m \geq 0$ として一般性を失わない．非負の整数 ℓ に対して $w=\pm 1$ で発散しない解は，$m=0$ の場合の解 $P_\ell(w)$ (60.4)を用いて

$$P_\ell^m(w) = \left(1-w^2\right)^{m/2}\left(\frac{d}{dw}\right)^m P_\ell(w) \quad (m=0,1,2,\cdots,\ell) \tag{61.1}$$

で与えられる．$P_\ell^m(w)$ は**ルジャンドル陪多項式** (associated Legendre polynomial) と呼ばれる (ただし，m が奇数の場合は w の多項式ではない)．$P_\ell(w)$ は ℓ 次多項式なので，$P_\ell^m(w)=0$ $(m \geq \ell+1)$ である．

7. $f_\ell(w)=P_\ell(w)$ が微分方程式 (60.3)の解であることを用いて $f_\ell^m(w)=P_\ell^m(w)$ が (60.2) の解であることを示せ．
8. $P_1^1(w)$, $P_2^1(w)$, $P_2^2(w)$ をそれぞれ陽に与えよ．
9. 次式を導け (必要なら (60.6)を用いよ):

$$\int_{-1}^{1} dw\, P_\ell^m(w)P_{\ell'}^m(w) = \frac{2}{2\ell+1}\frac{(\ell+m)!}{(\ell-m)!}\delta_{\ell\ell'} \tag{61.2}$$

解説　本書ではルジャンドル陪多項式 $P_\ell^m(w)$ を「非負の整数 m」に対してのみ定義している．したがって，「負の整数 m」まで含めた微分方程式 (60.2)の $w=\pm 1$ で正則な解は (絶対値 $|m|$ を用いた)$P_\ell^{|m|}(w)$ である．この場合の $P_\ell^{|m|}(w) \neq 0$ となる整数 m の範囲は $-\ell \leq m \leq \ell$ に限られるが，これは**問題 51～53** での代数的議論と整合する．

解答

7. 以下では $\partial \equiv (d/dw)$ の簡略記号を用いる．P_ℓ が満たす微分方程式 (60.3)

$$\partial\left[(1-w^2)\partial P_\ell\right] + \ell(\ell+1)P_\ell = 0 \tag{61.3}$$

に ∂^m を作用させると，第1項に対しては一般ライプニッツ則 (60.9)を用い

$$\begin{aligned}\overbrace{\partial^m\partial}^{\partial\,\partial^m}\left[(1-w^2)\partial P_\ell\right] &= \partial\left[(1-w^2)\partial^m - 2mw\partial^{m-1} - m(m-1)\partial^{m-2}\right]\partial P_\ell \\ &= \underbrace{\partial\left[(1-w^2)\partial\partial^m P_\ell\right]}_{(a)} - \underbrace{2mw\partial\partial^m P_\ell}_{(b)} - m(m+1)\partial^m P_\ell\end{aligned} \tag{61.4}$$

を得る．さらに上式の (a) 項と (b) 項に対して，任意の $f(w)$ に対する公式

$$\partial\left(Z^{-1}f(w)\right) = Z^{-1}\left(\partial + \frac{mw}{1-w^2}\right)f(w) \qquad \left(Z \equiv \left(1-w^2\right)^{m/2}\right)$$

を (繰り返し) 用い，$Z\partial^m P_\ell = P_\ell^m$ に注意すると

$$(\mathrm{a}) = \partial\Big[(1-w^2)\partial\big(\overbrace{Z^{-1}Z}^{=1}\,\partial^m P_\ell\big)\Big] = \partial\left[Z^{-1}(1-w^2)\left(\partial + \frac{mw}{1-w^2}\right)P_\ell^m\right]$$
$$= Z^{-1}\left(\partial + \frac{mw}{1-w^2}\right)\left((1-w^2)\partial + mw\right)P_\ell^m$$
$$= Z^{-1}\left(\partial(1-w^2)\partial + 2mw\partial + m + \frac{m^2w^2}{1-w^2}\right)P_\ell^m$$
$$(\mathrm{b}) = 2mw\partial\big(Z^{-1}Z\partial^m P_\ell\big) = 2mwZ^{-1}\left(\partial + \frac{mw}{1-w^2}\right)P_\ell^m$$

したがって，$Z \times$ (61.4) から

$$Z\partial^m\partial\left[(1-w^2)\partial P_\ell\right] = \left(\partial(1-w^2)\partial - \frac{m^2}{1-w^2}\right)P_\ell^m$$

となり，$Z\partial^m$(61.3) から $f_\ell^m(w) = P_\ell^m(w)$ が (60.2) を満たすことが導かれる．

8. $P_\ell^m(w)$ の定義式 (61.1)と (60.10)で与えた $P_1(w)$ と $P_2(w)$ を用いて

$$P_1^1(w) = \sqrt{1-w^2}\frac{d}{dw}P_1(w) = \sqrt{1-w^2}\frac{d}{dw}w = \sqrt{1-w^2}$$
$$P_2^1(w) = \sqrt{1-w^2}\frac{d}{dw}P_2(w) = \sqrt{1-w^2}\frac{d}{dw}\frac{3w^2-1}{2} = 3w\sqrt{1-w^2}$$
$$P_2^2(w) = (1-w^2)\frac{d^2}{dw^2}P_2(w) = (1-w^2)\frac{d^2}{dw^2}\frac{3w^2-1}{2} = 3(1-w^2) \quad (61.5)$$

9. 設問 7 と同じく $\partial \equiv (d/dw)$ と $Z \equiv (1-w^2)^{m/2}$ を用いる．$\ell' \geq \ell$ として，(61.1) からの $P_\ell^m = Z\partial^m P_\ell$ を用い，部分積分を繰り返して

$$\int_{-1}^{1} dw\, P_\ell^m(w)P_{\ell'}^m(w) = \int_{-1}^{1} dw\,(\partial^m P_{\ell'})Z^2\partial^m P_\ell$$
$$= \underbrace{\Big[(\partial^{m-1}P_{\ell'})Z^2\partial^m P_\ell\Big]_{w=-1}^{w=1}}_{=0} - \int_{-1}^{1} dw\,(\partial^{m-1}P_{\ell'})\partial\big(Z^2\partial^m P_\ell\big)$$
$$= \cdots = (-1)^{m-1}\Big\{\overbrace{\Big[P_{\ell'}\,\partial^{m-1}\big(Z^2\partial^m P_\ell\big)\Big]_{w=-1}^{w=1}}^{=0} - \int_{-1}^{1} dw\, P_{\ell'}\,\partial^m\big(Z^2\partial^m P_\ell\big)\Big\}$$
$$= \int_{-1}^{1} dw\, P_{\ell'}(w)R_\ell^m(w) \qquad \Big(R_\ell^m(w) \equiv \partial^m\big((w^2-1)^m\partial^m P_\ell\big)\Big)$$

各部分積分の端点項が消えるのは $Z^2 = (1-w)^m(1+w)^m$ の存在のため．$R_\ell^m(w)$ は w の ℓ 次多項式であるが，公式 (60.6)のために積分に寄与するのは ($\ell = \ell'$ の場合に) 最大冪 w^ℓ の項のみ．(60.11)からの $R_\ell^m(w) = \dfrac{(2\ell)!}{2^\ell(\ell!)^2}\dfrac{(\ell+m)!}{(\ell-m)!}w^\ell + (w^{\ell-2}$ 以下) を用いて

$$\int_{-1}^{1} dw\, P_{\ell'}(w)R_\ell^m(w) = \frac{(2\ell)!}{2^\ell(\ell!)^2}\frac{(\ell+m)!}{(\ell-m)!}\int_{-1}^{1} dw\, w^\ell P_\ell(w)\,\delta_{\ell\ell'}$$
$$= \frac{2}{2\ell+1}\frac{(\ell+m)!}{(\ell-m)!}\,\delta_{\ell\ell'}$$

となり，(61.2)を得る．

問題 62　球面調和関数 (その 4)　発展

問題 59，60，61 からの続きの問題である．

10. 正規直交性 (53.3)，今の場合は $\langle \ell, m|\ell', m'\rangle = \delta_{\ell,\ell'}\delta_{m,m'}$ を満たす $|\ell, m\rangle$ に対応した $Y_\ell^m(\theta,\varphi)$ (59.6)は P_ℓ^m (61.1)を用いて結局どのように与えられるか．

11. $|\ell, m\rangle$ と $|\ell, m\pm 1\rangle$ の関係が (53.4)において $\widehat{J}_\pm \to \widehat{L}_\pm$，$j \to \ell$ とした式で与えられるとする ((51.8)の複素定数 α_m には定数位相因子倍の任意性があるが，(53.4)では α_m を特に「正の実数」に選んでいる)．したがって，(θ,φ)-表示では (58.6)の $\hat{L}_\pm$ を用いて Y_ℓ^m と $Y_\ell^{m\pm1}$ が次式で関係しているとする:

$$\hat{L}_\pm Y_\ell^m(\theta,\varphi) = \hbar\sqrt{\ell(\ell+1)-m(m\pm1)}\,Y_\ell^{m\pm1}(\theta,\varphi) \tag{62.1}$$

$Y_\ell^{m=0}(\theta,\varphi) =$ (正の規格化定数) $\times P_\ell(\cos\theta)$ を出発点として，一般の m に対する $Y_\ell^m(\theta,\varphi)$ を (62.1)を用いて与え，前設問 10 で得た $Y_\ell^m(\theta,\varphi)$ と比較せよ．

解 説　この問題で球面調和関数 $Y_\ell^m(\theta,\varphi)$ の構成を完了する．なお，$Y_\ell^m(\theta,\varphi)$ の定義にはそれに掛かる定数位相因子の任意性があるが，本書では設問 11 の [解答] の (62.7) で与えられるものを用いる．

解 答

10. (60.1)式および「$f_\ell^m(w)$ の従う微分方程式 (60.2)の ($w = \pm1$ で発散しない) 解がルジャンドル陪多項式 $P_\ell^m(w)$ (61.1) (ただし，$m \geq 0$) で与えられる」ことから，

$$Y_\ell^m(\theta,\varphi) = N_\ell^m P_\ell^{|m|}(\cos\theta)\,e^{im\varphi} \tag{62.2}$$

ここに，N_ℓ^m は定数係数であり Y_ℓ^m の規格化条件から定まる．まず，$|\ell, m\rangle$ と $|\ell', m'\rangle$ の内積は完全性 (59.9)の第 2 式を挿入して

$$\langle \ell, m|\ell', m'\rangle = \langle \ell, m|\,\mathbb{I}_{\theta,\varphi}\left|\ell', m'\right\rangle = \int d\Omega\,\langle \ell, m|\theta,\varphi\rangle\langle\theta,\varphi|\ell', m'\rangle$$

と表される．したがって，Y_ℓ^m に要求される正規直交性は

$$\int d\Omega\,Y_\ell^m(\theta,\varphi)^*\,Y_{\ell'}^{m'}(\theta,\varphi) = \delta_{\ell\ell'}\delta_{mm'} \tag{62.3}$$

この左辺は，(62.2)と $\int_0^\pi d\theta\,\sin\theta = \int_{-1}^1 dw$ を用いて

$$\int d\Omega\,Y_\ell^m(\theta,\varphi)^* Y_{\ell'}^{m'}(\theta,\varphi) = N_\ell^{m*}N_{\ell'}^{m'}\int_{-1}^1 dw\,P_\ell^{|m|}(w)P_{\ell'}^{|m'|}(w)\underbrace{\int_0^{2\pi}d\varphi\,e^{i(m'-m)\varphi}}_{2\pi\delta_{mm'}}$$
$$= |N_\ell^m|^2\,\frac{2}{2\ell+1}\frac{(\ell+|m|)!}{(\ell-|m|)!}\,\delta_{\ell\ell'}\,2\pi\delta_{mm'}$$

ここに最後の等号で (61.2)を用いた．よって，Y_ℓ^m (62.2)の係数 N_ℓ^m はその絶対値が

$$|N_\ell^m| = \sqrt{\frac{2\ell+1}{4\pi}\frac{(\ell-|m|)!}{(\ell+|m|)!}} \tag{62.4}$$

と定まるが，(ℓ, m) に依存した定数位相因子倍の任意性がある．

11. まず，(62.1)と (58.6)から ($w = \cos\theta$, $\partial/\partial\theta = -\sqrt{1-w^2}\,(\partial/\partial w)$ を用いて)

$$Y_\ell^{m\pm1}(\theta,\varphi) = \frac{1}{\sqrt{(\ell \pm m+1)(\ell \mp m)}}\frac{1}{\hbar}\hat{L}_\pm Y_\ell^m(\theta,\varphi) \tag{62.5}$$

$$\frac{1}{\hbar}\hat{L}_\pm = e^{\pm i\varphi}\left(\pm\frac{\partial}{\partial\theta} + i\cot\theta\,\frac{\partial}{\partial\varphi}\right) = \mp e^{\pm i\varphi}\left(\sqrt{1-w^2}\,\frac{\partial}{\partial w} \mp \frac{w}{\sqrt{1-w^2}}i\frac{\partial}{\partial\varphi}\right) \tag{62.6}$$

また，設問の指定 ($N_\ell^{m=0} > 0$) と (62.4)から $Y_\ell^{m=0}(\theta,\varphi) = \sqrt{\dfrac{2\ell+1}{4\pi}}\,P_\ell(\cos\theta)$ である．これらを用いて，まず，$m > 0$ の場合

$$\begin{aligned}
Y_\ell^m(\theta,\varphi) &= \prod_{k=0}^{m-1}\frac{1}{\sqrt{(\ell+k+1)(\ell-k)}} \times \left(\frac{1}{\hbar}\hat{L}_+\right)^m Y_\ell^0(\theta,\varphi) \\
&= |N_\ell^m|\left[-e^{i\varphi}\left(\sqrt{1-w^2}\,\frac{\partial}{\partial w} - \frac{w}{\sqrt{1-w^2}}i\frac{\partial}{\partial\varphi}\right)\right]^m P_\ell(w) \\
&= (-1)^m\,|N_\ell^m|\,e^{im\varphi}D_{m-1}D_{m-2}\cdots D_1D_0P_\ell(w) \\
&= (-1)^m\,|N_\ell^m|\,e^{im\varphi}(1-w^2)^{m/2}\left(\frac{d}{dw}\right)^m P_\ell(w) = (-1)^m\,|N_\ell^m|\,P_\ell^m(w)\,e^{im\varphi}
\end{aligned}$$

を得る．ここに，$-i(\partial/\partial\varphi)e^{ik\varphi} = k\,e^{ik\varphi}$，および

$$\sqrt{\frac{2\ell+1}{4\pi}}\prod_{k=0}^{m-1}\frac{1}{\sqrt{(\ell+k+1)(\ell-k)}} = \sqrt{\frac{2\ell+1}{4\pi}\frac{(\ell-m)!}{(\ell+m)!}} = |N_\ell^m| \quad \text{(62.4)式}$$

を用い，任意の $f(w)$ に対して次式で定義される D_k を導入した:

$$D_kf \equiv \sqrt{1-w^2}\,\frac{df}{dw} + \frac{kw}{\sqrt{1-w^2}}f = (1-w^2)^{(k+1)/2}\frac{d}{dw}\left[(1-w^2)^{-k/2}f\right]$$

次に，$m < 0$ に対しては

$$\begin{aligned}
Y_\ell^m = Y_\ell^{-|m|} &= \prod_{k=0}^{|m|-1}\frac{1}{\sqrt{(\ell+k+1)(\ell-k)}} \times \left(\frac{1}{\hbar}\hat{L}_-\right)^{|m|} Y_\ell^0 \\
&= |N_\ell^m|\left[e^{-i\varphi}\left(\sqrt{1-w^2}\,\frac{\partial}{\partial w} + \frac{w}{\sqrt{1-w^2}}i\frac{\partial}{\partial\varphi}\right)\right]^{|m|} P_\ell(w) \\
&= |N_\ell^m|\,e^{-i|m|\varphi}D_{|m|-1}D_{|m|-2}\cdots D_1D_0P_\ell(w) = |N_\ell^m|\,P_\ell^{|m|}(w)\,e^{im\varphi}
\end{aligned}$$

m が正/ゼロ/負の場合をまとめて，(62.1)に従う Y_ℓ^m は (62.2)式において $N_\ell^m = (-1)^{(m+|m|)/2} \times |N_\ell^m|$ と選んだものであり，次式で与えられる:

$$Y_\ell^m(\theta,\varphi) = \sqrt{\frac{2\ell+1}{4\pi}\frac{(\ell-|m|)!}{(\ell+|m|)!}}\,P_\ell^{|m|}(\cos\theta)\,e^{im\varphi} \times \begin{cases}(-1)^m & (m \geq 1) \\ 1 & (m \leq 0)\end{cases} \tag{62.7}$$

問題 63　球面調和関数 (その 5)　標準

問題 **59〜62** からの続きの問題である.

12. (62.7)式の球面調和関数 $Y_\ell^m(\theta,\varphi)$ の陽な関数形を $\ell = 0,1,2$ および $m = -\ell,\cdots,\ell$ に対して与えよ.

さて，ルジャンドル多項式 $P_\ell(w)$ には母関数 $T(w,s)$ による次の表現があり，これを用いて (60.7)等のさまざまな公式を導くこともできる:

$$T(w,s) \equiv \frac{1}{\sqrt{1-2ws+s^2}} = \sum_{\ell=0}^{\infty} P_\ell(w)\, s^\ell \tag{63.1}$$

13. (63.1)で定義される $P_\ell(w)$ が (60.4)式と一致することを示せ.
14. 次の 2 式を (63.1)式を用いて導け (プライム ($'$) は w 微分):

$$(1-w^2)P_\ell'(w) = \ell\bigl(-wP_\ell(w) + P_{\ell-1}(w)\bigr) \tag{63.2}$$

$$(\ell+1)P_{\ell+1}(w) = (2\ell+1)wP_\ell(w) - \ell P_{\ell-1}(w) \tag{63.3}$$

解説　ルジャンドル多項式の母関数の公式 (63.1)はさまざまな場面で非常に有用である．設問 13 と 14 は，これに関する補足的な問題である．

解答

12. (60.10)と (61.5)でそれぞれ与えた $P_\ell(=P_\ell^0)$ と P_ℓ^m の具体形を用いて

$$Y_0^0 = \frac{1}{\sqrt{4\pi}}P_0(\cos\theta) = \frac{1}{\sqrt{4\pi}}, \qquad Y_1^0 = \sqrt{\frac{3}{4\pi}}P_1(\cos\theta) = \sqrt{\frac{3}{4\pi}}\cos\theta$$

$$Y_1^{\pm1} = \mp\sqrt{\frac{3}{4\pi}\frac{0!}{2!}}P_1^1(\cos\theta)\,e^{\pm i\varphi} = \mp\sqrt{\frac{3}{8\pi}}\sin\theta\, e^{\pm i\varphi}$$

$$Y_2^0 = \sqrt{\frac{5}{4\pi}}P_2(\cos\theta) = \sqrt{\frac{5}{4\pi}}\frac{1}{2}\left(3\cos^2\theta - 1\right)$$

$$Y_2^{\pm1} = \mp\sqrt{\frac{5}{4\pi}\frac{1}{3!}}\,P_2^1(\cos\theta)\,e^{\pm i\varphi} = \mp\sqrt{\frac{5}{24\pi}}\,3\sin\theta\cos\theta\, e^{\pm i\varphi}$$

$$Y_2^{\pm2} = \sqrt{\frac{5}{4\pi}\frac{0!}{4!}}\,P_2^2(\cos\theta)\,e^{\pm 2i\varphi} = \sqrt{\frac{5}{96\pi}}\,3\sin^2\theta\, e^{\pm 2i\varphi} \tag{63.4}$$

13. まず，母関数の平方根の中を $u \equiv w - s$ により $1-2ws+s^2 = 1+u^2-w^2$ と表し，u^2-w^2 についてテイラー展開する:

$$T(w,s) = \left(1+u^2-w^2\right)^{-1/2} = \sum_{n=0}^{\infty}\binom{-\frac{1}{2}}{n}(u^2-w^2)^n$$

ここに，任意数 x と非負の整数 n に対して**二項係数** $\binom{x}{n}$ は次式で定義される:

$$\binom{x}{n} \equiv \frac{x(x-1)\cdots(x-n+1)}{n!} \qquad \left[m = \text{整数} \geq n \ \Rightarrow\ \binom{m}{n} = \frac{m!}{(m-n)!n!}\right] \tag{63.5}$$

これを用いて (63.1)式から

$$\ell! P_\ell(w) = \left(\frac{\partial}{\partial s}\right)^\ell T(w,s)\Big|_{s=0} = \sum_{n=0}^{\infty} \binom{-\frac{1}{2}}{n} \left(-\frac{\partial}{\partial u}\right)^\ell (u-w)^n (u+w)^n \Big|_{u=w}$$

$$= (-1)^\ell \sum_{n=0}^{\infty} \binom{-\frac{1}{2}}{n} \sum_{k=0}^{\ell} \binom{\ell}{k} \underbrace{\frac{\partial^k (u-w)^n}{\partial u^k}\Big|_{u=w}}_{\delta_{n,k}\, k!} \underbrace{\frac{\partial^{\ell-k} (u+w)^n}{\partial u^{\ell-k}}\Big|_{u=w}}_{\frac{n!\,(2w)^{n-\ell+k}}{(n-\ell+k)!} \times \begin{cases} 1 & (n \geq \ell - k) \\ 0 & (n < \ell - k) \end{cases}}$$

$$= (-1)^\ell \sum_{k=[(\ell+1)/2]}^{\ell} \binom{-\frac{1}{2}}{k} \binom{\ell}{k} \frac{(k!)^2}{(2k-\ell)!} (2w)^{2k-\ell}$$

$$= \frac{(-1)^\ell}{2^\ell} \sum_{k=[(\ell+1)/2]}^{\ell} \binom{\ell}{k} \frac{(-1)^k (2k)!}{(2k-\ell)!} w^{2k-\ell} \tag{63.6}$$

ここに, 第 2 等号では「w を固定したとき $\partial/\partial s = -\partial/\partial u$」および「$s = 0 \ \Leftrightarrow \ u = w$」を用い, 第 3 等号では一般ライプニッツ則 (60.9)を用いた. また, 条件「$n \geq \ell - k$ かつ $n = k$」$\Rightarrow$ $2k \geq \ell$ から k についての和の下端はガウス記号 (40.2)を用いて $[(\ell+1)/2]$ となっている. さらに, 最後の等号では次式を用いた

$$\binom{-\frac{1}{2}}{k} = \frac{(-\frac{1}{2})(-\frac{1}{2}-1)\cdots(-\frac{1}{2}-k+1)}{k!} = \frac{(-1)^k}{k!}\frac{(2k-1)!!}{2^k} = \frac{(-1)^k (2k)!}{(2^k k!)^2}$$

他方, (60.4)式において $(w^2-1)^\ell$ を w^2 についてテイラー展開すると

$$\ell! P_\ell(w) = \frac{(-1)^\ell}{2^\ell} \left(\frac{d}{dw}\right)^\ell \sum_{k=0}^{\ell} \binom{\ell}{k} (-w^2)^k = \frac{(-1)^\ell}{2^\ell} \sum_{k=[(\ell+1)/2]}^{\ell} \binom{\ell}{k} \frac{(-1)^k (2k)!}{(2k-\ell)!} w^{2k-\ell}$$

となるが, これは (63.6)の最後の表式と一致する.

14. まず,

$$\frac{\partial}{\partial s}(63.1) \ \Rightarrow \ \frac{w-s}{1-2ws+s^2} T = \sum_{\ell=0}^{\infty} \ell P_\ell s^{\ell-1} \tag{63.7}$$

$$\frac{1}{s}\frac{\partial}{\partial w}(63.1) \ \Rightarrow \ \frac{1}{1-2ws+s^2} T = \sum_{\ell=0}^{\infty} P'_\ell s^{\ell-1} \tag{63.8}$$

そこで, $(w-s) \times (63.7) + (1-w^2) \times (63.8) - (63.1)$ を考えると, 左辺の T の係数は相殺し, 右辺から次式を得る:

$$\sum_{\ell=0}^{\infty} \left((w-s)\ell P_\ell s^{\ell-1} + (1-w^2) P'_\ell s^{\ell-1} - P_\ell s^\ell \right) = 0$$

この $s^{\ell-1}$ の係数から (63.2)を得る. 次に, (63.7)の左辺の T に (63.1)を用いると

$$(w-s) \sum_{\ell=0}^{\infty} P_\ell s^\ell = (1-2ws+s^2) \sum_{\ell=0}^{\infty} \ell P_\ell s^{\ell-1} \tag{63.9}$$

この両辺の s^ℓ の係数を比較することで (63.3) が得られる.

問題 64　角運動量演算子と空間回転 (その 1)　標準

1. $\delta\boldsymbol{\varphi}$ を微小 c 数ベクトル (長さ $|\delta\boldsymbol{\varphi}|$ が微小) として，軌道角運動量演算子 $\widehat{\boldsymbol{L}} = \widehat{\boldsymbol{x}} \times \widehat{\boldsymbol{p}}$ (50.1)との内積 $\delta\boldsymbol{\varphi} \cdot \widehat{\boldsymbol{L}} (= \delta\varphi_i \widehat{L}_i)$ を考える．交換子 $[\widehat{\boldsymbol{x}}, \delta\boldsymbol{\varphi} \cdot \widehat{\boldsymbol{L}}]/(i\hbar)$ と $[\widehat{\boldsymbol{p}}, \delta\boldsymbol{\varphi} \cdot \widehat{\boldsymbol{L}}]/(i\hbar)$ がそれぞれ 3 次元ベクトル演算子 $\widehat{\boldsymbol{x}}$ と $\widehat{\boldsymbol{p}}$ の「$\delta\boldsymbol{\varphi}$ 方向を回転軸とする回転角 $|\delta\boldsymbol{\varphi}|$ の微小空間回転による変化分」を与えることを説明せよ．
2. 任意の 2 つの演算子 A と $\mathcal{L}$ (ハットは省略) に対して成り立つ次の公式を示せ (**問題 65** 設問 4 で用いる公式である):

$$e^{-\mathcal{L}} A\, e^{\mathcal{L}} = A + [A, \mathcal{L}] + \frac{1}{2!}[[A, \mathcal{L}], \mathcal{L}] + \frac{1}{3!}[[[A, \mathcal{L}], \mathcal{L}], \mathcal{L}] + \cdots$$
$$= A + \sum_{n=1}^{\infty} \frac{1}{n!} [\cdots[[A, \underbrace{\mathcal{L}], \mathcal{L}], \cdots, \mathcal{L}]}_{n\text{ 個の },\mathcal{L}]} \tag{64.1}$$

3. 一般の c 数ベクトル $\boldsymbol{\varphi}$ に対して次の演算子 $\widehat{U}_{\boldsymbol{\varphi}}$ を導入する:

$$\widehat{U}_{\boldsymbol{\varphi}} = \exp\left(\frac{1}{i\hbar}\boldsymbol{\varphi} \cdot \widehat{\boldsymbol{L}}\right) = \mathbb{I} + \sum_{n=1}^{\infty} \frac{1}{n!} \left(\frac{1}{i\hbar}\boldsymbol{\varphi} \cdot \widehat{\boldsymbol{L}}\right)^n \tag{64.2}$$

$\widehat{U}_{\boldsymbol{\varphi}}$ はユニタリー演算子である，すなわち，$\widehat{U}_{\boldsymbol{\varphi}}$ のエルミート共役 $\widehat{U}_{\boldsymbol{\varphi}}^\dagger$ と逆演算子 $\widehat{U}_{\boldsymbol{\varphi}}^{-1}$ ($\widehat{U}_{\boldsymbol{\varphi}}\widehat{U}_{\boldsymbol{\varphi}}^{-1} = \widehat{U}_{\boldsymbol{\varphi}}^{-1}\widehat{U}_{\boldsymbol{\varphi}} = \mathbb{I}$) について次式が成り立つことを示せ:

$$\widehat{U}_{\boldsymbol{\varphi}}^\dagger = \widehat{U}_{\boldsymbol{\varphi}}^{-1} = \exp\left(-\frac{1}{i\hbar}\boldsymbol{\varphi} \cdot \widehat{\boldsymbol{L}}\right) \tag{64.3}$$

解 説　この問題では軌道角運動量演算子 $\widehat{\boldsymbol{L}}$ と空間回転の関係を理解する．[解答] の交換子 (64.4)は解析力学におけるポアソン括弧の関係式 $\{\boldsymbol{x}, \delta\boldsymbol{\varphi} \cdot \boldsymbol{L}\}_{\mathrm{PB}} = \delta\boldsymbol{\varphi} \times \boldsymbol{x}$ に対応するものである ((05.3)式参照).

解 答

1. 交換関係 (50.3)式を用いて

$$\frac{1}{i\hbar}\left[\widehat{x}_i, \delta\boldsymbol{\varphi} \cdot \widehat{\boldsymbol{L}}\right] = \frac{1}{i\hbar}\delta\varphi_j \overbrace{\left[\widehat{x}_i, \widehat{L}_j\right]}^{i\hbar\epsilon_{ijk}\widehat{x}_k} = \epsilon_{ijk}\delta\varphi_j\widehat{x}_k = (\delta\boldsymbol{\varphi} \times \widehat{\boldsymbol{x}})_i$$

$\widehat{p}_i$ との交換子もまったく同様であり，成分インデックス i を外して

$$\frac{1}{i\hbar}\left[\widehat{\boldsymbol{x}},\, \delta\boldsymbol{\varphi} \cdot \widehat{\boldsymbol{L}}\right] = \delta\boldsymbol{\varphi} \times \widehat{\boldsymbol{x}}, \quad \frac{1}{i\hbar}\left[\widehat{\boldsymbol{p}},\, \delta\boldsymbol{\varphi} \cdot \widehat{\boldsymbol{L}}\right] = \delta\boldsymbol{\varphi} \times \widehat{\boldsymbol{p}} \tag{64.4}$$

一般に 3 次元ベクトル演算子 $\widehat{\boldsymbol{A}} = (\widehat{A}_1, \widehat{A}_2, \widehat{A}_3)^{\mathrm{T}}$ (T は転置) に対して微小変換

$$\widehat{\boldsymbol{A}} \mapsto \widehat{\boldsymbol{A}}' \equiv \widehat{\boldsymbol{A}} + \delta\boldsymbol{\varphi} \times \widehat{\boldsymbol{A}} \tag{64.5}$$

は次の意味で「$\delta\boldsymbol{\varphi}$ 方向を回転軸とする回転角 $|\delta\boldsymbol{\varphi}|$ の微小空間回転」を与える．まず，(64.5)が回転であることは

$$(\widehat{\boldsymbol{A}}')^2 = (\widehat{\boldsymbol{A}} + \delta\boldsymbol{\varphi}\times\widehat{\boldsymbol{A}})^2 = \widehat{\boldsymbol{A}}^2 + \overbrace{\widehat{\boldsymbol{A}}\cdot(\delta\boldsymbol{\varphi}\times\widehat{\boldsymbol{A}}) + (\delta\boldsymbol{\varphi}\times\widehat{\boldsymbol{A}})\cdot\widehat{\boldsymbol{A}}}^{=(\star)=0} + O(\delta\varphi^2)$$

から微小量 $|\delta\boldsymbol{\varphi}|$ の 2 次以上を無視する近似で $(\widehat{\boldsymbol{A}}')^2 = \widehat{\boldsymbol{A}}^2$ であり「長さ」を変えないことからわかる．ここに，上式の $(\star)$ 部分がゼロであることは

$$(\star) = \widehat{A}_i\epsilon_{ijk}\delta\varphi_j\widehat{A}_k + \epsilon_{\underset{k}{\underset{\downarrow}{i}}\underset{i}{\underset{\downarrow}{j}}k}\delta\varphi_j\widehat{A}_{\underset{i}{\underset{\downarrow}{k}}}\widehat{A}_{\underset{k}{\underset{\downarrow}{i}}} = \underbrace{(\epsilon_{ijk}+\epsilon_{kji})}_{=0\ \because\ (49.2)}\widehat{A}_i\delta\varphi_j\widehat{A}_k = 0$$

なお，$\widehat{\boldsymbol{A}} = \widehat{\boldsymbol{x}}$ の場合は $[\widehat{x}_i, \widehat{x}_k] = 0$ であるため $(\star)$ の 2 項はそれぞれがゼロとなる ($\widehat{\boldsymbol{A}} = \widehat{\boldsymbol{p}}$ の場合も同様)．次に，「$\delta\boldsymbol{\varphi}$ 方向を回転軸とする」ことは，$\widehat{\boldsymbol{A}}$ が $\delta\boldsymbol{\varphi}$ に比例する演算子 $\widehat{\boldsymbol{A}} = \delta\boldsymbol{\varphi}\,\widehat{A}$ の場合に変化分 $\delta\boldsymbol{\varphi}\times\widehat{\boldsymbol{A}} = 0$ であることから．最後に，回転角が $|\delta\boldsymbol{\varphi}|$ であることは，例えば $\delta\boldsymbol{\varphi} = (0,0,\delta\varphi_3)$ の場合に $\delta\boldsymbol{\varphi}\times\widehat{\boldsymbol{A}} = \delta\varphi_3(-\widehat{A}_2, \widehat{A}_1, 0)$ であることから理解される．

2. s を実数パラメータとして (演算子に値を取る) 関数 $f(s) = e^{-s\mathcal{L}}A\,e^{s\mathcal{L}}$ に対して $s=0$ 周りのテイラー展開を考え，$s=1$ と置いて:

$$f(s) = f(0) + \sum_{n=1}^{\infty}\frac{1}{n!}f^{(n)}(0)\,s^n \underset{s=1}{\Rightarrow} e^{-\mathcal{L}}A\,e^{\mathcal{L}} = A + \sum_{n=1}^{\infty}\frac{1}{n!}f^{(n)}(0) \quad (64.6)$$

演算子の指数関数 $e^{s\mathcal{L}}$ の定義とその s 微分は

$$e^{s\mathcal{L}} = \mathbb{I} + \sum_{n=1}^{\infty}\frac{s^n}{n!}\mathcal{L}^n \;\Rightarrow\; \frac{d}{ds}\big(e^{s\mathcal{L}}\big) = \sum_{n=1}^{\infty}\frac{s^{n-1}}{(n-1)!}\mathcal{L}^n = \mathcal{L}\,e^{s\mathcal{L}} = e^{s\mathcal{L}}\mathcal{L}$$

であり，任意の演算子 $\mathcal{O}$ に対して次式が成り立つ:

$$\frac{d}{ds}\,e^{-s\mathcal{L}}\mathcal{O}\,e^{s\mathcal{L}} = e^{-s\mathcal{L}}\,[\mathcal{O},\mathcal{L}]\,e^{s\mathcal{L}} \quad (64.7)$$

これを繰り返し用いて

$$f'(s) = e^{-s\mathcal{L}}\,[A,\mathcal{L}]\,e^{s\mathcal{L}} \;\Rightarrow\; f''(s) = e^{-s\mathcal{L}}[[A,\mathcal{L}],\mathcal{L}]e^{s\mathcal{L}}$$
$$\Rightarrow\; f^{(n)}(s) = e^{-s\mathcal{L}}[\cdots[[A,\underbrace{\mathcal{L}],\mathcal{L}],\cdots\cdots,\mathcal{L}]}_{n\text{ 個の “},\mathcal{L}]\text{”}}e^{s\mathcal{L}}$$

この $f^{(n)}(s=0)$ を (64.6)の右式に代入して (64.1)を得る．

3. $\mathcal{L}$ を反エルミート ($\mathcal{L}^\dagger = -\mathcal{L}$) な任意の演算子として

$$(e^{\mathcal{L}})^\dagger = \left(\mathbb{I} + \sum_{n=1}^{\infty}\frac{\mathcal{L}^n}{n!}\right)^\dagger = \mathbb{I} + \sum_{n=1}^{\infty}\frac{(\mathcal{L}^\dagger)^n}{n!} = \mathbb{I} + \sum_{n=1}^{\infty}\frac{(-\mathcal{L})^n}{n!} = e^{-\mathcal{L}}$$

次に，$h(s) = e^{s\mathcal{L}}\,e^{-s\mathcal{L}}$ に対して (64.7)で $\mathcal{O} = \mathbb{I}$ とした式から

$$h'(s) = 0 \;\Rightarrow\; h(1) = h(0) \;\Rightarrow\; e^{\mathcal{L}}\,e^{-\mathcal{L}} = \mathbb{I} \quad \big(\text{同様に } e^{-\mathcal{L}}\,e^{\mathcal{L}} = \mathbb{I}\big)$$

以上において $\mathcal{L} = \boldsymbol{\varphi}\cdot\widehat{\boldsymbol{L}}/(i\hbar)$ として (64.3)を得る．

問題 65 角運動量演算子と空間回転 (その2) 標準

問題 **64** からの続きの問題である．以下では $\widehat{\boldsymbol{x}}$ は縦3成分ベクトルとする．

4. $\widehat{U}_{\boldsymbol{\varphi}}$ (64.2)による $\widehat{\boldsymbol{x}}$ に対するユニタリー変換が空間回転を引き起こすこと;

$$\widehat{U}_{\boldsymbol{\varphi}}^{-1}\,\widehat{\boldsymbol{x}}\,\widehat{U}_{\boldsymbol{\varphi}} = R_{\boldsymbol{\varphi}}\widehat{\boldsymbol{x}} \qquad \left(\widehat{U}_{\boldsymbol{\varphi}}^{-1}\,\widehat{x}_i\,\widehat{U}_{\boldsymbol{\varphi}} = (R_{\boldsymbol{\varphi}})_{ij}\widehat{x}_j\right) \tag{65.1}$$

を示せ．特に，$\boldsymbol{\varphi}$ で指定される c 数成分の 3×3 直交 (回転) 行列 $R_{\boldsymbol{\varphi}}$ ($R_{\boldsymbol{\varphi}}^{\mathrm{T}} = R_{\boldsymbol{\varphi}}^{-1}$) が 3 つの実反対称行列 T_i ($T_i^* = T_i$, $T_i^{\mathrm{T}} = -T_i$; $i = 1, 2, 3$) により

$$R_{\boldsymbol{\varphi}} = \exp\left(\boldsymbol{\varphi}\cdot\boldsymbol{T}\right) \tag{65.2}$$

と表されることを示し，T_i の具体形を与えよ (**問題 64** 設問 2 の公式 (64.1) を用いるとよい)．

5. $i\hbar T_i$ が $\widehat{L}_i$ の交換関係 (50.4) と同じ交換関係を満たすことを確認せよ．
6. $R_{\boldsymbol{\varphi}}$ (65.2)を特に $\boldsymbol{\varphi} = (0, 0, \varphi_3)^{\mathrm{T}}$ の場合に陽に与えよ．

解説 設問に対していくつか補足説明を加える:

- (65.2)式の $R_{\boldsymbol{\varphi}}$ は「$\boldsymbol{\varphi}$ 方向を回転軸とする回転角 $|\boldsymbol{\varphi}|$ の回転行列」を与える．一般の $\boldsymbol{\varphi} = \varphi\boldsymbol{n}$ ($|\boldsymbol{n}| = 1$) に対して $R_{\boldsymbol{\varphi}}$ の (i, j) 成分は次式で与えられる:

$$(R_{\boldsymbol{\varphi}})_{ij} = \cos\varphi\,\delta_{ij} + (1 - \cos\varphi)n_i n_j - \sin\varphi\,\epsilon_{ija}n_a \tag{65.3}$$

設問 6 は特に $\boldsymbol{n} = (0, 0, 1)$ の場合である．(65.3)の導出は次の**問題 66** 設問 7 で行う．

- 設問 5 と (54.4)式から $i\hbar T_i$ (65.5)と $J_i^{(1)}$ (54.8) はともに $\widehat{L}_i$ と同じ交換関係を満たす 3×3 エルミート行列であるが，実際，$i\hbar T_i$ と $J_i^{(1)}$ は次の**ユニタリー同値**の関係にある:

$$U^\dagger i\hbar T_i\,U = J_i^{(1)}, \qquad U = \frac{1}{\sqrt{2}}\begin{pmatrix} -1 & 0 & 1 \\ -i & 0 & -i \\ 0 & \sqrt{2} & 0 \end{pmatrix}, \quad U^\dagger U = UU^\dagger = \mathbb{I}_3$$

解答

4. 公式 (64.1)において $\mathcal{L} = \boldsymbol{\varphi}\cdot\widehat{\boldsymbol{L}}/(i\hbar)$, $A = \widehat{\boldsymbol{x}}$ として，その右辺の各項は (64.4)の第 1 式を繰り返し用いて

$$[\widehat{\boldsymbol{x}}, \mathcal{L}] = \boldsymbol{\varphi}\times\widehat{\boldsymbol{x}} \;\Rightarrow\; [[\widehat{\boldsymbol{x}}, \mathcal{L}], \mathcal{L}] = [\boldsymbol{\varphi}\times\widehat{\boldsymbol{x}}, \mathcal{L}] = \boldsymbol{\varphi}\times[\widehat{\boldsymbol{x}}, \mathcal{L}] = \boldsymbol{\varphi}\times(\boldsymbol{\varphi}\times\widehat{\boldsymbol{x}})$$
$$\Rightarrow\; \underbrace{[\cdots[[\widehat{\boldsymbol{x}}, \mathcal{L}], \mathcal{L}], \cdots\cdots, \mathcal{L}]}_{n\text{ 個の “}, \mathcal{L}]\text{”}} = \underbrace{\boldsymbol{\varphi}\times(\boldsymbol{\varphi}\times(\cdots\cdots\times(\boldsymbol{\varphi}}_{n\text{ 個の “}\boldsymbol{\varphi}\times\text{”}}\times\widehat{\boldsymbol{x}})\cdots)) = T_{\boldsymbol{\varphi}}^n\,\widehat{\boldsymbol{x}}$$

ここに，$T_{\boldsymbol{\varphi}}$ は任意のベクトル $\boldsymbol{v}$ に対して次式を満たす 3×3 行列

$$\boldsymbol{\varphi}\times\boldsymbol{v} = T_{\boldsymbol{\varphi}}\boldsymbol{v} \qquad \left(\Leftrightarrow\; \epsilon_{ikj}\varphi_k v_j = (T_{\boldsymbol{\varphi}})_{ij}v_j\right)$$

すなわち，$T_{\boldsymbol{\varphi}}$ はその成分が次式で与えられる実反対称行列である:

$$(T_{\boldsymbol{\varphi}})_{ij} = \epsilon_{ikj}\varphi_k = -(T_{\boldsymbol{\varphi}})_{ji}\ , \quad T_{\boldsymbol{\varphi}} = \begin{pmatrix} 0 & -\varphi_3 & \varphi_2 \\ \varphi_3 & 0 & -\varphi_1 \\ -\varphi_2 & \varphi_1 & 0 \end{pmatrix} \tag{65.4}$$

以上の結果を公式 (64.1)に用いて

$$\widehat{U}_{\boldsymbol{\varphi}}^{-1}\,\widehat{\boldsymbol{x}}\,\widehat{U}_{\boldsymbol{\varphi}} = \widehat{\boldsymbol{x}} + \sum_{n=1}^{\infty}\frac{1}{n!}T_{\boldsymbol{\varphi}}^{n}\,\widehat{\boldsymbol{x}} = \exp\bigl(T_{\boldsymbol{\varphi}}\bigr)\,\widehat{\boldsymbol{x}}$$

が成り立ち，$T_{\boldsymbol{\varphi}} = \boldsymbol{\varphi}\cdot\boldsymbol{T} = \varphi_a T_a$ とすると (65.4)から $(T_a)_{ij} = \epsilon_{iaj}$ $(a = 1, 2, 3)$ であって具体的には

$$T_1 = \begin{pmatrix} 0 & 0 & 0 \\ 0 & 0 & -1 \\ 0 & 1 & 0 \end{pmatrix}, \quad T_2 = \begin{pmatrix} 0 & 0 & 1 \\ 0 & 0 & 0 \\ -1 & 0 & 0 \end{pmatrix}, \quad T_3 = \begin{pmatrix} 0 & -1 & 0 \\ 1 & 0 & 0 \\ 0 & 0 & 0 \end{pmatrix} \tag{65.5}$$

$\boldsymbol{T}$ の反対称性 $(T_a^{\mathrm{T}} = -T_a)$ は $R_{\boldsymbol{\varphi}}$ が直交行列であることを意味する:

$$R_{\boldsymbol{\varphi}}^{\mathrm{T}} = \exp\left(\boldsymbol{\varphi}\cdot\boldsymbol{T}^{\mathrm{T}}\right) = \exp\left(-\boldsymbol{\varphi}\cdot\boldsymbol{T}\right) = R_{\boldsymbol{\varphi}}^{-1}$$

5. T_a が次の交換関係を満たすことを示せばよい:

$$[T_a, T_b] = \epsilon_{abc}T_c \tag{65.6}$$

前設問 4 で得た表式 $(T_a)_{ij} = \epsilon_{iaj}$ を用いると (65.6)の両辺の (i, j) 成分はそれぞれ

$$\begin{aligned}([T_a, T_b])_{ij} &= (T_a)_{ik}(T_b)_{kj} - (T_b)_{ik}(T_a)_{kj} = \epsilon_{iak}\epsilon_{kbj} - \epsilon_{ibk}\epsilon_{kaj} \\ &= (\delta_{ib}\delta_{aj} - \delta_{ij}\delta_{ab}) - (\delta_{ia}\delta_{bj} - \delta_{ij}\delta_{ba}) = \delta_{ib}\delta_{aj} - \delta_{ia}\delta_{bj}\end{aligned}$$

$$\epsilon_{abc}(T_c)_{ij} = \epsilon_{abc}\epsilon_{icj} = \delta_{aj}\delta_{bi} - \delta_{ai}\delta_{bj}$$

となり，等しいことが確認される．ここに公式 (49.4)を用いた．もちろん，(65.6)は T_a の具体形 (65.5)からも確認できる．

6. (65.5)の T_3 から

$$(T_3)^2 = -\begin{pmatrix} 1 & 0 & 0 \\ 0 & 1 & 0 \\ 0 & 0 & 0 \end{pmatrix} \equiv -P_3 \ \Rightarrow\ (T_3)^{2n} = (-1)^n P_3, \quad (T_3)^{2n+1} = (-1)^n T_3$$

ここに第 1 式で行列 P_3 (第 3 軸と直交する空間への射影行列) を定義した．$R_{\boldsymbol{\varphi}}$ の級数展開を偶数冪項と奇数冪項に分け，上式を用いて ($\mathbb{I}_3$ は 3×3 単位行列)

$$\begin{aligned}R_{\boldsymbol{\varphi}} &= \exp\left(\varphi_3 T_3\right) = \mathbb{I}_3 + \sum_{n=1}^{\infty}\frac{(T_3)^{2n}}{(2n)!}\varphi_3^{2n} + \sum_{n=0}^{\infty}\frac{(T_3)^{2n+1}}{(2n+1)!}\varphi_3^{2n+1} \\ &= \mathbb{I}_3 + \underbrace{\sum_{n=1}^{\infty}\frac{(-1)^n\varphi_3^{2n}}{(2n)!}}_{\cos\varphi_3 - 1}P_3 + \underbrace{\sum_{n=0}^{\infty}\frac{(-1)^n\varphi_3^{2n+1}}{(2n+1)!}}_{\sin\varphi_3}T_3 = \begin{pmatrix} \cos\varphi_3 & -\sin\varphi_3 & 0 \\ \sin\varphi_3 & \cos\varphi_3 & 0 \\ 0 & 0 & 1 \end{pmatrix}\end{aligned} \tag{65.7}$$

これは確かに第 3 軸周りの角度 φ_3 の回転行列である．

問題 66　角運動量演算子と空間回転 (その 3)　発展

問題 64，65 からの続きの問題である．

7. 一般の $\boldsymbol{\varphi} = \varphi\boldsymbol{n}$ ($|\boldsymbol{n}| = 1$) に対する $R_{\boldsymbol{\varphi}}$ の表式 (65.3)を導け．
8. (55.2)式の正規直交性と完全性を満たす $\widehat{\boldsymbol{x}}$ の固有ベクトル $|\boldsymbol{x}\rangle$ (55.1) に対して (c 数位相因子倍の不定性を除いて) 次式が成り立つことを示せ:

$$\widehat{U}_{\boldsymbol{\varphi}}|\boldsymbol{x}\rangle = |R_{\boldsymbol{\varphi}}\boldsymbol{x}\rangle \tag{66.1}$$

なお，右辺の $|R_{\boldsymbol{\varphi}}\boldsymbol{x}\rangle$ は「$\widehat{\boldsymbol{x}}$ の固有値 $R_{\boldsymbol{\varphi}}\boldsymbol{x}$ の固有ベクトル」である．

9. 任意の状態ベクトル $|\psi\rangle$ に対する $\boldsymbol{\varphi}$ で指定される空間回転の変換を

$$|\psi\rangle \mapsto \widehat{U}_{\boldsymbol{\varphi}}\,|\psi\rangle \tag{66.2}$$

で定義する．この変換は $\boldsymbol{x}$-表示の波動関数 $\psi(\boldsymbol{x}) = \langle\boldsymbol{x}|\psi\rangle$ に対する変換として

$$\psi(\boldsymbol{x}) \mapsto \hat{U}_{\boldsymbol{\varphi}}\psi(\boldsymbol{x}) = \psi(R_{\boldsymbol{\varphi}}^{-1}\boldsymbol{x}) \tag{66.3}$$

と表されることを示せ．ここに，$\hat{U}_{\boldsymbol{\varphi}}$ は $\boldsymbol{x}$-表示での $\widehat{U}_{\boldsymbol{\varphi}}$ である:

$$\hat{U}_{\boldsymbol{\varphi}} = \exp\left(\frac{1}{i\hbar}\boldsymbol{\varphi}\cdot\hat{\boldsymbol{L}}\right) = \exp\big(-\boldsymbol{\varphi}\cdot(\boldsymbol{x}\times\boldsymbol{\nabla})\big) = \exp\big(-(\boldsymbol{\varphi}\times\boldsymbol{x})\cdot\boldsymbol{\nabla}\big) \tag{66.4}$$

解 説　ここでは状態ベクトルに対する空間回転変換を (66.2)式で定義したが，$\widehat{U}_{\boldsymbol{\varphi}}$ をその逆演算子 $\widehat{U}_{\boldsymbol{\varphi}}^{-1}$ に置き換えて $|\psi\rangle \mapsto \widehat{U}_{\boldsymbol{\varphi}}^{-1}\,|\psi\rangle$ で定義してもよい．(66.3)式のとおり，空間回転変換 (66.2)は波動関数 $\psi(\boldsymbol{x})$ に対して $R_{\boldsymbol{\varphi}}$ の逆行列による空間回転 $\boldsymbol{x} \mapsto R_{\boldsymbol{\varphi}}^{-1}\boldsymbol{x}$ を引き起こす．これは系の状態は回転させず，座標系に対して $R_{\boldsymbol{\varphi}}$ による回転を行っており，**パッシブ変換**と呼ばれる．これに対して，$|\psi\rangle \mapsto \widehat{U}_{\boldsymbol{\varphi}}^{-1}\,|\psi\rangle$ で定義される空間回転は座標系を固定して，状態を回転させており，**アクティブ変換**と呼ばれる．

解 答

7. $\boldsymbol{\varphi} = \varphi\boldsymbol{n}$ に対してまず $R_{\boldsymbol{\varphi}}$ の級数展開を偶数冪項と奇数冪項に分けて

$$R_{\boldsymbol{\varphi}} = \exp(\boldsymbol{\varphi}\cdot\boldsymbol{T}) = \mathbb{I}_3 + \sum_{n=1}^{\infty}\frac{(\boldsymbol{n}\cdot\boldsymbol{T})^{2n}}{(2n)!}\varphi^{2n} + \sum_{n=0}^{\infty}\frac{(\boldsymbol{n}\cdot\boldsymbol{T})^{2n+1}}{(2n+1)!}\varphi^{2n+1}$$

$(T_a)_{ij} = \epsilon_{iaj}$ からの $(\boldsymbol{n}\cdot\boldsymbol{T})_{ij} = n_a\epsilon_{iaj}$ および $\boldsymbol{n}^2 = n_in_i = 1$ を用いて

$$((\boldsymbol{n}\cdot\boldsymbol{T})^2)_{ij} = (\boldsymbol{n}\cdot\boldsymbol{T})_{ik}(\boldsymbol{n}\cdot\boldsymbol{T})_{kj} = n_an_b\underbrace{\epsilon_{iak}\epsilon_{kbj}}_{\delta_{ib}\delta_{aj}-\delta_{ij}\delta_{ab}} = -(\delta_{ij} - n_in_j)$$

$$((\boldsymbol{n}\cdot\boldsymbol{T})^4)_{ij} = \Big((\boldsymbol{n}\cdot\boldsymbol{T})^2(\boldsymbol{n}\cdot\boldsymbol{T})^2\Big)_{ij} = (\delta_{ik} - n_in_k)(\delta_{kj} - n_kn_j) = \delta_{ij} - n_in_j$$

よって一般に

$$((\boldsymbol{n}\cdot\boldsymbol{T})^{2n})_{ij} = (-1)^n(\delta_{ij} - n_in_j)$$

$$((\boldsymbol{n}\cdot\boldsymbol{T})^{2n+1})_{ij}=((\boldsymbol{n}\cdot\boldsymbol{T})^{2n}(\boldsymbol{n}\cdot\boldsymbol{T}))_{ij}=(-1)^n(\delta_{ik}-n_in_k)\,n_a\epsilon_{kaj}=(-1)^n n_a\epsilon_{iaj}$$

これらを上の $R_{\boldsymbol{\varphi}}$ の級数展開に代入して (65.3)を得る:

$$(R_{\boldsymbol{\varphi}})_{ij}=\delta_{ij}+(\delta_{ij}-n_in_j)\sum_{n=1}^{\infty}\frac{(-1)^n\varphi^{2n}}{(2n)!}+n_a\epsilon_{iaj}\sum_{n=0}^{\infty}\frac{(-1)^n\varphi^{2n+1}}{(2n+1)!}=(65.3)$$

8. **問題 65** 設問 4 の (65.1)式を用いて

$$\widehat{\boldsymbol{x}}\,\widehat{U}_{\boldsymbol{\varphi}}\,|\boldsymbol{x}\rangle=\widehat{U}_{\boldsymbol{\varphi}}\underbrace{\widehat{U}_{\boldsymbol{\varphi}}^{-1}\widehat{\boldsymbol{x}}\,\widehat{U}_{\boldsymbol{\varphi}}}_{R_{\boldsymbol{\varphi}}\widehat{\boldsymbol{x}}}|\boldsymbol{x}\rangle\underset{\substack{\uparrow\\(55.1)}}{=}\widehat{U}_{\boldsymbol{\varphi}}R_{\boldsymbol{\varphi}}\boldsymbol{x}\,|\boldsymbol{x}\rangle=R_{\boldsymbol{\varphi}}\boldsymbol{x}\,\widehat{U}_{\boldsymbol{\varphi}}\,|\boldsymbol{x}\rangle$$

ここに，第 1 等号では $\widehat{U}_{\boldsymbol{\varphi}}\widehat{U}_{\boldsymbol{\varphi}}^{-1}=\mathbb{I}$ を用い，最後の等号では演算子 $\widehat{U}_{\boldsymbol{\varphi}}$ と c 数の量 $R_{\boldsymbol{\varphi}}\boldsymbol{x}$ が交換することを用いた．この式は「$\widehat{U}_{\boldsymbol{\varphi}}\,|\boldsymbol{x}\rangle$ が $\widehat{\boldsymbol{x}}$ の固有値 $R_{\boldsymbol{\varphi}}\boldsymbol{x}$ の固有ベクトルである」ことを意味し，c 数倍を除いて (66.1)が成り立つ; $\widehat{U}_{\boldsymbol{\varphi}}|\boldsymbol{x}\rangle\propto|R_{\boldsymbol{\varphi}}\boldsymbol{x}\rangle$. この比例係数がたかだか c 数位相因子であることは，「$\widehat{U}_{\boldsymbol{\varphi}}|\boldsymbol{x}\rangle$ と $\widehat{U}_{\boldsymbol{\varphi}}|\boldsymbol{x}'\rangle$ の内積」と「$|R_{\boldsymbol{\varphi}}\boldsymbol{x}\rangle$ と $|R_{\boldsymbol{\varphi}}\boldsymbol{x}'\rangle$ の内積」が等しいことから確認できる．実際，2 つの内積はそれぞれ以下の通りであり等しい:

$$(\widehat{U}_{\boldsymbol{\varphi}}|\boldsymbol{x}\rangle)^\dagger\widehat{U}_{\boldsymbol{\varphi}}|\boldsymbol{x}'\rangle=\langle\boldsymbol{x}|\underbrace{\widehat{U}_{\boldsymbol{\varphi}}^\dagger\widehat{U}_{\boldsymbol{\varphi}}}_{=\mathbb{I}}|\boldsymbol{x}'\rangle=\langle\boldsymbol{x}|\boldsymbol{x}'\rangle=\delta^3(\boldsymbol{x}-\boldsymbol{x}')$$

$$\langle R_{\boldsymbol{\varphi}}\boldsymbol{x}|R_{\boldsymbol{\varphi}}\boldsymbol{x}'\rangle=\delta^3(R_{\boldsymbol{\varphi}}\boldsymbol{x}-R_{\boldsymbol{\varphi}}\boldsymbol{x}')\overset{\substack{(56.1)\\\downarrow}}{=}\overbrace{|\mathrm{det}R_{\boldsymbol{\varphi}}|^{-1}}^{=1}\delta^3(\boldsymbol{x}-\boldsymbol{x}')$$

ここに，$R_{\boldsymbol{\varphi}}$ が直交行列であることから $|\mathrm{det}R_{\boldsymbol{\varphi}}|=1$ であることを用いた:

$$R_{\boldsymbol{\varphi}}R_{\boldsymbol{\varphi}}^{\mathrm{T}}=\mathbb{I}\;\Rightarrow\;1=\det(R_{\boldsymbol{\varphi}}R_{\boldsymbol{\varphi}}^{\mathrm{T}})=\det R_{\boldsymbol{\varphi}}\det R_{\boldsymbol{\varphi}}^{\mathrm{T}}=(\det R_{\boldsymbol{\varphi}})^2$$

なお，任意の正方行列 A と B に対して次式が成り立つ:

$$\det(AB)=\det A\,\det B,\qquad \det A^{\mathrm{T}}=\det A$$

9. まず，(64.2)，(64.3)，(65.2)から

$$\widehat{U}_{-\boldsymbol{\varphi}}=\widehat{U}_{\boldsymbol{\varphi}}^{-1}\,(=\widehat{U}_{\boldsymbol{\varphi}}^\dagger),\qquad R_{-\boldsymbol{\varphi}}=R_{\boldsymbol{\varphi}}^{-1}(=R_{\boldsymbol{\varphi}}^{\mathrm{T}})$$

(66.1)式において $\boldsymbol{\varphi}\to-\boldsymbol{\varphi}$ とし上式を用いた式，および，そのエルミート共役は

$$\widehat{U}_{\boldsymbol{\varphi}}^\dagger|\boldsymbol{x}\rangle=|R_{\boldsymbol{\varphi}}^{-1}\boldsymbol{x}\rangle,\qquad \langle\boldsymbol{x}|\widehat{U}_{\boldsymbol{\varphi}}=\langle R_{\boldsymbol{\varphi}}^{-1}\boldsymbol{x}|$$

この第 2 式に右から $|\psi\rangle$ を当てて次式を得る:

$$\langle\boldsymbol{x}|\,\widehat{U}_{\boldsymbol{\varphi}}\,|\psi\rangle=\langle R_{\boldsymbol{\varphi}}^{-1}\boldsymbol{x}|\psi\rangle \tag{66.5}$$

そこで，変換 (66.2)に左から $\langle\boldsymbol{x}|$ を当て，上式 (66.5)を用いると

$$\langle\boldsymbol{x}|\psi\rangle\mapsto\underbrace{\langle\boldsymbol{x}|\,\widehat{U}_{\boldsymbol{\varphi}}\,|\psi\rangle}_{\hat{U}_{\boldsymbol{\varphi}}\langle\boldsymbol{x}|\psi\rangle}=\langle R_{\boldsymbol{\varphi}}^{-1}\boldsymbol{x}|\psi\rangle$$

これを $\psi(\boldsymbol{x})=\langle\boldsymbol{x}|\psi\rangle$ で表して変換 (66.3)を得る．なお，(66.5)式，すなわち，$\hat{U}_{\boldsymbol{\varphi}}\psi(\boldsymbol{x})=\psi(R_{\boldsymbol{\varphi}}^{-1}\boldsymbol{x})$ は (65.1)の $\boldsymbol{x}$-表示である関係式 $\hat{U}_{\boldsymbol{\varphi}}\,\boldsymbol{x}\,\hat{U}_{\boldsymbol{\varphi}}^{-1}=R_{\boldsymbol{\varphi}}^{-1}\boldsymbol{x}$ から直接示すこともできる．

Tea Time ……………………………… ディラック方程式

アインシュタインの**特殊相対性理論**によれば，自然界は**ローレンツ変換** (Lorentz transformation) に対する不変性を持っている．例えば，時空座標 $(t, \boldsymbol{x})$ を持つ慣性系に対し x_1 軸方向に一定速度 v で運動する別の慣性系 $(t', \boldsymbol{x}')$ へのローレンツ変換は，c を光速，$\beta = v/c$，$\gamma = 1/\sqrt{1-\beta^2}$ として (時間と空間座標を「平等に混ぜる」変換である)

$$ct' = \gamma\,(ct - \beta x_1), \quad x_1' = \gamma\,(x_1 - \beta ct), \quad x_2' = x_2, \quad x_3' = x_3$$

で与えられ，物理法則はこの変換 $(t, \boldsymbol{x}) \mapsto (t', \boldsymbol{x}')$ で不変でなければならない．ところが，自由粒子に対するシュレーディンガーの波動方程式 (56.2),

$$i\hbar(\partial/\partial t)\psi(\boldsymbol{x}, t) = -(\hbar^2/(2m))\boldsymbol{\nabla}^2\psi(\boldsymbol{x}, t) \tag{I}$$

は，時間について 1 階微分であるのに対し，空間座標については 2 階微分の方程式であって，時間と空間に関して明らかに「不平等」であり，実際，ローレンツ変換で不変ではない．このことは，(I)の定常状態解で運動量演算子 $\hat{\boldsymbol{p}} = -i\hbar\boldsymbol{\nabla}$ の固有関数でもあるものが $\psi(\boldsymbol{x}, t) = \exp(-iEt/\hbar + i\boldsymbol{p}\cdot\boldsymbol{x}/\hbar)$ で与えられるが，ここでの $E = \boldsymbol{p}^2/(2m)$ は相対論的な関係式 $E = (m^2c^4 + c^2\boldsymbol{p}^2)^{1/2}$ の非相対論的近似 $E \simeq mc^2 + \boldsymbol{p}^2/(2m)$ ($\boldsymbol{p}^2 \ll m^2c^2$) の静止エネルギー部分 mc^2 を除いたものであることからもわかる．

それではどうすればよいか．ローレンツ変換で不変で $E^2 = m^2c^4 + c^2\boldsymbol{p}^2$ を導く方程式として**クライン・ゴルドン方程式** (Klein-Gordon equation)

$$\Big[\hbar^2\Big((1/c^2)(\partial/\partial t)^2 - \boldsymbol{\nabla}^2\Big) + m^2c^2\Big]\psi(\boldsymbol{x}, t) = 0$$

が知られていたが，「連続の方程式 (56.6) を満たす確率密度 $\rho(\boldsymbol{x}, t)$ が非負ではない」という問題があった．そこで，ローレンツ変換に対する不変性を持った方程式として**ディラック**が発明 (1928 年) したのが，次の**ディラック方程式** (Dirac equation) である:

$$\frac{i\hbar}{c}\frac{\partial}{\partial t}\psi(\boldsymbol{x}, t) = \Big(\boldsymbol{\alpha}\cdot(-i\hbar\boldsymbol{\nabla}) + mc\beta\Big)\psi(\boldsymbol{x}, t), \quad \psi(\boldsymbol{x}, t) = \begin{pmatrix}\psi_1\\ \psi_2\\ \psi_3\\ \psi_4\end{pmatrix}$$

ここに，波動関数 ψ は縦 4 成分量であり，α_i $(i = 1, 2, 3)$ と β は次の条件を満たす 4×4 エルミート行列である ($\mathbb{I}_4$ は 4×4 単位行列):

$$\alpha_i\alpha_j + \alpha_j\alpha_i = 2\delta_{ij}\mathbb{I}_4, \quad \alpha_i\beta + \beta\alpha_i = 0, \quad \beta^2 = \mathbb{I}_4$$

この条件はディラック方程式から $E^2 = m^2c^4 + c^2\boldsymbol{p}^2$ が導かれるべきことから得られる (行列 $\boldsymbol{\alpha}$ と β の具体形はここでは省略する)．ディラック方程式の重要点を 3 つだけ挙げると:

- ディラック方程式が表す粒子はスピン 1/2 を持っている．また，スピンと磁場との相互作用の g 因子が 2 であり，これは軌道角運動量の g 因子の 2 倍である (**問題 101** 参照).
- ディラック方程式の解は正と負のエネルギーを持ったものの両方がある．負エネルギー解の解釈 (**ディラックの海** (Dirac sea)) から陽電子の存在がディラックにより予言され (1930 年)，その後，実際に発見された (1932 年).
- ディラック方程式とクライン・ゴルドン方程式はともに場の量子論 (第 6 章末の **Tea Time** 参照) の方程式としてより自然な形で再登場する．

Chapter 6

中心力ポテンシャル下の束縛状態

本章では3次元空間を運動する中心力ポテンシャル $U(r)$ 下の1質点系の定常状態の量子力学を学ぶ．具体的な $U(r)$ としてここで取り上げるのは，等方バネ・ポテンシャルとクーロン・(引力) ポテンシャルである．これらの系の定常状態波動方程式を解く際には第5章で学んだ「量子力学における角運動量」が重要な役割を果たす．波動関数は球面調和関数と動径波動関数 $R(r)$ の積として構成され，各 $U(r)$ に対する $R(r)$ の構成の過程で「波動関数の規格化可能性」の条件から離散的なエネルギー固有値が決定されることを見る．

本章では，まず，一般の中心力ポテンシャルに対する定常状態波動方程式の解法，特に，$R(r)$ が満たすべき微分方程式 (動径波動方程式) と境界条件の導出問題から始めて，上記の具体的な $U(r)$ の問題を扱う．最後に，2次元空間 (平面) 上の中心力ポテンシャル系にも触れる．なお，クーロン・(引力) ポテンシャル系ではエネルギー固有値が負の離散束縛状態のみを扱う．

問題 67　3 次元中心力ポテンシャル系 (その 1)　基本

動径座標 $r = \sqrt{\boldsymbol{x}^2}$ のみに依存した中心力ポテンシャル $U(r)$ 下の質量 μ の 1 質点系の量子力学を考える．この系のハミルトニアンは次式で与えられる:

$$\widehat{H}(\widehat{\boldsymbol{x}}, \widehat{\boldsymbol{p}}) = \frac{1}{2\mu}\widehat{\boldsymbol{p}}^2 + U(\widehat{r}) \qquad \left(\widehat{r} = \sqrt{\widehat{\boldsymbol{x}}^2}\right) \tag{67.1}$$

1. ハミルトニアン $\widehat{H}$ (67.1)と角運動量演算子 $\widehat{\boldsymbol{L}} = \widehat{\boldsymbol{x}} \times \widehat{\boldsymbol{p}}$ (50.1) が互いに可換であること ($[\widehat{H}, \widehat{\boldsymbol{L}}] = 0$)，および，$[\widehat{H}, \widehat{\boldsymbol{L}}^2] = 0$ を示せ (**問題 50** 参照).
2. ハミルトニアンの固有値方程式 $\widehat{H}\,|\psi_E\rangle = E\,|\psi_E\rangle$ を $\boldsymbol{x}$-表示で考え，波動関数 $\psi_E(\boldsymbol{x}) = \langle \boldsymbol{x}|\psi_E\rangle$ に対する 3 次元極座標変数 (r, θ, φ) を用いた偏微分方程式として与えよ (**問題 58** 参照).

設問 1 の結果から，$\widehat{H}$ の独立な固有ベクトル $|\psi_E\rangle$ として一般性を失うことなく「$\widehat{\boldsymbol{L}}^2$ と $\widehat{L}_3$ の同時固有ベクトル」でもあるものを取ることができる．すなわち，(59.1)と(59.2)を満たす $|\ell, m\rangle$ により $|\psi_E\rangle = |R\rangle \otimes |\ell, m\rangle$ ($|R\rangle$ は $\widehat{r}$ の，$|\ell, m\rangle$ は $(\widehat{\theta}, \widehat{\varphi})$ の自由度の空間のベクトル) と取ると，$\boldsymbol{x}$-表示では $|\boldsymbol{x}\rangle = |r\rangle \otimes |\theta, \varphi\rangle$ (59.3)により

$$\psi_E(\boldsymbol{x}) = (\langle r| \otimes \langle \theta, \varphi|)(|R\rangle \otimes |\ell, m\rangle) = \langle r|R\rangle\langle \theta, \varphi|\ell, m\rangle = R(r)\,Y_\ell^m(\theta, \varphi) \tag{67.2}$$

ここに，$R(r) = \langle r|R\rangle$ は**動径波動関数** (radial wave function) と呼ばれ，$Y_\ell^m(\theta, \varphi) = \langle \theta, \varphi|\ell, m\rangle$ は球面調和関数 (62.7)である．

3. 設問 2 で得た波動関数 $\psi_E(\boldsymbol{x})$ に対する偏微分方程式 (=定常状態波動方程式) から $R(r)$ に対する変数 r についての常微分方程式を導け．さらに，これを $\chi(r) \equiv rR(r)$ に対する微分方程式として表せ.

解 説　中心力ポテンシャル $U(r)$ に対する定常状態波動方程式を解くための一般論の問題である．なお，$\widehat{L}_3$ の量子数 m との混乱を防ぐために，質点の質量は μ で表す．

解 答

1. (50.3)式の $[\widehat{p}_i, \widehat{L}_j] = i\hbar\,\epsilon_{ijk}\widehat{p}_k$ を用いて

$$\left[\widehat{\boldsymbol{p}}^2, \widehat{L}_j\right] = \left[\widehat{p}_i\widehat{p}_i, \widehat{L}_j\right] \underset{\substack{\uparrow \\ (02.6)}}{=} \left[\widehat{p}_i, \widehat{L}_j\right]\widehat{p}_i + \widehat{p}_i\left[\widehat{p}_i, \widehat{L}_j\right] \underset{\substack{\uparrow \\ (50.3)}}{=} i\hbar\epsilon_{ijk}\underbrace{\left(\widehat{p}_k\widehat{p}_i + \widehat{p}_i\widehat{p}_k\right)}_{i \rightleftarrows k\ \text{対称}} = 0$$

が成り立つ．最後の等号では，ϵ_{ijk} の完全反対称からの性質 (51.9)を用いた．次に，$[U(\widehat{r}), \widehat{\boldsymbol{L}}]$ は $\boldsymbol{x}$-表示で計算するのが便利である．$\partial_i \equiv (\partial/\partial x_i)$ の簡略記号と $\boldsymbol{x}$-表示の角運動量演算子 $\hat{L}_i = -i\hbar\epsilon_{ijk}x_j\partial_k$ (58.1)を用い，任意の $f(\boldsymbol{x})$ に対して

$$\begin{aligned}\frac{-1}{i\hbar}[U(r), \hat{L}_i]f(\boldsymbol{x}) &= \epsilon_{ijk}[U(r), x_j\partial_k]f \underset{\substack{\uparrow \\ (02.6)}}{=} \epsilon_{ijk}\Bigl(\underbrace{[U(r), x_j]}_{=0}\partial_k f + x_j\underbrace{[U(r), \partial_k]f}_{-(\partial_k U(r))f}\Bigr) \\ &= -\epsilon_{ijk}x_j\underbrace{(\partial_k U(r))}_{(x_k/r)U'(r)}f = -\frac{1}{r}U'(r)\underbrace{\epsilon_{ijk}x_jx_k}_{=0\ \because\ (51.9)}f = 0\end{aligned}$$

となり，したがって $[U(r), \hat{L}_i] = 0$ を得る．ここに次式を用いた:

$$[U(r), \partial_k]f(\boldsymbol{x}) = U(r)\partial_k f(\boldsymbol{x}) - \partial_k(U(r)f(\boldsymbol{x})) = -(\partial_k U(r))f(\boldsymbol{x})$$

以上の結果から $[\widehat{H}, \widehat{\boldsymbol{L}}\,] = [\widehat{\boldsymbol{p}}^2, \widehat{\boldsymbol{L}}\,]/(2\mu) + [U(\widehat{r}), \widehat{\boldsymbol{L}}] = 0$ を得る．これを用いて，さらに $[\widehat{H}, \widehat{\boldsymbol{L}}^2\,] = [\widehat{H}, \widehat{L}_i\widehat{L}_i] = [\widehat{H}, \widehat{L}_i]\widehat{L}_i + \widehat{L}_i[\widehat{H}, \widehat{L}_i] = 0$ も成り立つ．

補足:

問題 64 設問 1 のとおり，交換子 $[\widehat{H}, \widehat{\boldsymbol{L}}\,]$ は $\widehat{H}$ に微小空間回転を引き起こすが，今の $\widehat{H}$ (67.1)は空間回転不変量である $\widehat{\boldsymbol{p}}^2$ と $\widehat{r}$ のみから構成されており，$[\widehat{H}, \widehat{\boldsymbol{L}}\,] = 0$ は自明であるとも言える．

2. (r, θ, φ) を用いた $\boldsymbol{x}$-表示でのハミルトニアン $\hat{H}$ は，$\widehat{H}$ (67.1)に置き換え (55.4)を行い，極座標系での $\boldsymbol{\nabla}^2$ の表式 (58.2)を用いて

$$\hat{H} = -\frac{\hbar^2}{2\mu}\boldsymbol{\nabla}^2 + U(r) = -\frac{\hbar^2}{2\mu}\frac{1}{r^2}\frac{\partial}{\partial r}\left(r^2\frac{\partial}{\partial r}\right) + \frac{1}{2\mu r^2}\hat{\boldsymbol{L}}^2 + U(r) \tag{67.3}$$

$\hat{\boldsymbol{L}}^2$ は (58.7)式で与えられる．よって，求める固有値方程式 $\hat{H}\psi_E(\boldsymbol{x}) = E\psi_E(\boldsymbol{x})$ は

$$\left[-\frac{\hbar^2}{2\mu}\frac{1}{r^2}\frac{\partial}{\partial r}\left(r^2\frac{\partial}{\partial r}\right) + \frac{1}{2\mu r^2}\hat{\boldsymbol{L}}^2 + U(r)\right]\psi_E(\boldsymbol{x}) = E\psi_E(\boldsymbol{x}) \tag{67.4}$$

(58.7)式の $\hat{\boldsymbol{L}}^2$ を陽に用いると (67.4)は

$$-\frac{\hbar^2}{2\mu}\left\{\frac{1}{r^2}\frac{\partial}{\partial r}\left(r^2\frac{\partial}{\partial r}\right) + \frac{1}{r^2}\left[\frac{1}{\sin\theta}\frac{\partial}{\partial\theta}\left(\sin\theta\frac{\partial}{\partial\theta}\right) + \frac{1}{\sin^2\theta}\left(\frac{\partial}{\partial\varphi}\right)^2\right]\right\}\psi_E(\boldsymbol{x})$$
$$+ U(r)\psi_E(\boldsymbol{x}) = E\psi_E(\boldsymbol{x}) \tag{67.5}$$

なお，(67.4)式左辺の $\hat{\boldsymbol{L}}^2/(2\mu r^2)$ は古典力学での**遠心力ポテンシャル**に対応する．

3. $\psi_E(\boldsymbol{x}) = R(r)Y_\ell^m(\theta, \varphi)$ を (67.4)式に代入し，$\hat{\boldsymbol{L}}^2 Y_\ell^m = \hbar^2\ell(\ell+1)Y_\ell^m$ ((59.11)の第 1 式) を用い ($\hat{\boldsymbol{L}}^2(R(r)Y_\ell^m(\theta, \varphi)) = R(r)\hat{\boldsymbol{L}}^2 Y_\ell^m(\theta, \varphi)$ に注意)，両辺を Y_ℓ^m で割って，次の $R(r)$ に対する常微分方程式を得る:

$$-\frac{\hbar^2}{2\mu}\frac{1}{r^2}\frac{d}{dr}\left(r^2\frac{dR(r)}{dr}\right) + \left[U(r) + \frac{\ell(\ell+1)\hbar^2}{2\mu r^2}\right]R(r) = ER(r) \tag{67.6}$$

さらに，これに $R(r) = \chi(r)/r$ を代入して次式を得る:

$$-\frac{\hbar^2}{2\mu}\frac{d^2\chi(r)}{dr^2} + \left[U(r) + \frac{\ell(\ell+1)\hbar^2}{2\mu r^2}\right]\chi(r) = E\chi(r) \tag{67.7}$$

(67.6)と (67.7)を**動径波動方程式** (radial wave equation) と呼ぶ．(67.7)は $U(r)$ に遠心力ポテンシャルが加わった有効ポテンシャル

$$U_{\text{eff}}(r) = U(r) + \frac{\ell(\ell+1)\hbar^2}{2\mu r^2}$$

の下の 1 次元 r 半空間 $(r \geq 0)$ 上の定常状態波動方程式の形をしている．

なお，(67.6)から $R(r)$ と E は (ℓ には依るが) $\widehat{L}_3$ の量子数 m には依らないことがわかる．これは m を上下させる演算子 $\widehat{L}_\pm = \widehat{L}_1 \pm i\widehat{L}_2$ と $\widehat{H}$ が可換 ($[\widehat{H}, L_\pm] = 0$) なためである．

問題 68　3次元中心力ポテンシャル系 (その2)　標準

問題 **67** からの続きの問題である．

4. 与えられた ℓ に対して同じエネルギー固有値 E の値を与える $\hat{H}$ の独立な固有関数 $\psi_E(\boldsymbol{x})$ (67.2)の数を与えよ．
5. 波動関数の規格化可能性 $\langle\psi|\psi\rangle = \int d^3x\,|\psi(\boldsymbol{x})|^2 < \infty$ ((55.5)参照) から要求される $R(r)$ の $r\to 0$ および $r\to\infty$ での振る舞いに対する制限を求めよ．
6. ラプラシアン $\boldsymbol{\nabla}^2$ の $1/r$ に対する作用を考える．原点以外 $(r\neq 0)$ では単純な計算により $\boldsymbol{\nabla}^2(1/r)=0$ であるが，$r=0$ での特異性を考慮すると

$$\boldsymbol{\nabla}^2\frac{1}{r} = -4\pi\delta^3(\boldsymbol{x}) \tag{68.1}$$

であることを示せ．(68.1)式は，(これを考慮せずに) 動径波動方程式 (67.6)の解として得られた $R(r)$ が原点近傍 $r\sim 0$ で $R(r)\sim 1/r$ の振る舞いをする場合，この $R(r)$ は実は原点で (67.6)を満たしていないことを意味する．

解説　設問5と6は，**問題 69** 以降の具体的な問題において (67.6)の解 $R(r)$ を決定するために必要な条件を求めるものである．なお，原点に点電荷 q があるときの (CGS 単位系での) ガウスの法則 $\boldsymbol{\nabla}\cdot\boldsymbol{E}(\boldsymbol{x}) = 4\pi q\,\delta^3(\boldsymbol{x})$ の解を $\boldsymbol{E}(\boldsymbol{x}) = -\boldsymbol{\nabla}\phi(\boldsymbol{x})$ によりスカラーポテンシャル $\phi(\boldsymbol{x})$ で表すと $\phi(\boldsymbol{x}) = q/r$ となるのは (68.1) のためである．

解答

4. $R(r)$ に対する微分方程式 (67.6)は，ℓ には依存するが m には依らない (**問題 67** 設問3の [解答] の最後を参照)．したがって，与えられた ℓ に対して，あるエネルギー固有値 E の $R(r)$ を用いた $\psi_E(\boldsymbol{x}) = R(r)Y_\ell^m(\theta,\varphi)$ には $m=-\ell,-\ell+1,\cdots,\ell-1,\ell$ に対応した $(2\ell+1)$ 個の独立なものが存在する．すなわち，各エネルギー固有値 E は $(2\ell+1)$ 重に縮退している．
5. 立体角を用いた全空間積分公式 (59.8) および Y_ℓ^m の正規直交性 (62.3)を用いて

$$\int d^3x\,|\psi_E(\boldsymbol{x})|^2 = \int_0^\infty dr\,r^2\,|R(r)|^2\int d\Omega\,|Y_\ell^m(\theta,\varphi)|^2 = \int_0^\infty dr\,r^2\,|R(r)|^2$$

この r 積分が $r\to 0$ および $r\to\infty$ で発散しないためには，「$r\to 0,\infty$ で $r^2|R(r)|^2$ がともに $1/r$ より小さく振る舞う」，すなわち，$r^3|R(r)|^2\to 0$ $(r\to 0,\,\infty)$ の条件が成り立たなければならない．$R(r)$ と $\chi(r) = rR(r)$ で表すと，求める条件は

$$r^{3/2}R(r)\to 0,\quad \sqrt{r}\,\chi(r)\to 0\quad (r\to 0 \text{ および } r\to\infty) \tag{68.2}$$

6. まず，$\boldsymbol{\nabla}^2$ の極座標表式 (58.2) を用いると

$$\boldsymbol{\nabla}^2\frac{1}{r} = \frac{1}{r^2}\frac{\partial}{\partial r}\underbrace{\left(r^2\frac{\partial}{\partial r}\frac{1}{r}\right)}_{-1} - \frac{1}{\hbar^2r^2}\underbrace{\left(\hat{\boldsymbol{L}}^2\frac{1}{r}\right)}_{0} = 0 \tag{68.3}$$

ここに，(θ,φ) と独立な $1/r$ に対して $\hat{\boldsymbol{L}}^2$ の表式 (58.7)から $\hat{\boldsymbol{L}}^2(1/r)=0$ である．(68.3)式は $r\neq 0$ では問題なく成り立つ．

次に，(68.1)式を二通りの方法で示す．

ガウスの定理を用いる方法

$\boldsymbol{\nabla}^2(1/r)$ を原点 $\boldsymbol{x}=0$ を含む領域 V で体積積分すると

$$\int_V d^3x\,\boldsymbol{\nabla}^2\frac{1}{r}=\int_V d^3x\,\boldsymbol{\nabla}\cdot\boldsymbol{\nabla}\frac{1}{r}=\int_{\partial V}d\boldsymbol{S}\cdot\boldsymbol{\nabla}\frac{1}{r} \tag{68.4}$$

である．ここに，∂V は 3 次元領域 V の 2 次元表面であり，$d\boldsymbol{S}$ は面積分要素 (方向は面 ∂V のその点の外向き垂直方向) である．この第 2 等号では任意のベクトル関数 $\boldsymbol{A}(\boldsymbol{x})$ に対する次の**ガウスの定理**を用いた:

$$\int_V d^3x\,\boldsymbol{\nabla}\cdot\boldsymbol{A}(\boldsymbol{x})=\int_{\partial V}d\boldsymbol{S}\cdot\boldsymbol{A}(\boldsymbol{x})$$

$r\neq 0$ では $\boldsymbol{\nabla}^2(1/r)=0$ なので，(68.4)は V の原点以外での形には依らない．したがって，簡単のために V を原点を中心とした球に取ると $d\boldsymbol{S}=(\boldsymbol{x}/r)r^2d\Omega$ ($d\Omega$:立体角要素 (59.7)) であり，また，$\boldsymbol{\nabla}(1/r)=-\boldsymbol{x}/r^3$ も用いて

$$\int_V d^3x\,\boldsymbol{\nabla}^2\frac{1}{r}=-\int_{\text{球の表面}}d\Omega=-4\pi$$

を得る．以上は V が原点を含む場合であったが，一般の領域 V に対しては

$$\int_V d^3x\,\boldsymbol{\nabla}^2\frac{1}{r}=\begin{cases}-4\pi & (V\text{ が原点 }\boldsymbol{x}=0\text{ を含む場合})\\ 0 & (V\text{ が原点 }\boldsymbol{x}=0\text{ を含まない場合})\end{cases}$$

であり，これは (68.1) を意味する．

$1/r$ を原点正則化する方法

$1/r$ が原点で発散しないように正の微少量 ε を導入した

$$r_\varepsilon\equiv\sqrt{r^2+\varepsilon^2} \tag{68.5}$$

により $1/r_\varepsilon$ とし，後で $\varepsilon\to 0$ の極限をとる．すると，$\partial r_\varepsilon/\partial r=r/r_\varepsilon$ を用いて

$$\boldsymbol{\nabla}^2\frac{1}{r_\varepsilon}=\frac{1}{r^2}\frac{\partial}{\partial r}\left(r^2\frac{\partial}{\partial r}\frac{1}{r_\varepsilon}\right)=\frac{3}{r^2}\left(-\frac{r^2}{r_\varepsilon^3}+\frac{r^4}{r_\varepsilon^5}\right)=-\frac{3\varepsilon^2}{r_\varepsilon^5}$$

であるが，この $\varepsilon\to 0$ 極限は

$$\boldsymbol{\nabla}^2\frac{1}{r_\varepsilon}\underset{\varepsilon\sim 0}{\simeq}\begin{cases}-3\varepsilon^2/r^5\to 0 & (r\neq 0)\\ -3/\varepsilon^3\to -\infty & (r=0)\end{cases}$$

であり，全体積積分は (59.8)から

$$\int d^3x\,\boldsymbol{\nabla}^2\frac{1}{r_\varepsilon}=-\int_0^\infty dr\,r^2\,\frac{3\varepsilon^2}{r_\varepsilon^5}\int d\Omega\underset{\substack{\uparrow\\ r=\varepsilon\tan\phi}}{=}-4\pi\times 3\int_0^{\pi/2}d\phi\cos\phi\sin^2\phi=-4\pi$$

したがって，$\lim_{\varepsilon\to 0}\boldsymbol{\nabla}^2(1/r_\varepsilon)=-4\pi\delta^3(\boldsymbol{x})$ であり，(68.1)が成り立つ．

問題 69　3 次元等方調和振動子 (その 1)　標準

次の「等方バネポテンシャル」$U(r)$ の下の質量 μ の質点の量子力学を考える:

$$U(r) = \frac{1}{2}\mu\omega^2 r^2 \qquad (\text{バネ定数}: \mu\omega^2) \tag{69.1}$$

問題 67 と **68** の一般論をもとに，この系のエネルギー固有値を求めたい．

1. 動径波動方程式 (67.7)を適当な正定数 α により $r = \alpha\xi$ で関係した新変数 ξ を用いて表すと
$$\frac{d^2\chi}{d\xi^2} + \left(\widetilde{E} - \xi^2 - \frac{\ell(\ell+1)}{\xi^2}\right)\chi = 0 \tag{69.2}$$
となる．定数 α および (69.2)に現れる定数 $\widetilde{E}$ を元の (67.7)式に現れる定数および ω を用いて表せ．
2. 微分方程式 (69.2)の解の $\xi \gg 1$ での振る舞いが近似的に $\chi \simeq \xi^q e^{-\xi^2/2}$ であることを示せ (q は $\xi \gg 1$ での考察だけでは決まらない定数)．
3. そこで一般の ξ に対して $\chi = S(\xi)\, e^{-\xi^2/2}$ と表す．(69.2)式を関数 $S(\xi)$ に対する微分方程式として表せ．
4. 前設問 3 の微分方程式の解 $S(\xi)$ が ξ^p から始まる ξ の級数として
$$S(\xi) = \sum_{k=0}^{\infty} a_k \xi^{2k+p} \quad (a_k\text{:定数係数，} a_0 \neq 0) \tag{69.3}$$
で与えられると仮定する．可能な p の値，および，係数 a_k が満たすべき漸化式を求めよ．なお，微分方程式 (69.2)が $\xi \to -\xi$ で不変であり，χ が (したがって S も) ξ の偶関数あるいは奇関数であるとしてよいこと (**問題 30** 設問 1 参照) から，(69.3)において ξ の冪は $2k+p$ とした (p が偶/奇数なら $S(\xi)$ は偶/奇関数)．今は $\xi \geq 0$ であるが，形式的に $-\infty < \xi < \infty$ で $S(\xi)$ を考える．

解 説　**問題 67** および **68** の一般論を用いて中心力ポテンシャル下の束縛状態のエネルギー固有値および波動関数を求める最初の具体例として，(69.1)式の 3 次元等方バネポテンシャル $U(r)$ を考える．この問題で用いる手法の多くは，他の $U(r)$ に対しても応用できるものであり，また，**問題 39** と **40** で 1 次元調和振動子系に対して用いたものでもある．

解 答

1. (69.1)の $U(r)$ を代入した (67.7)式に $r^2 = \alpha^2\xi^2$ と $\dfrac{d^2\chi}{dr^2} = \dfrac{1}{\alpha^2}\dfrac{d^2\chi}{d\xi^2}$ を用いて変数 ξ で表し整理すると

$$\frac{d^2\chi}{d\xi^2}+\left[\frac{2\mu\alpha^2}{\hbar^2}E-\frac{\mu^2\omega^2\alpha^4}{\hbar^2}\xi^2-\frac{\ell(\ell+1)}{\xi^2}\right]\xi=0$$

これを (69.2)の形にすると

$$\frac{2\mu\alpha^2}{\hbar^2}E=\widetilde{E},\quad \frac{\mu^2\omega^2\alpha^4}{\hbar^2}=1\quad\Rightarrow\quad \alpha=\sqrt{\frac{\hbar}{\mu\omega}},\quad \widetilde{E}=\frac{2E}{\hbar\omega}\tag{69.4}$$

2. **問題 39** の設問 2 とほぼ同様である．$\xi\gg1$ では (69.2)式は ($\widetilde{E}-\ell(\ell+1)/\xi^2$ を $-\xi^2$ に比べて無視して) $\dfrac{d^2\chi}{d\xi^2}-\xi^2\chi\simeq0$ と近似されるが，この解は ($\xi\gg1$ の近似で) $\chi\simeq\xi^q e^{\pm\xi^2/2}$ である．実際，

$$\frac{d^2}{d\xi^2}\left(\xi^q e^{\pm\xi^2/2}\right)=\left(\xi^2\pm(1+2q)+\frac{q(q-1)}{\xi^2}\right)\xi^q e^{\pm\xi^2/2}\underset{\xi\gg1}{\simeq}\xi^2\,\xi^q e^{\pm\xi^2/2}$$

しかし，$\xi\to\infty$ で発散する $\chi\simeq\xi^q e^{\xi^2/2}$ の方は規格化可能性の条件から排除される．

3. プライム ($'$) を ξ 微分として $\chi''=\left[S''-2\xi S'+\left(\xi^2-1\right)S\right]e^{-\xi^2/2}$ を用いて求める微分方程式は

$$S''-2\xi S'+\left(\widetilde{E}-1-\frac{\ell(\ell+1)}{\xi^2}\right)S=0\tag{69.5}$$

4. 級数 (69.3)を (69.5)に代入すると，その左辺は

$$\begin{aligned}&\sum_{k=0}^{\infty}a_k\left\{\left[(2k+p)(2k+p-1)-\ell(\ell+1)\right]\xi^{2k+p-2}-\left[2(2k+p)+1-\widetilde{E}\right]\xi^{2k+p}\right\}\\&=(p+\ell)(p-\ell-1)a_0\xi^{p-2}\\&\quad+\sum_{k=0}^{\infty}\left\{(2k+p+\ell+2)(2k+p-\ell+1)a_{k+1}-\left[2(2k+p)+1-\widetilde{E}\right]a_k\right\}\xi^{2k+p}\end{aligned}\tag{69.6}$$

まず，ξ^{p-2} の係数がゼロであるべきこと，$(p+\ell)(p-\ell-1)=0$，から $p=\ell+1$ あるいは $p=-\ell$ である．各 p に対する $R(r)$ の $r\sim0$ での振る舞いは

$$R=\frac{1}{r}\chi=\frac{1}{r}S\,e^{-\xi^2/2}\underset{r\sim0}{\sim}r^{p-1}=\begin{cases}r^{\ell} & (p=\ell+1)\\ r^{-\ell-1} & (p=-\ell)\end{cases}$$

であり，$r\to0$ での規格化可能性の条件 (68.2) は $p=\ell+1$ に対してはすべての $\ell=0,1,2,3,\cdots$ で満たされているが，$p=-\ell$ に対しては $\ell=0$ ($\Rightarrow R\sim1/r$) の場合にのみ満たされる．しかし，$R\sim1/r$ ($r\sim0$) の振る舞いは**問題 68** 設問 6 のとおり許されない ((68.1)のため，原点では解でない)．結局，$p=\ell+1$ のみが可能であり，このとき (69.6)の ξ^{2k+p} の係数がゼロであるべきこと (および $p=\ell+1$) から，次の漸化式を得る

$$a_{k+1}=\frac{4k+2\ell+3-\widetilde{E}}{(2k+2\ell+3)(2k+2)}a_k\quad(k=0,1,2,3,\cdots)\tag{69.7}$$

問題 70　3次元等方調和振動子 (その 2)　標準

問題 69 からの続きの問題である．

5. 前設問 4 で得た a_k の漸化式から，級数 (69.3)は有限の $k = n(= 0, 1, 2, 3, \cdots)$ で切れて (すなわち，$a_n \neq 0$，$a_k = 0$ $(k \geq n+1)$) 多項式となるべきことを説明せよ．さらに，このことから，非負の整数 n と ℓ で定まるエネルギー固有値 $E_{n,\ell}$ を与えよ．

以上では，3次元等方調和振動子を極座標系で扱ったが，同じ系をデカルト座標で考えると，$U(r) = (\mu\omega^2/2)(x_1^2 + x_2^2 + x_3^2)$ であることから，次式のハミルトニアンで記述される「3個の独立な1次元調和振動子」の系でもある:

$$\widehat{H} = \sum_{i=1}^{3} \widehat{H}_i = \sum_{i=1}^{3} \left(\frac{1}{2\mu}\widehat{p}_i^{\,2} + \frac{1}{2}\mu\omega^2 \widehat{x}_i^{\,2} \right)$$

したがって，この系のエネルギー固有値は各調和振動子のエネルギー固有値 (09.7) の和として非負の整数の組 (n_1, n_2, n_3) により

$$E_{n_1,n_2,n_3} = \sum_{i=1}^{3} \left(n_i + \frac{1}{2} \right) \hbar\omega = \left(n_1 + n_2 + n_3 + \frac{3}{2} \right) \hbar\omega \qquad (70.1)$$

とも表される．

6. (70.1)のエネルギー固有値 E_{n_1,n_2,n_3} に対応した $\widehat{H}$ の固有ベクトルはテンソル積 $|n_1\rangle_1 \otimes |n_2\rangle_2 \otimes |n_3\rangle_3$ で与えられることを示せ．ここに，$|n_i\rangle_i$ $(i = 1, 2, 3)$ は i 番目の調和振動子ハミルトニアン $\widehat{H}_i$ の固有ベクトル (09.4)である．
7. 今の系の各エネルギー固有値は設問 5 の $E_{n,\ell}$ として表すことも，また，(70.1) 式の E_{n_1,n_2,n_3} として表すこともできる．この 2 通りの表現は「ハミルトニアンの独立な固有ベクトル」の取り方の違いでもある．各エネルギー固有値に対応した独立な固有ベクトルの数 (**縮退度**と呼ぶ) が 2 つの方法で同一であることを示せ．

解説　設問 5 でエネルギー固有値が決定される．なお，ここでは多項式 $S(\xi)$ の具体形を議論しないが，**ラゲール陪多項式** (72.5) で与えられることが知られている．

解答

5. **問題 40** 設問 5 の [解答] と同様である．漸化式 (69.7)から，$k \gg 1$ において

$$\frac{a_{k+1}}{a_k} = \frac{4k + 2\ell + 3 - \widetilde{E}}{(2k + 2\ell + 3)(2k + 2)} \underset{k \gg 1}{\simeq} \frac{1}{k} \quad \Rightarrow \quad a_k \simeq \frac{c}{k!} \quad (k \gg 1,\ c\,\text{:定数})$$

級数 (69.3)が無限級数とすると，$\xi \gg 1$ に対しては大きな k の項の寄与を考慮し，上記の近似 a_k を用いて

$$S(\xi) \sim \sum_{k=0}^{\infty} \frac{\xi^{2k}}{k!} = e^{\xi^2} \quad (\xi \gg 1)$$

となる (上式ではそれ全体に掛かる ξ の冪や定数を無視している)．しかし，このとき $\chi = S(\xi)\, e^{-\xi^2/2} \sim e^{+\xi^2/2} \to \infty$ $(r \to \infty)$ であって，$r \to \infty$ での規格化可能条件 (68.2)を満たさなくなる．したがって，級数 (69.3)はある $k = n$ で切れて多項式となる必要がある．この「$a_n \neq 0$ かつ $a_{k+1} = 0$ $(k \geq n)$」が実現するためには漸化式 (69.7)から $4n + 2\ell + 3 - \widetilde{E} = 0$ であり，これと (69.4)から

$$E_{n,\ell} = \frac{\hbar\omega}{2}\widetilde{E} = \left(2n + \ell + \frac{3}{2}\right)\hbar\omega \tag{70.2}$$

6. $\widehat{H} = \sum_{i=1}^{3} \widehat{H}_i$ の各 $\widehat{H}_i$ は $|n_i\rangle_i$ にのみ作用することから

$$\begin{aligned}
\widehat{H}\left(|n_1\rangle_1 \otimes |n_2\rangle_2 \otimes |n_3\rangle_3\right) &= \underbrace{\left(\widehat{H}_1 |n_1\rangle_1\right)}_{\left(n_1 + \frac{1}{2}\right)\hbar\omega\, |n_1\rangle_1} \otimes |n_2\rangle_2 \otimes |n_3\rangle_3 \\
&\quad + |n_1\rangle_1 \otimes \overbrace{\left(\widehat{H}_2 |n_2\rangle_2\right)}^{\left(n_2 + \frac{1}{2}\right)\hbar\omega\, |n_2\rangle_2} \otimes |n_3\rangle_3 + |n_1\rangle_1 \otimes |n_2\rangle_2 \otimes \overbrace{\left(\widehat{H}_3 |n_3\rangle_3\right)}^{\left(n_3 + \frac{1}{2}\right)\hbar\omega\, |n_3\rangle_3} \\
&= E_{n_1,n_2,n_3} |n_1\rangle_1 \otimes |n_2\rangle_2 \otimes |n_3\rangle_3
\end{aligned}$$

7. この系のエネルギー固有値は非負の整数 N により $E_N = \left(N + \frac{3}{2}\right)\hbar\omega$ で与えられる．各 E_N の縮退度は

E_{n_1,n_2,n_3} (70.1)の場合

固有値 E_{n_1,n_2,n_3} の固有ベクトル $|n_1\rangle_1 \otimes |n_2\rangle_2 \otimes |n_3\rangle_3$ は (n_1, n_2, n_3) で一意的に指定されるので，縮退度は $n_1 + n_2 + n_3 = N$ を与える非負整数の組 (n_1, n_2, n_3) の個数である．各 $n_1 (= 0, \cdots, N)$ に対して $N = n_1 + n_2 + n_3$ を満たす (n_2, n_3) の組の個数は $N - n_1 + 1$ であることから

$$(\text{縮退度}) = \sum_{n_1=0}^{N} (N - n_1 + 1) = \frac{1}{2}(N+1)(N+2)$$

$E_{n,\ell}$ (70.2)の場合

固有値 $E_{n,\ell}$ の固有関数は $R(r)Y_\ell^m$ (67.2)であり，$R(r) = R_{n,\ell}(r)$ は設問 5 のとおり非負整数 n (および ℓ) で指定され，各 (n, ℓ) 毎に固有ベクトルには $m = -\ell, -\ell+1, \cdots, \ell-1, \ell$ の $(2\ell+1)$ 個の種類がある (**問題 68** 設問 4 参照)．したがって，各 E_N に対する縮退度は $2n + \ell = N$ を満たす組 (n, ℓ) 毎に $(2\ell+1)$ を足し上げたものであり，N が偶数と奇数の各場合に

$$N\text{: 偶数} \ \Rightarrow \ (\text{縮退度}) = \sum_{\ell=0,2,\cdots,N} (2\ell+1) = \frac{1}{2}(N+1)(N+2)$$

$$N\text{: 奇数} \ \Rightarrow \ (\text{縮退度}) = \sum_{\ell=1,3,\cdots,N} (2\ell+1) = \frac{1}{2}(N+1)(N+2)$$

であって，ともに E_{n_1,n_2,n_3} の場合の縮退度と一致する．

問題 71　水素原子 (その 1)　標準

水素原子の量子力学を考えよう．この系のハミルトニアンは (67.1)において中心力ポテンシャル $U(r)$ を

$$U(r)=-\frac{e^2}{r} \tag{71.1}$$

とした次式で与えられる:

$$\widehat{H}=\frac{1}{2m_{\rm e}}\widehat{\boldsymbol{p}}^2-\frac{e^2}{\widehat{r}} \qquad \left(\widehat{r}=\sqrt{\widehat{\boldsymbol{x}}^{\,2}}\right) \tag{71.2}$$

力学変数 $\widehat{\boldsymbol{x}}$ は陽子 (電荷:$+e$) から見た電子 (電荷:$-e$) の相対座標であり，(67.1)での質量 μ は今の場合は電子質量 $m_{\rm e}$ となっている (より正確には μ は電子と陽子の換算質量 $\mu=(1/m_{\rm e}+1/m_{陽子})^{-1}$ であるが $m_{\rm e}\ll m_{陽子}$ なので $\mu=m_{\rm e}$ としてよい)．なお，(71.1)では CGS 単位系を採用しているが，MKSA 単位系を用いるなら右辺に $1/(4\pi\varepsilon_0)$ が掛かる．**問題 67** と **68** の一般論をもとに，この水素原子系の束縛状態のエネルギー固有値 $E\,(<0)$ と固有関数を求めたい．

1. 動径波動方程式 (67.7)を適当な正定数 β により $r=\beta\xi$ で関係した新変数 ξ を用いて表すと

$$\frac{d^2\chi}{d\xi^2}+\left(\frac{\lambda}{\xi}-\frac{1}{4}-\frac{\ell(\ell+1)}{\xi^2}\right)\chi=0 \tag{71.3}$$

とできる．定数 β および (71.3)に現れる定数 λ を元の (67.7)式に現れる定数 (ただし $\mu=m_{\rm e}$) および素電荷 e を用いて表せ．

2. 微分方程式 (71.3)から $\chi\simeq\xi^A\,e^{-\xi/2}$ $(\xi\gg1)$ であることを示せ．ここに A は $\xi\gg1$ における考察だけでは決まらない定数である．

3. 前設問 2 の結果を考慮し，一般の ξ に対して $\chi=F(\xi)\,e^{-\xi/2}$ と表す．(71.3)式から関数 $F(\xi)$ が満たすべき微分方程式を導け．さらに $F(\xi)$ を ξ^γ から始まる ξ の級数として

$$F(\xi)=\xi^\gamma\sum_{k=0}^{\infty}a_k\xi^k \quad (a_k\text{:定数係数},\ a_0\neq0) \tag{71.4}$$

で与えられると仮定し，可能な γ の値，および，係数 a_k が満たすべき漸化式を求めよ．

解 説　引力クーロンポテンシャル (71.1)を持った水素原子系の束縛状態 (エネルギー固有値 E が負の状態) を考える．数学的取り扱いは前の 3 次元等方調和振動子 (**問題 69**, **70**) とほぼ同様であり，[解答] も重複する部分が多い．

解 答

1. (71.1)の $U(r)$ の場合に (67.7)式を変数 $\xi(=r/\beta)$ で表し整理すると次式となる:

$$\frac{d^2\chi}{d\xi^2}+\Bigg[\underbrace{\frac{2m_{\rm e}\beta e^2}{\hbar^2}}_{=\lambda}\frac{1}{\xi}-\underbrace{\frac{2m_{\rm e}\beta^2(-E)}{\hbar^2}}_{=1/4}-\frac{\ell(\ell+1)}{\xi^2}\Bigg]\chi=0$$

なお，μ を $m_{\rm e}$ に置き換えている．これが (71.3)と一致するように 2 箇所の係数を上式に記したように指定することで β と λ が次のとおりに決まる:

$$\beta=\frac{\hbar}{2\sqrt{2m_{\rm e}(-E)}},\qquad \lambda=\frac{e^2}{\hbar}\sqrt{\frac{m_{\rm e}}{2(-E)}} \tag{71.5}$$

2. プライム ($'$) を ξ 微分として

$$\left(\xi^A\,e^{\pm\xi/2}\right)''=\left(\frac{1}{4}\pm\frac{A}{\xi}+\frac{A(A-1)}{\xi^2}\right)\xi^A\,e^{\pm\xi/2}\underset{\xi\gg 1}{\simeq}\frac{1}{4}\xi^A\,e^{\pm\xi/2}$$

から，$\chi=\xi^A\,e^{\pm\xi/2}$ が $\xi\gg 1$ における (71.3)の近似解であることがわかる．ただし，$\xi\to\infty$ で発散する $\chi=\xi^A\,e^{+\xi/2}$ の方は規格化可能条件 (68.2)を満たさないので排除される．

3. $\chi=F\,e^{-\xi/2}$ を (71.3)に代入し，関数 $F(\xi)$ に対する次の微分方程式を得る:

$$F''-F'+\left(\frac{\lambda}{\xi}-\frac{\ell(\ell+1)}{\xi^2}\right)F=0 \tag{71.6}$$

次に，この (71.6)式の左辺に級数 (71.4)を代入すると

$$\begin{aligned}&\sum_{k=0}^{\infty}\Big\{\big[(k+\gamma)(k+\gamma-1)-\ell(\ell+1)\big]\xi^{k+\gamma-2}-(k+\gamma-\lambda)\xi^{k+\gamma-1}\Big\}a_k\\&=(\gamma+\ell)(\gamma-\ell-1)a_0\xi^{\gamma-2}\\&\quad+\sum_{k=0}^{\infty}\Big\{(k+\gamma+\ell+1)(k+\gamma-\ell)a_{k+1}-(k+\gamma-\lambda)a_k\Big\}\xi^{k+\gamma-1}\end{aligned} \tag{71.7}$$

まず，$\xi^{\gamma-2}$ の係数がゼロとなるべきことから $\gamma=\ell+1$ あるいは $\gamma=-\ell$ であり，各場合における $R(r)$ の $r\sim 0$ での振る舞いは

$$R=\frac{\chi}{r}=\frac{1}{r}Fe^{-\xi/2}\underset{r\sim 0}{\sim}r^{\gamma-1}=\begin{cases}r^{\ell} & (\gamma=\ell+1)\\ r^{-\ell-1} & (\gamma=-\ell)\end{cases}$$

$r\to 0$ での規格化可能条件 (68.2) は $\gamma=\ell+1$ に対してはすべての $\ell=0,1,2,3,\cdots$ で満たされているが，$\gamma=-\ell$ に対しては $\ell=0$ ($\Rightarrow R\sim 1/r$) の場合にのみ満たされる．しかし，$R\sim 1/r$ ($r\sim 0$) の振る舞いは**問題 68** 設問 6 のとおり許されない．結局，

$$\gamma=\ell+1 \tag{71.8}$$

のみが可能であり，このとき，(71.7)の $\xi^{k+\gamma-1}$ の係数がゼロであるべきことから a_k が満たす漸化式は

$$a_{k+1}=\frac{k+\ell+1-\lambda}{(k+2\ell+2)(k+1)}\,a_k\quad(k=0,1,2,3,\cdots) \tag{71.9}$$

問題 72　水素原子 (その 2)　標準

問題 71 からの続きの問題である．

4. 前設問 3 で得た a_k の漸化式から，級数 (71.4)は有限の $k = n_\mathrm{r} (= 0, 1, 2, 3, \cdots)$ で切れて $(a_{n_\mathrm{r}} \neq 0,\ a_k = 0\ (k \geq n_\mathrm{r} + 1))$ 多項式となるべきことを説明せよ．さらに，このことから水素原子のエネルギー準位の公式

$$E_n = -\frac{m_\mathrm{e} e^4}{2\hbar^2 n^2} \qquad (n = 1, 2, 3, \dots) \tag{72.1}$$

を導き，**主量子数** (principal quantum number) n を n_r と ℓ で与えよ．

5. (72.1)のエネルギー固有値 E_n の縮退度 (固有値 E_n を持つ独立な固有ベクトルの数) を求めよ．

次に，動径波動関数 $R(r)$ の具体的な関数形を求め，規格化された波動関数 $\psi_E(\boldsymbol{x}) = R(r) Y_\ell^m(\theta, \varphi)$ (67.2) を決定したい．このために $F(\xi)$ (71.4)を

$$L(\xi) \equiv \sum_{k=0}^{n_\mathrm{r}} a_k \xi^k \quad \Rightarrow \quad F(\xi) = \xi^\gamma L(\xi) \underset{\substack{\uparrow \\ (71.8)}}{=} \xi^{\ell+1} L(\xi) \tag{72.2}$$

と表す．この n_r 次多項式 $L(\xi)$ を用いて $R(r)$ は

$$R(r) = \frac{1}{r}\chi(r) = \frac{1}{r} F(\xi)\, e^{-\xi/2} = \frac{1}{\beta}\, \xi^\ell L(\xi)\, e^{-\xi/2} \tag{72.3}$$

なお，$L(\xi)$ を指定する整数 (量子数) として (n, ℓ) の組を用いる (n_r は設問 4 により (n, ℓ) で表される)．

6. 設問 3 で得た漸化式から a_k を a_0 で表すことで，量子数 (n, ℓ) で指定される $L(\xi)$ が定数倍の任意性を除いて

$$L(\xi) = L_{n+\ell}^{2\ell+1}(\xi) \tag{72.4}$$

であることを示せ．ここに，$L_q^p(\xi)$ は一般の非負整数 q と $p = 0, 1, \cdots, q$ に対して次式で定義される $(q - p)$ 次多項式であり，**ラゲール陪多項式** (associated Laguerre polynomial) と呼ばれる:

$$L_q^p(\xi) = \sum_{k=0}^{q-p} (-1)^{k+p} \frac{(q!)^2}{(q-p-k)!\,(k+p)!\,k!}\, \xi^k \tag{72.5}$$

特に $p = 0$ の場合は $L_q(\xi) \left(= L_q^{p=0}(\xi)\right)$ と表し，**ラゲール多項式** (Laguerre polynomial) と呼ばれる．

解説　微分方程式 (71.3)の中の係数 1/4 は唐突に思ったかもしれないが，結局，ξ がちょうどラゲール陪多項式の変数になるように選んだものである．1/4 を別の定数に変えても r の関数としての $L(\xi)$ は変わらない．

解答

4. **問題 40** 設問 5 や**問題 70** 設問 5 の [解答] において $\xi^2 \to \xi$ としたものと同様である．級数 (71.4)が無限級数であるとすると，漸化式 (71.9)から $k \gg 1$ に対して $a_{k+1}/a_k \simeq 1/k \Rightarrow a_k \sim 1/k!$ であり，$\xi \gg 1$ に対しては級数 $F(\xi)$ (71.4) の大きな k の項の寄与を考慮して

$$F(\xi) \underset{\xi\gg 1}{\sim} \sum_{k=0}^{\infty} \frac{\xi^k}{k!} = e^{\xi} \quad \Rightarrow \quad \chi = F(\xi)\, e^{-\xi/2} \underset{\xi\gg 1}{\sim} e^{+\xi/2} \underset{\xi\to\infty}{\to} \infty \tag{72.6}$$

となり (設問 2 の解答で却下した方の振る舞い)，$r \to \infty$ で規格化不能となる．
したがって，級数 (71.4)はある有限の $k = n_{\rm r} (= 0, 1, 2, 3, \cdots)$ の項で切れて多項式となる必要があるが，この要請 ($a_{n_{\rm r}+1} = 0$，$a_{n_{\rm r}} \neq 0$) および漸化式 (71.9)から λ は $\lambda = n_{\rm r} + \ell + 1$ と定まる．そこで，整数に値を取ることになった λ を n と書き改めると，(71.5)の第 2 式からの $E = -m_{\rm e} e^4/(2\hbar^2\lambda^2)$ からエネルギー準位公式 (72.1) を得る．$n (= \lambda)$ を $n_{\rm r}$ と ℓ で表すと (上のとおり)

$$n = n_{\rm r} + \ell + 1\,(= 1, 2, 3, \cdots), \qquad (n_{\rm r}, \ell = 0, 1, 2, 3, \cdots) \tag{72.7}$$

である．

5. (72.7)から，与えられた n に対して ℓ が取ることができる値は $\ell = 0, 1, \cdots, n-1$ (対応する $n_{\rm r}$ は $n_{\rm r} = n-1, n-2, \cdots, 0$) であることと，各 ℓ に対して $m (= -\ell, \cdots, \ell)$ による $(2\ell + 1)$ 重の縮退があること (**問題 68** 設問 4 参照) から

$$(E_n \text{ の縮退度}) = \sum_{\ell=0}^{n-1} (2\ell + 1) = 2 \times \frac{1}{2}(n-1)n + n = n^2$$

6. 漸化式 (71.9)において $\lambda = n$ とし，これを繰り返し用いて

$$\begin{aligned} a_k &= -\frac{n-\ell-k}{(2\ell+k+1)k}\, a_{k-1} = (-1)^k \frac{(n-\ell-k)(n-\ell-k+1)\cdots(n-\ell-1)}{(2\ell+k+1)(2\ell+k)\cdots(2\ell+2)\,k!}\, a_0 \\ &= (-1)^k \frac{(n-\ell-1)!}{(n-\ell-k-1)!} \frac{(2\ell+1)!}{(2\ell+k+1)!} \frac{1}{k!}\, a_0 \end{aligned}$$

そこで，与えられた (n, ℓ) に対して

$$a_0 = (-1)^{2\ell+1} \frac{[(n+\ell)!]^2}{(n-\ell-1)!\,(2\ell+1)!}$$

と取り，(72.7)からの $n_{\rm r} = n - \ell - 1$ を用いると

$$L(\xi) = \sum_{k=0}^{n_{\rm r}} a_k \xi^k = \sum_{k=0}^{n-\ell-1} (-1)^{k+2\ell+1} \frac{[(n+\ell)!]^2}{(n-\ell-1-k)!\,(k+2\ell+1)!\,k!}\, \xi^k$$

となって (72.5)式で $(q, p) = (n + \ell, 2\ell + 1)$ とした $L_{n+\ell}^{2\ell+1}(\xi)$ と一致する．

問題 73　水素原子 (その 3)　発展

問題 71，72 からの続きの問題である．

7. ラゲール陪多項式 $L_q^p(\xi)$ が満たす 2 階微分方程式を与えよ．
8. (72.5)式で定義されたラゲール陪多項式 $L_q^p(\xi)$ に関する次の諸公式を示せ:

$$L_q^p(\xi) = \frac{d^p}{d\xi^p} L_q(\xi) \tag{73.1}$$

$$L_q(\xi) = e^{\xi} \frac{d^q}{d\xi^q}\left(\xi^q e^{-\xi}\right) \tag{73.2}$$

$$G_p(\xi, s) \equiv \frac{(-s)^p}{(1-s)^{p+1}} \exp\left(-\frac{s\xi}{1-s}\right) = \sum_{q=0}^{\infty} \frac{L_q^p(\xi)}{q!} s^q \tag{73.3}$$

$$\int_0^{\infty} d\xi\, e^{-\xi}\, \xi^{p+1} \left(L_q^p(\xi)\right)^2 = \frac{(q!)^3}{(q-p)!}(2q-p+1) \tag{73.4}$$

解説　設問 8 は波動関数を規格化するために必要な公式の導出問題である．

解答

7. まず，$F(\xi)$ の微分方程式 (71.6)に $F(\xi) = \xi^{\ell+1} L(\xi)$ (72.2)を代入し $\lambda = n$ として

$$\xi L'' + (2\ell + 2 - \xi)L' + (n - \ell - 1)L = 0$$

これに $L(\xi) = L_{n+\ell}^{2\ell+1}(\xi)$ (72.4)と $(q, p) = (n+\ell, 2\ell+1)$ からの $2\ell+2 = p+1$ と $n - \ell - 1 = q - p$ を用いて，$L_q^p(\xi)$ が従う微分方程式は

$$\xi L_q^{p\,\prime\prime} + (p + 1 - \xi)L_q^{p\,\prime} + (q - p)L_q^p = 0 \tag{73.5}$$

8. <u>(73.1)式:</u> (72.5)式で $p = 0$ とした $L_q(\xi) = L_q^{p=0}(\xi)$ の表式と

$$\frac{d^p}{d\xi^p}\xi^k = \begin{cases} k(k-1)\cdots(k-p+1)\,\xi^{k-p} = \dfrac{k!}{(k-p)!}\,\xi^{k-p} & (p \le k) \\ 0 & (p \ge k+1) \end{cases} \tag{73.6}$$

を用いて

$$\frac{d^p}{d\xi^p} L_q(\xi) = \frac{d^p}{d\xi^p} \sum_{k=0}^{q} \frac{(-1)^k (q!)^2}{(q-k)!\,(k!)^2} \xi^k = \sum_{k=p}^{q} \frac{(-1)^k (q!)^2}{(q-k)!\,k!\,(k-p)!}\,\xi^{k-p}$$

$$\underset{\substack{\uparrow \\ \boxed{k \to k+p}}}{=} \sum_{k=0}^{q-p} \frac{(-1)^{k+p} (q!)^2}{(q-p-k)!\,(k+p)!\,k!}\,\xi^k = L_q^p(\xi)$$

<u>(73.2)式:</u> 一般ライプニッツ則 (60.9)と (73.6)式を用いて (二項係数の記号は (63.5))

$$e^{\xi} \frac{d^q}{d\xi^q}\left(\xi^q e^{-\xi}\right) \underset{\substack{\uparrow \\ (60.9)}}{=} e^{\xi} \sum_{k=0}^{q} \binom{q}{k} \underbrace{\frac{d^k e^{-\xi}}{d\xi^k}}_{(-1)^k e^{-\xi}} \underbrace{\frac{d^{q-k}\xi^q}{d\xi^{q-k}}}_{(q!/k!)\,\xi^k} = \sum_{k=0}^{q} \frac{(-1)^k (q!)^2}{(q-k)!\,(k!)^2} \xi^k = L_q(\xi)$$

(73.3)式: まず，$p=0$ の場合，$G_{p=0}(\xi,s)$ の指数関数をテイラー展開して

$$\frac{1}{1-s}\exp\left(-\frac{s\xi}{1-s}\right)=\sum_{k=0}^{\infty}\frac{(-\xi)^k}{k!}\frac{s^k}{(1-s)^{k+1}}=\sum_{k=0}^{\infty}\frac{(-\xi)^k}{k!}\sum_{n=0}^{\infty}\frac{(k+n)!}{k!\,n!}s^{k+n}$$

$$\underset{\substack{\uparrow\\ \boxed{k+n=q}}}{=}\sum_{k=0}^{\infty}\frac{(-\xi)^k}{(k!)^2}\sum_{q=k}^{\infty}\frac{q!}{(q-k)!}s^q=\sum_{q=0}^{\infty}\frac{s^q}{q!}\underbrace{\sum_{k=0}^{q}\frac{(q!)^2}{(q-k)!\,(k!)^2}(-\xi)^k}_{L_q(\xi)}$$

となり，(73.3)が成り立っている．ここに，第 2 等号では s についてのテイラー展開

$$(1-s)^{-k-1}=\sum_{n=0}^{\infty}\binom{-k-1}{n}(-s)^n=\sum_{n=0}^{\infty}\frac{(k+n)!}{k!\,n!}s^n \tag{73.7}$$

を用い，第 3 等号では n についての和を $q\equiv k+n$ についての和とし，最後の等号では $\sum_k$ と $\sum_q$ の順序を入れ替えた．$p\geq 1$ の場合の (73.3)式は，$p=0$ の場合の式に $(d/d\xi)^p$ を作用させ (73.1)を用いれば直ちに得られる．

(73.4)式: (73.3)式とそこで $(s,q)\to(s',q')$ と置き換えた式を用いて

$$\sum_{q,q'=0}^{\infty}\frac{s^q s'^{q'}}{q!\,q'!}\int_0^{\infty}d\xi\,e^{-\xi}\,\xi^{p+1}L_q^p(\xi)L_{q'}^p(\xi)=\int_0^{\infty}d\xi\,e^{-\xi}\,\xi^{p+1}G_p(\xi,s)G_p(\xi,s')$$

$$=\frac{(ss')^p}{[(1-s)(1-s')]^{p+1}}\underbrace{\int_0^{\infty}d\xi\,\xi^{p+1}\exp\left[-\left(1+\frac{s}{1-s}+\frac{s'}{1-s'}\right)\xi\right]}_{(p+1)!\left(1+\frac{s}{1-s}+\frac{s'}{1-s'}\right)^{-p-2}=(p+1)!\left(\frac{(1-s)(1-s')}{1-ss'}\right)^{p+2}}$$

$$=(p+1)!\,(1-s)(1-s')(ss')^p\underbrace{(1-ss')^{-p-2}}_{\sum_{k=0}^{\infty}\frac{(p+1+k)!}{(p+1)!\,k!}(ss')^k}$$

$$=\sum_{k=0}^{\infty}\frac{(p+k+1)!}{k!}\left(1-s-s'+ss'\right)(ss')^{p+k} \tag{73.8}$$

ここに，積分公式

$$\int_0^{\infty}d\xi\,\xi^{p+1}\,e^{-A\xi}=(p+1)!\,A^{-p-2}\qquad(A>0) \tag{73.9}$$

および (73.7)で $(s,k)\to(ss',p+1)$ とした展開を用いた．(73.4)の左辺の積分は (73.8)の最後の表式の $(ss')^q$ の項から読み取ることができるが，これには $k=q-p$ と $k=q-p-1$ の 2 項から寄与があり ($p=q$ の場合は後者はなし)

$$\frac{1}{(q!)^2}\int_0^{\infty}d\xi e^{-\xi}\xi^{p+1}\left(L_q^p(\xi)\right)^2=\frac{(q+1)!}{(q-p)!}+\underbrace{\frac{q!}{(q-p-1)!}}_{p=q\text{ の場合はなし}}=\frac{q!}{(q-p)!}(2q-p+1)$$

となって (最後の表式は $p=q$ の場合にも正しい)，(73.4)を得る．

問題 74　水素原子 (その 4)　発展

問題 71〜73 からの続きの問題である．

量子数 (n,ℓ) で指定される (72.3)式の動径波動関数 $R(r)$ は (72.4)式により

$$R_{n,\ell}(r) = c_{n,\ell}\,\xi_n^{\ell} L_{n+\ell}^{2\ell+1}(\xi_n)\,e^{-\xi_n/2} \tag{74.1}$$

と与えられ，これを用いてエネルギー固有値 E_n (72.1) と角運動量量子数 (ℓ,m) を持つ波動関数の全体は次式となる:

$$\psi_{n,\ell,m}(r,\theta,\varphi) = R_{n,\ell}(r)Y_\ell^m(\theta,\varphi) \tag{74.2}$$

ここに，(74.1)式右辺の $c_{n,\ell}$ は定数，ξ_n は主量子数 n (エネルギー固有値 E_n) に対する変数 $\xi = r/\beta$ であり (**問題 71** 設問 1 参照)，$\psi_{n,\ell,m}$ (74.2)を指定する量子数 (n,ℓ,m) が取る値は次の範囲の整数である (**問題 72** 設問 5 の [解答] 参照):

$$n \geq 1, \qquad 0 \leq \ell \leq n-1, \qquad -\ell \leq m \leq \ell \tag{74.3}$$

9. ξ_n を元の動径座標 r で表せ．必要なら次の**ボーア半径** (Bohr radius) a_B を用いよ:

$$a_\mathrm{B} \equiv \frac{\hbar^2}{m_\mathrm{e}e^2} \fallingdotseq 5.29 \times 10^{-11}\mathrm{m} \tag{74.4}$$

10. 波動関数 $\psi_{n,\ell,m}(r,\theta,\varphi)$ (74.2) が正規直交性

$$\int d^3x\,\psi_{n,\ell,m}(r,\theta,\varphi)^* \psi_{n',\ell',m'}(r,\theta,\varphi) = \delta_{n,n'}\delta_{\ell,\ell'}\delta_{m,m'} \tag{74.5}$$

を満たすように (74.1)式右辺の定数 $c_{n,\ell}$ を定めよ．

11. $R_{n,\ell}(r)$ を $n=1,2$ および可能な ℓ に対して陽に与えよ．

解 説　本問題で水素原子の波動関数の構成が完了する．波動関数 $\psi_{n,\ell,m}(r,\theta,\varphi)$ は 3 つのエルミート演算子 $(\hat{H}, \hat{\boldsymbol{L}}^2, \hat{L}_3)$ の同時固有関数であり，対応する量子数の組 (n,ℓ,m) で指定される．

解 答

9. まず，r と ξ の関係は $r=\beta\xi$ であるが，定数 β は (71.5)式で与えられ，エネルギー固有値 E に依存している．したがって，主量子数 n に対しては $r=\beta_n\xi_n$ であり，定数 β_n は E_n (72.1)を用いて

$$\beta_n = \frac{\hbar}{2\sqrt{2m_\mathrm{e}(-E_n)}} = \frac{\hbar^2 n}{2m_\mathrm{e}e^2} = \frac{1}{2}na_\mathrm{B}$$

で与えられる．よって，

$$\xi_n = \frac{1}{\beta_n}r = \frac{2r}{na_\mathrm{B}} \tag{74.6}$$

10. (74.5)の左辺は $\int d^3x$ の極座標表式 (59.8)を用いて

$$\begin{aligned}
&\int d^3x\,\psi_{n,\ell,m}(r,\theta,\varphi)^*\psi_{n',\ell',m'}(r,\theta,\varphi)\\
&=\int_0^\infty dr\,r^2R_{n,\ell}(r)^*R_{n',\ell'}(r)\underbrace{\int d\Omega\,Y_\ell^m(\theta,\varphi)^*Y_{\ell'}^{m'}(\theta,\varphi)}_{=\delta_{\ell,\ell'}\delta_{m,m'}\ \because (62.3)}\\
&=\int_0^\infty dr\,r^2R_{n,\ell}(r)^*R_{n',\ell}(r)\times\delta_{\ell,\ell'}\delta_{m,m'}
\end{aligned}$$

したがって，正規直交性 (74.5)は

$$\int_0^\infty dr\,r^2R_{n,\ell}(r)^*R_{n',\ell}(r)=\delta_{n,n'}$$

と等価であるが，$n\neq n'$ の場合の直交性は「エルミート演算子である ハミルトニアン $\widehat{H}$ (67.1)の異なる固有値 E_n と $E_{n'}$ に対する固有ベクトルの直交性」から自明 (この直交性をラゲール陪多項式の積分で直接示すのは簡単ではない)．よって，$n=n'$ の場合の規格化条件が各 (n,ℓ) に対して成り立つように定数 $c_{n,\ell}$ を定めればよい．この r 積分を (74.6)の ξ_n 積分で表し，公式 (73.4)を用いて

$$1=\int_0^\infty dr\,r^2\left|R_{n,\ell}(r)\right|^2=\left|c_{n,\ell}\right|^2\beta_n^3\underbrace{\int_0^\infty d\xi_n e^{-\xi_n}\xi_n^{2\ell+2}\left(L_{n+\ell}^{2\ell+1}(\xi_n)\right)^2}_{\left.\frac{(q!)^3}{(q-p)!}(2q-p+1)\right|_{\substack{q=n+\ell\\ p=2\ell+1}}=\frac{[(n+\ell)!]^3\,2n}{(n-\ell-1)!}}$$

$$\Rightarrow\quad c_{n,\ell}=-\sqrt{\frac{(n-\ell-1)!}{2n[(n+\ell)!]^3}\left(\frac{2}{na_{\mathrm{B}}}\right)^3}\tag{74.7}$$

$c_{n,\ell}$ には位相因子倍の任意性があるが，ここでは $c_{n,\ell}$ を負の実数に選んだ．

11. (74.1)式の $R_{n\ell}(r)$ に $c_{n,\ell}$ (74.7)と (72.5)からの

$$L_1^1(\xi)=-1,\qquad L_2^1(\xi)=-4+2\xi,\qquad L_3^3(\xi)=-6$$

および ξ_n (74.6)を用いて

$$\begin{aligned}
R_{1,0}(r)&=-\sqrt{\frac{0!}{2}\left(\frac{2}{a_{\mathrm{B}}}\right)^3}L_1^1(\xi_1)\,e^{-\xi_1/2}=\frac{2}{a_{\mathrm{B}}^{3/2}}\,e^{-r/a_{\mathrm{B}}}\\
R_{2,0}(r)&=-\sqrt{\frac{1}{4\,(2!)^3}\left(\frac{1}{a_{\mathrm{B}}}\right)^3}L_2^1(\xi_2)\,e^{-\xi_2/2}=\left(\frac{1}{2a_{\mathrm{B}}}\right)^{3/2}\left(2-\frac{r}{a_{\mathrm{B}}}\right)e^{-r/(2a_{\mathrm{B}})}\\
R_{2,1}(r)&=-\sqrt{\frac{0!}{4\,(3!)^3}\left(\frac{1}{a_{\mathrm{B}}}\right)^3}\xi_2\,L_3^3(\xi_2)\,e^{-\xi_2/2}=\left(\frac{1}{2a_{\mathrm{B}}}\right)^{3/2}\frac{r}{\sqrt{3}\,a_{\mathrm{B}}}\,e^{-r/(2a_{\mathrm{B}})}
\end{aligned}\tag{74.8}$$

$c_{n,\ell}$ を「負の実数」に選んだために，各 $R_{n,\ell}(r)$ の r の最低冪項が正となっている．また，指数関数部分から波動関数はボーア半径 a_{B} のオーダーの拡がりを持っていることがわかる．

問題 75　極座標を力学変数とするハミルトニアン (その1)　基本

問題 67 では，極座標系 (r,θ,φ) での $\boldsymbol{x}$-表示ハミルトニアン $\hat{H}$ (67.3)を ∇^2 の極座標表式 (58.2)を用いて得た．本問題では，この $\hat{H}$ (67.3)を極座標系での解析力学(古典力学) ハミルトニアンから求めてみよう．まずは，解析力学の設問である:

1. 中心力ポテンシャル $U(r)$ 下の質量 μ の質点の解析力学ラグランジアン
$$L=\frac{1}{2}\mu\dot{\boldsymbol{x}}^2-U(r) \tag{75.1}$$
を極座標 (r,θ,φ) およびその時間微分 $(\dot{r},\dot{\theta},\dot{\varphi})$ で表せ．

2. 前設問 1 で得たラグランジアン $L(r,\theta,\varphi,\dot{r},\dot{\theta},\dot{\varphi})$ から対応するハミルトニアン $H_{\rm cl}(r,\theta,\varphi,p_r,p_\theta,p_\varphi)$ を求めよ．ここに，(p_r,p_θ,p_φ) は (r,θ,φ) に対応した一般化運動量 $p_q=\partial L/\partial\dot{q}$ $(q=r,\theta,\varphi)$ である．

さて，以下では設問 2 で得た解析力学ハミルトニアンの一般化運動量 (p_r,p_θ,p_φ) を対応する (微分) 演算子 $(\hat{p}_r,\hat{p}_\theta,\hat{p}_\varphi)$ に置き換えた $H_{\rm cl}(r,\theta,\varphi,\hat{p}_r,\hat{p}_\theta,\hat{p}_\varphi)$ が量子力学ハミルトニアン $\hat{H}$ (67.3)を再現するかどうかを調べたい．ここに，$(\hat{p}_r,\hat{p}_\theta,\hat{p}_\varphi)$ は正準交換関係
$$[q_a,\hat{p}_b]=i\hbar\delta_{ab},\quad [\hat{p}_a,\hat{p}_b]=0\qquad (a,b=r,\theta,\varphi;\ q_a=a) \tag{75.2}$$
を満たすとともに，エルミート性の条件式
$$\int d^3x\,\psi_1(\boldsymbol{x})^*\bigl(\hat{p}_a\psi_2(\boldsymbol{x})\bigr)=\int d^3x\,\bigl(\hat{p}_a\psi_1(\boldsymbol{x})\bigr)^*\psi_2(\boldsymbol{x}) \tag{75.3}$$
も満たす必要がある．ここに，$\psi_{1,2}(\boldsymbol{x})=\psi_{1,2}(r,\theta,\varphi)$ は規格化可能性 (および他の付加的条件) を満たす任意波動関数であり，全空間積分は極座標では (57.10)式，すなわち，次式で与えられる:
$$\int d^3x=\int_0^\infty dr\int_0^\pi d\theta\int_0^{2\pi}d\varphi\,J(r,\theta)\qquad \bigl(J(r,\theta)=r^2\sin\theta\bigr) \tag{75.4}$$

3. 極座標系での運動量演算子 $\hat{p}_q$ $(q=r,\theta,\varphi)$ をデカルト座標 x_i に対する $\hat{p}_i=-i\hbar(\partial/\partial x_i)$ をまねた $\hat{p}_q=-i\hbar(\partial/\partial q)$ とすると，これらは正準交換関係 (75.2)を満たすが，エルミート性条件 (75.3)は (75.4)式に掛かる関数 $J(r,\theta)$ のために部分積分が非自明となって ($\hat{p}_\varphi$ を除いて) 成り立たない．しかし，
$$\hat{p}_a=-i\hbar\frac{1}{\sqrt{J}}\frac{\partial}{\partial q_a}\sqrt{J}=-i\hbar\left(\frac{\partial}{\partial q_a}+\frac{\partial\ln\sqrt{J}}{\partial q_a}\right)\quad (a=r,\theta,\varphi) \tag{75.5}$$
は J の具体形によらず正準交換関係 (75.2)とエルミート性条件 (75.3)の両方を満足する．このことを示せ ((75.3)を示す際の部分積分の端点項は無視してよい)．

解説　問題についての補足説明を与えておく:

- (75.3)は $\widehat{p}_q$ の (表示に依らない) エルミート性条件 $\langle\psi_1|\,\widehat{p}_q\,|\psi_2\rangle = (\langle\psi_2|\,\widehat{p}_q\,|\psi_1\rangle)^*(\equiv \langle\psi_1|\,\widehat{p}_q^\dagger\,|\psi_2\rangle)$ を $\hat{p}_q$ の定義式
$$\langle\psi_1|\,\widehat{p}_q\,|\psi_2\rangle = \int d^3x\,\psi_1(\boldsymbol{x})^*\big(\hat{p}_q\psi_2(\boldsymbol{x})\big)$$
を用いて $\boldsymbol{x}$-表示で表したものである．
- $\hat{p}_a$ (75.5)の関数 $f(\boldsymbol{x})$ に対する作用は
$$\hat{p}_a f = -i\hbar\frac{1}{\sqrt{J}}\frac{\partial}{\partial q_a}(\sqrt{J}\,f) = -i\hbar\left(\frac{\partial f}{\partial q_a} + \frac{1}{\sqrt{J}}\frac{\partial\sqrt{J}}{\partial q_a}\,f\right)$$

解 答

1. **問題 57** 設問 2 の「微小変化」を微小時間変化 $(d = dt\,(d/dt))$ として，(57.6)式から $\dot{\boldsymbol{x}} = \boldsymbol{e}_r\,\dot{r} + \boldsymbol{e}_\theta\,r\dot{\theta} + \boldsymbol{e}_\varphi\,r\sin\theta\,\dot{\varphi}$ を得る．これと正規直交性 (57.2)を用いて
$$\dot{\boldsymbol{x}}^2 = \dot{r}^2 + (r\dot{\theta})^2 + (r\sin\theta\,\dot{\varphi})^2 = \dot{r}^2 + r^2\left(\dot{\theta}^2 + \sin^2\theta\,\dot{\varphi}^2\right)$$
したがって，ラグランジアン (75.1)を極座標で表すと
$$L = \frac{1}{2}\mu\left(\dot{r}^2 + r^2\left(\dot{\theta}^2 + \sin^2\theta\,\dot{\varphi}^2\right)\right) - U(r)$$

2. まず，
$$p_r = \frac{\partial L}{\partial\dot{r}} = \mu\dot{r},\quad p_\theta = \frac{\partial L}{\partial\dot{\theta}} = \mu r^2\dot{\theta},\quad p_\varphi = \frac{\partial L}{\partial\dot{\varphi}} = \mu r^2\sin^2\theta\,\dot{\varphi}$$
これを用いて解析力学ハミルトニアン $H_{\rm cl}(= p_r\dot{r} + p_\theta\dot{\theta} + p_\varphi\dot{\varphi} - L)$ は
$$H_{\rm cl} = \frac{\mu}{2}\left(\dot{r}^2 + r^2\left(\dot{\theta}^2 + \sin^2\theta\,\dot{\varphi}^2\right)\right) + U(r) = \frac{1}{2\mu}\left[p_r^2 + \frac{1}{r^2}\left(p_\theta^2 + \frac{p_\varphi^2}{\sin^2\theta}\right)\right] + U(r) \tag{75.6}$$

3. 以下では $\hat{p}_a$ は (75.5)のものとする．$\partial_a \equiv (\partial/\partial q_a)$ の省略記号を用いて，正準交換関係 (75.2)は
$$[q_a, \hat{p}_b] = -i\hbar\left[q_a, \partial_b + (\partial_b\ln\sqrt{J})\right] = -i\hbar\,[q_a, \partial_b] = i\hbar\delta_{ab}$$
$$\begin{aligned}-\frac{1}{\hbar^2}[\hat{p}_a, \hat{p}_b] &= \left[\partial_a + (\partial_a\ln\sqrt{J}), \partial_b + (\partial_b\ln\sqrt{J})\right]\\ &= \underbrace{\left[\partial_a, (\partial_b\ln\sqrt{J})\right]}_{(\partial_a\partial_b\ln\sqrt{J})} + \underbrace{\left[(\partial_a\ln\sqrt{J}), \partial_b\right]}_{-(\partial_b\partial_a\ln\sqrt{J})} = (\partial_a\partial_b - \partial_b\partial_a)\ln\sqrt{J} = 0\end{aligned}$$
となり (J の具体形に依らず) 成り立っている．次に，エルミート性条件 (75.3)は ($\hat{p}_a$ に対しては変数 q_a 以外の積分は省略して)
$$\begin{aligned}\int dq_a\,J\,\psi_1^*(\hat{p}_a\psi_2) &= -i\hbar\int dq_a\sqrt{J}\,\psi_1^*\partial_a(\sqrt{J}\psi_2) \overset{\text{部分積分}}{=} i\hbar\int dq_a\big(\partial_a(\sqrt{J}\,\psi_1^*)\big)\sqrt{J}\psi_2\\ &= \int dq_a\,J\big(-i\hbar J^{-\frac{1}{2}}\partial_a(\sqrt{J}\,\psi_1)\big)^*\psi_2 = \int dq_a\,J\,(\hat{p}_a\psi_1)^*\psi_2\end{aligned} \tag{75.7}$$
のとおり成り立っている (部分積分の端点項は無視したが，次の**問題 76** の [解答] の最後の補足を参照のこと)．

問題 76　極座標を力学変数とするハミルトニアン (その 2)　標準

問題 75 からの続きの問題である．

4. (75.4)式の $J(r,\theta)$ に対して (75.5)で定義される $(\hat{p}_r, \hat{p}_\theta, \hat{p}_\varphi)$ を具体的に与えよ．
5. **問題 75** 設問 2 で得た解析力学ハミルトニアン H_{cl} (75.6)において $(p_r, p_\theta, p_\varphi) \to (\hat{p}_r, \hat{p}_\theta, \hat{p}_\varphi)$ の単純な置き換えを行ったものは (67.3)式の量子力学ハミルトニアン $\hat{H}$ と一部分一致しないことを確かめよ．
6. $\hat{H}$ (67.3)を $(r, \theta, \varphi, \hat{p}_r, \hat{p}_\theta, \hat{p}_\varphi)$ で表せ．ただし，この $\hat{H}$ の表式において運動量演算子の解析力学運動量への置き換え $(\hat{p}_r, \hat{p}_\theta, \hat{p}_\varphi) \to (p_r, p_\theta, p_\varphi)$ をしたものが解析力学ハミルトニアン H_{cl} (75.6)と一致するように取ること．

解説　設問 6 では，例えば，$\hat{p}_\theta$ と $\sin\theta$ は非可換なので

$$\hat{p}_\theta, \quad \sin\theta\,\hat{p}_\theta\frac{1}{\sin\theta}, \quad \sqrt{\sin\theta}\,\hat{p}_\theta\frac{1}{\sqrt{\sin\theta}},$$

はすべて異なる量であるが，$\hat{p}_\theta \to p_\theta$ と置き換えると (解析力学では p_θ と $\sin\theta$ は可換なので) すべて p_θ に等しくなることを考慮すること．

解答

4. $\sqrt{J} = r\sqrt{\sin\theta}$ を用いて次の $\hat{p}_a$ の各表式を得る:

$$\begin{aligned}
\hat{p}_r &= -i\hbar\frac{1}{\sqrt{J}}\frac{\partial}{\partial r}\sqrt{J} = -i\hbar\frac{1}{r}\frac{\partial}{\partial r}r = -i\hbar\left(\frac{\partial}{\partial r} + \frac{1}{r}\right) \\
\hat{p}_\theta &= -i\hbar\frac{1}{\sqrt{J}}\frac{\partial}{\partial\theta}\sqrt{J} = -i\hbar\frac{1}{\sqrt{\sin\theta}}\frac{\partial}{\partial\theta}\sqrt{\sin\theta} = -i\hbar\left(\frac{\partial}{\partial\theta} + \frac{1}{2}\cot\theta\right) \\
\hat{p}_\varphi &= -i\hbar\frac{1}{\sqrt{J}}\frac{\partial}{\partial\varphi}\sqrt{J} = -i\hbar\frac{\partial}{\partial\varphi}
\end{aligned} \tag{76.1}$$

5. まず，前設問 4 で得た $\hat{p}_a$ から $\hat{p}_a^2$ を求めるために，任意関数 f に対する作用を考えて:

$$\begin{aligned}
-\frac{1}{\hbar^2}\hat{p}_r^2 f &= \left(\frac{\partial}{\partial r} + \frac{1}{r}\right)\left(\frac{\partial f}{\partial r} + \frac{f}{r}\right) = \frac{\partial^2 f}{\partial r^2} + \frac{2}{r}\frac{\partial f}{\partial r} = \frac{1}{r^2}\frac{\partial}{\partial r}\left(r^2\frac{\partial f}{\partial r}\right) \\
-\frac{1}{\hbar^2}\hat{p}_\theta^2 f &= \left(\frac{\partial}{\partial\theta} + \frac{1}{2}\cot\theta\right)\left(\frac{\partial f}{\partial\theta} + \frac{1}{2}\cot\theta\, f\right) = \frac{\partial^2 f}{\partial\theta^2} + \cot\theta\frac{\partial f}{\partial\theta} - \frac{2+\cot^2\theta}{4}f \\
&= \frac{1}{\sin\theta}\frac{\partial}{\partial\theta}\left(\sin\theta\frac{\partial f}{\partial\theta}\right) - \frac{2+\cot^2\theta}{4}f
\end{aligned}$$

これらより次の $\hat{p}_a^2$ の表式を得る:

$$\hat{p}_r^2 = -\hbar^2\frac{1}{r^2}\frac{\partial}{\partial r}\left(r^2\frac{\partial}{\partial r}\right)$$

$$\hat{p}_\theta^2 = -\hbar^2\left[\frac{1}{\sin\theta}\frac{\partial}{\partial\theta}\left(\sin\theta\frac{\partial}{\partial\theta}\right) - \underbrace{\frac{2+\cot^2\theta}{4}}_{(\star)}\right]$$
$$\hat{p}_\varphi^2 = -\hbar^2\frac{\partial^2}{\partial\varphi^2} \tag{76.2}$$

そこで，(76.2)の $\hat{p}_a^2$ を

$$H_{\mathrm{cl}}(r,\theta,\varphi,\hat{p}_r,\hat{p}_\theta,\hat{p}_\varphi) = \frac{1}{2\mu}\left[\hat{p}_r^2 + \frac{1}{r^2}\left(\hat{p}_\theta^2 + \frac{\hat{p}_\varphi^2}{\sin^2\theta}\right)\right] + U(r)$$

に代入したものと $\hat{H}$ (67.3) (ただし，$\hat{\boldsymbol{L}}^2$ は (58.7)式) を比較すると，両者は一致せず

$$H_{\mathrm{cl}}(r,\theta,\varphi,\hat{p}_r,\hat{p}_\theta,\hat{p}_\varphi) = \hat{H}\,(67.3) + \frac{\hbar^2}{2\mu r^2}\frac{2+\cot^2\theta}{4}$$

の関係がある．この最後の不一致部分は $\hat{p}_\theta^2$ (76.2)の $(\star)$ 項がその起源である．

6. 前設問 5 で確認した「不一致」は (76.2)のとおり

$$\hat{p}_\theta^2 \neq -\hbar^2\frac{1}{\sin\theta}\frac{\partial}{\partial\theta}\left(\sin\theta\frac{\partial}{\partial\theta}\right)$$

であることが原因であった．そこで，(76.1)の $\hat{p}_\theta$ の表式

$$\hat{p}_\theta = -i\hbar\frac{1}{\sqrt{\sin\theta}}\frac{\partial}{\partial\theta}\sqrt{\sin\theta}$$

を考慮すると

$$\frac{1}{\sqrt{\sin\theta}}\,\hat{p}_\theta\,\sin\theta\,\hat{p}_\theta\,\frac{1}{\sqrt{\sin\theta}} = -\hbar^2\frac{1}{\sin\theta}\frac{\partial}{\partial\theta}\left(\sin\theta\frac{\partial}{\partial\theta}\right)$$

であり，しかも，この左辺は $\hat{p}_\theta \to p_\theta$ ($\sin\theta$ と交換可能) の置き換えで p_θ^2 となることがわかる．よって，求める $\hat{H}$ (67.3)の表式は

$$\hat{H} = \frac{1}{2\mu}\left[\hat{p}_r^2 + \frac{1}{r^2}\left(\frac{1}{\sqrt{\sin\theta}}\,\hat{p}_\theta\,\sin\theta\,\hat{p}_\theta\,\frac{1}{\sqrt{\sin\theta}} + \frac{\hat{p}_\varphi^2}{\sin^2\theta}\right)\right] + U(r) \tag{76.3}$$

補足: (75.7)における部分積分端点項

問題 75 設問 3 の [解答] では (設問の指示に従い) 無視した (75.7)での部分積分の端点項の扱いは通常次のとおりである: (i) $\theta = 0, \pi$ の端点項は (75.4)式の $J(r,\theta) = r^2\sin\theta$ が $\theta = 0, \pi$ でゼロであることから消え，(ii) $\varphi = 0$ と 2π の端点項は波動関数の周期性 $\psi_{1,2}(r,\theta,\varphi) = \psi_{1,2}(r,\theta,\varphi+2\pi)$ から相殺し，(iii) $r = 0, \infty$ での端点項が消えることは波動関数 $\psi_{1,2}$ に対する要請である．

問題 77　2 次元平面上の中心力ポテンシャル系 (その 1)　基本

2 次元 (x_1, x_2) 平面上を中心力ポテンシャル $U(r)$ の下で運動する質点 (質量 μ) の量子力学を **2 次元極座標**で考える．質点の位置ベクトル $\boldsymbol{x}$ のデカルト座標成分は極座標 (r, ϕ) により次式で与えられる (右図参照):

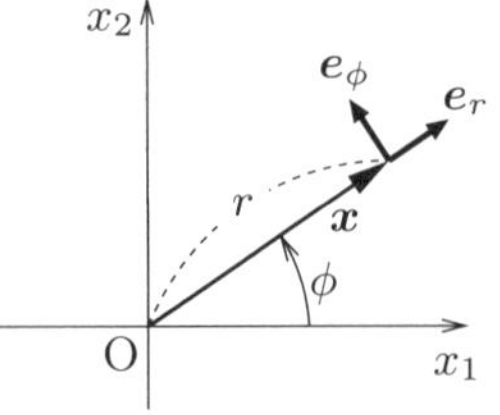

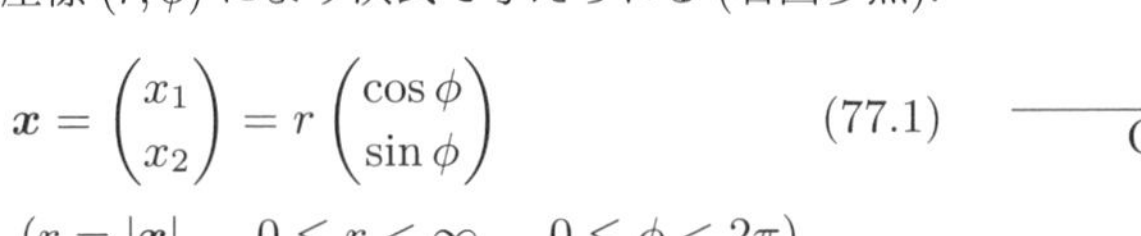

$$\boldsymbol{x} = \begin{pmatrix} x_1 \\ x_2 \end{pmatrix} = r \begin{pmatrix} \cos\phi \\ \sin\phi \end{pmatrix} \qquad (77.1)$$

$$(r = |\boldsymbol{x}|, \quad 0 \le r < \infty, \quad 0 \le \phi < 2\pi)$$

1. まず，2 次元極座標系に関する準備の問題である．2 つの単位ベクトル $\boldsymbol{e}_r$ と $\boldsymbol{e}_\phi$ を，r と ϕ を微小に (正に) 変化させた際の $\boldsymbol{x}$ の変化分がそれぞれ $\boldsymbol{e}_r$ と $\boldsymbol{e}_\phi$ に比例 (比例係数は非負) するように取る．これらは正規直交性を満足する:

$$\boldsymbol{e}_a \cdot \boldsymbol{e}_b = \delta_{ab} \quad (a, b = r, \phi) \qquad (77.2)$$

(a) 微小変化 $(r, \phi) \to (r + dr, \phi + d\phi)$ の下での位置ベクトル $\boldsymbol{x}$ の微小変化分 $d\boldsymbol{x}$ を $\boldsymbol{e}_r$ と $\boldsymbol{e}_\phi$ を用いて表せ．また，この結果を用いてナブラ $\boldsymbol{\nabla}$ が次式で表されることを示せ:

$$\boldsymbol{\nabla} = \boldsymbol{e}_r \frac{\partial}{\partial r} + \boldsymbol{e}_\phi \frac{1}{r} \frac{\partial}{\partial \phi} \qquad (77.3)$$

(b) 関数 $f(\boldsymbol{x})$ に対する 2 次元ラプラシアン $\boldsymbol{\nabla}^2 f$ を極座標 (r, ϕ) で表せ．

(c) 2 次元積分の面積要素 d^2x および全空間積分 $\displaystyle\int d^2x\, f(\boldsymbol{x})$ を極座標で表せ．

2. この系のハミルトニアン $\widehat{H}$ および原点周りの角運動量演算子 $\widehat{L}$ を考える:

$$\widehat{H} = \frac{1}{2\mu} \widehat{\boldsymbol{p}}^2 + U(\widehat{r}), \qquad \widehat{L} = \widehat{x}_1 \widehat{p}_2 - \widehat{x}_2 \widehat{p}_1$$

$\widehat{L}$ は 3 次元系での角運動量ベクトル $\widehat{\boldsymbol{L}}$ (50.1) の第 3 成分 (x_3 軸回りの角運動量) に対応するものである．

(a) $\widehat{H}$ と $\widehat{L}$ が互いに可換であること ($[\widehat{H}, \widehat{L}] = 0$) を示せ．

(b) $\boldsymbol{x}$-表示のハミルトニアン $\hat{H}$ と角運動量 $\hat{L}$ を極座標 (r, ϕ) で表せ．

解 説　本章の最後の 3 問題で空間次元が 2 次元の場合の量子力学角運動量について学ぶ．2 次元空間 (平面) では角運動量が 1 つだけなので，3 次元空間の場合に比べて非常に簡単である．まず，本問題と次の**問題 78** で一般論を扱い，**問題 79** でそれを応用する．

解 答

1. 各小設問の解答は 3 次元の場合の**問題 57** の [解答] と同様であり，以下のとおり:

(a) まず，(77.1)式から $\boldsymbol{e}_r \propto \partial\boldsymbol{x}/\partial r$ と $\boldsymbol{e}_\phi \propto \partial\boldsymbol{x}/\partial\phi$ のデカルト座標成分は

$$\frac{\partial\boldsymbol{x}}{\partial r}=\begin{pmatrix}\cos\phi\\ \sin\phi\end{pmatrix},\ \frac{\partial\boldsymbol{x}}{\partial\phi}=r\begin{pmatrix}-\sin\phi\\ \cos\phi\end{pmatrix}\ \Rightarrow\ \boldsymbol{e}_r=\begin{pmatrix}\cos\phi\\ \sin\phi\end{pmatrix},\ \boldsymbol{e}_\phi=\begin{pmatrix}-\sin\phi\\ \cos\phi\end{pmatrix}$$

であり，

$$d\boldsymbol{x}=\frac{\partial\boldsymbol{x}}{\partial r}dr+\frac{\partial\boldsymbol{x}}{\partial\phi}d\phi=\boldsymbol{e}_r dr+\boldsymbol{e}_\phi r d\phi \tag{77.4}$$

次に，微小変化 $\boldsymbol{x}\to\boldsymbol{x}+d\boldsymbol{x}$ の下での $f(\boldsymbol{x})$ の変化分 df の表式と $d\boldsymbol{x}$ (77.4)および正規直交性 (77.2)から $\boldsymbol{\nabla} f$ の極座標表式を得る:

$$df=(\boldsymbol{\nabla} f)\cdot d\boldsymbol{x}=\frac{\partial f}{\partial r}dr+\frac{\partial f}{\partial\phi}d\phi \quad\Rightarrow\quad \boldsymbol{\nabla} f=\boldsymbol{e}_r\frac{\partial f}{\partial r}+\boldsymbol{e}_\phi\frac{1}{r}\frac{\partial f}{\partial\phi}$$

これは (77.3)を意味する．

(b) $\boldsymbol{\nabla}$ の極座標表式 (77.3)を 2 回用いて $\boldsymbol{\nabla}^2 f$ を得る:

$$\begin{aligned}\boldsymbol{\nabla}^2 f&=\left(\boldsymbol{e}_r\frac{\partial}{\partial r}+\boldsymbol{e}_\phi\frac{1}{r}\frac{\partial}{\partial\phi}\right)\cdot\left(\boldsymbol{e}_r\frac{\partial f}{\partial r}+\boldsymbol{e}_\phi\frac{1}{r}\frac{\partial f}{\partial\phi}\right)\\ &=\boldsymbol{e}_r\cdot\boldsymbol{e}_r\frac{\partial^2 f}{\partial r^2}+\boldsymbol{e}_\phi\cdot\boldsymbol{e}_\phi\frac{1}{r^2}\frac{\partial^2 f}{\partial\phi^2}+\boldsymbol{e}_\phi\cdot\left(\underbrace{\frac{\partial\boldsymbol{e}_r}{\partial\phi}}_{\boldsymbol{e}_\phi}\frac{1}{r}\frac{\partial f}{\partial r}+\underbrace{\frac{\partial\boldsymbol{e}_\phi}{\partial\phi}}_{-\boldsymbol{e}_r}\frac{1}{r^2}\frac{\partial f}{\partial\phi}\right)\\ &=\frac{\partial^2 f}{\partial r^2}+\frac{1}{r}\frac{\partial f}{\partial r}+\frac{1}{r^2}\frac{\partial^2 f}{\partial\phi^2}=\frac{1}{r}\frac{\partial}{\partial r}\left(r\frac{\partial f}{\partial r}\right)+\frac{1}{r^2}\frac{\partial^2 f}{\partial\phi^2}\end{aligned} \tag{77.5}$$

ここに，正規直交性 (77.2)および次式を用いた:

$$\frac{\partial\boldsymbol{e}_a}{\partial r}=0\quad(a=r,\phi),\quad \frac{\partial\boldsymbol{e}_r}{\partial\phi}=\boldsymbol{e}_\phi,\quad \frac{\partial\boldsymbol{e}_\phi}{\partial\phi}=-\boldsymbol{e}_r$$

(c) 微小変化 $d\boldsymbol{x}$ (77.4)を表す互いに直交する微小ベクトル $\boldsymbol{e}_r\,dr$ と $\boldsymbol{e}_\phi\,rd\phi$ を 2 辺とする微小長方形の体積より

$$d^2x=dr\,rd\phi=r\,dr\,d\phi\quad\Rightarrow\quad\int d^2x\,f(\boldsymbol{x})=\int_0^\infty dr\,r\int_0^{2\pi}d\phi\,f(\boldsymbol{x}) \tag{77.6}$$

2. まず，小設問 (b) の $\hat{H}$ は $\boldsymbol{\nabla}^2$ の極座標表式 (77.5)から

$$\hat{H}=-\frac{\hbar^2}{2\mu}\boldsymbol{\nabla}^2+U(r)=-\frac{\hbar^2}{2\mu}\left[\frac{1}{r}\frac{\partial}{\partial r}\left(r\frac{\partial}{\partial r}\right)+\frac{1}{r^2}\frac{\partial^2}{\partial\phi^2}\right]+U(r) \tag{77.7}$$

次に，$\partial x_i/\partial\phi$ を「(r,ϕ) を独立変数とした ϕ 微分」とし，(77.1)から

$$\frac{\partial}{\partial\phi}=\underbrace{\frac{\partial x_1}{\partial\phi}}_{-r\sin\phi=-x_2}\frac{\partial}{\partial x_1}+\underbrace{\frac{\partial x_2}{\partial\phi}}_{r\cos\phi=x_1}\frac{\partial}{\partial x_2}=x_1\frac{\partial}{\partial x_2}-x_2\frac{\partial}{\partial x_1}$$

これを用いて

$$\hat{L}=x_1\left(-i\hbar\frac{\partial}{\partial x_2}\right)-x_2\left(-i\hbar\frac{\partial}{\partial x_1}\right)=-i\hbar\frac{\partial}{\partial\phi} \tag{77.8}$$

小設問 (a) の $[\widehat{H},\widehat{L}]=0$ は $\boldsymbol{x}$-表示で考えるのが簡単であり，$\hat{L}$ (77.8)と「$\hat{H}$ (77.7) が ($\partial/\partial\phi$ を含むが) ϕ 依存性を持たない」ことから直ちに $[\hat{H},\hat{L}]=0$ を得る．

問題 78　2 次元平面上の中心力ポテンシャル系 (その 2)　標準

問題 77 からの続きの問題である.

以下では極座標 (r, ϕ) による $\boldsymbol{x}$-表示のハミルトニアン $\hat{H}$ の固有値方程式 (定常状態波動方程式) を考える. **問題 77** 設問 2 のとおり $\hat{H}$ と $\hat{L}$ は互いに可換であり, これらの同時固有関数を考えることができる.

3. まず, $\hat{L}$ の固有値方程式

$$\hat{L}\,Y_m(\phi) = \hbar m\,Y_m(\phi) \tag{78.1}$$

の固有値 $\hbar m$ を指定する m が整数に値を取ること $(m = 0, \pm 1, \pm 2, \cdots)$ を示し, 対応する固有関数 $Y_m(\phi)$ を (全空間積分 (77.6)を考慮し) 正規直交条件

$$\int_0^{2\pi} d\phi\, Y_m(\phi)^*\, Y_{m'}(\phi) = \delta_{mm'} \tag{78.2}$$

を満たすように定めよ.

4. **問題 77** 設問 2 で得たハミルトニアン $\hat{H}$ (77.7) と $\hat{L}$ (77.8)の同時固有関数 $\psi_E(r, \phi)$ を $\psi_E(r, \phi) = R(r)\,Y_m(\phi)$ の形で求めたい. 固有値方程式 $\hat{H}\psi_E = E\psi_E$ から動径波動関数 $R(r)$ が満たすべき変数 r についての微分方程式 (動径波動方程式) を導け. さらに, この微分方程式を $R(r) = r^p \chi(r)$ により関数 $\chi(r)$ に対する微分方程式に書き直せ. ただし, 定数 p はこの 2 階微分方程式が $\chi(r)$ の 1 階微分項を含まないように取ること.

5. 波動関数の規格化可能性 $\langle \psi_E | \psi_E \rangle = \int d^2x\, |\psi_E(\boldsymbol{x})|^2 < \infty$ から要求される $R(r)$ の $r \to 0$ および $r \to \infty$ での振る舞いに対する制限を求めよ (3 次元の場合の**問題 68** 設問 5 参照).

6. 2 次元ラプラシアン $\boldsymbol{\nabla}^2$ の $\ln r$ に対する作用が次式となることを示せ:

$$\boldsymbol{\nabla}^2 \ln r = 2\pi\delta^2(\boldsymbol{x}) \tag{78.3}$$

これは $r \sim 0$ で $R(r) \sim \ln r$ の振る舞いをする $R(r)$ は, 実は原点 $r = 0$ で動径波動関数の解になっていないことを意味する (**問題 68** 設問 6 参照).

解 説　3 次元空間の場合の**問題 75**, **76** に関連した補足を加えておく. 今の 2 次元空間の場合もエルミート性条件を満たす極座標表示の運動量演算子は (75.5)で与えられ (ただし $J = r$), $\hat{p}_r = -i\hbar r^{-1/2}(\partial/\partial r)r^{1/2}$, $\hat{p}_\phi = -i\hbar(\partial/\partial\phi)$ である. これらを用いて $\hat{H}$ (77.7)は次式で表される ($\hat{p}_r$ 部分が非自明):

$$\hat{H} = \frac{1}{2\mu}\left(\frac{1}{\sqrt{r}}\,\hat{p}_r\, r\, \hat{p}_r \frac{1}{\sqrt{r}} + \frac{1}{r^2}\hat{p}_\phi^2\right) + U(r)$$

解 答

3. $\hat{L}$ の表式 (77.8)を用いて固有値方程式 (78.1)は

$$-i\hbar\frac{d}{d\phi}Y_m(\phi)=\hbar m\,Y_m(\phi)\ \Rightarrow\ Y_m(\phi)=(\text{定数})\,e^{im\phi}$$

ϕ と $\phi+2\pi$ は同一視されることから $Y_m(\phi+2\pi)=Y_m(\phi)$ が要請され，このことから m は整数 $(m=0,\pm1,\pm2,\cdots)$ に限られる．$Y_m(\phi)$ に掛かる定数を規格化条件を満たすように定めて

$$Y_m(\phi)=\frac{1}{\sqrt{2\pi}}\,e^{im\phi}\quad(m=0,\pm1,\pm2,\cdots)$$

4. $\hat{H}$ (77.7)が $\hat{L}$ (77.8)を用いて

$$\hat{H}=-\frac{\hbar^2}{2\mu}\frac{1}{r}\frac{\partial}{\partial r}\left(r\frac{\partial}{\partial r}\right)+\frac{1}{2\mu r^2}\hat{L}^2+U(r)$$

と表されることと $\hat{L}$ の固有値方程式 (78.1) から，$R(r)$ が満たすべき微分方程式 (動径波動方程式) は

$$-\frac{\hbar^2}{2\mu}\frac{1}{r}\frac{d}{dr}\left(r\frac{dR(r)}{dr}\right)+\left(U(r)+\frac{m^2\hbar^2}{2\mu r^2}\right)R(r)=ER(r)\tag{78.4}$$

次に，$R(r)=r^p\chi(r)$ とすると (78.4)の第 1 項は

$$\frac{1}{r}\frac{d}{dr}\left(r\frac{dR}{dr}\right)=r^p\left(\frac{d^2\chi}{dr^2}+\frac{2p+1}{r}\frac{d\chi}{dr}+\frac{p^2}{r^2}\chi\right)$$

であり，微分方程式 (78.4)が $d\chi/dr$ を含まないためには

$$2p+1=0\ \Rightarrow\ p=-\frac{1}{2}\ \Rightarrow\ R(r)=\frac{1}{\sqrt{r}}\,\chi(r)$$

このとき (78.4)は次式となる:

$$-\frac{\hbar^2}{2\mu}\frac{d^2\chi}{dr^2}+\left[U(r)+\frac{\hbar^2}{2\mu r^2}\left(m^2-\frac{1}{4}\right)\right]\chi=E\,\chi\tag{78.5}$$

5. (77.6)と (78.2)から $\psi_E(r,\phi)=R(r)Y_m(\phi)$ に対して $\langle\psi_E|\psi_E\rangle=\int d^2x\,|\psi_E(r,\phi)|^2=\int_0^\infty dr\,r\,|R(r)|^2$ であり，この積分が $r=0,\infty$ で発散しないためには $r\,|R|^2$ が $r\to0$ および $r\to\infty$ で $1/r$ より小さく振る舞う，すなわち次の条件が必要である:

$$rR(r)=\sqrt{r}\,\chi(r)\to0\quad(r\to0,\,\infty)\tag{78.6}$$

6. $r_\varepsilon\equiv\sqrt{r^2+\varepsilon^2}$ を用いて $\ln r$ を $r=0$ で発散しないようにいったん $\ln r_\varepsilon$ とすると

$$\boldsymbol{\nabla}^2\ln r_\varepsilon=\frac{1}{r}\frac{d}{dr}\left(r\frac{d\ln r_\varepsilon}{dr}\right)=\frac{2}{r}\left(\frac{r}{r_\varepsilon^2}-\frac{r^3}{r_\varepsilon^4}\right)=\frac{2\varepsilon^2}{r_\varepsilon^4}\underset{\varepsilon\sim0}{\simeq}\begin{cases}2\varepsilon^2/r^4\to0 & (r\neq0)\\ 2/\varepsilon^2\to\infty & (r=0)\end{cases}$$

この全 2 次元面積分は (77.6)を用いて

$$\int d^2x\,\boldsymbol{\nabla}^2\ln r_\varepsilon=\int_0^\infty dr\,r\frac{2\varepsilon^2}{r_\varepsilon^4}\int_0^{2\pi}d\phi\ \overset{r=\varepsilon\tan\theta}{\overset{\downarrow}{=}}\ 2\pi\times2\int_0^{\pi/2}d\theta\,\cos\theta\sin\theta=2\pi$$

これらより $\lim_{\varepsilon\to0}\boldsymbol{\nabla}^2\ln r_\varepsilon=2\pi\delta^2(\boldsymbol{x})$，すなわち，(78.3)を得る．

問題 79　2 次元クーロンポテンシャル系　発展

問題 77 と **78** で一般論を展開した 2 次元平面上を運動する中心力ポテンシャル下の 1 質点系において, $U(r)$ が特にクーロンポテンシャル $U(r) = -e^2/r$ の場合を考える. なお, 本問題では**問題 78** 設問 4 で得た $\chi(r)$ の動径波動方程式 (78.5)が**問題 67** 設問 3 の [解答] における動径波動方程式 (67.7)においてちょうど $\ell(\ell+1) \to m^2 - (1/4)$ の置き換えを行ったものになっていることに注意し, **問題 71**, **72** での水素原子系に対する議論を参考にするとよい.

1.　エネルギー固有値が次式で与えられることを示せ:

$$E_n = -\frac{\mu e^4}{2\hbar^2\left(n+\frac{1}{2}\right)^2} \qquad (n = 0, 1, 2, 3, \cdots) \tag{79.1}$$

2.　エネルギー固有値 E_n (79.1)の縮退度が $2n+1$ であることを示せ.

解 説　設問 1 の [解答] において微分方程式 (79.3) の級数解 (79.4)を構成している. $m \neq 0$ の場合はこれにより $\gamma = \frac{1}{2} \pm |m|$ に対応した 2 つの独立解が与えられるが, $m = 0$ の場合は 2 つの $\gamma = \frac{1}{2} \pm 0$ が一致して級数解は 1 つのみとなる. 2 階常微分方程式の独立解は一般に 2 つ 存在するが, 今の $m = 0$ の場合のもう 1 つの独立解は $F(\xi) = \xi^{1/2}\bigl(\ln\xi \times (\xi \text{ の級数}) + (\xi \text{ の級数})\bigr)$ という $\ln\xi$ を含む形となる. これは (79.6) で定まる $a_k(\gamma)$ を用いた $F(\xi;\gamma) = \xi^\gamma \sum_{k=0}^{\infty} a_k(\gamma)\xi^k$ に対して (79.3)の左辺が (79.5)から $(\gamma - \frac{1}{2})^2 a_0 \xi^{\gamma-2} \equiv S(\gamma)$ となり, $S(\frac{1}{2}) = S'(\frac{1}{2}) = 0$ から多項式解 $F(\xi; \gamma = \frac{1}{2})$ だけでなく $(\partial/\partial\gamma)F(\xi;\gamma)|_{\gamma=1/2}$ も (79.3)の解であることから得られる ($(d/d\gamma)\xi^\gamma = \xi^\gamma \ln\xi$ に注意).

解 答

1.　χ の動径波動方程式 (78.5)において $U(r) = -e^2/r$ としたものは,

$$\xi = \frac{\hbar}{2\sqrt{2\mu(-E)}}\,r, \quad \chi = F\,e^{-\xi/2}, \quad \lambda = \frac{e^2}{\hbar}\sqrt{\frac{\mu}{2(-E)}} \tag{79.2}$$

で定義される無次元変数 ξ, 新未知関数 $F(\xi)$, および定数 λ ((71.5)参照) を用いると次式となる ((71.6)において $\ell(\ell+1) \to m^2 - (1/4)$ と置き換えたもの):

$$\frac{d^2F}{d\xi^2} - \frac{dF}{d\xi} + \left(\frac{\lambda}{\xi} - \frac{m^2 - (1/4)}{\xi^2}\right)F = 0 \tag{79.3}$$

そこで, $F(\xi)$ を ξ^γ から始まる級数

$$F(\xi) = \xi^\gamma \sum_{k=0}^{\infty} a_k \xi^k \quad (a_k\text{:定数係数}, \ a_0 \neq 0) \tag{79.4}$$

と仮定すると，(79.3)の左辺は

$$\sum_{k=0}^{\infty}\left\{\left[(k+\gamma)(k+\gamma-1)-\left(m^2-\tfrac{1}{4}\right)\right]\xi^{k+\gamma-2}-(k+\gamma-\lambda)\xi^{k+\gamma-1}\right\}a_k$$
$$=\left(\gamma-\tfrac{1}{2}-m\right)\left(\gamma-\tfrac{1}{2}+m\right)a_0\xi^{\gamma-2} \tag{79.5}$$
$$+\sum_{k=0}^{\infty}\left\{\left(k+\gamma+\tfrac{1}{2}-m\right)\left(k+\gamma+\tfrac{1}{2}+m\right)a_{k+1}-(k+\gamma-\lambda)a_k\right\}\xi^{k+\gamma-1}$$

まず，$\xi^{\gamma-2}$ の係数がゼロとなるべきことから $\gamma=\frac{1}{2}\pm|m|$ の 2 通り ($m=0$ の場合は 1 通り) があり，

$$\gamma=\frac{1}{2}\pm|m| \ \Rightarrow\ \chi\sim\xi^{1/2\pm|m|}\ (\xi\sim0)\ \Rightarrow\ R=\frac{\chi}{\sqrt{r}}\sim r^{\pm|m|}\ (r\sim0)$$

であって，$r\to0$ での規格化可能条件 (78.6) から $\gamma=\frac{1}{2}-|m|$ $(m\neq0)$ は排除される．次に，$\gamma=\frac{1}{2}+|m|$ に対して係数 a_k を (79.5)の $\xi^{k+\gamma-1}$ の係数がゼロとなるように

$$a_{k+1}=\frac{k+\gamma-\lambda}{\left(k+\gamma+\frac{1}{2}-|m|\right)\left(k+\gamma+\frac{1}{2}+|m|\right)}a_k \quad (k=0,1,2,\cdots) \tag{79.6}$$

で定めるが，もしも級数 (79.4)が無限級数なら 3 次元水素原子系の場合の (72.6)式とまったく同様に $\xi\gg1$ で $F(\xi)\sim e^{\xi}\ \Rightarrow\ \chi\sim e^{\xi/2}$ となり，$r\to\infty$ で規格化不能となる．よって，級数 (79.4)はある有限の $k=n_{\mathrm{r}}(=0,1,2,3,\cdots)$ の項で切れる必要があるが，この要請 ($a_{n_{\mathrm{r}}+1}=0$，$a_{n_{\mathrm{r}}}\neq0$) および漸化式 (79.6)から λ は $\lambda=n_{\mathrm{r}}+\gamma=n_{\mathrm{r}}+\frac{1}{2}+|m|$ と決まる．そこで，非負整数 n を

$$n\equiv n_{\mathrm{r}}+|m|\,(=0,1,2,3,\cdots)\ \Rightarrow\ \lambda=n+\frac{1}{2}$$

とすると，対応するエネルギー固有値は (79.2)第 3 式からの $E=-\mu e^4/(2\hbar^2\lambda^2)$ を用いて (79.1)となる．3 次元水素原子系と同様に動径波動関数 $R(r)$ はラゲール倍多項式を用いて表される．

なお，$m=0$ の場合は，級数解 (79.4)の他に [解説] で説明している $\ln\xi$ を含む解が存在する．この後者の解の $r\sim0$ での振る舞いは

$$\chi\sim F\sim\xi^{1/2}\ln\xi \quad (\xi\sim0)\ \Rightarrow\ R=\frac{\chi}{\sqrt{r}}\sim\ln r \quad (r\sim0)$$

であり $r\to0$ での規格化可能条件 (78.6) は満足する．しかし，**問題 78** 設問 6 の理由により，この $R(r)$ は排除される．

2. ハミルトニアンの固有関数 ψ_E は 2 つの量子数の組 (n_{r},m) で指定される．与えられた $n\,(=n_{\mathrm{r}}+|m|)$ に対して対応する (n_{r},m) は

$$(n_{\mathrm{r}},m)=(0,\pm n),\ (1,\pm(n-1)),\ \cdots\ (n-1,\pm1),\ (n,0)\ \Rightarrow\ (2n+1)\ \text{通り}$$

Tea Time ……………………………… 場の量子論

量子力学は微視的な世界の物理を記述する枠組みであり，物質を構成する最小単位である素粒子，さらに，超弦理論の「ひも」も量子力学にもとづいて記述される．本書で扱っている量子力学の具体例は 1 質点系に限られているが，これを多粒子系に拡張することは容易である．しかし，素粒子の世界では粒子の生成や消滅といった粒子数が変化する過程が存在し，それを扱う量子力学の標準的な枠組みとして**場の量子論** (quantum field theory) がある．

場の量子論の前に，まず，その解析力学 (「場の理論」と呼ぶことにする) の話をしよう．そこでは力学変数として**場** (field) $\varphi(\boldsymbol{x},t)$ を考える (場の種類に応じてそれを表す文字 (ここでは φ) はいろいろ変化する)．場 $\varphi(\boldsymbol{x},t)$ の引数 $\boldsymbol{x}$ は空間座標であって，有限自由度系の力学変数 $q_i(t)$ を識別するインデックス i に対応する．すなわち，場の理論は空間の各点 $\boldsymbol{x}$ 毎に力学変数 $\varphi(\boldsymbol{x},t)$ が存在する連続無限個の自由度を持った系である．質点系では $\boldsymbol{x}(t)$ が力学変数であるが，場 $\varphi(\boldsymbol{x},t)$ の $\boldsymbol{x}$ は単なる「インデックス」であることに注意してほしい．

さて，場の理論もそのラグランジアン，あるいは，作用を与えることで指定される．スピンを持たない場の理論の場合，そのラグランジアンは次の空間積分で与えられる:

$$L(\varphi,\dot{\varphi})=\int d^3x\left\{\frac{1}{2}\dot{\varphi}(\boldsymbol{x},t)^2-\frac{1}{2}(\boldsymbol{\nabla}\varphi(\boldsymbol{x},t))^2-\frac{1}{2}m^2\varphi(\boldsymbol{x},t)^2-V(\varphi(\boldsymbol{x},t))\right\} \qquad \text{(I)}$$

ここに，$\dot{\varphi}=(\partial/\partial t)\varphi$ であり，$V(\varphi)$ は場の相互作用を表す φ の 3 次以上の冪からなる項である．また，右辺の被積分関数の最初の 2 項の形はローレンツ変換に対する不変性のためであるが，説明は省略する．場のラグランジアンが与えられると，力学変数と対応する運動量を演算子とし，それらの間に正準交換関係 (03.1)を課すことで場の量子論に移行する．この正準交換関係の具体形を得るために，3 次元空間を無数の 1 辺の長さ ε の微小な立方体 (体積 ε^3) に分け，(適当に番号付けをした) i 番目の立方体の中心座標を $\boldsymbol{x}_i$ とする．これにより，ラグランジアン (I)の $\dot{\varphi}$ を含む部分の空間積分を離散和で近似し，力学変数 $q_i(t)\equiv\varphi(\boldsymbol{x}_i,t)$ に対応した一般化運動量 $p_i(t)$ を (解析力学に従い) 次のように得る:

$$L_{\dot{\varphi}\text{部分}}=\sum_i\varepsilon^3\frac{1}{2}\dot{\varphi}(\boldsymbol{x}_i,t)^2=\sum_i\varepsilon^3\frac{1}{2}\dot{q}_i(t)^2 \;\Rightarrow\; p_i=\frac{\partial L}{\partial\dot{q}_i}=\varepsilon^3\dot{q}_i=\varepsilon^3\dot{\varphi}(\boldsymbol{x}_i,t)$$

量子論に移るために (q_i,p_i) を正準交換関係 (03.1)を満たす演算子とすることで，場 φ と $\pi\equiv\dot{\varphi}$ で再定義される「場 φ に対応した一般化運動量」が満たすべき正準交換関係を得る:

$$\left[\widehat{q}_i,\widehat{p}_j\right]=i\hbar\delta_{ij} \;\Rightarrow\; [\widehat{\varphi}(\boldsymbol{x}_i),\widehat{\pi}(\boldsymbol{x}_j)]=i\hbar\frac{1}{\varepsilon^3}\delta_{ij} \underset{\varepsilon\to 0}{\Rightarrow} [\widehat{\varphi}(\boldsymbol{x}),\widehat{\pi}(\boldsymbol{y})]=i\hbar\,\delta^3(\boldsymbol{x}-\boldsymbol{y})$$

ここに，$\varepsilon\to 0$ 極限で $\boldsymbol{x}_i\to\boldsymbol{x}$，$\boldsymbol{x}_j\to\boldsymbol{y}$ とし，$\lim_{\varepsilon\to 0}\delta_{ij}/\varepsilon^3=\delta^3(\boldsymbol{x}-\boldsymbol{y})$ を用いた (後者の関係式は $\sum_i\varepsilon^3 \underset{\varepsilon\to 0}{\to} \int d^3x$ を用いて (55.3)を確認することで得られる)．ハミルトニアンも解析力学の公式に従って

$$H=\sum_i p_i\dot{q}_i-L=\sum_i\varepsilon^3\pi(\boldsymbol{x}_i)^2-L \underset{\varepsilon\to 0}{\to} \int d^3x\left\{\frac{1}{2}\pi^2+\frac{1}{2}(\boldsymbol{\nabla}\varphi)^2+\frac{1}{2}m^2\varphi^2+V(\varphi)\right\}$$

最後になったが，大ざっぱに言って，場の演算子 $\widehat{\varphi}(\boldsymbol{x})$ は空間の点 $\boldsymbol{x}$ に粒子を生成あるいは消滅させる役割を持っている．

Chapter 7

角運動量の合成とスピンの相互作用

この章ではまず「量子力学における角運動量の合成」を学ぶ．具体的には，2 つの角運動量演算子 $\widehat{\boldsymbol{J}}_1$ と $\widehat{\boldsymbol{J}}_2$ のそれぞれの平方と第 3 成分の同時固有ベクトルのテンソル積 $|j_1, m_1\rangle \otimes |j_2, m_2\rangle$ (j_1 と j_2 は固定) の線形和として合成角運動量演算子 $\widehat{\boldsymbol{J}} = \widehat{\boldsymbol{J}}_1 + \widehat{\boldsymbol{J}}_2$ の平方と第 3 成分の同時固有ベクトル $|j, m\rangle$ を構成する問題である．この一般論と具体例についての演習問題の後，「スピンと軌道角運動量の相互作用」がハミルトニアンに加わった中心力ポテンシャル下の 1 質点系を考える．スピンは粒子の「自転」を表す角運動量であり，その大きさ (量子数 j) は粒子の種類毎に決まっていて，電子は大きさ 1/2 のスピンを持っている．「角運動量の合成」を用いたこの系のエネルギー固有値や固有ベクトルに関する演習問題を扱う．

問題 80　角運動量の合成の一般論　基本

互いに可換な 2 つの角運動量演算子 $\widehat{\boldsymbol{J}}_1$ と $\widehat{\boldsymbol{J}}_2$ を考える．各成分 $\widehat{J}_{1i} = (\widehat{\boldsymbol{J}}_1)_i$ と $\widehat{J}_{2i} = (\widehat{\boldsymbol{J}}_2)_i$ $(i = 1, 2, 3 = x, y, z)$ は次式を満足する:

$$[\widehat{J}_{1i}, \widehat{J}_{1j}] = i\hbar\,\epsilon_{ijk}\widehat{J}_{1k}, \qquad [\widehat{J}_{2i}, \widehat{J}_{2j}] = i\hbar\,\epsilon_{ijk}\widehat{J}_{2k} \tag{80.1}$$

$$[\widehat{J}_{1i}, \widehat{J}_{2j}] = 0 \tag{80.2}$$

$\widehat{\boldsymbol{J}}_1$ と $\widehat{\boldsymbol{J}}_2$ の和として与えられる合成角運動量演算子を $\widehat{\boldsymbol{J}}$ とする:

$$\widehat{\boldsymbol{J}} = \widehat{\boldsymbol{J}}_1 + \widehat{\boldsymbol{J}}_2 \tag{80.3}$$

1. $\widehat{\boldsymbol{J}}$ (80.3)が角運動量の交換関係 (51.1)，$[\widehat{J}_i, \widehat{J}_j] = i\hbar\,\epsilon_{ijk}\widehat{J}_k$，を満たすことを示せ．また，4 つの演算子 $\widehat{\boldsymbol{J}}_1^{\,2}$, $\widehat{\boldsymbol{J}}_2^{\,2}$, $\widehat{\boldsymbol{J}}^{\,2}$, $\widehat{J}_z$ がすべて互いに可換であること，特に，$[\widehat{\boldsymbol{J}}^{\,2}, \widehat{\boldsymbol{J}}_1^{\,2}] = [\widehat{\boldsymbol{J}}^{\,2}, \widehat{\boldsymbol{J}}_2^{\,2}] = 0$ および $[\widehat{J}_z, \widehat{\boldsymbol{J}}_1^{\,2}] = [\widehat{J}_z, \widehat{\boldsymbol{J}}_2^{\,2}] = 0$ を示せ．

設問 1 の結果から，4 つの演算子 $\widehat{\boldsymbol{J}}_1^{\,2}$, $\widehat{\boldsymbol{J}}_2^{\,2}$, $\widehat{\boldsymbol{J}}^{\,2}$, $\widehat{J}_z$ の同時固有ベクトル $|j, m\rangle$,

$$\begin{aligned}
&\widehat{\boldsymbol{J}}_1^{\,2}\,|j, m\rangle = \hbar^2 j_1(j_1+1)\,|j, m\rangle, \quad \widehat{\boldsymbol{J}}_2^{\,2}\,|j, m\rangle = \hbar^2 j_2(j_2+1)\,|j, m\rangle \\
&\widehat{\boldsymbol{J}}^{\,2}\,|j, m\rangle = \hbar^2 j(j+1)\,|j, m\rangle, \quad \widehat{J}_z\,|j, m\rangle = \hbar m\,|j, m\rangle, \\
&\langle j, m|j', m'\rangle = \delta_{jj'}\delta_{mm'}
\end{aligned} \tag{80.4}$$

を考えることができるが，これを互いに可換な別の 4 つの演算子 $\widehat{\boldsymbol{J}}_1^{\,2}$, $\widehat{\boldsymbol{J}}_2^{\,2}$, $\widehat{J}_{1z}$, $\widehat{J}_{2z}$, の同時固有ベクトル (j_1 と j_2 は (80.4)と共通で固定)

$$|m_1\rangle\,|m_2\rangle \equiv |j_1, m_1\rangle \otimes |j_2, m_2\rangle \quad (m_a = -j_a, \cdots, j_a) \tag{80.5}$$

の線形和として表すことを考える．ここに，$|m_a\rangle \equiv |j_a, m_a\rangle$ $(a = 1, 2)$ は $\widehat{\boldsymbol{J}}_a^{\,2}$ と $\widehat{J}_{az}$ の (規格化された) 同時固有ベクトルである ((53.1)〜(53.3) 参照):

$$\begin{aligned}
&\widehat{\boldsymbol{J}}_a^{\,2}\,|j_a, m_a\rangle = \hbar^2 j_a(j_a+1)\,|j_a, m_a\rangle, \quad \widehat{J}_{az}\,|j_a, m_a\rangle = \hbar m_a\,|j_a, m_a\rangle \\
&\langle j_a, m_a|j_a', m_a'\rangle = \delta_{j_a j_a'}\delta_{m_a m_a'} \qquad (a = 1, 2)
\end{aligned} \tag{80.6}$$

簡潔さのために $|m_a\rangle$ と $|j, m\rangle$ の (j_1, j_2)-依存性および (80.5)左辺の $\otimes$ は省略した．

2. 与えられた (j_1, j_2) に対して (80.4)式の $|j, m\rangle$ の量子数 j が

$$j = |j_1 - j_2|, |j_1 - j_2| + 1, \cdots, j_1 + j_2 - 1, j_1 + j_2 \tag{80.7}$$

に限られ，この各 j に対する $|j, m\rangle$ $(-j \le m \le j)$ が $|m_1\rangle|m_2\rangle$ の線形和として

$$\begin{aligned}
&|j, m\rangle = \sum_{m_1=-j_1}^{j_1}\sum_{m_2=-j_2}^{j_2} C^{(j_1,j_2)}_{j,m;m_1,m_2}\,|m_1\rangle|m_2\rangle \\
&\left(C^{(j_1,j_2)}_{j,m;m_1,m_2} \equiv (\langle m_1|\,\langle m_2|)\,|j, m\rangle\right)
\end{aligned} \tag{80.8}$$

と表されることを説明せよ．特に，左辺の独立な $|j, m\rangle$ の個数と右辺の独立な $|m_1\rangle|m_2\rangle$ の個数が一致することを確認せよ．内積で表される係数 $C^{(j_1,j_2)}_{j,m;m_1,m_1}$ はクレプシュ・ゴルダン係数 (Clebsh-Gordan coefficient) と呼ばれるが,

$$m_1 + m_2 \ne m \quad \Rightarrow \quad C^{(j_1,j_2)}_{j,m;m_1,m_1} = 0 \tag{80.9}$$

であることも示せ．

解説 $\widehat{\boldsymbol{J}}_1$ と $\widehat{\boldsymbol{J}}_2$ の $|m_1\rangle|m_2\rangle$ (80.5)に対する作用は

$$\widehat{\boldsymbol{J}}_1(|m_1\rangle|m_2\rangle) = (\widehat{\boldsymbol{J}}_1|m_1\rangle)\,|m_2\rangle, \quad \widehat{\boldsymbol{J}}_2(|m_1\rangle|m_2\rangle) = |m_1\rangle\,(\widehat{\boldsymbol{J}}_2|m_2\rangle)$$

であり，(80.6)から次式が成り立つ ($a=1,2$):

$$\widehat{\boldsymbol{J}}_a{}^2(|m_1\rangle|m_2\rangle) = \hbar^2 j_a(j_a+1)|m_1\rangle|m_2\rangle, \quad \widehat{J}_{az}(|m_1\rangle\,|m_2\rangle) = \hbar m_a|m_1\rangle|m_2\rangle \quad (80.10)$$

$\widehat{\boldsymbol{J}}$, $\widehat{\boldsymbol{J}}_1$ $\widehat{\boldsymbol{J}}_2$ をそれぞれ「長さ $\hbar j$, $\hbar j_1$, $\hbar j_2$ の (古典的) ベクトル」と見なせば，「ベクトルの合成」から (80.7)式の通り j の最小値が $|j_1-j_2|$ ($\widehat{\boldsymbol{J}}_1$ と $\widehat{\boldsymbol{J}}_2$ が反平行の場合)，最大値が j_1+j_2 (平行の場合) であることは直観的には理解できる．

解答

1. まず，交換関係 (51.1)は (80.1)と (80.2)の各式を用いて

$$[\widehat{J}_i,\widehat{J}_j] = [\widehat{J}_{1i}+\widehat{J}_{2i},\widehat{J}_{1j}+\widehat{J}_{2j}] = \underbrace{[\widehat{J}_{1i},\widehat{J}_{1j}]}_{i\hbar\epsilon_{ijk}\widehat{J}_{1k}} + \underbrace{[\widehat{J}_{1i},\widehat{J}_{2j}]}_{=0} + \underbrace{[\widehat{J}_{2i},\widehat{J}_{1j}]}_{=0} + \underbrace{[\widehat{J}_{2i},\widehat{J}_{2j}]}_{i\hbar\epsilon_{ijk}\widehat{J}_{2k}}$$
$$= i\hbar\epsilon_{ijk}\big(\widehat{J}_{1k}+\widehat{J}_{2k}\big) = i\hbar\epsilon_{ijk}\widehat{J}_k$$

次に，$\widehat{\boldsymbol{J}}^2 = \widehat{\boldsymbol{J}}_1{}^2 + \widehat{\boldsymbol{J}}_2{}^2 + 2\widehat{\boldsymbol{J}}_1\cdot\widehat{\boldsymbol{J}}_2$ ((80.2)から $\widehat{\boldsymbol{J}}_2\cdot\widehat{\boldsymbol{J}}_1 = \widehat{\boldsymbol{J}}_1\cdot\widehat{\boldsymbol{J}}_2$ に注意) を用いて

$$[\widehat{\boldsymbol{J}}^2,\widehat{\boldsymbol{J}}_1{}^2] = \underbrace{[\widehat{\boldsymbol{J}}_1{}^2,\widehat{\boldsymbol{J}}_1{}^2]}_{=0} + \underbrace{[\widehat{\boldsymbol{J}}_2{}^2,\widehat{\boldsymbol{J}}_1{}^2]}_{=0} + 2\underbrace{\left[\widehat{J}_{1i},\widehat{\boldsymbol{J}}_1{}^2\right]}_{=0}\widehat{J}_{2i} + 2\widehat{J}_{1i}\underbrace{\left[\widehat{J}_{2i},\widehat{\boldsymbol{J}}_1{}^2\right]}_{=0} = 0$$

ここに，(80.2)からの $[\widehat{\boldsymbol{J}}_2{}^2,\widehat{\boldsymbol{J}}_1{}^2] = \left[\widehat{J}_{2i},\widehat{\boldsymbol{J}}_1{}^2\right] = 0$，および，(80.1)の第 1 式からの $\left[\widehat{J}_{1i},\widehat{\boldsymbol{J}}_1{}^2\right] = 0$ (**問題 51** 設問 1 および (51.2)参照) を用いた．同じ関係式を用いて

$$[\widehat{J}_z,\widehat{\boldsymbol{J}}_1{}^2] = [\widehat{J}_{1z},\widehat{\boldsymbol{J}}_1{}^2] + [\widehat{J}_{2z},\widehat{\boldsymbol{J}}_1{}^2] = 0+0 = 0$$

$[\widehat{\boldsymbol{J}}^2,\widehat{\boldsymbol{J}}_2{}^2] = [\widehat{J}_z,\widehat{\boldsymbol{J}}_2{}^2] = 0$ も同様である．

2. 与えられた (j_1,j_2) に対して V_A と V_B をそれぞれ次の状態ベクトル空間とする:

$$V_A : \Big\{|m_1\rangle|m_2\rangle\,\Big|\,-j_1\le m_1\le j_1,\,-j_2\le m_2\le j_2\Big\} \text{ で張られる空間}$$
$$V_B : \Big\{|j,m\rangle\,\Big|\,|j_1-j_2|\le j\le j_1+j_2,\,-j\le m\le j\Big\} \text{ で張られる空間}$$

(80.10)から V_A は $(\widehat{\boldsymbol{J}}_1{}^2,\widehat{\boldsymbol{J}}_2{}^2)$ の固有値 $\hbar^2(j_1(j_1+1),j_2(j_2+1))$ の固有ベクトル全体で張られる空間である．$|j,m\rangle$ も $(\widehat{\boldsymbol{J}}_1{}^2,\widehat{\boldsymbol{J}}_2{}^2)$ の同じ固有値方程式を満たすので，一般に V_B は V_A の部分空間であるが，それらの次元 D_A (基底 $|m_1\rangle|m_2\rangle$ の数) と D_B(基底 $|j,m\rangle$ の数) は

$$D_A = (2j_1+1)(2j_2+1)$$
$$D_B = \sum_{j=|j_1-j_2|}^{j_1+j_2}(2j+1) = (j_1+j_2+1)^2 - |j_1-j_2|^2 = (2j_1+1)(2j_2+1)$$

であって等しく，よって $V_A=V_B$ である．この空間での $\{|m_1\rangle|m_2\rangle\}$ の完全性 $\sum_{m_1,m_2}|m_1\rangle|m_2\rangle\langle m_1|\langle m_2| = \mathbb{I}$ から (80.8)式が得られる．

次に，$\widehat{J}_z = \widehat{J}_{1z}+\widehat{J}_{2z}$，(80.4)の第 4 式，(80.10)の第 2 式のエルミート共役を用いた

$$\langle m_1|\langle m_2|\underbrace{\widehat{J}_z\,|j,m\rangle}_{\hbar m|j,m\rangle} = \underbrace{\langle m_1|\langle m_2|\,(\widehat{J}_{1z}+\widehat{J}_{2z})}_{\langle m_1|\langle m_2|\,\hbar(m_1+m_2)}\,|j,m\rangle$$

から $(m-m_1-m_2)(\langle m_1|\langle m_2|)\,|j,m\rangle = 0$ を得るが，これは (80.9)式を意味する．

問題 81　クレプシュ・ゴルダン係数の決定手順　基本

与えられた (j_1, j_2) に対してクレプシュ・ゴルダン係数 $C^{(j_1,j_2)}_{j,m;m_1,m_2}$ を決定する，すなわち，**問題 80** の (80.8)式の右辺を具体的に構成する手順を考える．

1. 最大の j と m を持った $|j = j_1 + j_2, m = j_1 + j_2\rangle$ に対して (80.8)式を与えよ．
2. 前設問 1 で求めた $|j_1 + j_1, j_1 + j_2\rangle$ に対する (80.8)式を元にして，同じ j かつより小さな m を持った $|j_1 + j_2, j_1 + j_2 - k\rangle$ $(k = 1, \cdots, 2(j_1 + j_2))$ に対する (80.8)式を構成する方法を説明せよ．特に，$|j_1 + j_2, j_1 + j_2 - 1\rangle$ に対する (80.8)を陽に与えよ．
3. 設問 1，2 により $|j = j_1 + j_2, m\rangle$ $(-j_1 - j_2 \leq m \leq j_1 + j_2)$ に対する (80.8)がすべて得られたとして，次に 1 だけ小さな $j = j_1 + j_2 - 1$ を持った $|j = j_1 + j_2 - 1, m\rangle$ $(-(j_1 + j_2 - 1) \leq m \leq j_1 + j_2 - 1)$ に対する (80.8) の構成手順を説明せよ．特に，$|j_1 + j_2 - 1, j_1 + j_2 - 1\rangle$ に対する (80.8) を陽に与えよ．
4. 前設問 3 を一般化する．$|j_1 + j_2 - p, m\rangle$ に対する (80.8)が $p = 0, 1, \cdots, n-1$ と可能なすべての m について求まったとし，これを元にして $|j_1 + j_2 - n, m\rangle$ $(-(j_1 + j_2 - n) \leq m \leq j_1 + j_2 - n)$ に対する (80.8)の構成手順を説明せよ．

解 説　クレプシュ・ゴルダン係数を具体的に決定する手順を考える問題であり，本問題の [解答] の内容は以降の問題でもたびたび用いることになる．

解 答

1. $|j = j_1 + j_2, m = j_1 + j_2\rangle$ に対する (80.8) 式には (80.9)から右辺の和に $(m_1, m_2) = (j_1, j_2)$ のみが寄与し，(位相因子の任意性を除いて) 次式で与えられる:

$$|j_1 + j_2, j_1 + j_2\rangle = |j_1\rangle|j_2\rangle \tag{81.1}$$

2. $|j_1 + j_2, j_1 + j_2 - k\rangle$ $(k = 1, \cdots, 2(j_1 + j_2))$ に対する (80.8)は，(81.1)の両辺に $\widehat{J}_- = \widehat{J}_{1-} + \widehat{J}_{2-}$ ($\widehat{J}_- = \widehat{J}_x - i\widehat{J}_y$, $\widehat{J}_{a-} = \widehat{J}_{ax} - i\widehat{J}_{ay}$; (51.3)参照) を逐次 k 回作用させ，(53.4)からの

$$\widehat{J}_- |j, m\rangle = \hbar\big[j(j+1) - m(m-1)\big]^{1/2} |j, m-1\rangle$$

$$\widehat{J}_{a-} |m_a\rangle = \hbar\big[j_a(j_a+1) - m_a(m_a-1)\big]^{1/2} |m_a - 1\rangle \quad (a = 1, 2) \tag{81.2}$$

を用いることで得られる．例えば，(81.1)に $\widehat{J}_- = \widehat{J}_{1-} + \widehat{J}_{2-}$ を 1 回作用させると ((81.2)の右辺の $\hbar$ は次式の両辺に現れるので省略した)

$$\underbrace{\widehat{J}_- |j_1 + j_2, j_1 + j_2\rangle}_{\sqrt{2(j_1+j_2)}\,|j_1 + j_2, j_1 + j_2 - 1\rangle} = \underbrace{(\widehat{J}_{1-} |j_1\rangle)}_{\sqrt{2j_1}\,|j_1 - 1\rangle} |j_2\rangle + |j_1\rangle \underbrace{(\widehat{J}_{2-} |j_2\rangle)}_{\sqrt{2j_2}\,|j_2 - 1\rangle}$$

$$\Rightarrow\ |j_1+j_2, j_1+j_2-1\rangle = \sqrt{\frac{j_1}{j_1+j_2}}\,|j_1-1\rangle|j_2\rangle + \sqrt{\frac{j_2}{j_1+j_2}}\,|j_1\rangle|j_2-1\rangle \tag{81.3}$$

この両辺にさらに $\widehat{J}_- = \widehat{J}_{1-} + \widehat{J}_{2-}$ を作用させて $|j_1+j_2, j_1+j_2-2\rangle$ に対する (80.8) が得られる．

3. まず，$|j=j_1+j_2-1, m=j_1+j_2-1\rangle$ に対する (80.8)は

$$|j_1+j_2-1, j_1+j_2-1\rangle = C_0\,|j_1-1\rangle|j_2\rangle + C_1\,|j_1\rangle|j_2-1\rangle \tag{81.4}$$

であるが，係数 $C_0 = C^{(j_1,j_2)}_{j_1+j_2-1, j_1+j_2-1; j_1-1, j_2}$ と $C_1 = C^{(j_1,j_2)}_{j_1+j_2-1, j_1+j_2-1; j_1, j_2-1}$ は (81.4)の規格化条件 $|C_0|^2 + |C_1|^2 = 1$，および，同じ $m = j_1+j_2-1$ を持った $|j_1+j_2, j_1+j_2-1\rangle$(81.3)との直交性

$$0 = \langle j_1+j_2, j_1+j_1-1|j_1+j_2-1, j_1+j_2-1\rangle = \sqrt{\frac{j_1}{j_1+j_2}}\,C_0 + \sqrt{\frac{j_2}{j_1+j_2}}\,C_1$$

から定める．これにより (右辺全体に共通に掛かる位相因子の任意性を除いて)

$$|j_1+j_2-1, j_1+j_2-1\rangle = \sqrt{\frac{j_2}{j_1+j_2}}\,|j_1-1\rangle|j_2\rangle - \sqrt{\frac{j_1}{j_1+j_2}}\,|j_1\rangle|j_2-1\rangle \tag{81.5}$$

を得る．$|j_1+j_2-1, j_1+j_2-1-k\rangle$ $(k=1,\cdots,2(j_1+j_2-1))$ は (81.5)の両辺に $\widehat{J}_- = \widehat{J}_{1-} + \widehat{J}_{2-}$ を逐次 k 回作用させ，(81.2)を用いることで得られる．

4. まず，$|j_1+j_2-n, j_1+j_2-n\rangle$ に対する (80.8)式，

$$|j_1+j_2-n, j_1+j_2-n\rangle = \sum_{k=0}^{n} C_k^{(n)}\,|j_1-n+k\rangle|j_2-k\rangle \tag{81.6}$$

の係数 $C_k^{(n)} = C^{(j_1,j_2)}_{j_1+j_2-n, j_1+j_2-n; j_1-n+k, j_2-k}$ を (81.6)の規格化条件 $\sum_{k=0}^{n} |C_k^{(n)}|^2 = 1$，および，同じ $m = j_1+j_2-n$ を持った $|j_1+j_2-p, j_1+j_2-n\rangle$ との直交条件

$$\langle j_1+j_2-p, j_1+j_2-n|j_1+j_2-n, j_1+j_2-n\rangle = 0 \quad (p=0,1,\cdots,n-1)$$

から定める．なお，

- 複素係数 $C_k^{(n)}$ の実自由度は全部で $2(n+1)$ であり，条件の数は実 $(1+2n)$ 個 (規格化条件は実 1 個，直交条件は複素 n 個) なので，$C_k^{(n)}$ はそれらに共通に掛かる位相因子の任意性 (実 1 自由度) を除いて決定される．
- (80.7)から (81.6)の左辺において n は $(j=)\,j_1+j_2-n \geq |j_1-j_2|$ を満たすものに限られるが，このとき (81.6)の右辺では $j_1-n \geq -j_1$ と $j_2-n \geq -j_2$ が成り立っており，$m_1 \geq -j_1$ および $m_2 \geq -j_2$ の制限とは抵触しない．

(81.6)のクレプシュ・ゴルダン係数 $C_k^{(n)}$ が求まったら，$|j_1+j_2-n, j_1+j_2-n-k\rangle$ $(k=1,\cdots,2(j_1+j_2-n))$ に対する (80.8)は (81.6)の両辺に $\widehat{J}_- = \widehat{J}_{1-} + \widehat{J}_{2-}$ を逐次 k 回作用させ，(81.2)を用いることで得られる．

問題 82　角運動量の合成の例　基本

次の各 (j_1, j_2) に対して角運動量の合成を考え，可能なすべての $|j,m\rangle$ に対する(80.8)式を具体的に与えよ．

1. $(j_1, j_2) = (1/2, 1/2)$
2. $(j_1, j_2) = (1, 1)$

解説　問題 **81** の [解答] に与えられた手順に従って，より大きな j かつより大きな m を持った $|j,m\rangle$ から順に (80.8)式を構成していけばよい．

解答

以下では (81.2)式の右辺の $\hbar$ は省略するが，各 $|j,m\rangle$ に対する解答の式では結局 $\hbar$ は相殺するので問題はない．

1. $(j_1, j_2) = (1/2, 1/2)$ の場合，(80.7)から可能な j は $j = 0, 1$ の 2 つ．
$\underline{|j=1,m\rangle}$: まず，(81.1)から $|j=1, m=1\rangle$ は

$$|1,1\rangle = \left|\tfrac{1}{2}\right\rangle \left|\tfrac{1}{2}\right\rangle \tag{82.1}$$

次に，問題 **81** 設問 2 の [解答] に従って (82.1)に $\widehat{J}_- = \widehat{J}_{1-} + \widehat{J}_{2-}$ を作用させ，(81.2)を用いて (あるいは (81.3)を用いて直接) $|1,0\rangle$ を得る:

$$\underbrace{\widehat{J}_- |1,1\rangle}_{\sqrt{2}|1,0\rangle} = \underbrace{\left(\widehat{J}_{1-}\left|\tfrac{1}{2}\right\rangle\right)}_{\left|-\frac{1}{2}\right\rangle}\left|\tfrac{1}{2}\right\rangle + \left|\tfrac{1}{2}\right\rangle\underbrace{\left(\widehat{J}_{2-}\left|\tfrac{1}{2}\right\rangle\right)}_{\left|-\frac{1}{2}\right\rangle}$$

$$\Rightarrow\ |1,0\rangle = \frac{1}{\sqrt{2}}\left(\left|-\tfrac{1}{2}\right\rangle\left|\tfrac{1}{2}\right\rangle + \left|\tfrac{1}{2}\right\rangle\left|-\tfrac{1}{2}\right\rangle\right) \tag{82.2}$$

これにさらに $\widehat{J}_- = \widehat{J}_{1-} + \widehat{J}_{2-}$ を作用させて $|1,-1\rangle$ を得る:

$$\underbrace{\widehat{J}_- |1,0\rangle}_{\sqrt{2}|1,-1\rangle} = \frac{1}{\sqrt{2}}\Bigg(\underbrace{\left(\widehat{J}_{1-}\left|-\tfrac{1}{2}\right\rangle\right)}_{=0}\left|\tfrac{1}{2}\right\rangle + \left|-\tfrac{1}{2}\right\rangle\underbrace{\left(\widehat{J}_{2-}\left|\tfrac{1}{2}\right\rangle\right)}_{\left|-\frac{1}{2}\right\rangle}$$
$$+\underbrace{\left(\widehat{J}_{1-}\left|\tfrac{1}{2}\right\rangle\right)}_{\left|-\frac{1}{2}\right\rangle}\left|-\tfrac{1}{2}\right\rangle + \left|\tfrac{1}{2}\right\rangle\underbrace{\left(\widehat{J}_{2-}\left|-\tfrac{1}{2}\right\rangle\right)}_{=0}\Bigg)\ \Rightarrow\ |1,-1\rangle = \left|-\tfrac{1}{2}\right\rangle\left|-\tfrac{1}{2}\right\rangle$$

$\underline{|j=0,m=0\rangle}$: $|0,0\rangle$ は問題 **81** 設問 3 の [解答] に従い

$$|0,0\rangle = C_0\left|-\tfrac{1}{2}\right\rangle\left|\tfrac{1}{2}\right\rangle + C_1\left|\tfrac{1}{2}\right\rangle\left|-\tfrac{1}{2}\right\rangle \quad (|C_0|^2 + |C_1|^2 = 1)$$

として，$|1,0\rangle$ (82.2)との直交性から (あるいは (81.5)から直接) $|0,0\rangle$ を得る:

$$0 = \langle 1,0|0,0\rangle = \frac{1}{\sqrt{2}}(C_0 + C_1)\ \Rightarrow\ (C_0, C_1) = \frac{1}{\sqrt{2}}(1,-1)$$

$$\Rightarrow\ |0,0\rangle = \frac{1}{\sqrt{2}}\left(\left|-\tfrac{1}{2}\right\rangle\left|\tfrac{1}{2}\right\rangle - \left|\tfrac{1}{2}\right\rangle\left|-\tfrac{1}{2}\right\rangle\right)$$

以上をまとめると

$$\begin{aligned}
|1,1\rangle &= \left|\tfrac{1}{2}\right\rangle\left|\tfrac{1}{2}\right\rangle \\
|1,0\rangle &= \frac{1}{\sqrt{2}}\left(\left|-\tfrac{1}{2}\right\rangle\left|\tfrac{1}{2}\right\rangle + \left|\tfrac{1}{2}\right\rangle\left|-\tfrac{1}{2}\right\rangle\right) \\
|1,-1\rangle &= \left|-\tfrac{1}{2}\right\rangle\left|-\tfrac{1}{2}\right\rangle \\
|0,0\rangle &= \frac{1}{\sqrt{2}}\left(\left|-\tfrac{1}{2}\right\rangle\left|\tfrac{1}{2}\right\rangle - \left|\tfrac{1}{2}\right\rangle\left|-\tfrac{1}{2}\right\rangle\right)
\end{aligned} \tag{82.3}$$

なお，$|1,m\rangle$ $(m=0,\pm1)$ の 3 つ組共通と $|0,0\rangle$ にそれぞれ掛かる c 数位相因子の任意性がある．

2. $(j_1,j_2)=(1,1)$ の場合の可能な j は (80.7)から $j=0,1,2$ の 3 通りである．
$\underline{|j=2,m\rangle}$: まず，(81.1) と (81.3)から

$$|2,2\rangle = |1\rangle|1\rangle, \quad |2,1\rangle = \frac{1}{\sqrt{2}}\left(|0\rangle|1\rangle + |1\rangle|0\rangle\right)$$

この右式に $\widehat{J}_- = \widehat{J}_{1-} + \widehat{J}_{2-}$ を作用させて

$$\underbrace{\widehat{J}_-|2,1\rangle}_{\sqrt{6}|2,0\rangle} = \frac{1}{\sqrt{2}}\Big(\underbrace{(\widehat{J}_{1-}|0\rangle)}_{\sqrt{2}|-1\rangle}|1\rangle + |0\rangle\underbrace{(\widehat{J}_{2-}|1\rangle)}_{\sqrt{2}|0\rangle} + \underbrace{(\widehat{J}_{1-}|1\rangle)}_{\sqrt{2}|0\rangle}|0\rangle + |1\rangle\underbrace{(\widehat{J}_{2-}|0\rangle)}_{\sqrt{2}|-1\rangle}\Big)$$

$$\Rightarrow\ |2,0\rangle = \frac{1}{\sqrt{6}}\left(|-1\rangle|1\rangle + 2|0\rangle|0\rangle + |1\rangle|-1\rangle\right)$$

これにさらに $\widehat{J}_-$ を繰り返し作用させて ($\widehat{J}_{a-}|m_a=-1\rangle=0$ に注意) 次式を得る:

$$|2,-1\rangle = \frac{1}{\sqrt{2}}\left(|-1\rangle|0\rangle + |0\rangle|-1\rangle\right), \quad |2,-2\rangle = |-1\rangle|-1\rangle$$

$\underline{|j=1,m\rangle}$: (81.5)から $|1,1\rangle$ が得られ，これに $\widehat{J}_- = \widehat{J}_{1-} + \widehat{J}_{2-}$ を繰り返し作用させて $|1,0\rangle$ と $|1,-1\rangle$ を得る:

$$|1,1\rangle = \frac{1}{\sqrt{2}}\left(|0\rangle|1\rangle - |1\rangle|0\rangle\right), \quad |1,0\rangle = \frac{1}{\sqrt{2}}\left(|-1\rangle|1\rangle - |1\rangle|-1\rangle\right),$$
$$|1,-1\rangle = \frac{1}{\sqrt{2}}\left(|-1\rangle|0\rangle - |0\rangle|-1\rangle\right)$$

$\underline{|j=0,m=0\rangle}$: (81.6)に従って $|0,0\rangle = C_0^{(2)}|-1\rangle|1\rangle + C_1^{(2)}|0\rangle|0\rangle + C_2^{(2)}|1\rangle|-1\rangle$ ($\sum_{k=0}^{2}|C_k^{(2)}|=1$) として，同じ $m=0$ を持った $|2,0\rangle$ および $|1,0\rangle$ (ともに上で構成済み) との直交性から

$$0 = \langle 2,0|0,0\rangle \propto C_0^{(2)} + 2C_1^{(2)} + C_2^{(2)}, \quad 0 = \langle 1,0|0,0\rangle \propto C_0^{(2)} - C_2^{(2)}$$

$$\Rightarrow\ (C_0^{(2)}, C_1^{(2)}, C_2^{(2)}) = \frac{1}{\sqrt{3}}(1,-1,1)$$

$$\Rightarrow\ |0,0\rangle = \frac{1}{\sqrt{3}}\left(|-1\rangle|1\rangle - |0\rangle|0\rangle + |1\rangle|-1\rangle\right)$$

問題 83　クレプシュ・ゴルダン係数の漸化式　標準

角運動量の合成，すなわち，(80.8)式を $(j_1, j_2) = (\ell, 1/2)$ の場合に考える．ここに，ℓ は非負の整数 $(\ell = 1, 2, 3, \cdots)$ とする．(80.7)から，今の場合の合成角運動量の j の値は $j = \ell + \frac{1}{2}$ と $j = \ell - \frac{1}{2}$ の 2 つである．

1. $j = \ell + \frac{1}{2}$ の場合の (80.8)は次式となる $(m = -\ell - \frac{1}{2}, \cdots, \ell + \frac{1}{2})$:

$$\left|\ell + \tfrac{1}{2}, m\right\rangle = C_m \left|m - \tfrac{1}{2}\right\rangle \left|\tfrac{1}{2}\right\rangle + D_m \left|m + \tfrac{1}{2}\right\rangle \left|-\tfrac{1}{2}\right\rangle \tag{83.1}$$

ここに，2 つのクレプシュ・ゴルダン係数を簡潔に C_m と D_m で表した．(C_m, D_m) と (C_{m-1}, D_{m-1}) の間の関係式 (漸化式) を求めよ．

2. 前設問 1 で得た漸化式を解いて C_m と D_m を m (および ℓ) で表せ．
3. $j = \ell - \frac{1}{2}$ に対する (80.8)式を求めよ．

解 説　一般の整数 ℓ に対する $j_1 = \ell$ と $j_2 = 1/2$ の合成を，ここでは (83.1)式のクレプシュ・ゴルダン係数 C_m と D_m が満たすべき漸化式を解くことにより考える．なお，(81.1)からの $\left|\ell + \frac{1}{2}, \ell + \frac{1}{2}\right\rangle = |\ell\rangle \left|\frac{1}{2}\right\rangle$ に

$$(\widehat{J}_-)^n = (\widehat{J}_{1-} + \widehat{J}_{2-})^n = \sum_{k=0}^{n} \binom{n}{k} (\widehat{J}_{1-})^{n-k} (\widehat{J}_{2-})^k$$

を作用させ，(81.2)からの

$$(\widehat{J}_-)^n |j, m\rangle = \left(\prod_{k=0}^{n-1} \sqrt{(j + m - k)(j - m + k + 1)} \right) |j, m - n\rangle$$

等を用いて直接 $\left|\ell + \frac{1}{2}, m = \ell + \frac{1}{2} - n\right\rangle$ を求めることもできる．

解 答

1. (83.1)に $\widehat{J}_- = \widehat{J}_{1-} + \widehat{J}_{2-}$ を作用させ，(81.2)を用いると次式となる ((81.2)式で $j(j+1) - m(m-1) = (j+m)(j-m+1)$ に注意):

$$\begin{aligned}
&\sqrt{(\ell + m + \tfrac{1}{2})(\ell - m + \tfrac{3}{2})} \left|\ell + \tfrac{1}{2}, m - 1\right\rangle \\
&= C_m \left(\sqrt{(\ell + m - \tfrac{1}{2})(\ell - m + \tfrac{3}{2})} \left|m - \tfrac{3}{2}\right\rangle \left|\tfrac{1}{2}\right\rangle + \left|m - \tfrac{1}{2}\right\rangle \left|-\tfrac{1}{2}\right\rangle \right) \\
&\quad + D_m \sqrt{(\ell + m + \tfrac{1}{2})(\ell - m + \tfrac{1}{2})} \left|m - \tfrac{1}{2}\right\rangle \left|-\tfrac{1}{2}\right\rangle
\end{aligned}$$

この左辺の $\left|\ell + \frac{1}{2}, m - 1\right\rangle$ を (83.1) で $m \to m - 1$ と置き換えた

$$\left|\ell + \tfrac{1}{2}, m - 1\right\rangle = C_{m-1} \left|m - \tfrac{3}{2}\right\rangle \left|\tfrac{1}{2}\right\rangle + D_{m-1} \left|m - \tfrac{1}{2}\right\rangle \left|-\tfrac{1}{2}\right\rangle$$

とし，両辺の $\left|m - \frac{3}{2}\right\rangle \left|\frac{1}{2}\right\rangle$ と $\left|m - \frac{1}{2}\right\rangle \left|-\frac{1}{2}\right\rangle$ の係数を比較して次の漸化式を得る:

$$\frac{C_{m-1}}{\sqrt{\ell + (m-1) + \frac{1}{2}}} = \frac{C_m}{\sqrt{\ell + m + \frac{1}{2}}} \tag{83.2}$$

$$\sqrt{\ell-(m-1)+\tfrac{1}{2}}\,D_{m-1}=\sqrt{\ell-m+\tfrac{1}{2}}\,D_m+\frac{C_m}{\sqrt{\ell+m+\frac{1}{2}}} \tag{83.3}$$

2. まず，(83.2)式は「$C_m/\sqrt{\ell+m+\frac{1}{2}}$ が m に依らない」ことを意味する．よって

$$\frac{C_m}{\sqrt{\ell+m+\frac{1}{2}}}=\frac{C_{\ell+\frac{1}{2}}}{\sqrt{\ell+(\ell+\frac{1}{2})+\frac{1}{2}}}=\frac{1}{\sqrt{2\ell+1}}\ \Rightarrow\ C_m=\sqrt{\frac{\ell+m+\frac{1}{2}}{2\ell+1}}$$

ここに (81.1)からの

$$\left|\ell+\tfrac{1}{2},\ell+\tfrac{1}{2}\right\rangle=|\ell\rangle\left|\tfrac{1}{2}\right\rangle\quad\Rightarrow\quad C_{\ell+\frac{1}{2}}=1\quad\left(D_{\ell+\frac{1}{2}}=0\right)$$

を用いた．次に，得られた C_m を (83.3)に代入し，$m\to m'$ と置き換えて

$$\sqrt{\ell-(m'-1)+\tfrac{1}{2}}\,D_{m'-1}-\sqrt{\ell-m'+\tfrac{1}{2}}\,D_{m'}=\frac{1}{\sqrt{2\ell+1}}$$

この両辺を $m'=m+1,m+2,\cdots,\ell+\frac{1}{2}$ について足し上げて

$$\sqrt{\ell-m+\tfrac{1}{2}}\,D_m=\frac{\ell-m+\frac{1}{2}}{\sqrt{2\ell+1}}\quad\Rightarrow\quad D_m=\sqrt{\frac{\ell-m+\frac{1}{2}}{2\ell+1}}$$

結局，

$$\left|\ell+\tfrac{1}{2},m\right\rangle=\sqrt{\frac{\ell+m+\frac{1}{2}}{2\ell+1}}\left|m-\tfrac{1}{2}\right\rangle\left|\tfrac{1}{2}\right\rangle+\sqrt{\frac{\ell-m+\frac{1}{2}}{2\ell+1}}\left|m+\tfrac{1}{2}\right\rangle\left|-\tfrac{1}{2}\right\rangle \tag{83.4}$$

3. $\left|\ell-\frac{1}{2},m\right\rangle$ $(m=-\ell+\frac{1}{2},\cdots,\ell-\frac{1}{2})$ は規格化と $\left|\ell+\frac{1}{2},m\right\rangle$ (83.4)との直交性から

$$\left|\ell-\tfrac{1}{2},m\right\rangle=e^{i\theta_m}\left(\sqrt{\frac{\ell-m+\frac{1}{2}}{2\ell+1}}\left|m-\tfrac{1}{2}\right\rangle\left|\tfrac{1}{2}\right\rangle-\sqrt{\frac{\ell+m+\frac{1}{2}}{2\ell+1}}\left|m+\tfrac{1}{2}\right\rangle\left|-\tfrac{1}{2}\right\rangle\right) \tag{83.5}$$

と定まり，これは任意の位相因子 $e^{i\theta_m}$ に対して固有値方程式 (80.4)を満たす．位相因子の m 依存性を，$\left|\ell-\frac{1}{2},m\right\rangle$ と $\left|\ell-\frac{1}{2},m-1\right\rangle$ が $\widehat{J}_-$ の作用で (81.2)第 1 式により関係していること，すなわち，

$$\widehat{J}_-\left|\ell-\tfrac{1}{2},m\right\rangle=\sqrt{(\ell+m-\tfrac{1}{2})(\ell-m+\tfrac{1}{2})}\left|\ell-\tfrac{1}{2},m-1\right\rangle$$

を要求して定める．(83.5)の両辺に $\widehat{J}_-=\widehat{J}_{1-}+\widehat{J}_{2-}$ を作用させ上式を用いることで

$$\left|\ell-\tfrac{1}{2},m-1\right\rangle=e^{i\theta_m}\left(\sqrt{\frac{\ell-m+\frac{3}{2}}{2\ell+1}}\left|m-\tfrac{3}{2}\right\rangle\left|\tfrac{1}{2}\right\rangle-\sqrt{\frac{\ell+m-\frac{1}{2}}{2\ell+1}}\left|m-\tfrac{1}{2}\right\rangle\left|-\tfrac{1}{2}\right\rangle\right)$$

を得るが，この右辺が (83.5)の右辺で $m\to m-1$ としたものと一致すべきことから $e^{i\theta_m}=e^{i\theta_{m-1}}$，すなわち，位相因子は m に依らないことが要求される．よって，簡単に $e^{i\theta_m}=1$ と選ぶと

$$\left|\ell-\tfrac{1}{2},m\right\rangle=\sqrt{\frac{\ell-m+\frac{1}{2}}{2\ell+1}}\left|m-\tfrac{1}{2}\right\rangle\left|\tfrac{1}{2}\right\rangle-\sqrt{\frac{\ell+m+\frac{1}{2}}{2\ell+1}}\left|m+\tfrac{1}{2}\right\rangle\left|-\tfrac{1}{2}\right\rangle \tag{83.6}$$

問題 84　スピン自由度とその相互作用 (その 1)　基本

スピン $\frac{1}{2}$ を持った 1 質点の系を考える．この系は位置ベクトル $\widehat{\boldsymbol{x}}$ の自由度に加えて $j=\frac{1}{2}$ の角運動量の自由度 (**スピン**) を持っている．以下では，$j=\frac{1}{2}$ の**スピン演算子**を $\widehat{\boldsymbol{S}}$ で表す．$\widehat{\boldsymbol{S}}$ は角運動量演算子の交換関係 (51.1) および $\widehat{\boldsymbol{S}}^2$ の固有値が $\hbar^2 j(j+1)=(3/4)\hbar^2$ ((53.1)参照) に限られることを表す恒等式を満足する:

$$\left[\widehat{S}_i,\widehat{S}_j\right]=i\hbar\,\epsilon_{ijk}\widehat{S}_k,\qquad \widehat{\boldsymbol{S}}^2=\frac{3}{4}\hbar^2\mathbb{I} \tag{84.1}$$

さらに，$\widehat{\boldsymbol{S}}$ は位置ベクトル $\widehat{\boldsymbol{x}}$ および運動量 $\widehat{\boldsymbol{p}}$ とは独立な自由度 (**内部自由度**) であって

$$[\widehat{S}_i,\widehat{x}_j]=[\widehat{S}_i,\widehat{p}_j]=0 \tag{84.2}$$

を満たし，したがって軌道角運動量 $\widehat{\boldsymbol{L}}=\widehat{\boldsymbol{x}}\times\widehat{\boldsymbol{p}}$ (50.1)とは可換である:

$$[\widehat{L}_i,\widehat{S}_j]=0 \tag{84.3}$$

そこで，$\left|\frac{1}{2}\right\rangle$ と $\left|-\frac{1}{2}\right\rangle$ を $\widehat{S}_3$ の固有ベクトル

$$\widehat{S}_3\left|m_S\right\rangle=\hbar m_S\left|m_S\right\rangle,\quad \langle m_S|m'_S\rangle=\delta_{m_S,m'_S}\quad\left(m_S,m'_S=\pm\tfrac{1}{2}\right) \tag{84.4}$$

とすると，この系の状態ベクトル $|\Psi\rangle$ (スピン自由度を含むため大文字 Ψ で表す) はテンソル積空間 $\{|\boldsymbol{x}\rangle\}\otimes\{\left|\frac{1}{2}\right\rangle,\left|-\frac{1}{2}\right\rangle\}=\{|\boldsymbol{x}\rangle\otimes\left|\frac{1}{2}\right\rangle,|\boldsymbol{x}\rangle\otimes\left|-\frac{1}{2}\right\rangle\}$ の要素である．

さて，以下では中心力ポテンシャル $U(r)$ 下の質点のハミルトニアン $\widehat{H}$ (67.1)に**スピン軌道相互作用** (spin-orbit interaction) と呼ばれる相互作用項 $\widehat{H}_{LS}$,

$$\widehat{H}_{LS}=\xi(\widehat{r})\,\widehat{\boldsymbol{L}}\cdot\widehat{\boldsymbol{S}}\qquad(\xi(\widehat{r})\text{:与えられた }\widehat{r}\text{ の関数}) \tag{84.5}$$

が加わった新ハミルトニアン $\widehat{H}_{U+LS}$ を考える:

$$\widehat{H}_{U+LS}=\widehat{H}+\widehat{H}_{LS}=\frac{\widehat{\boldsymbol{p}}^2}{2\mu}+U(\widehat{r})+\widehat{H}_{LS} \tag{84.6}$$

1. **問題 67** 設問 1 の通り，$\widehat{H}_{LS}$ を加える前のハミルトニアン $\widehat{H}$ (67.1)は $\widehat{\boldsymbol{L}}$ と可換 ($[\widehat{H},\widehat{\boldsymbol{L}}]=0$) であったが，今の $\widehat{H}_{U+LS}$ (84.6)は $\widehat{\boldsymbol{L}}$ 単独とは可換でなく ($[\widehat{H}_{U+LS},\widehat{\boldsymbol{L}}]\neq 0$)，2 つの角運動量の和
$$\widehat{\boldsymbol{J}}=\widehat{\boldsymbol{L}}+\widehat{\boldsymbol{S}} \tag{84.7}$$
と可換であること ($[\widehat{H}_{U+LS},\widehat{\boldsymbol{J}}]=0$) を示せ．
2. $\widehat{H}_{U+LS}$ が ($\widehat{\boldsymbol{L}}$ とは可換でないが) $\widehat{\boldsymbol{L}}^2$ とは可換であることを示せ．

設問 1 と 2 の結果から $\widehat{H}_{U+LS}$, $\widehat{\boldsymbol{J}}^2$, $\widehat{J}_3$, $\widehat{\boldsymbol{L}}^2$, $\widehat{\boldsymbol{S}}^2$ はすべて互いに可換であり ($\widehat{H}_{U+LS}$ 以外が互いに可換であることは**問題 80** 設問 1 で $(\widehat{\boldsymbol{J}}_1,\widehat{\boldsymbol{J}}_2)=(\widehat{\boldsymbol{L}},\widehat{\boldsymbol{S}})$ とした場合から)，これらの同時固有ベクトル $|\Psi_{n,(j,m_J),\ell}\rangle$ を考えることができる:

$$\begin{aligned}&\left(\widehat{H}_{U+LS},\widehat{\boldsymbol{J}}^2,\widehat{J}_3,\widehat{\boldsymbol{L}}^2\right)|\Psi_{n,(j,m_J),\ell}\rangle\\&=\left(E_{n,j,\ell},\hbar^2 j(j+1),\hbar m_J,\hbar^2\ell(\ell+1)\right)|\Psi_{n,(j,m_J),\ell}\rangle\end{aligned} \tag{84.8}$$

なお，ここでは $\widehat{J}_3$ の量子数を m_J で表す ($E_{n,j,\ell}$ については次の [解説] を参照)．

解説

• スピン (spin) $\widehat{\boldsymbol{S}}$ は軌道角運動量 $\widehat{\boldsymbol{L}}=\widehat{\boldsymbol{x}}\times\widehat{\boldsymbol{p}}$ (50.1) とは異なり，$(\widehat{\boldsymbol{x}},\widehat{\boldsymbol{p}})$ とは可換な角運動量の自由度 ((50.3)と (84.2)参照) であり，質点の「自転」を表す．角運動量の大きさの量子数 j ((53.1)参照) が，軌道角運動量 $\widehat{\boldsymbol{L}}$ に対しては整数に限られるのに対し，スピン $\widehat{\boldsymbol{S}}$ の j は半整数の値も取ることができ，本問題では $j=\frac{1}{2}$ の場合を扱う．なお，スピンに対しては j の値は固定されており，したがって，今の $j=\frac{1}{2}$ の場合は (84.1)の第 2 式が課される．

• (84.8)式において $\widehat{H}_{U+LS}$ の固有値 $E_{n,j,\ell}$ のインデックス n は (j,ℓ,m_J) 以外の量子数を象徴的に表す．なお，$E_{n,j,\ell}$ が m_J に依らないのは，$\widehat{H}_{U+LS}$ が m_J を上下させる演算子 $\widehat{J}_\pm$ と可換 ($[\widehat{H}_{U+LS},\widehat{J}_\pm]=0$) なためである．

• スピン軌道相互作用 (84.5)は実際に電子の相互作用として存在し，相対論的なシュレーディンガー方程式である**ディラック方程式** (第 5 章 **Tea Time** 参照) から導かれる．中心力ポテンシャル $U(r)$ 下の電子に対しては $\xi(r)=U'(r)/(2m_{\mathrm{e}}^2c^2r)$ である．

解答

1. まず，$\widehat{H}_{LS}$ を加える前の $\widehat{H}$ (67.1)は $\widehat{\boldsymbol{L}}$ および $\widehat{\boldsymbol{S}}$ と可換であり，したがって $\widehat{\boldsymbol{J}}$ とも可換である:
$$[\widehat{H},\widehat{\boldsymbol{L}}]=0,\quad [\widehat{H},\widehat{\boldsymbol{S}}]=0 \quad\Rightarrow\quad [\widehat{H},\widehat{\boldsymbol{J}}]=0$$
この第 1 式は**問題 67** 設問 1 の通りで，第 2 式は (84.2)のためである．
次に，$\widehat{H}_{LS}$ (84.5)に対して，まず，$[\xi(\widehat{r}),\widehat{L}_i]=0$ (**問題 67** 設問 1 の [解答] 参照)，と $[\xi(\widehat{r}),\widehat{S}_i]=0$ ($\because$ (84.2)) から $[\xi(\widehat{r}),\widehat{J}_i]=0$ が成り立つ．次に，$\widehat{\boldsymbol{L}}\cdot\widehat{\boldsymbol{S}}$ を
$$\widehat{\boldsymbol{L}}\cdot\widehat{\boldsymbol{S}}\left(=\widehat{\boldsymbol{S}}\cdot\widehat{\boldsymbol{L}}\right)=\frac{1}{2}\left(\widehat{\boldsymbol{J}}^{\,2}-\widehat{\boldsymbol{L}}^{\,2}-\widehat{\boldsymbol{S}}^{\,2}\right)=\frac{1}{2}\left(\widehat{\boldsymbol{J}}^{\,2}-\widehat{\boldsymbol{L}}^{\,2}-\frac{3}{4}\hbar^2\mathbb{I}\right) \tag{84.9}$$
と表すと，$[\widehat{\boldsymbol{J}}^{\,2},\widehat{J}_i]=0$ (51.2)と
$$[\widehat{\boldsymbol{L}}^{\,2},\widehat{J}_i]=\underbrace{[\widehat{\boldsymbol{L}}^{\,2},\widehat{L}_i]}_{=0}+\underbrace{[\widehat{\boldsymbol{L}}^{\,2},\widehat{S}_i]}_{=0\ \because\ (84.3)}=0$$
から $[\widehat{\boldsymbol{L}}\cdot\widehat{\boldsymbol{S}},\widehat{J}_i]=0$ である．よって，$[\widehat{H}_{LS},\widehat{J}_i]=[\xi(\widehat{r}),\widehat{J}_i]\widehat{\boldsymbol{L}}\cdot\widehat{\boldsymbol{S}}+\xi(\widehat{r})[\widehat{\boldsymbol{L}}\cdot\widehat{\boldsymbol{S}},\widehat{J}_i]=0$ が成り立つ．以上より，$[\widehat{H}_{U+LS},\widehat{\boldsymbol{J}}]=[\widehat{H},\widehat{\boldsymbol{J}}]+[\widehat{H}_{LS},\widehat{\boldsymbol{J}}]=0$ を得る．
なお，$\widehat{H}_{LS}=\xi(\widehat{r})\widehat{L}_j\widehat{S}_j$ に対して
$$[\widehat{H}_{LS},\widehat{L}_i]=\underbrace{[\xi(\widehat{r}),\widehat{L}_i]}_{=0}\widehat{L}_j\widehat{S}_j+\xi(\widehat{r})\underbrace{[\widehat{L}_j,\widehat{L}_i]}_{i\hbar\epsilon_{jik}\widehat{L}_k}\widehat{S}_j+\xi(\widehat{r})\widehat{L}_j\underbrace{[\widehat{S}_j,\widehat{L}_i]}_{=0}=i\hbar\xi(\widehat{r})(\widehat{\boldsymbol{L}}\times\widehat{\boldsymbol{S}})_i$$
であり，したがって，$[\widehat{H}_{U+LS},\widehat{\boldsymbol{L}}]=[\widehat{H}_{LS},\widehat{\boldsymbol{L}}]=i\hbar\xi(\widehat{r})\,\widehat{\boldsymbol{L}}\times\widehat{\boldsymbol{S}}\neq 0$ である．

2. $[\widehat{H},\widehat{\boldsymbol{L}}^2]=0$ なので $[\widehat{H}_{LS},\widehat{\boldsymbol{L}}^2]=0$ を示せばよい．まず，$[\xi(\widehat{r}),\widehat{L}_i]=0$ から $[\xi(\widehat{r}),\widehat{\boldsymbol{L}}^{\,2}]=0$ であり，次に (84.9)式の $\widehat{\boldsymbol{L}}\cdot\widehat{\boldsymbol{S}}$ の表式を用いると，$[\widehat{\boldsymbol{J}}^{\,2},\widehat{\boldsymbol{L}}^2]=0$ ($\because$ **問題 80** 設問 1) から $[\widehat{\boldsymbol{L}}\cdot\widehat{\boldsymbol{S}},\widehat{\boldsymbol{L}}^2]=0$ が成り立ち，よって，$[\widehat{H}_{LS},\widehat{\boldsymbol{L}}^2]=0$ を得る．

問題 85　スピン自由度とその相互作用 (その 2)　標準

問題 84 からの続きの問題である．

固有値方程式 (84.8)の解 $|\Psi_{n,(j,m_J),\ell}\rangle$ を次のテンソル積の形で構成する:

$$|\Psi_{n,(j,m_J),\ell}\rangle = |R_{n,j,\ell}\rangle \otimes |j, m_J; \ell\rangle \tag{85.1}$$

ここに，$|R_{n,j,\ell}\rangle$ は $\hat{r}$ の自由度の状態ベクトル，$(\hat{\theta}, \hat{\varphi}, \hat{\boldsymbol{S}})$ の自由度の状態ベクトルである $|j, m_J; \ell\rangle$ は (84.8)式の $(\hat{\boldsymbol{J}}^2, \hat{J}_3, \hat{\boldsymbol{L}}^2)$ 部分を満足する正規直交基底である:

$$\left(\hat{\boldsymbol{J}}^2, \hat{J}_3, \hat{\boldsymbol{L}}^2\right)|j, m_J; \ell\rangle = \left(\hbar^2 j(j+1), \hbar m_J, \hbar^2 \ell(\ell+1)\right)|j, m_J; \ell\rangle \tag{85.2}$$

$$\langle j, m_J; \ell | j', m_J'; \ell'\rangle = \delta_{jj'}\delta_{m_J m_J'}\delta_{\ell\ell'} \tag{85.3}$$

3. 与えられた ℓ と可能な各 j に対して (85.2)を満たす $|j, m_J; \ell\rangle$ を $|\ell, m_L\rangle$ と $|m_S = \pm\frac{1}{2}\rangle$ のテンソル積の和で与えよ．ここに，$|\ell, m_L\rangle$ は $\hat{\boldsymbol{L}}^2$ と $\hat{L}_3$ の (規格化された) 同時固有ベクトルである ($\hat{L}_3$ の量子数をここでは m_L で表す):

$$\left(\hat{\boldsymbol{L}}^2, \hat{L}_3\right)|\ell, m_L\rangle = \left(\hbar^2\ell(\ell+1), \hbar m_L\right)|\ell, m_L\rangle$$

4. $|j, m_J; \ell\rangle$ が $\hat{\boldsymbol{L}} \cdot \hat{\boldsymbol{S}}$ の固有ベクトルでもあることを示し，各 j に対する固有値を求めよ．

5. $\hat{H}_{U+LS}$ の固有値方程式

$$\hat{H}_{U+LS}|\Psi_{n,(j,m_J),\ell}\rangle = E_{n,j,\ell}|\Psi_{n,(j,m_J),\ell}\rangle \tag{85.4}$$

から導かれる動径波動関数 $R_{n,j.\ell}(r) \equiv \langle r|R_{n,j.\ell}\rangle$ に対する微分方程式を与えよ ($R_{n,j.\ell}(r)$ が m_J に依らないことはこれからも分かる)．

6. スピン自由度を持たない系における ハミルトニアン $\hat{H}$ (67.1)と $(\hat{\boldsymbol{L}}^2, \hat{L}_3)$ の同時固有ベクトルを $|\psi_{n,\ell,m_L}\rangle = |R_{n,\ell}\rangle \otimes |\ell, m_L\rangle$，$\hat{H}$ の固有値を $E_{n,\ell}$ とする:

$$\left(\hat{H}, \hat{\boldsymbol{L}}^2, \hat{L}_3\right)|\psi_{n,\ell,m_L}\rangle = \left(E_{n,\ell}, \hbar^2\ell(\ell+1), \hbar m_L\right)|\psi_{n,\ell,m_L}\rangle$$

今のスピン自由度を持った系において $\xi(\hat{r})$ が特に定数，$\xi(\hat{r}) = \xi_0(=$ c 数定数$)$ の場合を考える．前設問 5 の動径波動関数 $R_{n,j.\ell}(r)$ を $R_{n,\ell}(r) = \langle r|R_{n,\ell}\rangle$ を用いて，また，$\hat{H}_{U+LS}$ の固有値 $E_{n,j,\ell}$ を $E_{n,\ell}$ および適当な量子数を用いて，それぞれ表せ．

解説　設問 6 のとおり，「$\xi(r) =$ 定数」の場合は $\hat{H}_{U+LS}$ のエネルギー固有値を求めることができ，スピン軌道相互作用 $\hat{H}_{LS}$ により縮退が一部解けることがわかる．より現実的な $\xi(r)$ に対しては，**問題 99** と **100** で摂動論を用いて扱う．

解答

3. **問題 80** の「角運動量の合成」を $(\hat{\boldsymbol{J}}_1, \hat{\boldsymbol{J}}_2) = (\hat{\boldsymbol{L}}, \hat{\boldsymbol{S}})$，$(j_1, j_2) = (\ell, 1/2)$ として用い

るが，この場合のクレプシュ・ゴルダン係数の決定は**問題 83** で扱った．まず，与えられた $\ell(=0,1,2,\cdots)$ に対して j が取り得る値は $j=\ell+\frac{1}{2}$ と $j=\ell-\frac{1}{2}$ の二通りである ($\ell=0$ の場合は $j=\frac{1}{2}$ のみ)．各 j に対する $|j,m_J;\ell\rangle$ は (83.4)と (83.6)を本問題の記号で書き直すだけであり以下の通り (符号同順):

$$\begin{aligned}&|j=\ell\pm\tfrac{1}{2},m_J;\ell\rangle\\&=\sqrt{\frac{\ell\pm m_J+\frac{1}{2}}{2\ell+1}}\left|\ell,m_J-\tfrac{1}{2}\right\rangle\left|\tfrac{1}{2}\right\rangle\pm\sqrt{\frac{\ell\mp m_J+\frac{1}{2}}{2\ell+1}}\left|\ell,m_J+\tfrac{1}{2}\right\rangle\left|-\tfrac{1}{2}\right\rangle\end{aligned}\tag{85.5}$$

4. $\widehat{\boldsymbol{L}}\cdot\widehat{\boldsymbol{S}}$ を (84.9)式の形に表し，(85.2)を用いて次式を得る:

$$\widehat{\boldsymbol{L}}\cdot\widehat{\boldsymbol{S}}\,|j,m_J;\ell\rangle=\frac{\hbar^2}{2}\left(j(j+1)-\ell(\ell+1)-\frac{3}{4}\right)|j,m_J;\ell\rangle=\frac{\hbar^2}{2}a_{j,\ell}\,|j,m_J;\ell\rangle\tag{85.6}$$

ここに $a_{j,\ell}$ は

$$a_{j,\ell}=\begin{cases}\ell & (j=\ell+\frac{1}{2})\\-(\ell+1) & (j=\ell-\frac{1}{2})\end{cases}\tag{85.7}$$

5. まず，$|\Psi\rangle=|\Psi_{n,(j,m_J),\ell}\rangle$ (85.1) に対して (85.2)と (85.6)を用いて ((58.3)式参照):

$$\begin{aligned}\langle\boldsymbol{x}|\,\widehat{H}_{U+LS}\,|\Psi\rangle=&-\frac{\hbar^2}{2\mu}\frac{1}{r^2}\frac{\partial}{\partial r}\left(r^2\frac{\partial}{\partial r}\right)\langle\boldsymbol{x}|\Psi\rangle+\frac{1}{2\mu r^2}\,\langle\boldsymbol{x}|\underbrace{\widehat{\boldsymbol{L}}^2\,|\Psi\rangle}_{\hbar^2\ell(\ell+1)\,|\Psi\rangle}+U(r)\langle\boldsymbol{x}|\Psi\rangle\\&+\xi(r)\,\langle\boldsymbol{x}|\overbrace{\widehat{\boldsymbol{L}}\cdot\widehat{\boldsymbol{S}}\,|\Psi\rangle}^{(\hbar^2/2)a_{j,\ell}\,|\Psi\rangle}\end{aligned}$$

波動関数 $\langle\boldsymbol{x}|\Psi\rangle=(\langle r|\,\langle\theta,\varphi|)\,|\Psi\rangle=R_{n,j,\ell}(r)\langle\theta,\varphi|j,m_J;\ell\rangle$ に対する固有値方程式 $\langle\boldsymbol{x}|\,\widehat{H}_{U+LS}|\Psi\rangle=E_{n,j,\ell}\langle\boldsymbol{x}|\Psi\rangle$ の両辺の $\langle\theta,\varphi|j,m_J;\ell\rangle$ を外して，$R_{n,j,\ell}(r)$ が満たすべき微分方程式は次式で与えられる:

$$\begin{aligned}&-\frac{\hbar^2}{2\mu}\frac{1}{r^2}\frac{d}{dr}\left(r^2\frac{dR_{n,j,\ell}(r)}{dr}\right)\\&\quad+\left[U(r)+\frac{\ell(\ell+1)\hbar^2}{2\mu r^2}+\frac{\hbar^2}{2}a_{j,\ell}\,\xi(r)\right]R_{n,j,\ell}(r)=E_{n,j,\ell}R_{n,j,\ell}(r)\end{aligned}\tag{85.8}$$

6. $\xi(r)=\xi_0$ の場合，(85.8)式は

$$-\frac{\hbar^2}{2\mu}\frac{1}{r^2}\frac{d}{dr}\left(r^2\frac{dR_{n,j,\ell}}{dr}\right)+\left[U(r)+\frac{\ell(\ell+1)\hbar^2}{2\mu r^2}\right]R_{n,j,\ell}=\left(E_{n,j,\ell}-\frac{\hbar^2\xi_0}{2}a_{j,\ell}\right)R_{n,j,\ell}$$

これを $R_{n,\ell}(r)$ の波動方程式 (67.6) (ただし，$R=R_{n,\ell}$, $E=E_{n,\ell}$) と比べることで

$$R_{n,j,\ell}(r)=R_{n,\ell}(r)\quad(j\text{ に依らない}),\qquad E_{n,j,\ell}=E_{n,\ell}+\frac{\hbar^2\xi_0}{2}a_{j,\ell}$$

を得る．なお，$\xi_0\neq 0$ の場合，エネルギー固有値 $E_{n,j,\ell}$ は (n による縮退がなければ) $j=\ell+\frac{1}{2}$ に対しては $(2j+1=)2\ell+2$ 重に，$j=\ell-\frac{1}{2}$ に対しては 2ℓ 重に，それぞれ縮退している．$\widehat{H}_{LS}$ がない $\xi_0=0$ の場合は，これら 2 準位は縮退し，縮退度は $(2\ell+2)+2\ell=2(2\ell+1)$，すなわち，スピン自由度がない場合の縮退度 $2\ell+1$ の 2 倍となる．

問題 86　2 成分波動関数　標準

問題 84，85 で考えたスピン $\frac{1}{2}$ を持った 1 質点の系の一般の状態ベクトル $|\Psi\rangle$ に対して **2 成分波動関数** $\Psi(\boldsymbol{x})$ を次式で定義する:

$$\Psi(\boldsymbol{x}) = \begin{pmatrix} \Psi_{+\frac{1}{2}}(\boldsymbol{x}) \\ \Psi_{-\frac{1}{2}}(\boldsymbol{x}) \end{pmatrix}, \qquad \Psi_{\pm\frac{1}{2}}(\boldsymbol{x}) \equiv \Big(\langle \boldsymbol{x}| \otimes \Big\langle m_S = \pm\tfrac{1}{2}\Big|\Big)|\Psi\rangle \tag{86.1}$$

1. $|\Psi_{\pm\frac{1}{2}}(\boldsymbol{x})|^2$ の物理的な意味を述べよ.
2. 次の関係式を導け:
$$\Big(\langle \boldsymbol{x}| \otimes \Big\langle \pm\tfrac{1}{2}\Big|\Big) \widehat{S}_i |\Psi\rangle = \Big(S_i \Psi(\boldsymbol{x})\Big)_{\pm\frac{1}{2}} \quad (i = 1, 2, 3) \tag{86.2}$$
ここに，右辺の S_i は 2×2 行列 $J_i^{(1/2)}$ (54.2) (具体形は (54.7))，$S_i = J_i^{(1/2)}$，であり，また，右辺全体の $+\frac{1}{2}/-\frac{1}{2}$ 成分は上/下成分を表す.
3. $\widehat{H}_{U+LS}$ (84.6)の固有値方程式 $\widehat{H}_{U+LS}|\Psi\rangle = E|\Psi\rangle$ を $\boldsymbol{x}$-表示で考え，2 成分波動関数 $\Psi(\boldsymbol{x})$ (86.1) に対する定常状態波動方程式を与えよ．なお，運動エネルギー項 $\widehat{\boldsymbol{p}}^2/(2\mu)$ の $\boldsymbol{x}$-表示は $-\hbar^2\boldsymbol{\nabla}^2/(2\mu)$ のままでよい.
4. (85.1)式の形の $|\Psi_{n,(j,m_J),\ell}\rangle = |R_{n,j,\ell}\rangle \otimes |j, m_J; \ell\rangle$ に対応した (3 次元極座標系による) 2 成分波動関数 $\Psi_{n,(j,m_J),\ell}(r,\theta,\varphi)$ を動径波動関数 $R_{n,j.\ell}(r) \equiv \langle r|R_{n,j.\ell}\rangle$ と球面調和関数 $Y_\ell^m(\theta,\varphi)$ ((59.6)および (62.7)) を用いて与えよ.

解説　$S_i = J_i^{(1/2)}$ (54.7)は通常**パウリ行列** (Pauli matrices) σ_i $(i = 1, 2, 3)$,

$$\sigma_1 = \begin{pmatrix} 0 & 1 \\ 1 & 0 \end{pmatrix}, \quad \sigma_2 = \begin{pmatrix} 0 & -i \\ i & 0 \end{pmatrix}, \quad \sigma_3 = \begin{pmatrix} 1 & 0 \\ 0 & -1 \end{pmatrix} \tag{86.3}$$

を用いて次式で表される:

$$S_i = \frac{\hbar}{2}\sigma_i \tag{86.4}$$

パウリ行列はエルミート行列 $(\sigma_i^\dagger = \sigma_i)$ であり，次の積公式を満たす ((86.3)の具体形を用いて確認せよ):

$$\sigma_i\sigma_j = \delta_{ij}\mathbb{I}_2 + i\epsilon_{ijk}\sigma_k \tag{86.5}$$

解答

1. $|\Psi_{\pm\frac{1}{2}}(\boldsymbol{x})|^2$ は，質点の位置ベクトル $\widehat{\boldsymbol{x}}$ とスピンの z 成分 $\widehat{S}_3$ を同時観測 ($\widehat{x}_i$ $(i = 1, 2, 3)$ と $\widehat{S}_3$ はすべて互いに可換であり同時観測が可能) した際の「$\widehat{S}_3$ が $\pm\frac{1}{2}\hbar$ であり，位置が $\boldsymbol{x}$ にある確率密度」である.
2. $\langle \boldsymbol{x}|\widehat{S}_i = \widehat{S}_i\langle \boldsymbol{x}|$ と $\left|\pm\frac{1}{2}\right\rangle$ の完全性 $\sum_{m_S=\pm\frac{1}{2}} |m_S\rangle\langle m_S| = \mathbb{I}$ を用いて
$$\Big(\langle \boldsymbol{x}| \otimes \langle m_S|\Big)\widehat{S}_i|\Psi\rangle = \langle m_S|\widehat{S}_i\langle \boldsymbol{x}|\Psi\rangle = \langle m_S|\widehat{S}_i \sum_{m_S'=\pm\frac{1}{2}} |m_S'\rangle\langle m_S'|\langle \boldsymbol{x}|\Psi\rangle$$

$$= \sum_{m'_S=\pm\frac{1}{2}} \underbrace{\langle m_S|\,\widehat{S}_i|m'_S\rangle}_{(S_i)_{m_S m'_S}} \underbrace{\big(\langle \boldsymbol{x}| \otimes \langle m'_S|\big)\,|\Psi\rangle}_{\Psi_{m'_S}(\boldsymbol{x})} = \big(S_i \Psi(\boldsymbol{x})\big)_{m_S} \qquad (m_S = \pm\tfrac{1}{2})$$

を得る．(54.2)式の $J_i^{(1/2)}(= S_i)$ における $\left|\frac{1}{2}, \pm\frac{1}{2}\right\rangle$ が今の $\left|\pm\frac{1}{2}\right\rangle$ であることに注意.

3. まず，前設問 2 の解答と同様の操作で次式を得る:

$$\big(\langle \boldsymbol{x}| \otimes \langle m_S|\big)\widehat{H}_{LS}\,|\Psi\rangle = \big(\langle \boldsymbol{x}| \otimes \langle m_S|\big)\widehat{H}_{LS} \sum_{m'_S=\pm\frac{1}{2}} |m'_S\rangle\langle m'_S|\Psi\rangle$$

$$= \sum_{m'_S=\pm\frac{1}{2}} \underbrace{\langle m_S|\,\widehat{S}_i|m'_S\rangle}_{(S_i)_{m_S m'_S}} \underbrace{\langle \boldsymbol{x}|\,\xi(\widehat{r})\,\widehat{L}_i\,\langle m'_S|\Psi\rangle}_{\xi(r)\hat{L}_i\left(\langle \boldsymbol{x}|\otimes\langle m'_S|\right)|\Psi\rangle} = \xi(r)\,\hat{\boldsymbol{L}}\cdot\big(\boldsymbol{S}\,\Psi(\boldsymbol{x})\big)_{m_S}$$

ここに，最後の $\hat{\boldsymbol{L}} = \boldsymbol{x} \times (-i\hbar\boldsymbol{\nabla})$ は $\boldsymbol{x}$-表示での軌道角運動量演算子 (58.1)であり，$\langle \boldsymbol{x}|\,\xi(\widehat{r})\,\widehat{L}_i\,\langle m'_S|\Psi\rangle$ の式変形には公式 (55.7)を用いた．よって，$\widehat{H}_{U+LS}\,|\Psi\rangle = E\,|\Psi\rangle$ に左から $\langle \boldsymbol{x}| \otimes \langle m_S = \pm\frac{1}{2}|$ を当てることで次の定常状態波動方程式を得る:

$$\left(-\frac{\hbar^2}{2\mu}\boldsymbol{\nabla}^2 + U(r) + \xi(r)\,\hat{\boldsymbol{L}}\cdot\boldsymbol{S}\right)\Psi(\boldsymbol{x}) = E\Psi(\boldsymbol{x}) \qquad \left(\boldsymbol{S} = \frac{1}{2}\boldsymbol{\sigma}\right)$$

4. 2 成分波動関数の定義式 (86.1)において $\langle \boldsymbol{x}| = \langle r|\,\langle \theta,\varphi|$ として，$j = \ell \pm \frac{1}{2}$ に対して次の結果を得る (符号同順):

$$\Psi_{n,(j=\ell\pm\frac{1}{2},m_J),\ell}(r,\theta,\varphi) = \langle r|\,\langle\theta,\varphi| \begin{pmatrix} \langle m_S = \frac{1}{2}| \\ \langle m_S = -\frac{1}{2}| \end{pmatrix} \underbrace{|\Psi_{n,(j,m_J),\ell}\rangle}_{|R_{n,j,\ell}\rangle\,|j,m_J;\ell\rangle}$$

$$\overset{(85.5)}{\downarrow}{=} \langle r|R_{n,j,\ell}\rangle\,\langle\theta,\varphi| \begin{pmatrix} \langle\frac{1}{2}| \\ \langle-\frac{1}{2}| \end{pmatrix}$$

$$\times\left(\sqrt{\frac{\ell \pm m_J + \frac{1}{2}}{2\ell+1}}\,\left|\ell, m_J - \tfrac{1}{2}\right\rangle\left|\tfrac{1}{2}\right\rangle \pm \sqrt{\frac{\ell \mp m_J + \frac{1}{2}}{2\ell+1}}\,\left|\ell, m_J + \tfrac{1}{2}\right\rangle\left|-\tfrac{1}{2}\right\rangle\right)$$

$$= R_{n,j,\ell}(r)\,\frac{1}{\sqrt{2\ell+1}} \begin{pmatrix} \sqrt{\ell \pm m_J + \frac{1}{2}}\,Y_\ell^{m_J-\frac{1}{2}}(\theta,\varphi) \\ \pm\sqrt{\ell \mp m_J + \frac{1}{2}}\,Y_\ell^{m_J+\frac{1}{2}}(\theta,\varphi) \end{pmatrix} \qquad \left(j = \ell \pm \tfrac{1}{2}\right)$$

ここに，第 2 等号では $|j, m_J;\ell\rangle$ の表式 (85.5)を，最後の等号では (59.6)からの $\langle\theta,\varphi|\ell,m_L\rangle = Y_\ell^{m_L}(\theta,\varphi)$ および $|m_S = \pm\frac{1}{2}\rangle$ の正規直交性 ((84.4) 第 2 式) をそれぞれ用いた.

問題 87　スピン 1/2 を持った質点系における空間回転　標準

問題 84～86 で扱ったスピン $\frac{1}{2}$ を持った 1 質点の系における (ハミルトニアンと可換な) 角運動量は軌道角運動量 $\widehat{\boldsymbol{L}}$ とスピン演算子 $\widehat{\boldsymbol{S}}$ の和 $\widehat{\boldsymbol{J}} = \widehat{\boldsymbol{L}} + \widehat{\boldsymbol{S}}$ (84.7) であった．したがって，この系での (ハミルトニアンを不変に保つ) 空間回転を考える際は**問題 64～66** における $\widehat{\boldsymbol{L}}$ を $\widehat{\boldsymbol{J}}$ に置き換える必要がある．特に，ベクトル $\boldsymbol{\varphi}$ で指定される空間回転を生成するユニタリー演算子は $\widehat{U}_{\boldsymbol{\varphi}}$ (64.2)に替わって

$$\widehat{U}^J_{\boldsymbol{\varphi}} = \exp\left(\frac{1}{i\hbar}\boldsymbol{\varphi}\cdot\widehat{\boldsymbol{J}}\right) = \widehat{U}^L_{\boldsymbol{\varphi}}\,\widehat{U}^S_{\boldsymbol{\varphi}} = \widehat{U}^S_{\boldsymbol{\varphi}}\,\widehat{U}^L_{\boldsymbol{\varphi}} \tag{87.1}$$

で与えられる．ここに，$\widehat{U}^L_{\boldsymbol{\varphi}}$ と $\widehat{U}^S_{\boldsymbol{\varphi}}$ は

$$\widehat{U}^L_{\boldsymbol{\varphi}} = \widehat{U}_{\boldsymbol{\varphi}}\,(64.2) = \exp\left(\frac{1}{i\hbar}\boldsymbol{\varphi}\cdot\widehat{\boldsymbol{L}}\right), \quad \widehat{U}^S_{\boldsymbol{\varphi}} = \exp\left(\frac{1}{i\hbar}\boldsymbol{\varphi}\cdot\widehat{\boldsymbol{S}}\right) \tag{87.2}$$

であり，$\widehat{U}^J_{\boldsymbol{\varphi}}$ が $\widehat{U}^L_{\boldsymbol{\varphi}}$ と $\widehat{U}^S_{\boldsymbol{\varphi}}$ の積になるのは $[\widehat{L}_i, \widehat{S}_j] = 0$ (84.3) のためである．

1. ベクトル $\boldsymbol{\varphi} = \varphi\boldsymbol{n}$ ($|\boldsymbol{n}| = 1$) で指定される空間回転で 2 成分波動関数 $\Psi(\boldsymbol{x})$ (86.1)はどのように変換するか．できるだけ具体的な表式を与えよ．必要なら公式 (86.5)を用いよ．
2. $\boldsymbol{\varphi} = 2\pi\boldsymbol{n}$ で指定される空間回転，すなわち (任意の) 単位ベクトル $\boldsymbol{n}$ 方向の回転軸周りの角度 2π の空間回転で 2 成分波動関数 $\Psi(\boldsymbol{x})$ はどのような変換を受けるか．
3. 一般にスピン $S\,(= 0, \frac{1}{2}, 1, \cdots)$ をもった質点の量子力学では，**問題 84～86** のスピン演算子 $\widehat{\boldsymbol{S}}$ を (84.1)第 2 式の代わりに $\widehat{\boldsymbol{S}}^2 = S(S+1)\hbar^2\mathbb{I}$ を満たすものとし，行列 S_i は $(2S+1)\times(2S+1)$ 行列 $J^{(S)}_i$ (54.1)であり，波動関数 $\Psi(\boldsymbol{x})$ は (86.1)を一般化した $\Psi_{m_S}(\boldsymbol{x}) \equiv (\langle\boldsymbol{x}|\otimes\langle m_S|)\,|\Psi\rangle$ ($m_S = S, S-1, \cdots, -S+1, -S$) の $(2S+1)$ 成分となる．$\Psi(\boldsymbol{x})$ は回転角 2π の空間回転でどのように変換するか．

解説　設問 2 と 3 で分かるように「半整数スピン ($\frac{1}{2}, \frac{3}{2}, \cdots$) を持った粒子の波動関数は角度 2π の空間回転で元には戻らず，マイナス符号が掛かる」という重要な性質がある．この半整数スピンの粒子はフェルミオン (パウリの排他原理に従い，同じ状態を占める粒子の数は 0 または 1 に限られる) でなければならないということも知られている．

解答

1. 状態ベクトル $|\Psi\rangle$ に対する空間回転の変換は (66.2)式の $\widehat{U}_{\boldsymbol{\varphi}}$ を $\widehat{U}^J_{\boldsymbol{\varphi}}$ (87.1)に置き換えた次式で定義される:

$$|\Psi\rangle \mapsto \widehat{U}^J_{\boldsymbol{\varphi}}\,|\Psi\rangle = \widehat{U}^S_{\boldsymbol{\varphi}}\,\widehat{U}^L_{\boldsymbol{\varphi}}\,|\Psi\rangle$$

公式 (55.7)と (86.2)から，対応する 2 成分波動関数 $\Psi(\boldsymbol{x})$ (86.1)に対する空間回転は

$$\Psi(\boldsymbol{x}) \mapsto \hat{U}^J_{\boldsymbol{\varphi}}\Psi(\boldsymbol{x}) = \hat{U}^S_{\boldsymbol{\varphi}}\hat{U}^L_{\boldsymbol{\varphi}}\Psi(\boldsymbol{x}) \underset{\substack{\uparrow \\ (66.3)}}{=} \hat{U}^S_{\boldsymbol{\varphi}}\Psi(R^{-1}_{\boldsymbol{\varphi}}\boldsymbol{x}) \tag{87.3}$$

となる．ここに，$\hat{U}^L_{\boldsymbol{\varphi}}$ は (66.4)式の $\hat{U}_{\boldsymbol{\varphi}}$ であり，$\hat{U}^S_{\boldsymbol{\varphi}}$ は (87.2)式の $\widehat{U}^S_{\boldsymbol{\varphi}}$ において演算子 $\widehat{S}_i$ を 2×2 エルミート行列 S_i (86.4)に置き換えたユニタリー行列である．$\hat{U}^S_{\boldsymbol{\varphi}}$ の級数展開を偶数冪項と奇数冪項に分けて計算することで次の表式を得る:

$$\begin{aligned}
\hat{U}^S_{\boldsymbol{\varphi}} &= \exp\left(\frac{1}{i\hbar}\boldsymbol{\varphi}\cdot\boldsymbol{S}\right) = \exp\left(\frac{1}{2i}\boldsymbol{\varphi}\cdot\boldsymbol{\sigma}\right) \\
&= \mathbb{I}_2 + \sum_{n=1}^{\infty}\frac{1}{(2n)!}\left(\frac{\boldsymbol{\varphi}\cdot\boldsymbol{\sigma}}{2i}\right)^{2n} + \sum_{n=0}^{\infty}\frac{1}{(2n+1)!}\left(\frac{\boldsymbol{\varphi}\cdot\boldsymbol{\sigma}}{2i}\right)^{2n+1} \\
&= \left[1 + \sum_{n=1}^{\infty}\frac{(-1)^n}{(2n)!}\left(\frac{\varphi}{2}\right)^{2n}\right]\mathbb{I}_2 - i\sum_{n=0}^{\infty}\frac{(-1)^n}{(2n+1)!}\left(\frac{\varphi}{2}\right)^{2n+1}(\boldsymbol{n}\cdot\boldsymbol{\sigma}) \\
&= \mathbb{I}_2\cos\left(\frac{\varphi}{2}\right) - i(\boldsymbol{n}\cdot\boldsymbol{\sigma})\sin\left(\frac{\varphi}{2}\right)
\end{aligned} \tag{87.4}$$

ここに，任意の 3 成分ベクトル $\boldsymbol{a}$ と $\boldsymbol{b}$ に対して (86.5)を用いて示される公式

$$(\boldsymbol{a}\cdot\boldsymbol{\sigma})(\boldsymbol{b}\cdot\boldsymbol{\sigma}) = a_i b_j \underbrace{\sigma_i\sigma_j}_{\delta_{ij}\mathbb{I}_2 + i\epsilon_{ijk}\sigma_k} = (\boldsymbol{a}\cdot\boldsymbol{b})\,\mathbb{I}_2 + i(\boldsymbol{a}\times\boldsymbol{b})\cdot\boldsymbol{\sigma}$$

において $\boldsymbol{a} = \boldsymbol{b} = \boldsymbol{\varphi}$ とし，$\boldsymbol{\varphi}\times\boldsymbol{\varphi} = 0$ を用いて得られる $(\boldsymbol{\varphi}\cdot\boldsymbol{\sigma})^2 = \boldsymbol{\varphi}^2\,\mathbb{I}_2$ を用いた．結局，$\Psi(\boldsymbol{x})$ の空間回転変換は (87.4)式の $\hat{U}^S_{\boldsymbol{\varphi}}$ を用いて (87.3)式で与えられる．回転行列 $R_{\boldsymbol{\varphi}}$ の具体形は (65.3)で与えられている．

2. 前設問 1 において回転角 $\varphi = 2\pi$ の場合を考える．まず，(65.3)を用いると

$$(R_{\boldsymbol{\varphi}})_{ij}\Big|_{\varphi=2\pi} = \cos 2\pi\,\delta_{ij} + (1-\cos 2\pi)n_i n_j - \sin 2\pi\,\epsilon_{ija}n_a = \delta_{ij} \tag{87.5}$$

すなわち，$R_{\boldsymbol{\varphi}}\Big|_{\varphi=2\pi} = \mathbb{I}_3$ である (これは直観的にも明らか)．他方，スピン自由度の回転を表す $\hat{U}^S_{\boldsymbol{\varphi}}$ については (87.4)の表式を用いて

$$\hat{U}^S_{\boldsymbol{\varphi}}\Big|_{\varphi=2\pi} = \mathbb{I}_2\cos\pi - i(\boldsymbol{n}\cdot\boldsymbol{\sigma})\sin\pi = -\mathbb{I}_2$$

となり，$\mathbb{I}_2$ にマイナス符号が掛かる．よって，任意軸周りの回転角 2π の空間回転での $\Psi(\boldsymbol{x})$ の変換性は

$$\Psi(\boldsymbol{x}) \mapsto -\Psi(\boldsymbol{x})$$

であり，マイナス符号が余分に付く．回転角 4π の空間回転で $\Psi(\boldsymbol{x})$ は元に戻る．

3. 簡単のために第 3 軸周りの角度 φ の回転を考える．$S_3 = J_3^{(S)} = \hbar\,\mathrm{diag}(S, S-1, \cdots, -S+1, S)$ (diag(数列) は (数列) を対角成分とする対角行列) であることを用いて，$\boldsymbol{\varphi} = (0, 0, \varphi)^{\mathrm{T}}$ に対して

$$\hat{U}^S_{\boldsymbol{\varphi}} = \exp\left(\frac{1}{i\hbar}\varphi J_3^{(S)}\right) = \mathrm{diag}\left(e^{-i\varphi S}, e^{-i\varphi(S-1)}, \cdots, e^{-i\varphi(-S+1)}, e^{i\varphi S}\right)$$

$\varphi = 2\pi$ の場合の $\hat{U}^S_{\boldsymbol{\varphi}}\Big|_{\varphi=2\pi} = e^{-2\pi i S}\,\mathbb{I}_{2S+1} = (-1)^{2S}\,\mathbb{I}_{2S+1}$ から「2π 空間回転」での $\Psi(\boldsymbol{x})$ の変換性は

$$\Psi(\boldsymbol{x}) \mapsto \hat{U}^S_{\boldsymbol{\varphi}}\Big|_{\varphi=2\pi}\Psi(\boldsymbol{x}) = (-1)^{2S}\Psi(\boldsymbol{x}) = \begin{cases}\Psi(\boldsymbol{x}) & (S = \text{整数} = 0, 1, 2, \cdots) \\ -\Psi(\boldsymbol{x}) & (S = \text{半整数} = \frac{1}{2}, \frac{3}{2}, \cdots)\end{cases}$$

Tea Time ……量子力学における確率解釈と隠れた変数理論

本書では**問題 14，28，56** で量子力学における確率解釈を取り上げた．ある時刻での初期状態を与えると，それ以降の時刻での系の状態ベクトル $|\psi(t)\rangle$ はシュレーディンガー方程式 (20.1)により一意的に決定される．しかし，この系の物理量 (=エルミート演算子) に対して観測を行って得られる値 (=固有値のいずれか) は確率的にしか与えられず，また，観測により系の状態ベクトルには観測値に対応した固有ベクトルへの収縮 (突然の変化) が起きる．量子力学におけるこのような確率解釈は，量子力学誕生の当時，デンマークのコペンハーゲンにあるニールス・ボーア研究所に集まって議論を戦わせたボーアやハイゼンベルクたちによるものであり，**コペンハーゲン解釈** (Copenhagen interpretation) と呼ばれる．

コペンハーゲン解釈は，現在，量子力学における「標準的な解釈」であるが，これに納得できない物理学者たちも少なくなかった．その中でもっとも有名なのがアインシュタインであり，彼と共同研究者たちは現在 **EPR パラドックス** (Einstein–Podolsky–Rosen paradox) と呼ばれる思考実験で量子力学の「矛盾」を指摘した (1935 年)．まず，互いに (何万光年も) 遠く離れたスピン $\frac{1}{2}$ の 2 つの粒子が (82.3)式の合成スピン 0 の状態 $|0,0\rangle = \frac{1}{\sqrt{2}}\left(|\downarrow\rangle|\uparrow\rangle - |\uparrow\rangle|\downarrow\rangle\right)$ にあるとする (例えば，スピン 0 の粒子の崩壊で生じた電子と陽電子．ここでは $\left|\pm\frac{1}{2}\right\rangle = |\uparrow/\downarrow\rangle$)．そこで，第 1 粒子のスピンを測定して $\downarrow$ だったとすると (コペンハーゲン解釈では，その瞬間に系の状態ベクトルは $|\downarrow\rangle|\uparrow\rangle$ に収縮し)，その後の第 2 粒子のスピン測定結果は必ず $\uparrow$ となる．しかし，2 つの粒子は何万光年も離れており，第 1 粒子のスピン測定が第 2 粒子に瞬時に影響をおよぼすのは不可能であって，この思考実験結果はおかしい，というものである (なお，第 2 粒子のスピン測定担当者は自分が測定する状態が第 1 粒子のスピン測定後の $|\downarrow\rangle|\uparrow\rangle$ なのか元の $|0,0\rangle$ なのかを知らないので，「光速より速く情報が伝わる」わけではない)．

そこで，**隠れた変数理論** (hidden variable theory) というものが考えられる．これは，量子力学は「不完全な理論」であり，それを包含する「完全な理論」では上の思考実験における 2 つの粒子のスピンの値はそれぞれ測定前から (確率的ではなく決定論的に) あらかじめ決まっていると考える．「完全な理論」におけるさまざまな物理量 A の値は，ある変数 λ (=隠れた変数) の関数として $A(\lambda)$ で与えられ，本来 λ の値も決まっているが，我々はその正確な値を知らず，A の測定値は分布関数 $\rho(\lambda)$ を用いて平均値 $\overline{A} \equiv \int d\lambda\, \rho(\lambda)A(\lambda)$ で与えられる．不完全な理論である量子力学における期待値 $\langle\widehat{A}\rangle$ はこの $\overline{A}$ なのである，と考える．

この隠れた変数理論に対して，ベル (John Stewart Bell) は 2 つのスピンのある方向成分の積の平均 $\overline{(\boldsymbol{S}_1 \cdot \boldsymbol{n}_1)(\boldsymbol{S}_2 \cdot \boldsymbol{n}_2)}$ が満たすべき不等式 (**ベルの不等式**) を導出し，対応する量子力学期待値はこの不等式を一般に破ることを示した (1964 年)．さらに，ベルの不等式は 1970 年代以降実験的にも検証が行われ，非常に高い精度で破れていることが示されるに至った．これにより隠れた変数理論は完全に否定され，また，この業績に対して 3 人の実験および理論家にノーベル物理学賞が授与された (2022 年)．

Chapter 8

定常状態の摂動論

これまでの章では，調和振動子系，井戸型ポテンシャル系，水素原子系等においてハミルトニアンの固有値方程式を厳密に解き，固有値と固有ベクトル (固有関数) を求めることができた．厳密解を得ることは一般のハミルトニアンに対しては不可能であるが，考えるハミルトニアンが上記のような厳密解が知られているハミルトニアンに十分に小さい相互作用項 $\widehat{V}$ を加えたものとなっている場合は，$\widehat{V}$ についての冪展開として (近似的な) 固有値と固有ベクトルを得る「摂動論」が有効である．本章では，摂動論の一般論に関する演習問題とそれを用いたさまざまな応用問題から構成されている．なお，摂動論は ($\widehat{V}=0$ とした) 出発点のハミルトニアンの固有値に縮退がない場合とある場合で扱いが異なり，本章でもそれぞれを前半と後半に配置している．

問題 88　縮退がない場合の定常状態の摂動論 (その 1)　基本

ハミルトニアン $\widehat{H}$ の固有値 E_n と固有ベクトル $|n\rangle$ (離散的とする)

$$\widehat{H}\,|n\rangle = E_n\,|n\rangle \qquad \big(\langle n|n'\rangle = \delta_{nn'}\big) \tag{88.1}$$

が分かっているとし，$\widehat{H}$ に (それに比べて十分に小さい) **摂動項** (perturbed term) $\widehat{V}$ を加えた新しいハミルトニアン $\widehat{H}_V$ を考える ($\widehat{H}$ と $\widehat{V}$ はともにエルミートで時間に依らないとする):

$$\widehat{H}_V = \widehat{H} + \widehat{V} \tag{88.2}$$

$\widehat{H}$ は**非摂動ハミルトニアン** (unperturbed Hamiltonian) と呼ばれる (非摂動ハミルトニアンは記号 $\widehat{H}_0$ で表されることが多いが，本書では単に $\widehat{H}$ とする)．なお，以下では $\widehat{H}$ の固有値 E_n に一切縮退はない，すなわち，$n \neq n'$ なら必ず $E_n \neq E_{n'}$ であるとする．

今，$\widehat{H}_V$ (88.2)の固有値方程式

$$(\widehat{H} + \widehat{V})|n\rangle_V = E_n^V\,|n\rangle_V \qquad \big({}_V\langle n|n'\rangle_V = \delta_{nn'}\big) \tag{88.3}$$

の固有値 E_n^V と固有ベクトル $|n\rangle_V$ を $\widehat{V} = 0$ の場合の E_n と $|n\rangle$ をそれぞれ初項とする $\widehat{V}$ の冪展開

$$E_n^V = E_n + \varepsilon_n^{(1)} + \varepsilon_n^{(2)} + \cdots \tag{88.4}$$

$$|n\rangle_V = |n\rangle + |n\rangle^{(1)} + |n\rangle^{(2)} + \cdots \tag{88.5}$$

として求めたい．ここに，$\varepsilon_n^{(p)}$ と $|n\rangle^{(p)}$ $(p = 1, 2, \cdots)$ はそれぞれ $O(\widehat{V}^p)$ の項であり，$|n\rangle^{(p)}$ は $\widehat{H}$ の固有ベクトルの線形和として $O(\widehat{V}^p)$ の係数 $c_{nk}^{(p)}$ により

$$|n\rangle^{(p)} = \sum_k c_{nk}^{(p)}\,|k\rangle \tag{88.6}$$

と表される．なお,「$O(\widehat{V}^p)$ の項」とは, (88.2)の $\widehat{V}$ に定数 λ を掛けて $\widehat{H}_V = \widehat{H} + \lambda\widehat{V}$ とした場合の「λ^p が掛かる項」の意味である (後で $\lambda = 1$ とする)．

1. 固有値方程式 (88.3)および正規直交条件 ${}_V\langle n|n'\rangle_V = \delta_{nn'}$ のそれぞれの $O(\widehat{V}^1)$ と $O(\widehat{V}^2)$ の部分を $\varepsilon_n^{(p)}$ (88.4)と $|n\rangle^{(p)}$ (88.5)を用いて与えよ．
2. 前設問 1 で得た方程式から $\varepsilon_n^{(1)}$ と (88.6)式の係数 $c_{nk}^{(1)}$ を求めよ．なお，$c_{nn}^{(1)}$ は可能なら実数に取ること．

解 説　ハミルトニアンの固有値方程式を摂動展開で逐次解いて固有値と固有ベクトルを求める一般論を，本問題と次の**問題 89** で扱う．なお，この 2 問題では非摂動ハミルトニアンの固有値に縮退がないとしている．縮退がある場合の摂動論は**問題 93** 以降で扱う．

解答

1. $\widehat{V}$ の冪依存性を分かりやすくするために，問題文の各式においていったん

$$\widehat{V} \to \lambda \widehat{V}, \quad |n\rangle^{(p)} \to \lambda^p |n\rangle^{(p)}, \quad \varepsilon_n^{(p)} \to \lambda^p \varepsilon_n^{(p)}$$

と置き換えると，固有値方程式 (88.3)は

$$\begin{aligned}&\left(\widehat{H} + \lambda \widehat{V}\right)\left(|n\rangle + \lambda |n\rangle^{(1)} + \lambda^2 |n\rangle^{(2)} + O(\lambda^3)\right)\\&= \left(E_n + \lambda \varepsilon_n^{(1)} + \lambda^2 \varepsilon_n^{(2)} + O(\lambda^3)\right)\left(|n\rangle + \lambda |n\rangle^{(1)} + \lambda^2 |n\rangle^{(2)} + O(\lambda^3)\right)\end{aligned}$$

この λ^0 部分は (88.1)式であり，求める λ^1 と λ^2 部分は整理すると次式となる:

$$\left(E_n - \widehat{H}\right)|n\rangle^{(1)} + \varepsilon_n^{(1)} |n\rangle = \widehat{V} |n\rangle \tag{88.7}$$

$$\left(E_n - \widehat{H}\right)|n\rangle^{(2)} + \varepsilon_n^{(2)} |n\rangle = \widehat{V} |n\rangle^{(1)} - \varepsilon_n^{(1)} |n\rangle^{(1)} \tag{88.8}$$

次に $|n\rangle_V$ の正規直交条件

$$\left(\langle n| + {}^{(1)}\langle n|\lambda + {}^{(2)}\langle n|\lambda^2 + O(\lambda^3)\right)\left(|n'\rangle + \lambda |n'\rangle^{(1)} + \lambda^2 |n'\rangle^{(2)} + O(\lambda^3)\right) = \delta_{nn'}$$

の λ^1 と λ^2 部分は (公式 (06.7)を用いて) それぞれ

$$\langle n|n'\rangle^{(1)} + \left(\langle n'|n\rangle^{(1)}\right)^* = 0 \tag{88.9}$$

$$\langle n|n'\rangle^{(2)} + \left(\langle n'|n\rangle^{(2)}\right)^* + {}^{(1)}\langle n|n'\rangle^{(1)} = 0 \tag{88.10}$$

2. まず，(88.7)式に左から $\langle k|$ を当て，$\langle k|\widehat{H} = \langle k| E_k$ および $\langle k|n\rangle = \delta_{kn}$ を用いて

$$(E_n - E_k) \underbrace{\langle k|n\rangle^{(1)}}_{c_{nk}^{(1)}} + \varepsilon_n^{(1)} \delta_{kn} = \langle k| \widehat{V} |n\rangle \tag{88.11}$$

ここに，(88.6)からの次式を用いた:

$$\langle k|n\rangle^{(p)} = \sum_{k'} c_{nk'}^{(p)} \overbrace{\langle k|k'\rangle}^{\delta_{kk'}} = c_{nk}^{(p)} \tag{88.12}$$

(88.11)式において $k = n$ および $k \neq n$ (非縮退の仮定から $E_k \neq E_n$) のそれぞれの場合から $\varepsilon_n^{(1)}$ と $c_{nk}^{(1)}$ $(n \neq k)$ が定まる ($c_{nn}^{(1)}$ は (88.7)式からは定まらない):

$$\varepsilon_n^{(1)} = \langle n| \widehat{V} |n\rangle, \qquad c_{nk}^{(1)} = \frac{\langle k| \widehat{V} |n\rangle}{E_n - E_k} \quad (n \neq k) \tag{88.13}$$

次に，正規直交性条件の λ^1 項 (88.9) は (88.12)を用いて

$$c_{n'n}^{(1)} + c_{nn'}^{(1)\,*} = 0 \tag{88.14}$$

であるが，$n \neq n'$ の場合は (88.13)の $c_{nk}^{(1)}$ $(n \neq k)$ から自動的に成り立つ:

$$n \neq n' \quad \Rightarrow \quad c_{n'n}^{(1)} + c_{nn'}^{(1)\,*} = \frac{\langle n| \widehat{V} |n'\rangle}{E_{n'} - E_n} + \frac{(\langle n'| \widehat{V} |n\rangle)^*}{E_n - E_{n'}} = 0$$

ここに，(06.6)と $\widehat{V}^\dagger = \widehat{V}$ からの $(\langle n'|\widehat{V}|n\rangle)^* = \langle n| \widehat{V}^\dagger |n'\rangle = \langle n| \widehat{V} |n'\rangle$ を用いた. $n = n'$ の場合の (88.14)式は $c_{nn}^{(1)} + c_{nn}^{(1)*} = 0$ であるが，$c_{nn}^{(1)}$ を実数に取るなら

$$c_{nn}^{(1)} = 0 \tag{88.15}$$

問題 89	縮退がない場合の定常状態の摂動論 (その 2)	標準

問題 88 からの続きの問題である.

3. 設問 1 で得た方程式から $\varepsilon_n^{(2)}$ と $c_{nk}^{(2)}$ を求めよ. なお, $c_{nn}^{(2)}$ も可能なら実数に取ること.
4. 設問 1〜3 の結果から, ハミルトニアン $\widehat{H}_V$ (88.2)の固有値方程式 (88.3)のエネルギー固有値 E_n^V と固有ベクトル $|n\rangle_V$ のそれぞれ $O(\widehat{V}^2)$ までの表式を陽に書き下せ.

解説　対角成分 $c_{nn}^{(p)}$ の虚数部分の不定性は $|n\rangle_V$ の位相因子の任意性によるものである. また, $|n\rangle_V$ の正規直交性のうちの直交性 ${}_V\langle n|n'\rangle_V = 0$ $(n \neq n')$ は $E_n^V \neq E_{n'}^V$ (これは, $E_n \neq E_{n'}$ であり, 各 E_n^V は E_n から微小しかずれないので自動的) から自明ではある.

解答

3. (88.8)式に左から $\langle k|$ を当て, (88.6)と (88.12)を用いることで次式を得る:

$$(E_n - E_k)c_{nk}^{(2)} + \varepsilon_n^{(2)}\delta_{kn} = \sum_{k'} \langle k|\,\widehat{V}|k'\rangle c_{nk'}^{(1)} - \varepsilon_n^{(1)} c_{nk}^{(1)} \tag{89.1}$$

この式で $k = n$ の場合を考えて

$$\varepsilon_n^{(2)} = \sum_{k'} \langle n|\,\widehat{V}|k'\rangle c_{nk'}^{(1)} - \varepsilon_n^{(1)} c_{nn}^{(1)} = \sum_{k'(\neq n)} \langle n|\widehat{V}|k'\rangle c_{nk'}^{(1)} + \underbrace{\left(\langle n|\,\widehat{V}|n\rangle - \varepsilon_n^{(1)}\right)}_{=0} c_{nn}^{(1)}$$
$$= \sum_{k(\neq n)} \frac{|\langle k|\widehat{V}|n\rangle|^2}{E_n - E_k} \tag{89.2}$$

ここに, 第 2 等号では $\sum_{k'}$ を「$\sum_{k'(\neq n)}$ と $k' = n$ の項の和」と表し, 最後の等号では $c_{nk}^{(1)}$ $(n \neq k)$ と $\varepsilon_n^{(1)}$ の表式 (88.13)を用いた. なお, (89.2)の最後の表式は (88.14)を満たす $c_{nn}^{(1)}$ の取り方 (ここでは (88.15)) には依らないことに注意.

他方, (89.1)で $k \neq n$ の場合を考えることで $c_{nk}^{(2)}$ $(n \neq k)$ が次のように定まる:

$$c_{nk}^{(2)} = \frac{1}{E_n - E_k}\left(\sum_{k'(\neq n)} \langle k|\,\widehat{V}|k'\rangle c_{nk'}^{(1)} + \langle k|\,\widehat{V}|n\rangle c_{nn}^{(1)} - \varepsilon_n^{(1)} c_{nk}^{(1)}\right)$$
$$= \sum_{k'(\neq n)} \frac{\langle k|\,\widehat{V}|k'\rangle\langle k'|\widehat{V}\,|n\rangle}{(E_n - E_k)(E_n - E_{k'})} - \frac{\langle k|\,\widehat{V}|n\rangle\langle n|\widehat{V}\,|n\rangle}{(E_n - E_k)^2} \quad (n \neq k) \tag{89.3}$$

ここに, $c_{nn}^{(1)} = 0$ (88.15)を用いた. 対角成分 $c_{nn}^{(2)}$ は (88.8)からは定まらない.

次に, 正規直交条件の λ^2 部分 (88.10) を考える. まず, (88.6)を用いた

$${}^{(1)}\langle n|n'\rangle^{(1)} = \left(\sum_k c_{nk}^{(1)*}\,\langle k|\right)\left(\sum_{k'} c_{n'k'}^{(1)}\,|k'\rangle\right) = \sum_{k,k'} c_{nk}^{(1)*} c_{n'k'}^{(1)} \underbrace{\langle k|k'\rangle}_{\delta_{kk'}} = \sum_k c_{nk}^{(1)*} c_{n'k}^{(1)}$$

と (88.12)により，(88.10)式は次式で表される:

$$c_{n'n}^{(2)}+c_{nn'}^{(2)*}+\sum_k c_{nk}^{(1)*}c_{n'k}^{(1)}=0 \tag{89.4}$$

この式で $n'=n$ と置き，(88.13)と (88.15)で与えられた $c_{nk}^{(1)}$ を用いて対角成分 $c_{nn}^{(2)}$ (設問の指定により実数に取る) が次式に定まる:

$$c_{nn}^{(2)}=c_{nn}^{(2)*}=-\frac{1}{2}\sum_k\left|c_{nk}^{(1)}\right|^2=-\frac{1}{2}\sum_{k(\neq n)}\frac{|\langle k|\widehat{V}|n\rangle|^2}{(E_n-E_k)^2} \tag{89.5}$$

他方，$n'\neq n$ の場合の (89.4)式は固有値方程式からの条件 (88.11)と (89.1) を満たす $c_{nk}^{(1)}$ と $c_{nk}^{(2)}$ により自動的に満たされる．実際，(89.3)式最後の $c_{nk}^{(2)}$ $(n\neq k)$ の表式に (そこでは落とした) $c_{nn}^{(1)}$ 項も加えたものを用いると

$$\begin{aligned}
&[(89.4)\text{の左辺}]\Big|_{n'\neq n}=\frac{1}{E_{n'}-E_n}\left\{\sum_{k(\neq n',n)}\frac{\langle n|\widehat{V}|k\rangle\langle k|\widehat{V}|n'\rangle}{E_{n'}-E_k}+\frac{\langle n|\widehat{V}|n\rangle\langle n|\widehat{V}|n'\rangle}{E_{n'}-E_n}\right.\\
&\left.+\langle n|\widehat{V}|n'\rangle c_{n'n'}^{(1)}-\frac{\langle n|\widehat{V}|n'\rangle\langle n'|\widehat{V}|n'\rangle}{E_{n'}-E_n}\right\}+\frac{1}{E_n-E_{n'}}\left\{\sum_{k(\neq n,n')}\frac{\langle n'|\widehat{V}|k\rangle\langle k|\widehat{V}|n\rangle}{E_n-E_k}\right.\\
&\left.+\frac{\langle n'|\widehat{V}|n'\rangle\langle n'|\widehat{V}|n\rangle}{E_n-E_{n'}}+\langle n'|\widehat{V}|n\rangle c_{nn}^{(1)}-\frac{\langle n'|\widehat{V}|n\rangle\langle n|\widehat{V}|n\rangle}{E_n-E_{n'}}\right\}^*\\
&+\sum_{k(\neq n,n')}\frac{\langle k|\widehat{V}|n\rangle^*\langle k|\widehat{V}|n'\rangle}{(E_n-E_k)(E_{n'}-E_k)}+c_{nn}^{(1)*}\frac{\langle n|\widehat{V}|n'\rangle}{E_{n'}-E_n}+\frac{\langle n'|\widehat{V}|n\rangle^*}{E_n-E_{n'}}c_{n'n'}^{(1)}
\end{aligned}$$

最初の $\{\cdots\}$ と $\{\cdots\}^*$ の項がそれぞれ $c_{n'n}^{(2)}$ と $c_{nn'}^{(2)}{}^*$ である．(89.3)の和を取るインデックス k' をここでは k とし，和記号 $\sum_k$ では $k=n,n'$ の両方を除外したものを用いていることに注意．公式 (06.6)を用いて，上式が任意の $c_{nn}^{(1)}$ と $c_{n'n'}^{(1)}$ に対してゼロとなることが確認できる．

4. E_n^{V} と $|n\rangle_{\mathrm{V}}$ の $O(\widehat{V}^2)$ までの表式は以下のとおり:

$$E_n^{\mathrm{V}}=E_n+\underbrace{\varepsilon_n^{(1)}}_{(88.13)}+\underbrace{\varepsilon_n^{(2)}}_{(89.2)}=E_n+\langle n|\widehat{V}|n\rangle+\sum_{k(\neq n)}\frac{|\langle k|\widehat{V}|n\rangle|^2}{E_n-E_k} \tag{89.6}$$

$$\begin{aligned}
|n\rangle_{\mathrm{V}}&=\Big(1+\underbrace{c_{nn}^{(1)}}_{(88.15)}+\underbrace{c_{nn}^{(2)}}_{(89.5)}\Big)|n\rangle+\sum_{k(\neq n)}\Big(\underbrace{c_{nk}^{(1)}}_{(88.13)}+\underbrace{c_{nk}^{(2)}}_{(89.3)}\Big)|k\rangle\\
&=\left(1-\frac{1}{2}\sum_{k(\neq n)}\frac{|\langle k|\widehat{V}|n\rangle|^2}{(E_n-E_k)^2}\right)|n\rangle+\sum_{k(\neq n)}\left[\frac{\langle k|\widehat{V}|n\rangle}{E_n-E_k}\right.\\
&\quad\left.+\left(\sum_{k'(\neq n)}\frac{\langle k|\widehat{V}|k'\rangle\langle k'|\widehat{V}|n\rangle}{(E_n-E_k)(E_n-E_{k'})}-\frac{\langle k|\widehat{V}|n\rangle\langle n|\widehat{V}|n\rangle}{(E_n-E_k)^2}\right)\right]|k\rangle
\end{aligned} \tag{89.7}$$

問題 90　調和振動子のバネ定数に対する摂動 (その 1)　基本

調和振動子ハミルトニアン (07.1)のバネ定数を $k = m\omega^2$ から $(1+\beta)m\omega^2$ に微小にずらした次のハミルトニアンを考える (β はその絶対値が微小な実定数):

$$\widehat{H}_V = \frac{1}{2m}\widehat{p}^{\,2} + \frac{m\omega^2(1+\beta)}{2}\widehat{q}^{\,2} \qquad (|\beta| \ll 1) \tag{90.1}$$

この $\widehat{H}_V$ を次の非摂動ハミルトニアン $\widehat{H}$ と摂動項 $\widehat{V}$ の和 $\widehat{H}_V = \widehat{H} + \widehat{V}$ と考えて**問題 88，89** の摂動論を適用する:

$$\widehat{H} = \frac{1}{2m}\widehat{p}^{\,2} + \frac{m\omega^2}{2}\widehat{q}^{\,2}, \qquad \widehat{V} = \beta\frac{m\omega^2}{2}\widehat{q}^{\,2}$$

$\widehat{H}$ の固有値 E_n と固有ベクトル $|n\rangle$ ((88.1)式) は，**問題 08** と **09** で構成したものである ((09.7)と (09.4))．

1. 摂動展開公式 (89.6)と (89.7)を用いて E_n^V を $O(\beta^2)$ まで，$|n\rangle_V$ を $O(\beta)$ まで求めよ．
2. (90.1)式の $\widehat{H}_V$ も調和振動子ハミルトニアンであり，その固有値 E_n^V と固有ベクトル $|n\rangle_V$ は近似なしに厳密に得られる．前設問 1 で得た E_n^V の $O(\beta^2)$ までの結果をその厳密な表式の β についてのテイラー展開と比較せよ．

次に，設問 1 で得た固有ベクトル $|n\rangle_V$ の $O(\beta)$ までの結果と厳密な $|n\rangle_V$ との比較を後者の x-表示波動関数 $\psi_n^V(x) \equiv \langle x|n\rangle_V$ を用いて考える．$\widehat{H}$ の定常状態波動関数 $\psi_n(x) = \langle x|n\rangle$ はエルミート多項式 $H_n(\xi)$ を用いて (42.1)式で与えられた．

3. まず準備として，エルミート多項式に関する次の 2 式を公式 (41.4)から導け:

$$\xi H_n'(\xi) = n\Big(H_n(\xi) + 2(n-1)H_{n-2}(\xi)\Big) \tag{90.2}$$

$$\xi^2 H_n(\xi) = \frac{1}{4}H_{n+2}(\xi) + \left(n+\frac{1}{2}\right)H_n(\xi) + n(n-1)H_{n-2}(\xi) \tag{90.3}$$

解説　**問題 88** と **89** で考えた定常状態の摂動論の一般論を応用する最初の例として，調和振動子のバネ定数を微小にずらす摂動を考える．この場合，摂動項 $\widehat{V}$ を加える前後がともに (ハミルトニアンの固有値方程式が厳密に解ける) 調和振動子系であり，摂動展開を厳密な固有値と固有関数のテイラー展開から再現して確認することができる．

なお，**問題 90** と **91** では調和振動子の力学変数の記号を第 1 章で用いた $\widehat{q}$ とした ($|x\rangle$ は $\widehat{q}\,|x\rangle = x\,|x\rangle$ を満たす)．

解答

1. まず，$\widehat{q}^{\,2}$ の $(a, a^\dagger)$ による表式 (16.6)と公式 (11.3), (11.4)を用いて

$$\langle k|\,\widehat{V}\,|n\rangle = \beta\frac{m\omega^2}{2}\langle k|\,\widehat{q}^{\,2}\,|n\rangle = \frac{\beta\hbar\omega}{4}\langle k|\underbrace{\left(a^2 + 2\widehat{N} + 1 + a^{\dagger 2}\right)|n\rangle}_{\sqrt{n(n-1)}\,|n-2\rangle + (2n+1)\,|n\rangle + \sqrt{(n+1)(n+2)}\,|n+2\rangle}$$

$$= \frac{\beta\hbar\omega}{4}\left(\sqrt{n(n-1)}\,\delta_{k,n-2} + (2n+1)\,\delta_{k,n} + \sqrt{(n+1)(n+2)}\,\delta_{k,n+2}\right) \quad (90.4)$$

これは $n = 0, 1$ の場合も正しい．これと $E_n = \left(n + \frac{1}{2}\right)\hbar\omega$ (09.7)を用いて得られる

$$\langle n|\,\widehat{V}\,|n\rangle = \frac{\beta\hbar\omega}{4}(2n+1) = \frac{1}{2}\beta E_n$$

$$\sum_{k(\neq n)}\frac{|\langle k|\widehat{V}|n\rangle|^2}{E_n - E_k} \underset{\substack{\uparrow \\ \boxed{k = n\pm 2 \text{ が寄与}}}}{=} \frac{1}{2\hbar\omega}\underbrace{|\langle n-2|\widehat{V}|n\rangle|^2}_{\left(\frac{\beta\hbar\omega}{4}\right)^2 n(n-1)} + \frac{1}{-2\hbar\omega}\underbrace{|\langle n+2|\widehat{V}|n\rangle|^2}_{\left(\frac{\beta\hbar\omega}{4}\right)^2 (n+1)(n+2)} = -\frac{1}{8}\beta^2 E_n$$

を E_n^V の摂動展開公式 (89.6)に代入して

$$E_n^V = \left(1 + \frac{1}{2}\beta - \frac{1}{8}\beta^2\right)E_n + O(\beta^3)$$

同様に，(89.7)式から ($O(\beta^2)$ 項を無視し)

$$\begin{aligned}
|n\rangle_V &= |n\rangle + \sum_{k(\neq n)}\frac{\langle k|\,\widehat{V}\,|n\rangle}{E_n - E_k}\,|k\rangle \\
&= |n\rangle + \frac{\langle n-2|\,\widehat{V}\,|n\rangle}{2\hbar\omega}\,|n-2\rangle + \frac{\langle n+2|\,\widehat{V}\,|n\rangle}{-2\hbar\omega}\,|n+2\rangle \\
&= |n\rangle + \frac{\beta}{8}\left(\sqrt{n(n-1)}\,|n-2\rangle - \sqrt{(n+1)(n+2)}\,|n+2\rangle\right) \qquad (90.5)
\end{aligned}$$

2. $\widehat{H}_V$ (90.1)の固有値 E_n^V は E_n において $\omega \to \omega\sqrt{1+\beta}$ と置き換えたものであり

$$E_n^V = \frac{\hbar\omega\sqrt{1+\beta}}{2}\left(n + \frac{1}{2}\right) = \sqrt{1+\beta}\,E_n = \left(1 + \frac{1}{2}\beta - \frac{1}{8}\beta^2 + O(\beta^3)\right)E_n$$

であって，前設問 1 で得た E_n^V と $O(\beta^2)$ まで一致する．

3. $H_n(\xi)$ の変数 ξ は省略して

$$\xi H_n' = n\,2\xi H_{n-1} = n\left(H_n + 2(n-1)H_{n-2}\right)$$

ここに，第 1 等号と第 2 等号では (41.4)のそれぞれ第 1 式と第 2 式 (で $n \to n-1$) を用いた．次に

$$\begin{aligned}
\xi^2 H_n = \xi\,\xi H_n &= \xi\left(\frac{1}{2}H_{n+1} + nH_{n-1}\right) \\
&= \frac{1}{2}\left(\frac{1}{2}H_{n+2} + (n+1)H_n\right) + n\left(\frac{1}{2}H_n + (n-1)H_{n-2}\right) \\
&= \frac{1}{4}H_{n+2} + \left(n + \frac{1}{2}\right)H_n + n(n-1)H_{n-2}
\end{aligned}$$

ここに，第 2 等号と第 3 等号で (41.4)の第 2 式を用いた．

問題	91	調和振動子のバネ定数に対する摂動 (その 2)	標準

問題 **90** からの続きの問題である．

4. 波動関数 $\psi_n^V(x) = \langle x|n\rangle_V$ を微小量 β についてその 1 次までテイラー展開することで，設問 1 で得た $|n\rangle_V$ の $O(\beta)$ までの摂動展開が再現できることを確認せよ．

解説　固有ベクトル $|n\rangle_V$ の摂動展開の結果と厳密な $|n\rangle_V$ との比較をここでは波動関数 $\langle x|n\rangle_V$ を用いて行う．表示に依らない $|n\rangle_V$ のままでの比較については，[解答] の後の補足欄で簡単に説明している．

解答

4. $\psi_n^V(x)$ は (42.1)式の

$$\psi_n(x) = \left(\frac{m\omega}{\pi\hbar}\right)^{1/4} \frac{1}{\sqrt{2^n n!}} H_n(\xi)\, e^{-\xi^2/2} \qquad \left(\xi = \sqrt{\frac{m\omega}{\hbar}}\, x\right)$$

において

$$\omega \to \omega_\beta \equiv \sqrt{1+\beta}\,\omega, \qquad \xi \to \xi_\beta \equiv \sqrt{\frac{m\omega_\beta}{\hbar}}\, x = (1+\beta)^{1/4}\xi$$

の置き換えを行った

$$\psi_n^V(x) = \left(\frac{m\omega_\beta}{\pi\hbar}\right)^{1/4} \frac{1}{\sqrt{2^n n!}} H_n(\xi_\beta)\, e^{-\xi_\beta^2/2} \tag{91.1}$$

で与えられる．この $\psi_n^V(x)$ を β について $O(\beta)$ までテイラー展開する．まず，

$$\left(\frac{m\omega_\beta}{\pi\hbar}\right)^{1/4} = (1+\beta)^{1/8}\left(\frac{m\omega}{\pi\hbar}\right)^{1/4} = \left(1+\frac{\beta}{8}+O(\beta^2)\right)\left(\frac{m\omega}{\pi\hbar}\right)^{1/4}$$

$$\begin{aligned} e^{-\xi_\beta^2/2} &= \exp\Bigl(-\frac{1}{2}\underbrace{\sqrt{1+\beta}}_{1+\beta/2+O(\beta^2)}\xi^2\Bigr) = \exp\Bigl(-\Bigl(\frac{\beta}{4}+O(\beta^2)\Bigr)\xi^2\Bigr)\, e^{-\xi^2/2} \\ &= \Bigl(1-\frac{\beta}{4}\xi^2+O(\beta^2)\Bigr)\, e^{-\xi^2/2} \end{aligned}$$

さらに，

$$\xi_\beta = (1+\beta)^{1/4}\xi = \xi + \frac{\beta}{4}\xi + O(\beta^2)$$

と問題 **90** 設問 3 で示した公式 (90.2) を用いて

$$\begin{aligned} H_n(\xi_\beta) &= H_n(\xi) + \frac{\beta}{4}\xi H_n'(\xi) + O(\beta^2) \\ &= H_n(\xi) + \frac{\beta}{4} n\Bigl(H_n(\xi) + 2(n-1)H_{n-2}(\xi)\Bigr) + O(\beta^2) \end{aligned}$$

以上の諸量の β についてのテイラー展開を用い，$O(\beta^2)$ を無視して

$$\psi_n^V(x) = \left(1+\frac{\beta}{8}\right)\left(\frac{m\omega}{\pi\hbar}\right)^{1/4}\frac{1}{\sqrt{2^n n!}} \times\left[H_n(\xi)+\frac{\beta}{4}n\big(H_n(\xi)+2(n-1)H_{n-2}(\xi)\big)\right]\left(1-\frac{\beta}{4}\xi^2\right)e^{-\xi^2/2}$$

$$= \left(\frac{m\omega}{\pi\hbar}\right)^{1/4}\frac{1}{\sqrt{2^n n!}}\left\{\left(1+\frac{\beta}{8}\right)H_n(\xi)+\frac{\beta}{4}n\big(H_n(\xi)+2(n-1)H_{n-2}(\xi)\big) - \frac{\beta}{4}\underbrace{\xi^2 H_n(\xi)}_{\frac{1}{4}H_{n+2}(\xi)+\left(n+\frac{1}{2}\right)H_n(\xi)+n(n-1)H_{n-2}(\xi)\ \Leftarrow\ \text{公式 (90.3)}}\right\}e^{-\xi^2/2}$$

$$= \left(\frac{m\omega}{\pi\hbar}\right)^{1/4}\frac{1}{\sqrt{2^n n!}}\left[H_n(\xi)+\frac{\beta}{4}n(n-1)H_{n-2}(\xi)-\frac{\beta}{16}H_{n+2}(\xi)\right]e^{-\xi^2/2}$$

$$= \left(\frac{m\omega}{\pi\hbar}\right)^{1/4}\left[\frac{1}{\sqrt{2^n n!}}H_n(\xi) + \frac{\beta}{8}\sqrt{\frac{n(n-1)}{2^{n-2}(n-2)!}}H_{n-2}(\xi)-\frac{\beta}{8}\sqrt{\frac{(n+1)(n+2)}{2^{n+2}(n+2)!}}H_{n+2}(\xi)\right]e^{-\xi^2/2}$$

$$= \psi_n(\xi)+\frac{\beta}{8}\left(\sqrt{n(n-1)}\,\psi_{n-2}(\xi)-\sqrt{(n+1)(n+2)}\,\psi_{n+2}(\xi)\right)$$

これは摂動展開公式 (89.7)を用いた**問題 90** 設問 1 の [解答] の (90.5)と一致する．

補足: 表示に依らない $|n\rangle_V$ のままで摂動展開の確認を行うなら以下の通りである．まず，バネ定数が $m\omega^2$ と $m\omega_\beta^2$ の 2 つの調和振動子に対して (共通の) 正準変数 $(\widehat{q},\widehat{p})$ をそれぞれ $(a,a^\dagger)$ と $(a_\beta,a_\beta^\dagger)$ で表す (**問題 07** および (16.3)式参照):

$$\widehat{q} = \sqrt{\frac{\hbar}{2m\omega}}\big(a+a^\dagger\big) = \sqrt{\frac{\hbar}{2m\omega_\beta}}\big(a_\beta+a_\beta^\dagger\big)$$

$$\widehat{p} = -i\sqrt{\frac{m\omega\hbar}{2}}\big(a-a^\dagger\big) = -i\sqrt{\frac{m\omega_\beta\hbar}{2}}\big(a_\beta-a_\beta^\dagger\big)$$

これから次の関係式が得られる ($[a,a^\dagger]=1\ \Leftrightarrow\ [a_\beta,a_\beta^\dagger]=1$ に注意):

$$\begin{pmatrix} a_\beta \\ a_\beta^\dagger \end{pmatrix} = \begin{pmatrix} \cosh\theta & \sinh\theta \\ \sinh\theta & \cosh\theta \end{pmatrix}\begin{pmatrix} a \\ a^\dagger \end{pmatrix} \qquad \left(e^\theta = (1+\beta)^{1/4}\right)$$

$\widehat{H}_V$ (90.1)の基底状態 $|0\rangle_V$ は $a_\beta|0\rangle_V = (\cosh\theta\, a+\sinh\theta\, a^\dagger)|0\rangle_V = 0$ から

$$|0\rangle_V = c_0\exp\!\left(-\frac{1}{2}\tanh\theta\,(a^\dagger)^2\right)|0\rangle, \quad c_0 = \left[\sum_{n=0}^{\infty}\frac{(2n)!}{(n!)^2}\left(\frac{1}{2}\tanh\theta\right)^{2n}\right]^{-1/2}$$

と定まり，一般の $|n\rangle_V$ は $|n\rangle_V = \dfrac{1}{\sqrt{n!}}(a_\beta^\dagger)^n|0\rangle_V$ で与えられる．β の 1 次までの近似では $\theta\simeq\beta/4$ から $a_\beta^\dagger\simeq a^\dagger+(\beta/4)a$, $c_0\simeq 1$, $|0\rangle_V\simeq\big(1-(\beta/8)(a^\dagger)^2\big)|0\rangle$ であり，これらから (90.5)が再現される (計算は省略する)．

問題 92　無限に高い井戸型ポテンシャルにデルタ関数の摂動　標準

問題 33 で扱った「無限に高い井戸型ポテンシャル下の質点の系」に対して**問題 38** で扱ったデルタ関数ポテンシャル (38.1)を摂動として加える．すなわち，$\widehat{H}_V = \widehat{H} + \widehat{V}$ (88.2) の $\widehat{H}$ を**問題 33** の「無限に高い井戸型ポテンシャル下の質点」のハミルトニアンとし，$\widehat{V}$ を (x-表示において) $V(x) = v_0\delta(x)$ ((38.1)で $-u_0 \to v_0$) として**問題 88，89** の摂動論を適用する．今の場合，$\widehat{H}$ の固有ベクトル $|n\rangle$ に対応した固有関数 $\langle x|n\rangle$ は (33.5)式の $\psi_n(x)$ ($n = 1, 2, 3, \cdots$) であり，固有値 E_n は (33.6) で与えられる．なお，今の場合，$V(x)$ の実定数 v_0 は正負のどちらでもよい．

1. 摂動展開公式 (89.6)を用いて E_n^V を $O(v_0^2)$ まで求めよ．
2. 摂動展開公式 (89.7)を用いて固有関数 $\psi_n^V(x) = \langle x|n\rangle_V$ を $O(v_0^1)$ まで求めよ．

解 説　以下の解答から分かるように，今の場合の摂動展開は無次元量 $mav_0/(\hbar^2\pi^2)$ についての冪展開となっている．(92.2)式の無限和を求めるのが若干めんどうである．

解 答

1. まず，公式 (26.5)と $\psi_n(x)$ (33.5)を用いて

$$\langle k|\,\widehat{V}\,|n\rangle = \int_{-a}^{a} dx\, \psi_k^*(x) \underbrace{V(x)}_{v_0\delta(x)} \psi_n(x) \underset{(23.3)}{\overset{\uparrow}{=}} v_0\psi_k^*(0)\psi_n(0) = \begin{cases} \dfrac{v_0}{a} & (k, n\text{:両方奇数}) \\ 0 & (\text{上記以外}) \end{cases} \tag{92.1}$$

よって，公式 (89.6)から，n が偶数の場合は E_n^V への摂動項 V からの寄与は無く，

$$E_n^V = E_n = \frac{\hbar^2\pi^2}{8ma^2}n^2 \qquad (n = \text{正の偶数} = 2, 4, 6, \cdots)$$

である (これは V の全次数で成り立つ)．次に n が奇数の場合は $n \to 2n+1$ として

$$\varepsilon_{2n+1}^{(1)} = \langle 2n+1|\,\widehat{V}\,|2n+1\rangle = \frac{v_0}{a}$$

$$\begin{aligned} \varepsilon_{2n+1}^{(2)} &= \sum_{\substack{k=0 \\ (k\neq n)}}^{\infty} \frac{|\langle 2k+1|\,\widehat{V}\,|2n+1\rangle|^2}{E_{2n+1} - E_{2k+1}} = \frac{8ma^2}{\hbar^2\pi^2}\left(\frac{v_0}{a}\right)^2 \underbrace{\sum_{\substack{k=0 \\ (k\neq n)}}^{\infty} \frac{1}{(2n+1)^2 - (2k+1)^2}}_{= (\star) = -1/(4(2n+1)^2)} \\ &= -\frac{2mv_0^2}{\hbar^2\pi^2}\frac{1}{(2n+1)^2} \end{aligned}$$

途中の ($\star$) 部分は，次の設問 2 の解答中の (92.2)式の ($\diamond$) 部分の計算 (92.3)において $x = 0$ と置いて得られる．よって，($2n+1 \to n$ に戻して) n が奇数の場合，$O(v_0^2)$ までの近似で

$$\begin{aligned} E_n^V &= E_n + \varepsilon_n^{(1)} + \varepsilon_n^{(2)} = \frac{\hbar^2\pi^2}{8ma^2}n^2 + \frac{v_0}{a} - \frac{2mv_0^2}{\hbar^2\pi^2}\frac{1}{n^2} \\ &= \frac{\hbar^2\pi^2}{8ma^2}\left[n^2 + 8\frac{mav_0}{\hbar^2\pi^2} - 16\left(\frac{mav_0}{\hbar^2\pi^2}\right)^2\frac{1}{n^2}\right] \qquad (n = \text{正の奇数} = 1, 3, 5, \cdots) \end{aligned}$$

2. まず，n が偶数の場合は，(89.7) と (92.1) から，$\psi_n^V(x)$ への V からの寄与は無く

$$\psi_n^V(x) = \psi_n(x) \qquad (n = \text{正の偶数} = 2, 4, 6, \cdots)$$

次に，n が奇数の場合 ($n \to 2n+1$ として)

$$\langle x|2n+1\rangle^{(1)} = \sum_{k=1}^{\infty} c_{2n+1,k}^{(1)} \langle x|k\rangle = \sum_{\substack{k=0 \\ (k\neq n)}}^{\infty} \frac{\langle 2k+1|\,\widehat{V}\,|2n+1\rangle}{E_{2n+1} - E_{2k+1}} \overbrace{\langle x|2k+1\rangle}^{\psi_{2k+1}(x)}$$

$$\underset{|x|\le a}{\underset{\uparrow}{=}} \frac{8ma^2}{\hbar^2\pi^2}\frac{v_0}{a}\frac{1}{\sqrt{a}} \underbrace{\sum_{\substack{k=0 \\ (k\neq n)}}^{\infty} \frac{1}{(2n+1)^2 - (2k+1)^2} \cos\frac{(2k+1)\pi x}{2a}}_{(\Diamond)} \tag{92.2}$$

であり，最後の $(\Diamond)$ 部分は (絶対一様収束ではない級数 $\sum_k (1/k)\cos(\cdots)$ を扱うために和の上限 M を導入し，また，次式の第 2 等号では $k+n+1 \to k$, $n-k \to k$, $k-n \to k$ の置き換えを適宜行って)

$$4(2n+1) \times (\Diamond) = \sum_{\substack{k=0 \\ (k\neq n)}}^{M} \left(\frac{1}{k+n+1} - \frac{1}{k-n}\right) \cos\frac{(2k+1)\pi x}{2a}$$

$$= \sum_{k=1}^{M+n+1} \frac{1}{k}\left[\cos\frac{(2k-2n-1)\pi x}{2a} - \cos\frac{(2k+2n+1)\pi x}{2a}\right]$$

$$- \frac{1}{2n+1}\cos\frac{(2n+1)\pi x}{2a} + \underbrace{\sum_{k=M-n+1}^{M+n+1} \frac{1}{k}\cos\frac{(2k+2n+1)\pi x}{2a}}_{=O(1/M)\to 0\ (M\to\infty)}$$

$$\underset{(M\to\infty)}{=} 2 \underbrace{\sum_{k=1}^{\infty} \frac{1}{k}\sin\frac{k\pi x}{a}}_{\underset{(x\neq 0)}{=} \operatorname{Im}\ln\left(1-e^{-i\pi x/a}\right) = \operatorname{Im}\ln\left(2i\sin\frac{\pi x}{2a}\right) - \frac{\pi x}{2a} = \frac{\pi}{2}\left(\varepsilon(x) - \frac{x}{a}\right)} \sin\frac{(2n+1)\pi x}{2a} - \frac{1}{2n+1}\cos\frac{(2n+1)\pi x}{2a} \tag{92.3}$$

ここに，関数 $\varepsilon(x)$ は次式で定義される:

$$\varepsilon(x) \equiv \begin{cases} 1 & (0 < x \le a) \\ -1 & (-a \le x < 0) \end{cases}$$

よって，($2n+1 \to n$ に戻して) n が奇数の場合，$O(v_0^1)$ までの近似で ($|x| \le a$ で)

$$\psi_n^V(x) = \psi_n(x) + \langle x|n\rangle^{(1)} \qquad (n = \text{正の奇数} = 1, 3, 5, \cdots)$$

$$= \left(1 - \frac{2mav_0}{\hbar^2\pi^2}\frac{1}{n^2}\right)\frac{1}{\sqrt{a}}\cos\frac{n\pi x}{2a} - \frac{2mav_0}{\hbar^2\pi^2}\frac{\pi}{n}\left(\frac{x}{a} - \varepsilon(x)\right)\frac{1}{\sqrt{a}}\sin\frac{n\pi x}{2a}$$

なお，$|x| \ge a$ では $\psi_n^V(x) = 0$ である．

問題 93　**縮退がある場合の定常状態の摂動論 (その 1)**　標準

問題 88，89 で考察した定常状態に対する摂動論では，非摂動ハミルトニアン $\widehat{H}$ の固有値 E_n には縮退がないとした．実際，縮退があると (89.6)や (89.7)における和 $\sum_{k(\neq n)}$ が $E_k = E_n$ となる $k(\neq n)$ で発散してしまい，意味がなくなる．

本問題ではこの「縮退がある場合の摂動論」を考える．そのために，非摂動ハミルトニアン $\widehat{H}$ の固有値をインデックス n で一意的に識別して E_n と表し ($n \neq n'$ なら $E_n \neq E_{n'}$)，E_n が $d_n(=1,2,\cdots)$ 重に縮退しているとして，対応する d_n 個の独立な固有ベクトルを $|n,a\rangle$ ($a = 1,\cdots,d_n$) と表す．$|n,a\rangle$ は a についても正規直交性を満たすものとする:

$$\widehat{H}\,|n,a\rangle = E_n\,|n,a\rangle \qquad \big(\langle n,a|n',a'\rangle = \delta_{nn'}\delta_{aa'}\big) \tag{93.1}$$

そこで，非摂動ハミルトニアン $\widehat{H}$ の固有値 E_n の固有ベクトルとしてより一般的な

$$|n,A\rangle^{(0)} = \sum_{a=1}^{d_n} Z_{n,A,a}\,|n,a\rangle \qquad (Z_{n,A,a}\text{: 定数係数}) \tag{93.2}$$

を取る．ここに，$A\,(=1,\cdots,d_n)$ は (93.1)の a とは別のインデックスである．そして，$\widehat{H}_V$ の固有値方程式と正規直交性

$$(\widehat{H}+\widehat{V})|n,A\rangle_V = E^V_{n,A}|n,A\rangle_V \qquad \big({}_V\langle n,A|n',A'\rangle_V = \delta_{nn'}\delta_{AA'}\big) \tag{93.3}$$

を満たす固有値 $E^V_{n,A}$ と固有ベクトル $|n,A\rangle_V$ を次の形で決定する:

$$E^V_{n,A} = E_n + \varepsilon^{(1)}_{n,A} + \varepsilon^{(2)}_{n,A} + \cdots \tag{93.4}$$

$$|n,A\rangle_V = |n,A\rangle^{(0)} + |n,A\rangle^{(1)} + |n,A\rangle^{(2)} + \cdots \tag{93.5}$$

ここに，$\varepsilon^{(p)}_{n,A}$ と $|n,A\rangle^{(p)}$ は $O(\widehat{V}^p)$ 項である．

1. (93.1)の係数 $Z_{n,A,a}$ と (93.4) の $\varepsilon^{(1)}_{n,A}$ がどのように決定されるかを説明せよ．

解 説　非摂動ハミルトニアンのエネルギー固有値に縮退がある場合は，同じ固有値に対応する複数の固有ベクトルの線形和をうまく取って摂動展開の 0 次の固有ベクトルとする必要がある．

なお，$|n,a\rangle$ と $|n,A\rangle_V$ のインデックス a と A は各 n ごとに取る範囲 ($a, A = 1,\cdots,d_n$) が定められているので，n に依存していることを明記して $|n,a_n\rangle$ および $|n,A_n\rangle_V$ とした方が適切かもしれないが，式が煩雑になるのを避けるためにここでは見送った．

解 答

1. (93.3)の固有値方程式に (93.4)と (93.5)を代入した

$$(\widehat{H}+\widehat{V})\big(|n,A\rangle^{(0)} + |n,A\rangle^{(1)} + |n,A\rangle^{(2)} + \cdots\big)$$

$$= \left(E_n + \varepsilon^{(1)}_{n,A} + \varepsilon^{(2)}_{n,A} + \cdots\right)\left(|n,A\rangle^{(0)} + |n,A\rangle^{(1)} + |n,A\rangle^{(2)} + \cdots\right) \tag{93.6}$$

の $O(\widehat{V}^0)$ 部分

$$\widehat{H}|n,A\rangle^{(0)} = E_n|n,A\rangle^{(0)} \tag{93.7}$$

は (93.2)と (93.1)から自動的であり，次の $O(\widehat{V}^1)$ 部分は

$$\left(E_n - \widehat{H}\right)|n,A\rangle^{(1)} + \varepsilon^{(1)}_{n,A}|n,A\rangle^{(0)} = \widehat{V}|n,A\rangle^{(0)} \tag{93.8}$$

この式に左から $\langle k,a|$ を当て，(93.1)と (93.2)を用いると

$$(E_n - E_k)\langle k,a|n,A\rangle^{(1)} + \delta_{kn}\varepsilon^{(1)}_{n,A}Z_{n,A,a} = \sum_{b=1}^{d_n} \langle k,a|\,\widehat{V}\,|n,b\rangle\, Z_{n,A,b}$$

となり，特に $k=n$ の場合から次式を得る:

$$\sum_{b=1}^{d_n} \langle n,a|\,\widehat{V}\,|n,b\rangle\, Z_{n,A,b} = \varepsilon^{(1)}_{n,A}Z_{n,A,a} \ \Leftrightarrow\ \mathcal{V}_n\boldsymbol{Z}_{n,A} = \varepsilon^{(1)}_{n,A}\boldsymbol{Z}_{n,A} \tag{93.9}$$

ここに，$d_n\times d_n$ 行列 $\mathcal{V}_n$ と d_n 成分縦ベクトル $\boldsymbol{Z}_{n,A} = (Z_{n,A,a})$ を導入した:

$$\mathcal{V}_n = \begin{pmatrix} \langle n,1|\widehat{V}|n,1\rangle & \cdots & \langle n,1|\widehat{V}|n,d_n\rangle \\ \vdots & \ddots & \vdots \\ \langle n,d_n|\widehat{V}|n,1\rangle & \cdots & \langle n,d_n|\widehat{V}|n,d_n\rangle \end{pmatrix}, \quad \boldsymbol{Z}_{n,A} = \begin{pmatrix} Z_{n,A,1} \\ \vdots \\ Z_{n,A,d_n} \end{pmatrix} \tag{93.10}$$

(93.9)は，各 n に対して $\varepsilon^{(1)}_{n,A}$ と $\boldsymbol{Z}_{n,A}$ $(A=1,\cdots,d_n)$ が行列 $\mathcal{V}_n$ の固有値と固有ベクトルとして決定されることを意味する．$\widehat{V}^\dagger = \widehat{V}$ から $\mathcal{V}_n$ はエルミート行列 $(\left(\langle n,a|\,\widehat{V}\,|n,b\rangle\right)^* = \langle n,b|\,\widehat{V}\,|n,a\rangle)$ であって，固有値 $\varepsilon^{(1)}_{n,A}$ はすべて実数であり，固有ベクトル $\boldsymbol{Z}_{n,A}$ は正規直交性

$$\boldsymbol{Z}^\dagger_{n,A}\boldsymbol{Z}_{n,A'} = \delta_{AA'} \quad (A,A' = 1,\cdots,d_n) \tag{93.11}$$

を満たすように取ることができる．なお，

- (93.3)式の $|n,A\rangle_V$ の正規直交性の $O(\widehat{V}^0)$ 部分と $O(\widehat{V}^1)$ 部分としてそれぞれ

$$^{(0)}\langle n,A|n',A'\rangle^{(0)} \Big(\underset{\substack{\uparrow\\(93.2)}}{=} \delta_{nn'}\sum_{a=1}^{d_n} Z^*_{n,A,a}Z_{n,A',a}\Big) = \delta_{nn'}\delta_{AA'} \tag{93.12}$$

$$^{(0)}\langle n,A|n',A'\rangle^{(1)} + {}^{(1)}\langle n,A|n',A'\rangle^{(0)} = 0 \tag{93.13}$$

  が要求されるが，(93.12) は (93.11)と等価である．
- d_n 個の固有値 $\varepsilon^{(1)}_{n,A}$ がすべて異なれば，非摂動エネルギー固有値 E_n の d_n 重縮退は 1 次の摂動により完全に解ける．しかし，$\varepsilon^{(1)}_{n,A}$ が (一部あるいは全部) 一致する場合はエネルギー固有値の縮退が残り，また，$\boldsymbol{Z}_{n,A}$ も (位相因子の任意性の除いても) 一意的には定まらない (**問題 95** 以降を参照)．この場合は，$O(\widehat{V}^2)$ の摂動で縮退が解ける場合もあるが，対称性等の理由で摂動の全次数で縮退が存在する場合もある．

問題 94　縮退がある場合の定常状態の摂動論 (その 2)　発展

問題 93 からの続きの問題である．

2. $|n,A\rangle_V$ (93.5)の $O(\widehat{V}^1)$ 項である $|n,A\rangle^{(1)}$ を $O(\widehat{V}^0)$ 項 $|k,B\rangle^{(0)}$ (93.2) の ($k=n$ を含むすべての k および $B=1,\cdots,d_k$ についての) 線形和として表せ．なお，$\widehat{V}$ の 1 次の摂動でエネルギー固有値の縮退は完全に解ける，すなわち，$\varepsilon^{(1)}_{n,A}\neq\varepsilon^{(1)}_{n,A'}$ $(A\neq A')$ とする．

解説　非摂動エネルギー固有値 E_n の縮退が摂動の 1 次で完全に解ける場合に，固有ベクトルの $O(\widehat{V}^1)$ 項 $|n,A\rangle^{(1)}$ を求める問題であるが，式変形はかなり複雑である．この問題の結論 (94.11)を用いる具体例は本書にはないので，省略しても後に影響はない．

解答

2. $\{|k,B\rangle^{(0)}\}$ の完全性

$$\mathbb{I}=\sum_{k,B}|k,B\rangle^{(0)\,(0)}\langle k,B|=\sum_{B}|n,B\rangle^{(0)\,(0)}\langle n,B|+\sum_{k(\neq n)}\sum_{B}|k,B\rangle^{(0)\,(0)}\langle k,B| \tag{94.1}$$

を用いて

$$\begin{aligned}|n,A\rangle^{(1)}&=\sum_{k,B}|k,B\rangle^{(0)\,(0)}\langle k,B|n,A\rangle^{(1)}\\&=\sum_{A'}|n,A'\rangle^{(0)\,(0)}\langle n,A'|n,A\rangle^{(1)}+\sum_{k(\neq n)}\sum_{B}|k,B\rangle^{(0)\,(0)}\langle k,B|n,A\rangle^{(1)}\end{aligned} \tag{94.2}$$

であり，係数 ${}^{(0)}\langle k,B|n,A\rangle^{(1)}$ を求めればよい．

まず，(93.8)式に左から ${}^{(0)}\langle k,A'|$ を当て (93.7)と正規直交性 (93.12)を用いると

$$(E_n-E_k)\,{}^{(0)}\langle k,A'|n,A\rangle^{(1)}+\varepsilon^{(1)}_{n,A}\delta_{kn}\delta_{A'A}={}^{(0)}\langle k,A'|\widehat{V}|n,A\rangle^{(0)} \tag{94.3}$$

この式で $k\neq n$ の場合から

$${}^{(0)}\langle k,A'|n,A\rangle^{(1)}=\frac{{}^{(0)}\langle k,A'|\widehat{V}|n,A\rangle^{(0)}}{E_n-E_k}\qquad(k\neq n) \tag{94.4}$$

を得る．これは (93.13)の $n\neq n'$ の場合を自動的に満たす．なお，(94.3)式で $k=n$ の場合は

$${}^{(0)}\langle n,A'|\widehat{V}|n,A\rangle^{(0)}=\delta_{A'A}\varepsilon^{(1)}_{n,A} \tag{94.5}$$

であるが，これは**問題 93** 設問 1 で構成した $|n,A\rangle^{(0)}$ により自動的に満たされる (左辺に (93.2)を代入し，(93.9)と (93.11) を用いることで確認できる)．

次に，${}^{(0)}\langle k,A'|n,A\rangle^{(1)}$ で $k=n$ の場合，すなわち，${}^{(0)}\langle n,A'|n,A\rangle^{(1)}$ を求めるためには (93.6)の $O(\widehat{V}^2)$ 部分を考える必要がある (これは，$|n,A\rangle^{(0)}$ を構成するために (93.6)の $O(\widehat{V}^1)$ 部分 (93.8)を用いたのと同様):

$$\left(E_n-\widehat{H}\right)|n,A\rangle^{(2)}+\varepsilon^{(2)}_{n,A}|n,A\rangle^{(0)}+\varepsilon^{(1)}_{n,A}|n,A\rangle^{(1)}=\widehat{V}|n,A\rangle^{(1)} \tag{94.6}$$

この式に左から ${}^{(0)}\langle k, A'|$ を当て，(93.7)と正規直交性 (93.12)を用いると

$$(E_n - E_k)\,{}^{(0)}\langle k, A'|n, A\rangle^{(2)} + \varepsilon_{n,A}^{(2)}\delta_{kn}\delta_{A'A} + \varepsilon_{n,A}^{(1)}\,{}^{(0)}\langle k, A'|n, A\rangle^{(1)}$$
$$= {}^{(0)}\langle k, A'|\widehat{V}|n, A\rangle^{(1)}$$

となり，特に $k = n$ と置くことで次式を得る:

$$\varepsilon_{n,A}^{(2)}\delta_{A'A} + \varepsilon_{n,A}^{(1)}\,{}^{(0)}\langle n, A'|n, A\rangle^{(1)} = {}^{(0)}\langle n, A'|\widehat{V}|n, A\rangle^{(1)} \tag{94.7}$$

この右辺は $\{|k, B\rangle^{(0)}\}$ の完全性 (94.1)を用いて

$${}^{(0)}\langle n, A'|\widehat{V}|n, A\rangle^{(1)} = \overbrace{\sum_B \underbrace{{}^{(0)}\langle n, A'|\widehat{V}|n, B\rangle^{(0)}}_{= \delta_{A'B}\varepsilon_{n,A'}^{(1)}\ \because (94.5)}\,{}^{(0)}\langle n, B|n, A\rangle^{(1)}}^{\varepsilon_{n,A'}^{(1)}\,{}^{(0)}\langle n, A'|n, A\rangle^{(1)}}$$
$$+ \sum_{k(\neq n)}\sum_B {}^{(0)}\langle n, A'|\widehat{V}|k, B\rangle^{(0)}\,{}^{(0)}\langle k, B|n, A\rangle^{(1)}$$

と表される．これを用いると (94.7)は

$$\varepsilon_{n,A}^{(2)}\delta_{A'A} + (\varepsilon_{n,A}^{(1)} - \varepsilon_{n,A'}^{(1)})\,{}^{(0)}\langle n, A'|n, A\rangle^{(1)}$$
$$= \sum_{k(\neq n)}\sum_B {}^{(0)}\langle n, A'|\widehat{V}|k, B\rangle^{(0)}\,{}^{(0)}\langle k, B|n, A\rangle^{(1)} \tag{94.8}$$

となり，これから $A' \neq A$ の場合に (${}^{(0)}\langle k, B|n, A\rangle^{(1)}$ に (94.4)を用いて)

$${}^{(0)}\langle n, A'|n, A\rangle^{(1)} = \sum_{k(\neq n)}\sum_B \frac{{}^{(0)}\langle n, A'|\widehat{V}|k, B\rangle^{(0)}\,{}^{(0)}\langle k, B|\widehat{V}|n, A\rangle^{(0)}}{(\varepsilon_{n,A}^{(1)} - \varepsilon_{n,A'}^{(1)})(E_n - E_k)} \quad (A' \neq A) \tag{94.9}$$

を得る．他方，$A' = A$ の場合の ${}^{(0)}\langle n, A|n, A\rangle^{(1)}$ は (94.8)からは決まらない．${}^{(0)}\langle n, A|n, A\rangle^{(1)}$ に対する唯一の制限は (93.13)で $(n', A') = (n, A)$ と置いた

$${}^{(0)}\langle n, A|n, A\rangle^{(1)} + {}^{(1)}\langle n, A|n, A\rangle^{(0)} = 0 \;\Rightarrow\; {}^{(0)}\langle n, A|n, A\rangle^{(1)} = \text{任意純虚数}$$

である．これは (93.5)からの $|n, A\rangle_V = (1 + {}^{(0)}\langle n, A|n, A\rangle^{(1)})|n, A\rangle^{(0)} + \cdots$ における $|n, A\rangle^{(0)}$ の位相因子の任意性であり，簡単のためにここでは

$${}^{(0)}\langle n, A|n, A\rangle^{(1)} = 0 \tag{94.10}$$

と取る．なお，(94.4)と (94.9)は (93.13)を自動的に満たしている．

以上の結果，(94.4)，(94.9)，(94.10) を (94.2)に代入して求める表式を得る:

$$|n, A\rangle^{(1)} = \sum_{A'(\neq A)}\sum_{k(\neq n)}\sum_B \frac{{}^{(0)}\langle n, A'|\widehat{V}|k, B\rangle^{(0)}\,{}^{(0)}\langle k, B|\widehat{V}|n, A\rangle^{(0)}}{(\varepsilon_{n,A}^{(1)} - \varepsilon_{n,A'}^{(1)})(E_n - E_k)}\,|n, A'\rangle^{(0)}$$
$$+ \sum_{k(\neq n)}\sum_B \frac{{}^{(0)}\langle k, B|\widehat{V}|n, A\rangle^{(0)}}{E_n - E_k}\,|k, B\rangle^{(0)}$$
$$= \sum_{k(\neq n)}\sum_B \frac{{}^{(0)}\langle k, B|\widehat{V}|n, A\rangle^{(0)}}{E_n - E_k}\left[|k, B\rangle^{(0)} + \sum_{A'(\neq A)} \frac{{}^{(0)}\langle n, A'|\widehat{V}|k, B\rangle^{(0)}}{\varepsilon_{n,A}^{(1)} - \varepsilon_{n,A'}^{(1)}}\,|n, A'\rangle^{(0)}\right] \tag{94.11}$$

問題 95　シュタルク効果 (その 1)　基本

問題 71〜74 で扱った水素原子の系に対し，x_3 軸方向に大きさ E の一様な電場 $\boldsymbol{E} = (0, 0, E)$ を摂動としてかける．非摂動ハミルトニアン $\widehat{H}$ はクーロンポテンシャル (71.1)を用いた (67.1)式であり ($\mu = m_{\mathrm{e}}$)，これに ($\boldsymbol{x}$-表示での) 摂動項

$$V(\boldsymbol{x}) = -(-e)\boldsymbol{E}\cdot\boldsymbol{x} = eEx_3 = eEr\cos\theta$$

を加えた系を考える．非摂動ハミルトニアン $\widehat{H}$ の固有ベクトルは 3 つの量子数 (74.3)で指定される $|n, \ell, m\rangle$ ($\langle r, \theta, \varphi|n, \ell, m\rangle = \psi_{n,\ell,m}(r, \theta, \varphi)$ (74.2)) であり，エネルギー固有値 E_n (72.1)は量子数 n のみに依存し n^2 重に縮退している (**問題 72** 設問 5)．したがって，**問題 93** の「縮退がある場合の摂動論」を適用する際は，(93.1)式の $|n, a\rangle$ において $a = (\ell, m)$ である．

1. $\langle n, \ell, m|\,\widehat{x}_3\,|n', \ell', m'\rangle$ を波動関数 $\psi_{n,\ell,m}(r, \theta, \varphi)$ (74.2) を表す動径波動関数 $R_{n,\ell}(r)$ (74.1)と球面調和関数 $Y_\ell^m(\theta, \varphi)$ (および，$(n, \ell, m) \to (n', \ell', m')$ とした各関数) を用いた (r, θ, φ) 積分として与えよ．
2. 次の**問題 96** での具体計算に有用な諸性質に関する以下の各設問に答えよ．なお，前設問 1 で得た $\langle n, \ell, m|\,\widehat{x}_3\,|n', \ell', m'\rangle$ の表式を必ずしも用いる必要はない．
   (a) 次の性質を示せ (必要なら (50.3)の第 1 式からの $\left[\widehat{x}_3, \widehat{L}_3\right] = 0$ を用いよ):
   $$\langle n, \ell, m|\,\widehat{x}_3\,|n', \ell', m'\rangle = 0 \quad (m \neq m' \text{ の場合}) \tag{95.1}$$
   (b) 空間反転 $\boldsymbol{x} \to -\boldsymbol{x}$ を極座標 (r, θ, φ) で表すと $(r, \theta, \varphi) \to (r, \pi - \theta, \varphi + \pi)$ である ((57.1)参照)．球面調和関数 $Y_\ell^m(\theta, \varphi)$ (62.2) の空間反転に対する次の性質を示せ:
   $$Y_\ell^m(\pi - \theta, \varphi + \pi) = (-1)^\ell Y_\ell^m(\theta, \varphi) \tag{95.2}$$
   (c) (95.2)を用いて次の性質を示せ:
   $$\langle n, \ell, m|\,\widehat{x}_3\,|n', \ell', m'\rangle = 0 \quad (\ell + \ell' = \text{偶数 の場合}) \tag{95.3}$$

解 説　原子に一様な外部電場をかけることにより，元々は縮退していたエネルギー準位の縮退が解けて分裂する現象を**シュタルク効果** (Stark effect) と呼ぶ．本問題および次の**問題 96** では水素原子におけるシュタルク効果を**問題 93** の「縮退がある場合の定常状態の摂動論」を用いて考察する．なお，原子に磁場をかけた場合もエネルギー準位の縮退が解けるが，これは**ゼーマン効果** (Zeeman effect) と呼ばれる (**問題 101** 参照)．

解 答

1. $\boldsymbol{x}$-表示の公式 (55.8)，(74.2)式の波動関数 $\psi_{n,\ell,m}(\boldsymbol{x}) = R_{n,\ell}(r)Y_\ell^m(\theta, \varphi)$，および，全空間積分の極座標表式 (57.10)を用いて

$$\langle n,\ell,m|\,\widehat{x}_3\,|n',\ell',m'\rangle \underset{\substack{\uparrow\\(55.8)}}{=} \int d^3x\,\psi_{n,\ell,m}(\boldsymbol{x})^*\underbrace{x_3}_{r\cos\theta}\psi_{n',\ell',m'}(\boldsymbol{x})$$

$$= \int_0^\infty dr\,r^3 R_{n,\ell}(r)^* R_{n',\ell'}(r)\int_0^\pi d\theta\,\sin\theta\cos\theta\int_0^{2\pi}d\varphi\,Y_\ell^m(\theta,\varphi)^* Y_{\ell'}^{m'}(\theta,\varphi) \tag{95.4}$$

2. (a) $\left[\widehat{x}_3,\widehat{L}_3\right]=0$ と $\widehat{L}_3\,|n,\ell,m\rangle=\hbar m\,|n,\ell,m\rangle$ ((59.2)参照) およびそのエルミート共役を用いて

$$\begin{aligned}0 &= \langle n,\ell,m|\left[\widehat{x}_3,\widehat{L}_3\right]|n',\ell',m'\rangle = \langle n,\ell,m|\left(\widehat{x}_3\underset{\substack{\downarrow\\\hbar m'}}{\widehat{L}_3} - \underset{\substack{\downarrow\\\hbar m}}{\widehat{L}_3}\widehat{x}_3\right)|n',\ell',m'\rangle\\ &= \hbar(m'-m)\,\langle n,\ell,m|\,\widehat{x}_3\,|n',\ell',m'\rangle\end{aligned}$$

これは (95.1) を意味する．なお，(95.4) の表式を用いるなら，この φ 積分部分は $Y_\ell^m(\theta,\varphi)\propto e^{im\varphi}$ ((62.2)参照) から

$$\int_0^{2\pi}d\varphi\,e^{-im\varphi}e^{im'\varphi}=2\pi\delta_{mm'}$$

これからも (95.1) が得られる．

(b) まず，ルジャンドル陪多項式 (61.1)に関して性質 (60.5)を用いて

$$P_\ell^m(-w)=\left(1-w^2\right)^{m/2}\left(\frac{d}{d(-w)}\right)^m\underbrace{P_\ell(-w)}_{(-1)^\ell P_\ell(w)}=(-1)^{m+\ell}P_\ell^m(w)$$

これを用いて，(62.2)式の $Y_\ell^m(\theta,\varphi)$ の表式から

$$Y_\ell^m(\pi-\theta,\varphi+\pi)=N_\ell^m\overbrace{P_\ell^{|m|}(\underbrace{\cos(\pi-\theta)}_{-\cos\theta})}^{(-1)^{|m|+\ell}P_\ell^{|m|}(\cos\theta)}e^{im(\varphi+\pi)}=(-1)^\ell Y_\ell^m(\theta,\varphi)$$

(c) (95.2)式と「$r=\sqrt{\boldsymbol{x}^2}$ は空間反転で不変である」ことから，(74.2)式の波動関数 $\psi_{n,\ell,m}(\boldsymbol{x})=\psi_{n,\ell,m}(r,\theta,\varphi)=R_{n,\ell}(r)Y_\ell^m(\theta,\varphi)$ は空間反転の下で

$$\psi_{n,\ell,m}(-\boldsymbol{x})=\psi_{n,\ell,m}(r,\pi-\theta,\varphi+\pi)=(-1)^\ell\psi_{n,\ell,m}(\boldsymbol{x}) \tag{95.5}$$

これと (95.4)式の第 1 行目を用いて

$$\begin{aligned}&\langle n,\ell,m|\,\widehat{x}_3\,|n',\ell',m'\rangle \underset{\substack{\uparrow\\(55.8)}}{=} \int d^3x\,\psi_{n,\ell,m}(\boldsymbol{x})^*\,x_3\,\psi_{n',\ell',m'}(\boldsymbol{x})\\ &\underset{\boxed{\boldsymbol{x}\to-\boldsymbol{x}}}{\overset{\downarrow}{=}}\int d^3x\,\psi_{n,\ell,m}(-\boldsymbol{x})^*(-x_3)\psi_{n',\ell',m'}(-\boldsymbol{x}) \overset{\substack{(95.5)\\\downarrow}}{=} (-1)^{\ell+\ell'+1}\langle n,\ell,m|\,\widehat{x}_3\,|n',\ell',m'\rangle\end{aligned}$$

ここに，第 2 行目に移る際に積分変数の変換 $\boldsymbol{x}\to-\boldsymbol{x}$ を行い，この変換で $\int d^3x$ が不変であることを用いた．上式は (95.3) を意味する．

問題 96　シュタルク効果 (その 2)　基本

問題 95 からの続きの問題である．

ここでは，$n=2$ の 4 重縮退 ($d_{n=2}=4$) したエネルギー準位 $E_{n=2}$ に対するシュタルク効果を考える．**問題 93** の一般論での $|n=2,a\rangle$ に対応した $\widehat{H}$ の 4 つの固有ベクトル $|n=2,\ell,m\rangle$ ($\ell=0,1,\ m=-\ell,\cdots,\ell$)，具体的には

$$|2,0,0\rangle\,,\quad |2,1,0\rangle\,,\quad |2,1,1\rangle\,,\quad |2,1,-1\rangle \tag{96.1}$$

から $|n=2,A\rangle^{(0)}$ (93.2)を構成し，$\varepsilon^{(1)}_{n=2,A}$ を求める．

3. 今の $n=2$ に対する 4×4 行列 $\mathcal{V}_{n=2}$ (93.10)を具体的に求めよ．なお，行と列の順は (96.1)の通りとせよ．必要なら，(63.4)と (74.8) を用いよ．
4. (93.9)と (93.11) を満たす $\boldsymbol{Z}_{n=2,A}$ と $\varepsilon^{(1)}_{n=2,A}$ ($A=1,2,3,4$) を求め (A の番号付けは任意)，対応する $|n=2,A\rangle^{(0)}$ (93.2) を $|n=2,\ell,m\rangle$ で表せ．

解 説　前問題での準備をもとにして**問題 93** の「縮退がある場合の摂動論」の一般論を水素原子の $n=2$ の 4 重縮退状態のシュタルク効果に応用する．外部電場の 1 次の効果により，4 重縮退が 3 つの準位に分裂することを見る (2 重縮退が 1 つ残る)．

解 答

3. $\mathcal{V}_2/(eE)$ の成分である $\langle n=2,\ell,m|\,\widehat{x}_3\,|n'=2,\ell',m'\rangle$ のうち「自明にゼロ」ではないものは，性質 (95.1) から $m=m'$ であり，かつ，(95.3) から $\ell+\ell'=$ 奇数である $\langle 2,0,0|\,\widehat{x}_3\,|2,1,0\rangle$ と $\langle 2,1,0|\,\widehat{x}_3\,|2,0,0\rangle\big(=(\langle 2,0,0|\,\widehat{x}_3\,|2,1,0\rangle)^*\big)$ のみである．前者は (95.4)式を用いて

$$\begin{aligned}
&\langle 2,0,0|\,\widehat{x}_3\,|2,1,0\rangle\\
&=\int_0^\infty dr\,r^3 R_{2,0}(r)^* R_{2,1}(r)\int_0^\pi d\theta\,\sin\theta\cos\theta\int_0^{2\pi} d\varphi\,Y_0^0(\theta,\varphi)^* Y_1^0(\theta,\varphi)\\
&=\left(\frac{1}{2a_{\rm B}}\right)^3\int_0^\infty dr\,r^3\left(2-\frac{r}{a_{\rm B}}\right)\frac{r}{\sqrt{3}\,a_{\rm B}}\,e^{-r/a_{\rm B}}\times\frac{\sqrt{3}}{4\pi}\int_0^\pi d\theta\sin\theta\cos^2\theta\int_0^{2\pi}d\varphi\\
&=\frac{a_{\rm B}}{2^3\sqrt{3}}\,(2\times 4!-5!)\times\frac{1}{\sqrt{3}}=-3a_{\rm B}
\end{aligned}$$

ここに，第 2 等号では (74.8)式で与えた $R_{2,0}(r)$ と $R_{2,1}(r)$ の表式および (63.4)で与えた $Y_0^0(\theta,\varphi)$ と $Y_1^0(\theta,\varphi)$ の表式を用い，第 3 等号では積分公式 (73.9) を用いた．よって，求める 4×4 行列 $\mathcal{V}_2$ は

$$\mathcal{V}_2=eE\begin{pmatrix}
\langle 2,0,0|\widehat{x}_3\,|2,0,0\rangle & \langle 2,0,0|\widehat{x}_3\,|2,1,0\rangle & \langle 2,0,0|\widehat{x}_3\,|2,1,1\rangle & \langle 2,0,0|\widehat{x}_3\,|2,1,-1\rangle\\
\langle 2,1,0|\widehat{x}_3\,|2,0,0\rangle & \langle 2,1,0|\widehat{x}_3\,|2,1,0\rangle & \langle 2,1,0|\widehat{x}_3\,|2,1,1\rangle & \langle 2,1,0|\widehat{x}_3\,|2,1,-1\rangle\\
\langle 2,1,1|\widehat{x}_3\,|2,0,0\rangle & \langle 2,1,1|\widehat{x}_3\,|2,1,0\rangle & \langle 2,1,1|\widehat{x}_3\,|2,1,1\rangle & \langle 2,1,1|\widehat{x}_3\,|2,1,-1\rangle\\
\langle 2,1,-1|\widehat{x}_3\,|2,0,0\rangle & \langle 2,1,-1|\widehat{x}_3\,|2,1,0\rangle & \langle 2,1,-1|\widehat{x}_3\,|2,1,1\rangle & \langle 2,1,-1|\widehat{x}_3\,|2,1,-1\rangle
\end{pmatrix}$$

$$= -3eEa_{\rm B}\begin{pmatrix}0&1&0&0\\1&0&0&0\\0&0&0&0\\0&0&0&0\end{pmatrix}$$

4. 前設問 3 で求めた 4×4 エルミート行列 $\mathcal{V}_2$ の固有値方程式 (93.9)

$$\mathcal{V}_2\boldsymbol{Z}_2 = \varepsilon_2^{(1)}\boldsymbol{Z}_2$$

を解く．まず，固有値 $\varepsilon_2^{(1)}$ は

$$0=\det\left(\varepsilon_2^{(1)}\mathbb{I}_4-\mathcal{V}_2\right)=\begin{vmatrix}\varepsilon_2^{(1)}&3eEa_{\rm B}&0&0\\3eEa_{\rm B}&\varepsilon_2^{(1)}&0&0\\0&0&\varepsilon_2^{(1)}&0\\0&0&0&\varepsilon_2^{(1)}\end{vmatrix}$$
$$=\left(\varepsilon_2^{(1)}+3eEa_{\rm B}\right)\left(\varepsilon_2^{(1)}-3eEa_{\rm B}\right)(\varepsilon_2^{(1)})^2$$

から，

$$\varepsilon_{2,A=1}^{(1)}=-3eEa_{\rm B},\quad \varepsilon_{2,A=2}^{(1)}=3eEa_{\rm B},\quad \varepsilon_{2,A=3}^{(1)}=\varepsilon_{2,A=4}^{(1)}=0$$

の 4 つ (固有値 0 は 2 重縮退)．各固有値 $\varepsilon_{2,A}^{(1)}$ に対応した固有ベクトル $\boldsymbol{Z}_{2,A}$ は $(3eEa_{\rm B})^{-1}\left(\varepsilon_{2,A}^{(1)}\mathbb{I}_4-\mathcal{V}_2\right)\boldsymbol{Z}_{2,A}=0$ と正規直交性 (93.11)から

$$A=1:\begin{pmatrix}-1&1&0&0\\1&-1&0&0\\0&0&-1&0\\0&0&0&-1\end{pmatrix}\boldsymbol{Z}_{2,1}=0\ \Rightarrow\ \boldsymbol{Z}_{2,1}=\frac{1}{\sqrt{2}}\begin{pmatrix}1\\1\\0\\0\end{pmatrix}$$
$$A=2:\begin{pmatrix}1&1&0&0\\1&1&0&0\\0&0&1&0\\0&0&0&1\end{pmatrix}\boldsymbol{Z}_{2,2}=0\ \Rightarrow\ \boldsymbol{Z}_{2,2}=\frac{1}{\sqrt{2}}\begin{pmatrix}1\\-1\\0\\0\end{pmatrix}$$
$$A=3,4:\begin{pmatrix}0&1&0&0\\1&0&0&0\\0&0&0&0\\0&0&0&0\end{pmatrix}\boldsymbol{Z}_{2,A=3,4}=0\ \Rightarrow\ \boldsymbol{Z}_{2,3}=\begin{pmatrix}0\\0\\1\\0\end{pmatrix},\ \boldsymbol{Z}_{2,4}=\begin{pmatrix}0\\0\\0\\1\end{pmatrix}$$

$\boldsymbol{Z}_{2,A=3,4}$ には位相因子以外の (下 2 成分の $SU(2)$ 変換の) 任意性があるが，ここでは簡単に上の通りに取った．対応する $|n=2,A\rangle^{(0)}$ を $|n=2,\ell,m\rangle$ で表すと，今の場合 (93.2) のインデックス a が (ℓ,m) であり

$$\boldsymbol{Z}_{2,A}=\begin{pmatrix}Z_{2,A,(0,0)}\\Z_{2,A,(1,0)}\\Z_{2,A,(1,1)}\\Z_{2,A,(1,-1)}\end{pmatrix},\qquad |2,A\rangle^{(0)}=\sum_{\ell=0,1}\sum_{m=-\ell}^{\ell}Z_{2,A,(\ell,m)}\,|2,\ell,m\rangle$$

であることから

$$\varepsilon_{2,A=1}^{(1)}=-3eEa_{\rm B}\ \Rightarrow\ |2,1\rangle^{(0)}=\frac{1}{\sqrt{2}}\left(|2,0,0\rangle+|2,1,0\rangle\right)$$
$$\varepsilon_{2,A=2}^{(1)}=3eEa_{\rm B}\ \Rightarrow\ |2,2\rangle^{(0)}=\frac{1}{\sqrt{2}}\left(|2,0,0\rangle-|2,1,0\rangle\right)$$
$$\varepsilon_{2,A=3,4}^{(1)}=0\ \Rightarrow\ |2,3\rangle^{(0)}=|2,1,1\rangle,\quad |2,4\rangle^{(0)}=|2,1,-1\rangle$$

問題 97　水素原子準位の微細構造:相対論的効果 (その 1)　標準

特殊相対性理論によると，運動量 $\boldsymbol{p}$ を持った自由電子のエネルギーは $E_{\rm rel} = \sqrt{\boldsymbol{p}^2c^2 + m_{\rm e}^2c^4}$ で与えられる．$\boldsymbol{p}$ が小さい $(\boldsymbol{p}^2/(2m_{\rm e}) \ll m_{\rm e}c^2)$ 場合，$E_{\rm rel}$ を

$$E_{\rm rel} = m_{\rm e}c^2\sqrt{1 + \frac{\boldsymbol{p}^2}{m_{\rm e}^2c^2}} = m_{\rm e}c^2 + \frac{1}{2m_{\rm e}}\boldsymbol{p}^2 - \frac{1}{8m_{\rm e}^3c^2}\left(\boldsymbol{p}^2\right)^2 + \cdots$$

と $\boldsymbol{p}^2/(m_{\rm e}^2c^2)$ についてテイラー展開すると，定数項 $m_{\rm e}c^2$ は静止エネルギーであり，第 3 項 $-(\boldsymbol{p}^2)^2/(8m_{\rm e}^3c^2)$ は通常の (非相対論的) 運動エネルギー $\boldsymbol{p}^2/(2m_{\rm e})$ への相対論的補正項となる．そこで，この相対論的補正項を水素原子ハミルトニアン $\widehat{H}$ (71.2)に対する摂動項

$$\widehat{V}_{\rm rel} = -\frac{1}{8m_{\rm e}^3c^2}\left(\widehat{\boldsymbol{p}}^2\right)^2 \tag{97.1}$$

として**問題 93** の「縮退がある場合の摂動論」を適用する．

1. 水素原子系の主量子数 n に対する $n^2 \times n^2$ 行列 $\mathcal{V}_n$ (93.10) (ただし，$a = (\ell, m)$) の成分 $\left\langle n,\ell,m\right|\widehat{V}_{\rm rel}\left|n,\ell',m'\right\rangle$ を，$|n,\ell,m\rangle$ が $\widehat{H}$ の固有ベクトルであることを利用して $\langle n,\ell,m|\,e^2/\widehat{r}\,|n,\ell',m'\rangle$ と $\langle n,\ell,m|\,e^4/\widehat{r}^{\,2}\,|n,\ell',m'\rangle$ を用いて表せ．
2. $\langle n,\ell,m|\,(e^2/\widehat{r})^D\,|n,\ell',m'\rangle$ $(D = 1, 2)$ の計算に必要なラゲール陪多項式 $L_q^p(\xi)$ を含む次の積分公式を導け:
$$\int_0^\infty d\xi\, e^{-\xi}\,\xi^{p+1-D}\left(L_q^p(\xi)\right)^2 = \frac{(q!)^3}{(q-p)!} \times \begin{cases} 1 & (D=1) \\ 1/p & (D=2,\ p \geq 1) \end{cases} \tag{97.2}$$
なお，$D = 0$ の場合は (73.4)式であり，**問題 73** 設問 8 の [解答] で与えたその導出は今の $D = 1, 2$ に対しても参考になる．

解 説　**問題 72** で得た水素原子のエネルギー準位 (固有値) E_n (72.1)は角運動量量子数 (ℓ, m) に依らず，n^2 重に縮退している (**問題 72** 設問 5)．しかし，実際の水素原子では軌道角運動量の大きさの量子数 ℓ による縮退が解け，エネルギー準位が分裂していることが知られており，これを**微細構造** (fine structure) と呼ぶ．この主な起源は本問題の「相対論的効果」と**問題 99**，**100** で扱う「スピン軌道相互作用」である．

解 答

1. 非摂動ハミルトニアン $\widehat{H}$ (71.2)からの $\widehat{\boldsymbol{p}}^2 = 2m_{\rm e}\left(\widehat{H} + e^2/\widehat{r}\right)$ を用いて

$$\widehat{V}_{\rm rel} = -\frac{1}{2m_{\rm e}c^2}\left(\widehat{H} + \frac{e^2}{\widehat{r}}\right)^2 = -\frac{1}{2m_{\rm e}c^2}\left(\widehat{H}^2 + \widehat{H}\frac{e^2}{\widehat{r}} + \frac{e^2}{\widehat{r}}\widehat{H} + \frac{e^4}{\widehat{r}^2}\right)$$

これと固有値方程式 $\widehat{H}|n,\ell',m'\rangle = E_n|n,\ell',m'\rangle$，$\langle n,\ell,m|\widehat{H} = \langle n,\ell,m|E_n$，およ

び，$\langle n,\ell,m|n,\ell',m'\rangle=\delta_{\ell\ell'}\delta_{mm'}$ を用いて，

$$\langle n,\ell,m|\,\widehat{V}_{\mathrm{rel}}|n,\ell',m'\rangle=-\frac{1}{2m_{\mathrm{e}}c^2}\Biggl(E_n^2\,\delta_{\ell\ell'}\delta_{mm'}+2E_n\,\langle n,\ell,m|\,\frac{e^2}{\widehat{r}}|n,\ell',m'\rangle+\langle n,\ell,m|\,\frac{e^4}{\widehat{r}^2}|n,\ell',m'\rangle\Biggr)\qquad(97.3)$$

2. $L_q^p(\xi)$ の母関数 (73.3)を用い，(73.8)式とまったく同様にして次式を得る:

$$\begin{aligned}&\sum_{q,q'=0}^{\infty}\frac{s^q s'^{q'}}{q!\,q'!}\int_0^\infty d\xi\,e^{-\xi}\,\xi^{p+1-D}L_q^p(\xi)L_{q'}^p(\xi)\\&=(p+1-D)!\,\bigl[(1-s)(1-s')\bigr]^{1-D}(ss')^p\underbrace{(1-ss')^{-p-2+D}}_{\sum_{k=0}^{\infty}\frac{(p+1-D+k)!}{(p+1-D)!\,k!}(ss')^k}\\&=\sum_{k=0}^{\infty}\frac{(ss')^{p+k}}{k!}\times\begin{cases}(p+k)! & (D=1)\\ (p+k-1)!\displaystyle\sum_{j=0}^{\infty}\sum_{j'=0}^{\infty}s^j s'^{\,j'} & (D=2)\end{cases}\end{aligned}\qquad(97.4)$$

この最初と最後の表式における $(ss')^q$ の係数を比較することで (97.2)式が得られる:
<u>$D=1$ の場合:</u> (97.4)の最終表式の $\sum_k$ で $(ss')^q$ に寄与するのは $k=q-p$ の項であることから直ちに (97.2)の $D=1$ の場合を得る．
<u>$D=2$ の場合:</u> (97.4)の最終表式の $\sum_{k,j,j'}$ で $(ss')^q$ に寄与するのは $j'=j$ かつ $p+k+j=q$ の項であり，「$j\geq 0\Rightarrow k$ の範囲は $0\leq k\leq q-p$」であることから

$$\frac{1}{(q!)^2}\int_0^\infty d\xi\,e^{-\xi}\,\xi^{p-1}\left(L_q^p(\xi)\right)^2=\sum_{k=0}^{q-p}\frac{(p+k-1)!}{k!}=\frac{1}{p}\frac{q!}{(q-p)!}\qquad(97.5)$$

すなわち，(97.2)の $D=2$ の場合を得る．ここに，最後の等号では恒等式

$$(1+x)^{p+n}=x\sum_{k=0}^{n}(1+x)^{p+k-1}+(1+x)^{p-1}$$

の両辺の x^p の係数の比較から得られる次式を $n=q-p$ として用いた:

$$\binom{p+n}{p}=\sum_{k=0}^{n}\binom{p+k-1}{p-1}$$

なお，$D=2$ の場合の (97.2)式は，

$$\int_0^\infty d\xi\,e^{-\xi}\,\xi^{p-1}\left(L_q^p(\xi)\right)^2=-\frac{1}{p}\int_0^\infty d\xi\,\xi^p\frac{d}{d\xi}\Bigl(e^{-\xi}\left(L_q^p(\xi)\right)^2\Bigr)$$

と部分積分し ($\xi=0,\infty$ の端点項はゼロとなる)，$D=1$ の場合の (97.2)式および (97.4)と同様の母関数の手法で導くことができる関係式

$$\int_0^\infty d\xi\,e^{-\xi}\,\xi^p\,L_q^p(\xi)L_q^{p+1}(\xi)=0$$

を用いることでも示される．

問題 98　水素原子準位の微細構造:相対論的効果 (その 2)　標準

問題 97 からの続きの問題である.

3. **問題 97** 設問 1，2 の結果を用いて $\langle n,\ell,m|\widehat{V}_{\rm rel}|n,\ell',m'\rangle$ を求めよ.
4. 前設問 3 の結果から $\langle n,\ell,m|\widehat{V}_{\rm rel}|n,\ell',m'\rangle\propto\delta_{\ell\ell'}\delta_{mm'}$ であることがわかる. より一般に,「原点周りの空間回転で不変な演算子 $\widehat{\mathcal{O}}$」(例えば, 中心力ポテンシャル下の質点ハミルトニアン (67.1), $\widehat{V}_{\rm rel}$ (97.1), $(e^2/\widehat{r})^D$) に対して
$$\widehat{\mathcal{O}}\text{:原点周りの空間回転で不変}\ \Rightarrow\ \langle n,\ell,m|\widehat{\mathcal{O}}|n',\ell',m'\rangle\propto\delta_{\ell\ell'}\delta_{mm'}\tag{98.1}$$
であることを軌道角運動量演算子 $\widehat{\boldsymbol{L}}$ を用いて代数的に示せ. なお, (98.1)において主量子数 n と n' は異なっていてもよい.
5. 相対論的補正 $\widehat{V}_{\rm rel}$ の 1 次の効果で水素原子の非摂動エネルギー準位 E_n (72.1) はどのような影響を受けるか. 補正されたエネルギー固有値を
$$\alpha\equiv\frac{e^2}{\hbar c}\fallingdotseq\frac{1}{137}\tag{98.2}$$
で定義される**微細構造定数** (fine structure constant) α を用いて表せ.

解説　非摂動ハミルトニアンの固有値に縮退がある場合でも, (この問題のように) 行列 $\mathcal{V}_n$ (93.10)が対角行列である場合は, $|n,A\rangle^{(0)}$ (93.2)は元の各 $|n,a\rangle$ であり, エネルギー固有値の $O(\widehat{V})$ 補正は $\mathcal{V}_n$ の対角成分 $\langle n,a|\,\widehat{V}\,|n,a\rangle$ そのものである.

解答

3. まず, **問題 74** の水素原子波動関数, **問題 62** の球面調和関数, **問題 97** の公式 (97.2) 等の結果を用いて $\langle n,\ell,m|\,(e^2/\widehat{r})^D|n,\ell',m'\rangle$ $(D=1,2)$ を計算すると:
$$\begin{aligned}
\langle n,\ell,m|\left(\frac{e^2}{\widehat{r}}\right)^D|n,\ell',m'\rangle &\underset{\substack{\uparrow\\(55.8)}}{=}\int d^3x\,\psi_{n,\ell,m}(\boldsymbol{x})^*\left(\frac{e^2}{r}\right)^D\psi_{n,\ell',m'}(\boldsymbol{x})\\
&\underset{\substack{\uparrow\\(74.2),\,(59.8)}}{=}e^{2D}\int_0^\infty dr\,r^{2-D}R_{n,\ell}(r)^*R_{n,\ell'}(r)\underbrace{\int d\Omega\,Y_\ell^m(\theta,\varphi)^*Y_{\ell'}^{m'}(\theta,\varphi)}_{=\delta_{\ell\ell'}\delta_{mm'}\ (62.3)}\\
&=\delta_{\ell\ell'}\delta_{mm'}\,e^{2D}\int_0^\infty dr\,r^{2-D}\,|R_{n,\ell}(r)|^2\\
&\underset{\substack{\uparrow\\(74.1),\,(74.7),\,(74.6)}}{=}\delta_{\ell\ell'}\delta_{mm'}\left(\frac{2e^2}{na_{\rm B}}\right)^D\frac{(n-\ell-1)!}{2n[(n+\ell)!]^3}\int_0^\infty d\xi_n\,e^{-\xi_n}\,\xi_n^{2\ell+2-D}\left(L_{n+\ell}^{2\ell+1}(\xi_n)\right)^2\\
&\underset{\substack{\uparrow\\(97.2)}}{=}\delta_{\ell\ell'}\delta_{mm'}\times\begin{cases}\dfrac{e^2}{a_{\rm B}n^2}=-2E_n & (D=1)\\[2ex] \dfrac{2e^4}{a_{\rm B}^2n^3}\dfrac{1}{2\ell+1}=\dfrac{8n}{2\ell+1}\,E_n^2 & (D=2)\end{cases}
\end{aligned}\tag{98.3}$$

最後の等号では，ボーア半径 a_{B} (74.4)と非摂動エネルギー固有値 E_n (72.1)を用いた．(98.3)を (97.3)式に代入して次式を得る:

$$\begin{aligned}\langle n,\ell,m|\,\widehat{V}_{\mathrm{rel}}|n,\ell',m'\rangle &= -\frac{1}{2m_{\mathrm{e}}c^2}\left\{1+\left(-4+\frac{8n}{2\ell+1}\right)\right\}E_n^2\,\delta_{\ell\ell'}\delta_{mm'}\\ &= -\frac{m_{\mathrm{e}}e^8}{2\hbar^4c^2}\left(-\frac{3}{4n^4}+\frac{1}{n^3\,(\ell+1/2)}\right)\delta_{\ell\ell'}\delta_{mm'}\end{aligned} \tag{98.4}$$

4. $\widehat{\mathcal{O}}$ が原点周りの空間回転で不変なら $\widehat{\mathcal{O}}$ は軌道角運動量演算子 $\widehat{\boldsymbol{L}}$ と可換 ($[\widehat{\mathcal{O}},\widehat{\boldsymbol{L}}]=0$) であり (**問題 64** 設問 1 参照)，したがって，$\widehat{\boldsymbol{L}}^2$ とも可換 ($[\widehat{\mathcal{O}},\widehat{\boldsymbol{L}}^2]=0$) である．まず，前者から特に $[\widehat{\mathcal{O}},\widehat{L}_3]=0$ であり，これと $\widehat{L}_3\,|n,\ell,m\rangle=\hbar m\,|n,\ell,m\rangle$ を用いて

$$\begin{aligned}0 &= \langle n,\ell,m|\big[\widehat{\mathcal{O}},\widehat{L}_3\big]|n',\ell',m'\rangle = \langle n,\ell,m|\,\Big(\widehat{\mathcal{O}}\underset{\hbar m'}{\underset{\downarrow}{\widehat{L}_3}}\ -\ \underset{\hbar m}{\underset{\downarrow}{\widehat{L}_3}}\widehat{\mathcal{O}}\Big)|n',\ell',m'\rangle\\ &= \hbar(m'-m)\,\langle n,\ell,m|\,\widehat{\mathcal{O}}\,|n',\ell',m'\rangle\end{aligned}$$

次に，後者と $\widehat{\boldsymbol{L}}^2\,|n,\ell,m\rangle=\hbar^2\ell(\ell+1)\,|n,\ell,m\rangle$ を用いて同様に

$$\begin{aligned}0 &= \langle n,\ell,m|\big[\widehat{\mathcal{O}},\widehat{\boldsymbol{L}}^2\big]|n',\ell',m'\rangle = \langle n,\ell,m|\,\Big(\widehat{\mathcal{O}}\underset{\hbar^2\ell'(\ell'+1)}{\underset{\downarrow}{\widehat{\boldsymbol{L}}^2}}\ -\ \underset{\hbar^2\ell(\ell+1)}{\underset{\downarrow}{\widehat{\boldsymbol{L}}^2}}\widehat{\mathcal{O}}\Big)|n',\ell',m'\rangle\\ &= \hbar^2(\ell'-\ell)(\ell'+\ell+1)\,\langle n,\ell,m|\,\widehat{\mathcal{O}}\,|n',\ell',m'\rangle\end{aligned}$$

これらは (98.1)を意味する．

5. (98.4)式の $\langle n,\ell,m|\,\widehat{V}_{\mathrm{rel}}|n,\ell',m'\rangle$ は $\delta_{\ell\ell'}\delta_{mm'}$ に比例する，すなわち $n^2\times n^2$ 行列 $\mathcal{V}_n$ (93.10) (ただし，$a=(\ell,m)$) は対角行列なので，その固有値方程式 (93.9)を解くまでもなく

   (a) (93.2)式の新しい非摂動基底 $|n,A\rangle^{(0)}$ は元の $|n,a\rangle$ と同一，すなわち，新インデックス A は $A=a=(\ell,m)$ であって $|n,\ell,m\rangle^{(0)}=|n,\ell,m\rangle$ である．

   (b) 非摂動エネルギー固有値 E_n (72.1)への $\widehat{V}_{\mathrm{rel}}$ の 1 次の補正 $\varepsilon^{(1)}_{n,\ell,m}$ は $\mathcal{V}_n$ の対角成分 $\langle n,\ell,m|\,\widehat{V}_{\mathrm{rel}}|n,\ell,m\rangle$ (m には依らない) であり，この近似で補正されたエネルギー固有値は

$$\begin{aligned}E^V_{n,\ell} = E_n+\varepsilon^{(1)}_{n,\ell,m} &= -\frac{m_{\mathrm{e}}e^4}{2\hbar^2n^2}-\frac{m_{\mathrm{e}}e^8}{2\hbar^4c^2}\left(-\frac{3}{4n^4}+\frac{1}{n^3\,(\ell+1/2)}\right)\\ &= \left[-\frac{\alpha^2}{2n^2}-\frac{\alpha^4}{2}\left(-\frac{3}{4n^4}+\frac{1}{n^3\,(\ell+1/2)}\right)\right]m_{\mathrm{e}}c^2\end{aligned} \tag{98.5}$$

   量子数 ℓ についての縮退は解けるが，$\varepsilon^{(1)}_{n,\ell,m}$ は量子数 m には依らず，それについての $(2\ell+1)$ 重縮退は残る (これは，$\widehat{V}_{\mathrm{rel}}$ が原点周りの空間回転不変性を保ち，m を上下させる演算子 $\widehat{L}_\pm$ と可換 ($[\widehat{V}_{\mathrm{rel}},\widehat{L}_\pm]=0$) なためである)．

問題 99　水素原子準位の微細構造:スピン軌道相互作用 (その 1)　発展

電子はスピン $\frac{1}{2}$ を持った粒子である．このスピン自由度を考慮しても，(71.2)式の水素原子ハミルトニアン $\widehat{H}$ にはスピン演算子 $\widehat{\boldsymbol{S}}$ が含まれないため，$\widehat{H}$ の固有ベクトルは単に $|n,\ell,m_L\rangle$ ($\langle r,\theta,\varphi|n,\ell,m_L\rangle=\psi_{n,\ell,m_L}(r,\theta,\varphi)$ (74.2)) とスピン状態ベクトル $|m_S=\pm\frac{1}{2}\rangle$ (84.4)のテンソル積 $|n,\ell,m_L\rangle\otimes|m_S\rangle$ であり，エネルギー固有値は E_n (72.1)のままであって，各 E_n の縮退度は $m_S=\pm\frac{1}{2}$ の 2 自由度のために (**問題 72** 設問 5 の結果である n^2 の 2 倍の) $2n^2$ となる．なお，ここでは (**問題 85** と同様に) $\widehat{L}_3$ の量子数を m_L で表す．

このスピン自由度のため，実際の水素原子系は (84.5)式の $\widehat{H}_{LS}=\xi(\widehat{r})\,\boldsymbol{L}\cdot\widehat{\boldsymbol{S}}$ において

$$\xi(r)=\frac{1}{2m_{\mathrm{e}}^2c^2}\frac{1}{r}\frac{dU(r)}{dr}=\frac{e^2}{2m_{\mathrm{e}}^2c^2}\frac{1}{r^3}\qquad\left(U(r)=-\frac{e^2}{r}\right)\tag{99.1}$$

とした**スピン軌道相互作用**が加わったハミルトニアン $\widehat{H}_{U+LS}=\widehat{H}+\widehat{H}_{LS}$ (84.6) で記述されることが知られている．以下では，$\widehat{V}=\widehat{H}_{LS}$ を非摂動ハミルトニアン $\widehat{H}$ (71.2)に対する摂動項として扱う．**問題 93** の「縮退がある場合の摂動論」を適用するが，(93.1)式の (エネルギー固有値 E_n の) 非摂動基底 $|n,a\rangle$ として上記の $|n,\ell,m_L\rangle\,|m_S\rangle=|R_{n,\ell}\rangle\,|\ell,m_L\rangle\,|m_S\rangle$ を取ると (93.10)式の行列 $\mathcal{V}_n$ が非対角成分を持ち，$\mathcal{V}_n$ の非自明な固有値方程式 (93.9)を解く必要がある．

そこで，$|\ell,m_L\rangle\,|m_S\rangle$ の代わりに $|j=\ell\pm\frac{1}{2},m_J;\ell\rangle$ (85.5)を用いた

$$|n,(j,m_J),\ell\rangle=|R_{n,\ell}\rangle\,|j,m_J;\ell\rangle\qquad\left(j=\ell\pm\tfrac{1}{2}\right)\tag{99.2}$$

を非摂動基底 $|n,a\rangle$ として採用すると (85.6)式により行列 $\mathcal{V}_n$ は対角行列となる．

1. $|n,(j,m_J),\ell\rangle$ (99.2) が非摂動ハミルトニアン $\widehat{H}$ (71.2) の (固有値 E_n の) 固有ベクトルであることを示せ．また，固有値 E_n の縮退度が基底 $|n,(j,m_J),\ell\rangle$ の量子数 (j,m_J,ℓ) の考察からも $2n^2$ であることを確認せよ．
2. 与えられた n に対して，非摂動基底 (99.2)での行列 $\mathcal{V}_n$ (93.10)の成分が次の対角型となることを示せ:

$$\begin{aligned}&\langle n,(j,m_J),\ell|\widehat{H}_{LS}|n,(j',m_J'),\ell'\rangle\\&=\frac{e^2}{2m_{\mathrm{e}}^2c^2}\frac{(n-\ell-1)!}{2n[(n+\ell)!]^3}\left(\frac{2}{na_{\mathrm{B}}}\right)^3\int_0^\infty d\xi_n\,e^{-\xi_n}\xi_n^{2\ell-1}\left(L_{n+\ell}^{2\ell+1}(\xi_n)\right)^2\\&\quad\times\frac{\hbar^2}{2}\,a_{j,\ell}\,\delta_{jj'}\delta_{m_Jm'_J}\delta_{\ell\ell'}\end{aligned}\tag{99.3}$$

水素原子の動径波動関数 $R_{n,\ell}(r)=\langle r|R_{n,\ell}\rangle$ が (74.1)式 ($c_{n,\ell}$ は (74.7)式) で与えられることを用いよ．なお，(99.3)式において，積分変数 ξ_n と r の関係は (74.6)で，ボーア半径 a_B は (74.4)で，ラゲール陪多項式 $L_q^p(\xi)$ は (72.5)で，定数 $a_{j,\ell}$ は (85.7)でそれぞれ与えられる．

解説 水素原子の微細構造のもう一つの起源である「スピン軌道相互作用」による摂動を計算する問題である.

解答

1. (85.5)から $|n,(j=\ell\pm\frac{1}{2},m_J),\ell\rangle$ は次式の通り, $\widehat{H}$ の固有値 E_n の固有ベクトルである $|n,\ell,m_L=m_J-\frac{1}{2}\rangle|m_S=\frac{1}{2}\rangle$ と $|n,\ell,m_L=m_J+\frac{1}{2}\rangle|m_S=-\frac{1}{2}\rangle$ の線形和で表される:

$$|n,(j=\ell\pm\tfrac{1}{2},m_J),\ell\rangle=|R_{n,\ell}\rangle|j=\ell\pm\tfrac{1}{2},m_J;\ell\rangle$$
$$=\sqrt{\frac{\ell\pm m_J+\frac{1}{2}}{2\ell+1}}\left|n,\ell,m_J-\tfrac{1}{2}\right\rangle\left|\tfrac{1}{2}\right\rangle\pm\sqrt{\frac{\ell\mp m_J+\frac{1}{2}}{2\ell+1}}\left|n,\ell,m_J+\tfrac{1}{2}\right\rangle\left|-\tfrac{1}{2}\right\rangle$$

よって, $|n,(j,m_J),\ell\rangle$ も同じく $\widehat{H}$ の固有値 E_n の固有ベクトルである.
次に, 与えられた $n(=1,2,3,\cdots)$ に対する $|n,(j,m_J),\ell\rangle$ の個数は, 量子数 (j,m_J,ℓ) が取り得る値が

$$j=\ell\pm\frac{1}{2},\quad m_J=\underbrace{-j,-j+1,\cdots,j-1,j,}_{(2j+1)\text{ 個}}\quad \ell=0,\cdots,n-1$$

であること (ただし, $\ell=0$ の場合は $j=\ell+\frac{1}{2}=\frac{1}{2}$ のみ) から

$$\sum_{\ell=0}^{n-1}(2j+1)\Big|_{j=\ell+\frac{1}{2}}+\underbrace{\sum_{\ell=1}^{n-1}(2j+1)\Big|_{j=\ell-\frac{1}{2}}}_{n=1\text{ の場合は }0}=\underbrace{\sum_{\ell=0}^{n-1}(2\ell+2)}_{n(n+1)}+\underbrace{\sum_{\ell=1}^{n-1}2\ell}_{(n-1)n}=2n^2$$

2. まず,

$$\langle n,(j,m_J),\ell|\widehat{H}_{LS}|n,(j',m_J'),\ell'\rangle=\langle R_{n,\ell}|\xi(\widehat{r})|R_{n,\ell'}\rangle\langle j,m_J;\ell|\widehat{\boldsymbol{L}}\cdot\widehat{\boldsymbol{S}}|j',m_J';\ell'\rangle$$

であり, (85.6)式と正規直交性 (85.3)を用いて

$$\langle j,m_J;\ell|\widehat{\boldsymbol{L}}\cdot\widehat{\boldsymbol{S}}|j',m_J';\ell'\rangle=\frac{\hbar^2}{2}a_{j,\ell}\,\delta_{jj'}\delta_{m_Jm_J'}\delta_{\ell\ell'}$$

したがって, $\langle R_{n,\ell}|\xi(\widehat{r})|R_{n,\ell'}\rangle$ については $\ell'=\ell$ の場合を考えれば十分であり, 動径波動関数 $R_{n,\ell}(r)$ の表式 (74.1)と $c_{n,\ell}$ (74.7)を用いて

$$\langle R_{n,\ell}|\xi(\widehat{r})|R_{n,\ell}\rangle=\int_0^\infty r^2dr\,\xi(r)\,|R_{n,\ell}(r)|^2=\frac{e^2}{2m_{\mathrm{e}}^2c^2}\int_0^\infty\frac{dr}{r}\,|R_{n,\ell}(r)|^2$$
$$=\frac{e^2}{2m_{\mathrm{e}}^2c^2}\frac{(n-\ell-1)!}{2n[(n+\ell)!]^3}\left(\frac{2}{na_{\mathrm{B}}}\right)^3\int_0^\infty d\xi_n\,e^{-\xi_n}\,\xi_n^{2\ell-1}\left(L_{n+\ell}^{2\ell+1}(\xi_n)\right)^2$$

ここに, 最初の等号は完全性 (59.9)の第 1 式を用いた次式による:

$$\langle R_{n,\ell}|\xi(\widehat{r})|R_{n,\ell}\rangle=\langle R_{n,\ell}|\underbrace{\int_0^\infty dr\,r^2\,|r\rangle\langle r|}_{=\mathbb{I}_r\ \because\ (59.9)}\xi(\widehat{r})|R_{n,\ell}\rangle$$

以上より (99.3)式を得る.

問題 100　水素原子準位の微細構造:スピン軌道相互作用 (その 2)　発展

問題 99 からの続きの問題である.

3. ラゲール陪多項式 $L_q^p(\xi)$ に関する次の積分公式を導け:

$$\int_0^\infty d\xi\, e^{-\xi}\,\xi^{p-2}\big(L_q^p(\xi)\big)^2 = \frac{(q!)^3}{(q-p)!}\frac{2q-p+1}{(p-1)p(p+1)} \quad (2 \le p \le q) \quad (100.1)$$

なお，左辺の積分は (97.2)式の (そこでは扱わなかった) $D=3$ の場合であり，(100.1)式の導出も**問題 97** 設問 2 の [解答] ($D=1,2$ の場合) を参考にするとよい.

4. 設問 2 と設問 3 の結果を用いて，今のスピン軌道相互作用 $\widehat{H}_{LS}$ の 1 次の摂動により水素エネルギー準位 E_n の $2n^2$ 重の縮退がどのように解けるかを説明せよ (ただし，軌道角運動量量子数 ℓ は $\ell \ge 1$ に限ってよい). なお，e^2 は (98.2) で定義される微細構造定数 α で表せ.

解 説　相対論的なシュレーディンガー方程式である**ディラック方程式** (第 5 章末の **Tea Time** 参照) を水素原子系に対して解いて得られるエネルギー固有値を α についてテイラー展開することで次式が得られる:

$$E_{n,j,\ell} = \left[-\frac{\alpha^2}{2n^2} + \frac{3\alpha^4}{8n^4} - \frac{\alpha^4}{2n^3} \times \begin{cases} 1/(\ell+1) & (j=\ell+\frac{1}{2}) \\ 1/\ell & (j=\ell-\frac{1}{2}) \end{cases}\right] m_{\mathrm{e}}c^2$$

この α^4 項は非摂動エネルギー準位 $E_n = -\alpha^2 m_{\mathrm{e}}c^2/(2n^2)$ への相対論的補正 (98.5)と本問題で得るスピン軌道相互作用からの補正 (100.4)の和となっていることが確認できる.

解 答

3. (97.4)式の最初の 2 行 ($p \ge D-1$ なら任意の D に対して成り立つ) において $D=3$ として

$$\sum_{q,q'=0}^\infty \frac{s^q s'^{q'}}{q!\,q'!}\int_0^\infty d\xi\, e^{-\xi}\,\xi^{p-2} L_q^p(\xi) L_{q'}^p(\xi) = \frac{\displaystyle\sum_{k=0}^\infty \frac{(p-2+k)!}{k!}(ss')^{p+k}}{(1-s)^2(1-s')^2}$$

$$= \sum_{j=0}^\infty \sum_{j'=0}^\infty \sum_{k=0}^\infty (j+1)(j'+1)\frac{(p-2+k)!}{k!} s^{p+k+j} s'^{p+k+j'} \quad (100.2)$$

最後の等号ではテイラー展開公式

$$\frac{1}{(1-s)^2} = \sum_{j=0}^\infty (j+1)s^j$$

を用いた. (100.2)の最初と最後の表式において $(ss')^q$ の係数を比較して

$$\frac{1}{(q!)^2}\int_0^\infty d\xi\, e^{-\xi}\,\xi^{p-2}\big(L_q^p(\xi)\big)^2 = \sum_{\substack{j,k=0 \\ (p+k+j=q)}}^\infty (j+1)^2\frac{(p+k-2)!}{k!}$$

$$= \sum_{k=0}^{q-p} \underbrace{(p+k-1-q)^2}_{=(p+k)(p+k-1)-(2q+1)(p+k-1)+q^2} \frac{(p+k-2)!}{k!}$$

$$= \sum_{k=0}^{q-p} \left(\frac{(p+k)!}{k!} - (2q+1)\frac{(p+k-1)!}{k!} + q^2 \frac{(p+k-2)!}{k!} \right)$$

$$= h(q+1,p+1) - (2q+1)h(q,p) + q^2 h(q-1,p-1)$$

$$= \frac{1}{(q-p)!}\left(\frac{(q+1)!}{p+1} - (2q+1)\frac{q!}{p} + q^2 \frac{(q-1)!}{p-1} \right) = \frac{q!}{(q-p)!}\frac{2q-p+1}{(p-1)p(p+1)}$$

ここに，次式で定義される $h(q,p)$ を用いた:

$$h(q,p) \equiv \sum_{k=0}^{q-p} \frac{(p+k-1)!}{k!} \underset{\substack{\uparrow \\ (97.5)\text{式第 2 等号}}}{=} \frac{1}{p}\frac{q!}{(q-p)!}$$

これより (100.1)を得る．

4. まず，(100.1)式において $(q,p)=(n+\ell,2\ell+1)$ として次式を得る:

$$\int_0^\infty d\xi_n \, e^{-\xi_n} \xi_n^{2\ell-1} \left(L_{n+\ell}^{2\ell+1}(\xi_n)\right)^2 = \frac{[(n+\ell)!]^3}{(n-\ell-1)!}\frac{n}{2\ell(\ell+1)(2\ell+1)} \quad (\ell \geq 1)$$

ただし，$p=2\ell+1 \geq 2$ の制限から $\ell=0$ の場合は除外される．これと $a_{j,\ell}$ の定義式 (85.7)を用いて (99.3)の対角成分は

$$\langle n,(j,m_J),\ell|\widehat{H}_{LS}|n,(j,m_J),\ell\rangle = \frac{m_{\mathrm{e}}c^2\alpha^4}{2n^3(2\ell+1)} \times \begin{cases} 1/(\ell+1) & (j=\ell+\frac{1}{2}) \\ -1/\ell & (j=\ell-\frac{1}{2}) \end{cases} \tag{100.3}$$

非摂動エネルギー固有値 E_n (72.1)への $\widehat{V}=\widehat{H}_{LS}$ の 1 次の補正 $\varepsilon^{(1)}_{n,(j,m_J),\ell}$ は行列 $\mathcal{V}_n$ (93.10) (今は対角行列) の対角成分 (100.3)であり，この近似で補正されたエネルギー固有値は

$$E^V_{n,j,\ell} = E_n + \varepsilon^{(1)}_{n,(j,m_J),\ell}$$
$$= \left[-\frac{\alpha^2}{2n^2} + \frac{\alpha^4}{2n^3(2\ell+1)} \times \begin{cases} 1/(\ell+1) & (j=\ell+\frac{1}{2}) \\ -1/\ell & (j=\ell-\frac{1}{2}) \end{cases} \right] m_{\mathrm{e}}c^2 \tag{100.4}$$

で与えられて，j と ℓ には依るが m_J には依らない．(j,m_J,ℓ) にまったく依らず $2n^2$ 重に縮退していた非摂動エネルギー固有値 E_n は，$\widehat{H}_{LS}$ の効果で (100.4)のとおり $j=\ell+\frac{1}{2}$ と $j=\ell-\frac{1}{2}$ で (ℓ に依存して) 分離し，それぞれの (m_J 非依存性からの) 縮退度 $2j+1$ は $2\ell+2$ と 2ℓ である．

補足

本問題での (100.4)の導出は $\ell=0$ の場合には適用されないが，[解説] で触れたディラック方程式のエネルギー固有値の α 展開から，(100.4)式は実は $\ell=0$ ($j=1/2$) の場合も正しいことが確認される．

問題 101　ゼーマン効果　標準

水素原子ハミルトニアン $\widehat{H}$ (71.2)に $\xi(r)$ (99.1)によるスピン軌道相互作用 $\widehat{H}_{LS}=\xi(\widehat{r})\,\widehat{\boldsymbol{L}}\cdot\widehat{\boldsymbol{S}}$ が加わったハミルトニアン $\widehat{H}_{U+LS}=\widehat{H}+\widehat{H}_{LS}$ で記述される系を考える．**問題 99** と **100** では $\widehat{H}_{LS}$ を $\widehat{H}$ に対する摂動として扱い，$\widehat{H}_{LS}$ の 1 次の摂動効果として $\widehat{H}$ の主量子数 n だけでなく角運動量量子数 j と ℓ にも依存したエネルギー固有値 $E^{V}_{n,j,\ell}$ (100.4)を得た．

ここでは，$\widehat{H}_{U+LS}$ の固有値方程式 $\widehat{H}_{U+LS}|\Psi_{n,(j,m_J),\ell}\rangle=E_{n,j,\ell}|\Psi_{n,(j,m_J),\ell}\rangle$ (85.4)が厳密に解けると仮定しよう (**問題 84**, **85** 参照)．具体的には，固有ベクトルは (85.2)と (85.3)を満たす $|j=\ell\pm\frac{1}{2},m_J;\ell\rangle$ を用いて $|\Psi_{n,(j,m_J),\ell}\rangle=|R_{n,j,\ell}\rangle\otimes|j,m_J;\ell\rangle$ (85.1) で与えられ，動径波動関数 $R_{n,j,\ell}(r)=\langle r|R_{n,j,\ell}\rangle$ に対する波動方程式 (85.8) (ただし，$\mu=m_{\mathrm{e}}$) が (99.1)式の $\xi(r)$ に対して解かれて，固有関数 $R_{n,j,\ell}(r)$ とエネルギー固有値 $E_{n,j,\ell}$ (m_J には依らない) が得られるとする．

今，この $\widehat{H}_{U+LS}$ で記述される水素原子系に一様な外部磁場 $\boldsymbol{B}$(=定数ベクトル)をかける．すると，外部磁場と系の軌道角運動量 $\widehat{\boldsymbol{L}}$ およびスピン $\widehat{\boldsymbol{S}}$ との間に相互作用

$$\widehat{H}_B=\frac{e}{2m_{\mathrm{e}}c}\boldsymbol{B}\cdot\left(\widehat{\boldsymbol{L}}+g_e\widehat{\boldsymbol{S}}\right) \tag{101.1}$$

が生じ，系のハミルトニアンは $\widehat{H}_{U+LS+B}=\widehat{H}_{U+LS}+\widehat{H}_B$ となる．ここに，$g_e(\fallingdotseq 2.002319)$ は電子の g 因子 (g-factor) と呼ばれる定数である．外部磁場 $\boldsymbol{B}$ は十分に弱いとし，$\widehat{H}_{U+LS}$ を非摂動ハミルトニアン，$\widehat{H}_B$ を摂動項とする摂動展開の 1 次の効果で系のエネルギー固有値はどのような影響を受けるか．

解説　外部磁場により原子のエネルギー準位の縮退が解ける現象は**ゼーマン効果** (Zeeman effect) と呼ばれる．$\widehat{H}_B$ (101.1)の $\boldsymbol{B}\cdot\widehat{\boldsymbol{L}}$ 部分は (古典) 電磁気学でも馴染みの相互作用であるが，それに比べて $\boldsymbol{B}\cdot\widehat{\boldsymbol{S}}$ 部分の係数は g_e 倍 (約 2 倍) になっている．$g_e=2$ はディラック方程式からの非相対論的近似で導かれ，それからの小さなずれは量子論的効果である．

解答

$\widehat{H}_{U+LS}$ を非摂動ハミルトニアンとして**問題 93** の「縮退がある場合の摂動論」($E_{n,j,\ell}$ は m_J について縮退している) を適用するが，「**問題 93** の記号 ⇔ ここでの記号」の対応は以下のとおりである:

$$n\Leftrightarrow(n,j,\ell),\quad a\Leftrightarrow m_J,\quad E_n\Leftrightarrow E_{n,j,\ell},\quad |n,a\rangle\Leftrightarrow|\Psi_{n,(j,m_J),\ell}\rangle,\quad \widehat{V}\Leftrightarrow\widehat{H}_B$$

以下では定数磁場ベクトル $\boldsymbol{B}$ の方向を (一般性を失うことなく) 第 3 軸方向に取り $\boldsymbol{B}=(0,0,B)$ とすると，$\widehat{\boldsymbol{J}}=\widehat{\boldsymbol{L}}+\widehat{\boldsymbol{S}}$ (84.7) を用いて

$$\widehat{H}_B = \frac{eB}{2m_\mathrm{e}c}\left(\widehat{L}_3 + g_e\widehat{S}_3\right) = \frac{eB}{2m_\mathrm{e}c}\left(\widehat{J}_3 + (g_e - 1)\widehat{S}_3\right) \tag{101.2}$$

非摂動エネルギー固有値 $E_{n,j,\ell}$ に対して，(93.10)の $(2j+1)\times(2j+1)$ 行列 $\mathcal{V}_{n,j,\ell}$ の (m'_J, m_J) 成分である $\langle\Psi_{n,(j,m'_J),\ell}|\widehat{H}_B|\Psi_{n,(j,m_J),\ell}\rangle$ を求めたい．まず，(85.2)式の $\widehat{J}_3|j,m_J;\ell\rangle = \hbar m_J|j,m_J;\ell\rangle$ と正規直交性 (85.3)から

$$\langle j,m'_J;\ell|\,\widehat{J}_3\,|j,m_J;\ell\rangle = \hbar m_J\,\delta_{m'_J m_J} \tag{101.3}$$

次に，(85.5)で与えた $|j=\ell\pm\frac{1}{2},m_J;\ell\rangle$ の表式を用いて (符号同順)

$$\begin{aligned}&\widehat{S}_3|j=\ell\pm\tfrac{1}{2},m_J;\ell\rangle\\ &= \sqrt{\frac{\ell\pm m_J+\frac{1}{2}}{2\ell+1}}\,\left|\ell,m_J-\tfrac{1}{2}\right\rangle\overbrace{\widehat{S}_3\left|\tfrac{1}{2}\right\rangle}^{\frac{\hbar}{2}\left|\frac{1}{2}\right\rangle}\pm\sqrt{\frac{\ell\mp m_J+\frac{1}{2}}{2\ell+1}}\,\left|\ell,m_J+\tfrac{1}{2}\right\rangle\overbrace{\widehat{S}_3\left|-\tfrac{1}{2}\right\rangle}^{-\frac{\hbar}{2}\left|-\frac{1}{2}\right\rangle}\end{aligned}$$

これと $|j,m'_J;\ell\rangle$ の内積をとると，$\langle m_S|m'_S\rangle = \delta_{m_S,m'_S}$ $(m_S,m'_S=\pm\frac{1}{2})$ (84.4) から，上式右辺と (85.5)式右辺の第 1 項同士および第 2 項同士の内積のみが寄与し

$$\begin{aligned}\langle j,m'_J;\ell|\widehat{S}_3|j,m_J;\ell\rangle &= \frac{\hbar}{2}\frac{\ell\pm m_J+\frac{1}{2}}{2\ell+1}\underbrace{\langle\ell,m'_J-\tfrac{1}{2}|\ell,m_J-\tfrac{1}{2}\rangle}_{\delta_{m'_J m_J}}\\ &+\left(-\frac{\hbar}{2}\right)\frac{\ell\mp m_J+\frac{1}{2}}{2\ell+1}\overbrace{\langle\ell,m'_J+\tfrac{1}{2}|\ell,m_J+\tfrac{1}{2}\rangle}^{\delta_{m'_J m_J}} = \pm\frac{\hbar m_J}{2\ell+1}\,\delta_{m'_J m_J}\end{aligned} \tag{101.4}$$

を $j=\ell\pm\frac{1}{2}$ に対して得る．なお，$\langle j,m'_J;\ell|\widehat{S}_3|j,m_J;\ell\rangle \propto \delta_{m'_J m_J}$ であることは，$\left[\widehat{J}_3,\widehat{S}_3\right] = \left[\widehat{L}_3+\widehat{S}_3,\widehat{S}_3\right] = 0$ (最後の等号は (84.3)を用いて) から直ちに導かれる (**問題 95** 設問 2(a) の [解答] 参照).

以上，(101.2)，(101.3)，(101.4)より求める行列要素は

$$\begin{aligned}\langle\Psi_{n,(j,m'_J),\ell}|\widehat{H}_B|\Psi_{n,(j,m_J),\ell}\rangle &= \underbrace{\langle R_{n,j,\ell}|R_{n,j,\ell}\rangle}_{=1}\langle j,m'_J;\ell|\widehat{H}_B|j,m_J;\ell\rangle\\ &= \frac{e\hbar B}{2m_\mathrm{e}c}\left(1\pm\frac{g_e-1}{2\ell+1}\right)m_J\,\delta_{m'_J m_J}\quad\left(j=\ell\pm\tfrac{1}{2}\right)\end{aligned}$$

で与えられる対角型となり，これが行列 $\mathcal{V}_{n,j,\ell}$ の固有値である．結局，$\widehat{H}_B$ の 1 次の摂動効果を取り入れたエネルギー固有値は

$$E^{H_B}_{n,(j,m_J),\ell} = E_{n,j,\ell} + \frac{e\hbar B}{2m_\mathrm{e}c}\left(1\pm\frac{g_e-1}{2\ell+1}\right)m_J \qquad \left(j=\ell\pm\tfrac{1}{2}\right)$$

であり，非摂動エネルギー固有値 $E_{n,j,\ell}$ の量子数 m_J についての $(2j+1)$ 重縮退が外部磁場との相互作用により完全に解ける．

Tea Time ……変分法

量子力学における近似計算法としては，本書第 8 章と第 9 章で扱っている「摂動論」の他にも，「変分法」「WKB 近似」等がある．これらは本書では演習問題として取り上げることができなかったが，ここでは「変分法」について簡単に説明しよう．

ハミルトニアン $\widehat{H}$ で記述される一般の量子力学系を考える．$\widehat{H}$ の固有値を E_n $(n = 0, 1, 2\cdots,\ E_0 \le E_1 \le E_2 \le \cdots)$，対応する正規直交固有ベクトルを $|n\rangle$ とする:

$$\widehat{H}\,|n\rangle = E_n\,|n\rangle\,, \quad \langle n|n'\rangle = \delta_{nn'}, \qquad (n = 0, 1, 2, \cdots)$$

そこで，任意の (規格化された) 状態ベクトル $|\psi\rangle$ を $\{|n\rangle\}$ と c 数係数 ψ_n を用いて

$$|\psi\rangle = \sum_{n=0}^{\infty} \psi_n\,|n\rangle \quad \left(\langle\psi|\psi\rangle = \sum_{n=0}^{\infty} |\psi_n|^2 = 1\right)$$

と展開し，ハミルトニアンの $|\psi\rangle$ による期待値を考えると次の不等式を得る:

$$\langle\psi|\,\widehat{H}\,|\psi\rangle = \sum_{n=0}^{\infty} |\psi_n|^2\,E_n \ge \sum_{n=0}^{\infty} |\psi_n|^2\,E_0 = E_0$$

ここに，$E_n \ge E_0$ と $\sum_{n=0}^{\infty} |\psi_n|^2 = 1$ を用いた．すなわち，規格化された任意の $|\psi\rangle$ に対して $\langle\psi|\,\widehat{H}\,|\psi\rangle$ は基底状態エネルギー E_0 に対する上限を与える．そこで，いくつかのパラメータ $\boldsymbol{a} = (a_1, a_2, \cdots)$ に依存した適当な状態 $|\psi(\boldsymbol{a})\rangle$ を取り，期待値 $\langle\psi(\boldsymbol{a})|\,\widehat{H}\,|\psi(\boldsymbol{a})\rangle$ が最小になるように $\boldsymbol{a}$ の値を決めれば，E_0 に対するより厳しい上限，すなわち，真の E_0 により近い値が得られると期待される．

具体例として，1 次元調和振動子系 ($\widehat{H}$ は (07.1)式) において，1 つの実パラメータ $a\,(>0)$ を持つ規格化された波動関数 $\psi(x;a) = \langle x|\psi(a)\rangle = (a/\pi)^{1/4}e^{-ax^2/2}$ を取ると

$$\langle\psi(a)|\,\widehat{H}\,|\psi(a)\rangle = \int_{-\infty}^{\infty} dx\,\psi(x;a)^*\left[-\frac{\hbar^2}{2m}\frac{d^2}{dx^2} + \frac{m\omega^2}{2}x^2\right]\psi(x;a)$$

$$= \frac{\hbar^2}{4m}a + \frac{m\omega^2}{4}\frac{1}{a} \ge 2\sqrt{\frac{\hbar^2}{4m}\frac{m\omega^2}{4}} = \frac{\hbar\omega}{2} \quad \left(\text{等号成立は } a = \frac{m\omega}{\hbar}\right)$$

ここで最後に「相加相乗平均の不等式」を用いた．この最小値 $\hbar\omega/2$ は調和振動子の正しい E_0 (09.8)であり，$\psi(x; a = m\omega/\hbar)$ は正しい基底状態波動関数 $\psi_0(x)$ (43.1)に一致するが，これは $\psi(x;a)$ がそもそも $\psi_0(x)$ を表現できることから当然ではある．

しかし，別の規格化された波動関数 $\widetilde{\psi}(x;a)$ として上の $\psi(x;a)$ に x^2 が掛かった形のもの

$$\widetilde{\psi}(x;a) = \left(\frac{a}{\pi}\right)^{1/4}\frac{2a}{\sqrt{3}}\,x^2\,e^{-ax^2/2}, \qquad \int_{-\infty}^{\infty} dx\,x^{2n}e^{-ax^2} = \sqrt{\frac{\pi}{a}}\frac{(2n)!}{(4a)^n n!}$$

を取ると，その右の積分公式を用いることで次の期待値とその最小値を得る:

$$\langle\widetilde{\psi}(a)|\widehat{H}|\widetilde{\psi}(a)\rangle = \frac{7\hbar^2}{12m}a + \frac{5m\omega^2}{4}\frac{1}{a} \ge 2\sqrt{\frac{7\hbar^2}{12m}\frac{5m\omega^2}{4}} = \sqrt{\frac{35}{3}}\,\frac{\hbar\omega}{2}$$

この最小値は正しい E_0 の $\sqrt{35/3} \fallingdotseq 3.4$ 倍であり，大きく外している．

変分法は本来，基底状態波動関数を知らない系に対して用いるものであるが，上の例のように，変分法でいかに「良い結果」を得るかどうかは，「いかにして少ない数のパラメータで (未知の) 基底状態波動関数により近いものを表現できるか」にかかっている．

Chapter 9

時間に依存した摂動論

この章では，固有値と固有ベクトルがわかっている非摂動ハミルトニアンに時間に依存した摂動項が加わった系を考え，状態ベクトルの時間発展を摂動項の冪展開により近似的に求める．最初にこの「時間に依存した摂動論」の一般論を演習問題で学び，その後，調和振動子に指数関数型および振動型の外力が摂動として働く系を具体例として考える．振動型の外力の場合は，古典力学でなじみの共鳴現象が生じることを見る．時間発展が厳密に解ける「2 自由度系」も取り上げる．

問題 *102* **時間に依存した摂動項についての展開 (その 1)** 基本

第8章では固有値方程式の解がわかっているハミルトニアン $\widehat{H}$ に時間に依らない摂動項 $\widehat{V}$ を加えた新しいハミルトニアン $\widehat{H}_V = \widehat{H} + \widehat{V}$ の固有値や固有ベクトルを考えたが，ここでは $\widehat{H}$ に時間に依存した摂動項 $\widehat{V}(t)$ を加え，系の状態が $\widehat{V}(t)$ によりどのように時間変化するかを考えたい．

問題 88 と同様に (時間に依らない) 非摂動ハミルトニアン $\widehat{H}$ の固有値 E_n と固有ベクトル $|n\rangle$ (離散的とする)

$$\widehat{H}\,|n\rangle = E_n\,|n\rangle \qquad \big(\langle n|n'\rangle = \delta_{nn'}\big) \tag{102.1}$$

は既知であるとし，ハミルトニアン $\widehat{H}_V(t)$

$$\widehat{H}_V(t) = \widehat{H} + \widehat{V}(t) \tag{102.2}$$

で記述される系の時間発展を定めるシュレーディンガー方程式を考える:

$$i\hbar\frac{d}{dt}\,|\psi(t)\rangle = \widehat{H}_V(t)\,|\psi(t)\rangle \tag{102.3}$$

1. (102.3)式において $\widehat{V}(t) = 0$ とした非摂動シュレーディンガー方程式の定常状態解 $\{e^{-iE_n t}\,|n\rangle\}$ は各時刻 t において完全系をなすとし，これを用いて (102.3)の解 $|\psi(t)\rangle$ を展開する:

$$|\psi(t)\rangle = \sum_n a_n(t)\,e^{-iE_n t/\hbar}\,|n\rangle \tag{102.4}$$

(複素) 展開係数 $a_n(t)$ が次の1階微分方程式に従うべきことを導け (左辺のドット ($\dot{}$) は t 微分を表す):

$$i\hbar\,\dot{a}_n(t) = \sum_k \langle n|\,\widehat{V}(t)\,|k\rangle\,e^{i\omega_{nk}t}a_k(t) \quad \left(\omega_{nk} \equiv \frac{E_n - E_k}{\hbar} = -\omega_{kn}\right) \tag{102.5}$$

2. 摂動項 $\widehat{V}(t)$ が十分に小さいとし，(102.5)の解 $a_n(t)$ を $\widehat{V}$ の冪展開

$$a_n(t) = a_n^{(0)}(t) + a_n^{(1)}(t) + a_n^{(2)}(t) + \cdots \tag{102.6}$$

として求めたい．ここに，$a_n^{(p)}(t)$ は $O(\widehat{V}^p)$ の項である．時刻 $t = t_0$ における $|\psi(t)\rangle$ の初期条件を

$$|\psi(t_0)\rangle = e^{-iE_i t_0/\hbar}\,|i\rangle \quad (|i\rangle\text{: } \widehat{H} \text{ の固有値 } E_i \text{ の固有ベクトル}) \tag{102.7}$$

として，$t \geq t_0$ における $a_n^{(0)}(t)$ と $a_n^{(1)}(t)$，さらに，$a_n^{(2)}(t)$ を与えよ．

解 説　$a_n(t)$ の時間発展を決める (102.5)式にはハミルトニアン (102.2)の摂動項 $\widehat{V}(t)$ のみが現れるが，これは**相互作用描像** (interaction picture) と関係している．相互作用描像については本章末の **Tea Time** で解説している．

解答

1. 展開 (102.4)をシュレーディンガー方程式 (102.3)に代入し (102.1)を用いて

$$\sum_n \bigl(i\hbar\dot{a}_n(t) + E_n a_n(t)\bigr)e^{-iE_n t/\hbar}\,|n\rangle = \sum_n a_n(t)e^{-iE_n t/\hbar}\bigl(\underset{\underset{E_n}{\downarrow}}{\widehat{H}} + \widehat{V}(t)\bigr)\,|n\rangle$$

$$\Rightarrow \quad i\hbar\sum_n \dot{a}_n(t)e^{-iE_n t/\hbar}\,|n\rangle = \sum_n a_n(t)e^{-iE_n t/\hbar}\widehat{V}(t)\,|n\rangle$$

この両辺に左から $\langle k|$ を当て，正規直交性 $\langle k|n\rangle = \delta_{kn}$ を用い，インデックス k と n を入れ替えて (102.5)を得る．

2. (102.5)に展開 (102.6)を代入し両辺の $O(\widehat{V}^p)$ の項を比較することで

$$i\hbar\,\dot{a}_n^{(0)}(t) = 0 \quad \Rightarrow \quad a_n^{(0)}(t) = (\text{一定}) \tag{102.8}$$

$$i\hbar\,\dot{a}_n^{(p)}(t) = \sum_k \langle n|\,\widehat{V}(t)\,|k\rangle\, e^{i\omega_{nk}t} a_k^{(p-1)}(t) \quad (p = 1, 2, 3, \cdots) \tag{102.9}$$

設問の初期条件 (102.7)は

$$a_n(t_0) = \delta_{ni} \quad \Rightarrow \quad a_n^{(0)}(t_0) = \delta_{ni}, \quad a_n^{(p)}(t_0) = 0 \quad (p \geq 1) \tag{102.10}$$

であり，まず (102.8)から

$$a_n^{(0)}(t) = a_n^{(0)}(t_0) = \delta_{ni} \tag{102.11}$$

次に，(102.9)で $p = 1$ の場合の式に (102.11)を用いて

$$i\hbar\,\dot{a}_n^{(1)}(t) = \sum_k \langle n|\,\widehat{V}(t)\,|k\rangle\, e^{i\omega_{nk}t} a_k^{(0)}(t) = \langle n|\,\widehat{V}(t)\,|i\rangle\, e^{i\omega_{ni}t}$$

これを初期条件 $a_n^{(1)}(t_0) = 0$ (102.10)で積分して次の $a_n^{(1)}(t)$ を得る:

$$a_n^{(1)}(t) = \frac{1}{i\hbar}\int_{t_0}^{t} dt'\,\langle n|\,\widehat{V}(t')\,|i\rangle\, e^{i\omega_{ni}t'} \tag{102.12}$$

さらに (102.9)で $p = 2$ の場合の式にこの $a_n^{(1)}(t)$ を用いて

$$\begin{aligned} i\hbar\,\dot{a}_n^{(2)}(t) &= \sum_k \langle n|\,\widehat{V}(t)\,|k\rangle\, e^{i\omega_{nk}t} a_k^{(1)}(t) \\ &= \sum_k \langle n|\,\widehat{V}(t)\,|k\rangle\, e^{i\omega_{nk}t} \frac{1}{i\hbar}\int_{t_0}^{t} dt'\,\langle k|\,\widehat{V}(t)\,|i\rangle\, e^{i\omega_{ki}t'} \end{aligned} \tag{102.13}$$

これを初期条件 $a_n^{(2)}(t_0) = 0$ (102.10)で積分して次の $a_n^{(2)}(t)$ を得る ((102.13)の積分変数 t' を t'' に置き換えた):

$$a_n^{(2)}(t) = \frac{1}{(i\hbar)^2}\int_{t_0}^{t} dt' \int_{t_0}^{t'} dt'' \sum_k \langle n|\,\widehat{V}(t')\,|k\rangle\, e^{i\omega_{nk}t'} \langle k|\,\widehat{V}(t'')\,|i\rangle\, e^{i\omega_{ki}t''} \tag{102.14}$$

なお，初期条件 (102.7)を位相因子がない $|\psi(t_0)\rangle = |i\rangle$ とすると，上記のすべての $a_n^{(p)}(t)$ に $e^{+iE_i t_0/\hbar}$ が掛かるが，これは確率や期待値には寄与しない．

問題 103　時間に依存した摂動項についての展開 (その 2)　標準

問題 **102** からの続きの問題である.

3. 摂動項 $\widehat{V}(t)$ がエルミート ($\widehat{V}(t)^\dagger = \widehat{V}(t)$) で $\widehat{H}_V$ (102.2)もエルミートなら全確率の保存 (**問題 20** 設問 1 参照) から
$$\langle\psi(t)|\psi(t)\rangle\Big(=\sum_n |a_n(t)|^2\Big) = \langle\psi(t_0)|\psi(t_0)\rangle \overset{(102.7)}{=} \langle i|i\rangle = 1$$
が成り立つが，この $\sum_n |a_n(t)|^2 = 1$ を設問 2 の [解答] で得た $a_n^{(1)}$ (102.12) と $a_n^{(2)}$ (102.14) に対して $O(\widehat{V}^2)$ まで確認せよ.
4. $a_n^{(p)}(t)$ の表式を一般の $p\,(\geq 2)$ に対して与えよ.

解説　設問 3 は**問題 102** 設問 2 で得た摂動展開に対する理解をより深めるための問題である．設問 4 の [解答] では一般の p に対する $a_n^{(p)}(t)$ の表式 (103.2)をまず与え，帰納法でそれを証明しているが，相互作用描像でのシュレーディンガー方程式の解公式から求めることもできる (本章末の **Tea Time** 参照).

解答

3. $a_n^{(0)}(t) = \delta_{ni}$ (102.11)を用いて $O(\widehat{V}^2)$ までの近似で
$$\sum_n |a_n(t)|^2 = \Big|1 + a_i^{(1)}(t) + a_i^{(2)}(t)\Big|^2 + \sum_{n(\neq i)} \Big|a_n^{(1)}\Big|^2$$
$$= \Big(1 + a_i^{(1)}(t) + a_i^{(1)}(t)^* + \Big|a_i^{(1)}(t)\Big|^2 + a_i^{(2)}(t) + a_i^{(2)}(t)^*\Big) + \sum_{n(\neq i)} \Big|a_n^{(1)}\Big|^2$$
$$= 1 + \underbrace{a_i^{(1)}(t) + a_i^{(1)}(t)^*}_{\widehat{V}^1\ \text{項}} + \underbrace{\textstyle\sum_n \Big|a_n^{(1)}\Big|^2 + a_i^{(2)}(t) + a_i^{(2)}(t)^*}_{\widehat{V}^2\ \text{項}} \tag{103.1}$$
まず，$a_n^{(1)}(t)$ (102.12)で $n = i$ とした (各 i について $\omega_{ii} = 0$ に注意)
$$a_i^{(1)}(t) = \frac{1}{i\hbar}\int_{t_0}^{t} dt'\,\langle i|\,\widehat{V}(t')\,|i\rangle$$
の複素共役を取り，公式 (06.6)と $\widehat{V}^\dagger = \widehat{V}$ を用いて
$$a_i^{(1)}(t)^* = -\frac{1}{i\hbar}\int_{t_0}^{t} dt'\,\underbrace{(\langle i|\,\widehat{V}(t')\,|i\rangle)^*}_{=\langle i|\,\widehat{V}(t')^\dagger\,|i\rangle = \langle i|\,\widehat{V}(t')\,|i\rangle} = -a_i^{(1)}(t)$$
よって (103.1)の「$\widehat{V}^1$ 項」はゼロとなる.
次に，$a_n^{(2)}(t)$ (102.14)で $n = i$ とした式から
$$a_i^{(2)}(t) + a_i^{(2)}(t)^* = \frac{-1}{\hbar^2}\int_{t_0}^{t} dt'\int_{t_0}^{t'} dt''\sum_k \langle i|\,\widehat{V}(t')\,|k\rangle\,e^{i\omega_{ik}t'}\langle k|\,\widehat{V}(t'')\,|i\rangle\,e^{i\omega_{ki}t''}$$

$$+\frac{-1}{\hbar^2}\int_{t_0}^{t}dt'\int_{t_0}^{t'}dt''\sum_k \langle k|\,\widehat{V}(t')\,|i\rangle\, e^{-i\omega_{ik}t'}\langle i|\,\widehat{V}(t'')\,|k\rangle\, e^{-i\omega_{ki}t''} \Leftarrow \begin{matrix}\text{次行で}\\ t'\rightleftarrows t''\end{matrix}$$

$$=\underbrace{\frac{-1}{\hbar^2}\left(\int_{t_0}^{t}dt'\int_{t_0}^{t'}dt''+\int_{t_0}^{t}dt''\int_{t_0}^{t''}dt'\right)}_{=(\star)=\int_{t_0}^{t}dt'\int_{t_0}^{t}dt''}\sum_k \langle i|\,\widehat{V}(t')\,|k\rangle\langle k|\,\widehat{V}(t'')\,|i\rangle\,\underbrace{e^{i\omega_{ki}(t''-t')}}_{\omega_{ik}=-\omega_{ki}\text{ に注意}}$$

$$=-\sum_k \frac{1}{-i\hbar}\int_{t_0}^{t}dt'\,\langle i|\,\widehat{V}(t')\,|k\rangle\, e^{-i\omega_{ki}t}\times\frac{1}{i\hbar}\int_{t_0}^{t}dt''\,\langle k|\,\widehat{V}(t'')\,|i\rangle\, e^{i\omega_{ki}t''}$$

$$=-\sum_k a_k^{(1)}(t)^*a_k^{(1)}(t)$$

となり，(103.1)の「$\widehat{V}^2$ 項」もゼロとなる．ここに，$(\star)$ 部分では「$t''<t'$ と $t'<t''$ の制限の付いた 2 つの (t',t'') 積分の和」が「t' と t'' の間に制限のない積分」になることを用いた．よって，確かに $O(\widehat{V}^2)$ まで $\sum_n |a_n(t)|^2=1$ が成り立っている．

4. 一般の $p\,(\geq 2)$ に対する $a_n^{(p)}(t)$ は次式で与えられる:

$$\begin{aligned}a_n^{(p)}(t)=&\frac{1}{(i\hbar)^p}\int_{t_0}^{t}dt_1\int_{t_0}^{t_1}dt_2\cdots\int_{t_0}^{t_{p-1}}dt_p\\ &\times\sum_{k_1,k_2,\cdots,k_{p-1}}\langle n|\widehat{V}(t_1)|k_1\rangle e^{i\omega_{nk_1}t_1}\langle k_1|\widehat{V}(t_2)|k_2\rangle e^{i\omega_{k_1k_2}t_2}\cdots\\ &\times\cdots\langle k_{p-2}|\widehat{V}(t_{p-1})|k_{p-1}\rangle e^{i\omega_{k_{p-2}k_{p-1}}t_{p-1}}\langle k_{p-1}|\widehat{V}(t_p)|i\rangle e^{i\omega_{k_{p-1}i}t_p}\end{aligned}\tag{103.2}$$

ここに，$p=2$ の場合，$k_{p-2}=k_0=n$ である．
(103.2)の証明は帰納法で行われる．まず，$p=2$ の場合の (103.2)は既知の $a_n^{(2)}(t)$ (102.14)である．次に，(102.9)で $p\to p+1$ とした式からの

$$a_n^{(p+1)}(t)=\frac{1}{i\hbar}\int_{t_0}^{t}dt'\sum_k \langle n|\,\widehat{V}(t')\,|k\rangle\, e^{i\omega_{nk}t'}a_k^{(p)}(t')$$

の右辺に (103.2)からの $a_k^{(p)}(t')$ を代入し，積分変数の置き換え $(t',t_1,t_2,\cdots,t_p)\to(t_1,t_2,t_3,\cdots,t_{p+1})$ と和を取る状態インデックスの置き換え $(k,k_1,k_2,\cdots,k_{p-1})\to(k_1,k_2,k_3,\cdots,k_p)$ を行うことで，(103.2)右辺において $p\to p+1$ とした式を得る．

問題 104　厳密に解ける例: 2 状態系　基本

問題 102 設問 1 の微分方程式 (102.5)が (同問題設問 2 の $\widehat{V}$ についての摂動展開を行うことなく) 厳密に解けて $a_n(t)$ が求まる例として **2 状態系**がある．これは状態ベクトル空間が 2 次元の系であって，非摂動ハミルトニアン $\widehat{H}$ の固有ベクトルも固有値 E_1 の $|1\rangle$ と E_2 の $|2\rangle$ の 2 つ ($E_1 \neq E_2$，$\langle n|n'\rangle = \delta_{nn'}$ $(n, n' = 1, 2)$) であり，摂動項 $\widehat{V}(t)$ は正の実定数 v と ω により次式で与えられるとする:

$$\widehat{V}(t) = v\left(e^{i\omega t}|1\rangle\langle 2| + e^{-i\omega t}|2\rangle\langle 1|\right) = \widehat{V}(t)^\dagger$$

1. この系における微分方程式 (102.5)は $\boldsymbol{a}(t) = \begin{pmatrix} a_1(t) \\ a_2(t) \end{pmatrix}$ を用いて次の形で表すことができる:

$$i\hbar\,\dot{\boldsymbol{a}}(t) = M(t)\boldsymbol{a}(t) \qquad \left(M(t)^\dagger = M(t)\right) \tag{104.1}$$

この右辺に現れる 2×2 エルミート行列 $M(t)$ を与えよ．さらに，$|a_1(t)|^2+|a_2(t)|^2$ が時間に依らず一定であることを示せ．

2. 微分方程式 (104.1)を $\boldsymbol{a}(0) = \binom{1}{0}$ の初期条件で解き，時刻 $t\,(>0)$ において系が状態 $|1\rangle$ にある確率と状態 $|2\rangle$ にある確率をそれぞれ求めよ．また，これらの確率の t の関数としての振る舞いを述べよ．

解 説　この問題は摂動論の問題ではなく，(シュレーディンガー方程式 (102.3)と等価な) (102.5)式を 2 自由度系において厳密に解く問題である．この 2 状態系の具体例は，**問題 84** のスピン $\frac{1}{2}$ の自由度 $\widehat{\boldsymbol{S}}$ のみからなる系であり，量子情報理論の基礎を与えるものでもある．

解 答

1. (102.5)から行列 $M(t)$ の (n, k) 成分は $M_{nk}(t) = \langle n|\,\widehat{V}(t)\,|k\rangle\, e^{i\omega_{nk}t}$ であり

$$M(t) = \begin{pmatrix} \langle 1|\widehat{V}(t)|1\rangle & \langle 1|\widehat{V}(t)|2\rangle e^{i\omega_{12}t} \\ \langle 2|\widehat{V}(t)|1\rangle e^{i\omega_{21}t} & \langle 2|\widehat{V}(t)|2\rangle \end{pmatrix} = v\begin{pmatrix} 0 & e^{i(\omega-\omega_{21})t} \\ e^{-i(\omega-\omega_{21})t} & 0 \end{pmatrix}$$

ここに，(102.5)式の ω_{nk} について $\omega_{11} = \omega_{22} = 0$ と $\omega_{12} = -\omega_{21}$ を用いた．次に，(104.1)のエルミート共役を取り，$M(t)^\dagger = M(t)$ を用いて

$$-i\hbar\,\dot{\boldsymbol{a}}(t)^\dagger = \boldsymbol{a}(t)^\dagger M(t)^\dagger = \boldsymbol{a}(t)^\dagger M(t) \tag{104.2}$$

そこで，$\boldsymbol{a}(t)^\dagger(104.1) - (104.2)\,\boldsymbol{a}(t)$ を考えると右辺は相殺し

$$i\hbar\left(\boldsymbol{a}^\dagger\dot{\boldsymbol{a}} + \dot{\boldsymbol{a}}^\dagger\boldsymbol{a}\right) = 0 \;\Rightarrow\; \frac{d}{dt}\left(\boldsymbol{a}^\dagger\boldsymbol{a}\right) = 0 \;\Rightarrow\; \boldsymbol{a}^\dagger\boldsymbol{a} = |a_1|^2 + |a_2|^2 = \text{一定}$$

2. 微分方程式 (104.1)の各成分は

$$i\hbar\,\dot{a}_1 = v\,e^{i\Delta t}a_2, \qquad i\hbar\,\dot{a}_2 = v\,e^{-i\Delta t}a_1 \qquad (\Delta \equiv \omega - \omega_{21}) \tag{104.3}$$

この第 1 式に $i\hbar(d/dt)$ を作用させ，その右辺に第 1 式と第 2 式を用いて，$a_1(t)$ に対する 2 階微分方程式を得る:

$$(i\hbar)^2\ddot{a}_1 = -\hbar\Delta \underbrace{v\,e^{i\Delta t}a_2}_{i\hbar\dot{a}_1} + v\,e^{i\Delta t}\underbrace{i\hbar\dot{a}_2}_{v\,e^{-i\Delta t}a_1} \;\Rightarrow\; \ddot{a}_1 - i\Delta\dot{a}_1 + \frac{v^2}{\hbar^2}a_1 = 0 \quad (104.4)$$

この一般解を求めるため $a_1(t) \propto e^{i\alpha t}$ として代入すると

$$a_1(t) = e^{i\alpha t} \;\Rightarrow\; \alpha^2 - \Delta\alpha - \frac{v^2}{\hbar^2} = 0 \;\Rightarrow\; \alpha = \alpha_\pm \equiv \frac{\Delta}{2} \pm \sqrt{\frac{v^2}{\hbar^2} + \frac{\Delta^2}{4}}$$

この $\alpha_\pm$(ともに実数) を用いて (104.4)の一般解は ($c_\pm$ は複素定数)

$$a_1(t) = c_+e^{i\alpha_+t} + c_-e^{i\alpha_-t}$$

であり，それに対応した $a_2(t)$ は (104.3)から

$$\begin{aligned} a_2(t) &= \frac{i\hbar}{v}e^{-i\Delta t}\dot{a}_1(t) = -\frac{\hbar}{v}e^{-i\Delta t}\left(c_+\alpha_+e^{i\alpha_+t} + c_-\alpha_-e^{i\alpha_-t}\right) \\ &= -\frac{\hbar}{v}\left(c_+\alpha_+e^{-i\alpha_-t} + c_-\alpha_-e^{-i\alpha_+t}\right) \end{aligned} \quad (104.5)$$

ここに $\alpha_+ + \alpha_- = \Delta$ を用いた．$t = 0$ における初期条件から定数 $c_\pm$ は

$$a_1(0) = 1,\ a_2(0) = 0 \;\Rightarrow\; c_+ + c_- = 1, \quad c_+\alpha_+ + c_-\alpha_- = 0$$

$$\Rightarrow\; c_\pm = \mp\frac{\alpha_\mp}{\alpha_+ - \alpha_-} = \mp\frac{\alpha_\mp}{2}\left(\frac{v^2}{\hbar^2} + \frac{\Delta^2}{4}\right)^{-1/2} \quad \text{(ともに実数)}$$

と定まる．そこで初期条件からの $c_-\alpha_- = -c_+\alpha_+$ を (104.5)に用いた

$$a_2(t) = -\frac{\hbar}{v}c_+\alpha_+\left(e^{-i\alpha_-t} - e^{-i\alpha_+t}\right)$$

から時刻 t に系が状態 $|2\rangle$ にある確率 $|a_2(t)|^2$ は

$$\begin{aligned} |a_2(t)|^2 &= \frac{4\hbar^2}{v^2}(c_+\alpha_+)^2\sin^2\left[\frac{1}{2}(\alpha_+ - \alpha_-)t\right] \\ &= \frac{v^2/\hbar^2}{(v^2/\hbar^2) + (\Delta^2/4)}\sin^2\left(\sqrt{\frac{v^2}{\hbar^2} + \frac{\Delta^2}{4}}\,t\right) \quad (\Delta = \omega - \omega_{21}) \end{aligned}$$

他方，設問 1 の結果と初期条件を用いて，系が状態 $|1\rangle$ にある確率 $|a_1(t)|^2$ は

$$|a_1(t)|^2 + |a_2(t)|^2 = |a_1(0)|^2 + |a_2(0)|^2 = 1 \;\Rightarrow\; |a_1(t)|^2 = 1 - |a_2(t)|^2$$

$|a_1(t)|^2$ と $|a_2(t)|^2$ の振る舞いは以下の通りである:

- $|a_1(t)|^2$ と $|a_2(t)|^2$ は $|a_1(t)|^2 + |a_2(t)|^2 = 1$ の関係を保ちながらそれぞれ周期 $T = \pi/\Omega$ の単振動をする．ここに
$$\Omega = \sqrt{\frac{v^2}{\hbar^2} + \frac{\Delta^2}{4}}$$
- $|a_2(t)|^2$ の最小値は 0 で最大値は $v^2/(\hbar^2\Omega^2)\ (\leq 1)$ であり，$|a_2(t)|^2$ の最小値は $\Delta^2/(4\Omega^2)$ で最大値は 1 である．

問題 105　外力が加わった調和振動子 (その1)　基本

問題 102 設問2の「時間に依存した摂動論」の応用として，調和振動子に時間に依存した外力が加わった系を考える．すなわち，非摂動ハミルトニアン $\widehat{H}$ は調和振動子のもの (07.1) であり，摂動項 $\widehat{V}(t)$ は $F(t)$ を c 数関数として次式で与えられる:

$$\widehat{V}(t) = -\widehat{q}\,F(t)$$

なお，今の非摂動ハミルトニアン $\widehat{H}$ の固有値方程式 (102.1)の解については**問題 07 ～09** を参照のこと (特に E_n と $|n\rangle$ はそれぞれ (09.7)と (09.4)で与えられる).

1. 解析力学において (すべてのハットをとった) ハミルトニアン $H_V = H + V(t)$ を用いたハミルトンの運動方程式を考え，$F(t)$ が調和振動子に働く外力であることを確認せよ.
2. (102.7)式の初期状態 $|i\rangle$ を $\widehat{H}$ の基底状態 $|0\rangle$ とし，一般の $F(t)$ に対して $a_n^{(1)}(t)$ (102.12)と $a_n^{(2)}(t)$ (102.14)を $F(t)$ の積分として与えよ.
3. 前設問2において初期条件を与える時刻を $t_0 = 0$ とし，外力 $F(t)$ が定数 f と $\alpha\,(>0)$ により $F(t) = f\,e^{-\alpha t}$ $(t \geq 0)$ で与えられる場合を考える．$a_n^{(1)}(\infty)$ と $a_n^{(2)}(\infty)$ を求めよ．また，この結果から，$t=0$ に $\widehat{H}$ の基底状態 $|0\rangle$ にあった系が，無限の未来 $(t=+\infty)$ に状態 $|n\rangle$ $(n=0,1,2,\cdots)$ にある確率 P_n を $O(f^2)$ まで求めよ.

解 説　**問題 102** と **103** において一般論を考えた「時間に依存した摂動論」の具体的応用問題である．第1章の**問題 07** 以降で扱った「調和振動子の量子力学」を思い出す必要がある.

解 答

1. 解析力学ハミルトニアン (バネ定数 $k = m\omega^2$) は

$$H_V(q,p) = \frac{1}{2m}\,p^2 + \frac{m\omega^2}{2}\,q^2 - qF(t)$$

　であり，ハミルトンの運動方程式は

$$\dot{q} = \frac{\partial H_V}{\partial p} = \frac{1}{m}\,p, \qquad \dot{p} = -\frac{\partial H_V}{\partial q} = -m\omega^2 q + F(t)$$

　この第2式から $F(t)$ が外力であることがわかる.

2. まず，$\widehat{q}$ の $(a, a^\dagger)$ による表式 (16.3) と公式 (11.3)と (11.4)から

$$\langle n|\,\widehat{q}\,|k\rangle = \sqrt{\frac{\hbar}{2m\omega}}\left(\sqrt{k}\,\delta_{n,k-1} + \sqrt{k+1}\,\delta_{n,k+1}\right) \quad (n,k=0,1,2,\cdots) \quad (105.1)$$

　また，

$$\omega_{nk} = \frac{1}{\hbar}(E_n - E_k) = (n-k)\omega$$

これらを (102.12)に用いて

$$
\begin{aligned}
a_n^{(1)}(t) &= \frac{1}{i\hbar}\int_{t_0}^{t} dt' \langle n|\widehat{V}(t')\,|0\rangle\, e^{in\omega t'} = -\frac{1}{i\hbar}\int_{t_0}^{t} dt'\, F(t')\, e^{in\omega t'}\,\langle n|\,\widehat{q}\,|0\rangle \\
&= \begin{cases} \dfrac{i}{\sqrt{2m\hbar\omega}}\displaystyle\int_{t_0}^{t} dt'\, F(t')\, e^{i\omega t'} & (n=1) \\ 0 & (n\neq 1) \end{cases}
\end{aligned}
\tag{105.2}
$$

次に $a_n^{(2)}(t)$ については (102.13)式第 1 行目の $\dot{a}_n^{(2)}(t)$ の表式を用いた

$$
i\hbar\,\dot{a}_n^{(2)}(t) = \sum_k \langle n|\,\widehat{V}(t)\,|k\rangle\, e^{i\omega_{nk}t} a_k^{(1)}(t) = \langle n|\,\widehat{V}(t)\,|1\rangle\, e^{i(n-1)\omega t} a_1^{(1)}(t)
$$

を積分し (105.1)を用いて

$$
\begin{aligned}
a_n^{(2)}(t) &= \left(\delta_{n,0} + \sqrt{2}\,\delta_{n,2}\right)\frac{i}{\sqrt{2m\hbar\omega}}\int_{t_0}^{t} dt' F(t')\, e^{i(n-1)\omega t'} a_1^{(1)}(t') \\
&= -\left(\delta_{n,0} + \sqrt{2}\,\delta_{n,2}\right)\frac{1}{2m\hbar\omega}\int_{t_0}^{t} dt'\, F(t')\, e^{i(n-1)\omega t'}\int_{t_0}^{t'} dt''\, F(t'')\, e^{i\omega t''}
\end{aligned}
\tag{105.3}
$$

3. $a_n^{(1)}(t)$ (105.2) において $t_0 = 0$, $F(t) = f\,e^{-\alpha t}$ として，ゼロではない $a_n^{(1)}(t)$ と $a_n^{(1)}(\infty)$ は

$$
\begin{aligned}
& a_1^{(1)}(t) = \frac{if}{\sqrt{2m\hbar\omega}}\int_0^t dt'\, e^{-\alpha t'}\, e^{i\omega t'} = \frac{if}{\sqrt{2m\hbar\omega}}\frac{1 - e^{-(\alpha - i\omega)t}}{\alpha - i\omega} \\
& \Rightarrow\ a_1^{(1)}(\infty) = \frac{if}{\sqrt{2m\hbar\omega}}\frac{1}{\alpha - i\omega}
\end{aligned}
\tag{105.4}
$$

次に，$a_n^{(2)}(\infty)$ は (105.3)の第 1 行目の表式と上記の $a_1^{(1)}(t)$ を用いて

$$
\begin{aligned}
a_n^{(2)}(\infty) &= -\left(\delta_{n,0} + \sqrt{2}\,\delta_{n,2}\right)\frac{f^2}{2m\hbar\omega}\int_0^{\infty} dt'\, e^{-\alpha t'} e^{i(n-1)\omega t'}\,\frac{1 - e^{-(\alpha - i\omega)t'}}{\alpha - i\omega} \\
&= -\frac{f^2}{4m\hbar\omega}\times\begin{cases} \dfrac{1}{\alpha(\alpha + i\omega)} & (n=0) \\ \dfrac{\sqrt{2}}{(\alpha - i\omega)^2} & (n=2) \\ 0 & (n\neq 0, 2) \end{cases}
\end{aligned}
\tag{105.5}
$$

確率 $P_n = |a_n(\infty)|^2$ は $a_1^{(1)}(\infty)$ (105.4)を用いて $O(f^2)$ までの近似で

$$
P_n = \begin{cases} \left|a_1^{(1)}(\infty)\right|^2 = \dfrac{1}{2m\hbar\omega}\dfrac{f^2}{\alpha^2 + \omega^2} & (n=1) \\ \left|a_n^{(1)}(\infty)\right|^2 = 0 & (n\geq 2) \\ 1 - \left|a_1^{(1)}(\infty)\right|^2 = 1 - \dfrac{1}{2m\hbar\omega}\dfrac{f^2}{\alpha^2 + \omega^2} & (n=0) \end{cases}
$$

なお，P_0 に対しては確率の保存 (**問題 103** 設問 3) を用いたが，もちろん $P_0 = \left|1 + a_0^{(1)}(\infty) + a_0^{(2)}(\infty)\right|^2 = 1 + a_0^{(2)}(\infty) + a_0^{(2)}(\infty)^*$ からも同じ結果を得る．

問題 106　外力が加わった調和振動子 (その 2)　標準

問題 **105** からの続きの問題である．

以下では，調和振動子系に働く外力が振動型

$$F(t) = 2f\,\sin\Omega t \qquad (\Omega > 0)$$

の場合を考え，時刻 $t=0$ において系が $\widehat{H}$ の基底状態 $|0\rangle$ にあったとする．

4. $t>0$ における $a_1^{(1)}(t)$ を $\Omega \neq \omega$ と $\Omega = \omega$ のそれぞれの場合に求めよ．
5. 外力の角振動数 Ω が調和振動子の角振動数 ω に近い場合 $(\Omega \simeq \omega)$ を考える．時刻 $t\,(>0)$ において系が状態 $|1\rangle$ にある確率 $P_1(t)$，および，時刻 t における非摂動ハミルトニアン $\widehat{H}$ の期待値 $\langle\psi(t)|\,\widehat{H}\,|\psi(t)\rangle$ の大きな t に対する近似形を $O(f^2)$ まで求めよ (「大きな t」の意味も説明せよ).
6. $\Omega = \omega$ の場合に，$P_1(t)$ と $\langle\psi(t)|\,\widehat{H}\,|\psi(t)\rangle$ の大きな t に対する近似形を $O(f^2)$ まで求めよ (「大きな t」の意味も説明せよ).

解説　古典力学において調和振動子 (角振動数 ω) に正弦波 (角振動数 Ω) の外力を加えると，$\Omega \simeq \omega$ の場合，調和振動子の振幅が非常に大きくなるという現象 (共鳴現象) が生じる．本問題では，調和振動子の量子力学での共鳴現象を摂動論の中で考える．

解答

4. (105.2)式において $t_0 = 0$ として今の $F(t)$ に対して

$$a_1^{(1)}(t) = \frac{2if}{\sqrt{2m\hbar\omega}} \int_0^t dt\, \sin\Omega t'\, e^{i\omega t'} = \frac{f}{\sqrt{2m\hbar\omega}} \int_0^t dt \Big(e^{i(\omega+\Omega)t'} - e^{i(\omega-\Omega)t'} \Big)$$

$$= \frac{if}{\sqrt{2m\hbar\omega}} \times \begin{cases} \left(\dfrac{1-e^{i(\omega+\Omega)t}}{\omega+\Omega} - \dfrac{1-e^{i(\omega-\Omega)t}}{\omega-\Omega} \right) & (\Omega \neq \omega) \\ \left(\dfrac{1-e^{2i\omega t}}{2\omega} + it \right) & (\Omega = \omega) \end{cases} \tag{106.1}$$

5. $\Omega \simeq \omega$ でかつ大きな t の場合，$a_1^{(1)}(t)$ (106.1)の $\Omega \neq \omega$ の表式から

$$P_1(t) = \left| a_1^{(1)}(t) \right|^2 = \frac{f^2}{2m\hbar\omega} \Bigg| \underbrace{\frac{1-e^{i(\omega+\Omega)t}}{\omega+\Omega}}_{(\mathrm{A})} - \underbrace{\frac{1-e^{i(\omega-\Omega)t}}{\omega-\Omega}}_{(\mathrm{B})} \Bigg|^2$$

$$\simeq \frac{f^2}{2m\hbar\omega} \left| \frac{1-e^{i(\omega-\Omega)t}}{\omega-\Omega} \right|^2 = \frac{f^2}{2m\hbar\omega} \frac{4}{(\omega-\Omega)^2} \sin^2\frac{(\omega-\Omega)t}{2} \tag{106.2}$$

ここに，$\Omega \simeq \omega$ では (A) 項に比べて ($1/(\omega-\Omega)$ が掛かっている) (B) 項の寄与が大きいことを用いた．なお，有限な t に対しては (B) 項は

$$\frac{1-e^{i(\omega-\Omega)t}}{\omega-\Omega} \underset{\Omega\simeq\omega}{\simeq} \frac{1-[1+i(\omega-\Omega)t]}{\omega-\Omega} = -it$$

であり (A) 項に比べて特に寄与が大きいということはないが，今は

$$t \gtrsim O\Big(\frac{1}{|\omega-\Omega|}\Big) \;\Rightarrow\; |\omega-\Omega)\,t| \gtrsim O(1) \;\Rightarrow\; \left|\frac{1-e^{i(\omega-\Omega)t}}{\omega-\Omega}\right| = O\Big(\frac{1}{|\omega-\Omega|}\Big)$$

となるような大きな t を考えている．次に，$|\psi(t)\rangle = \sum_{n=0}^{\infty} a_n(t)\, e^{-iE_n t/\hbar}\,|n\rangle$ (102.4) に対して

$$\langle\psi(t)|\,\widehat{H}\,|\psi(t)\rangle = \sum_{n=0}^{\infty} |a_n(t)|^2\, E_n \underset{\substack{\uparrow\\ O(f^2)\text{ まで}}}{=} \overbrace{P_0(t)}^{1-P_1(t)} E_0 + P_1(t)E_1 = \hbar\omega\left(\frac{1}{2}+P_1(t)\right)$$

$$\underset{\substack{\uparrow\\ (106.2)}}{\simeq} \hbar\omega\left(\frac{1}{2}+\frac{f^2}{2m\hbar\omega}\frac{4}{(\omega-\Omega)^2}\sin^2\frac{(\omega-\Omega)t}{2}\right) \tag{106.3}$$

ここに，$O(f^2)$ までの確率保存 $P_0(t)+P_1(t)=1$ および E_n (09.7)を用いた．なお，$P_1(t) =$ 確率 ≤ 1 でないと意味がないので，$P_1(t)$ に比べて $1/2$ を無視することはできない．この $P_1(t) \leq 1$ (したがって $P_0(t) \geq 0$) の条件は考えることができる $|\omega-\Omega|$ と f に対する次の条件となる:

$$\frac{f^2}{2m\hbar\omega}\frac{4}{(\omega-\Omega)^2} \lesssim 1 \;\Rightarrow\; |\omega-\Omega| \gtrsim \frac{2f}{\sqrt{2m\hbar\omega}}$$

(106.2)式の $P_1(t)$ が近似表式なので $\leq$ ではなく $\lesssim$ を用いている．

6. $a_1^{(1)}(t)$ (106.1)の $\Omega=\omega$ の場合の表式から

$$P_1(t) = \left|a_1^{(1)}(t)\right|^2 = \frac{f^2}{2m\hbar\omega}\left|\frac{1-e^{2i\omega t}}{2\omega}+it\right|^2 \simeq \frac{f^2}{2m\hbar\omega}\,t^2 \quad (t \gg 1/\omega)$$

を得る．最後の近似形は $t \gg 1/\omega$ なる大きな t に対して成り立つ．次に，$\widehat{H}$ の期待値は (106.3)の第 1 行目の表式を用いて

$$\langle\psi(t)|\,\widehat{H}\,|\psi(t)\rangle \underset{\substack{\uparrow\\ O(f^2)\text{ まで}}}{=} \hbar\omega\left(\frac{1}{2}+P_1(t)\right) \underset{\substack{\uparrow\\ t\gg 1/\omega}}{\simeq} \hbar\omega\left(\frac{1}{2}+\frac{f^2}{2m\hbar\omega}\,t^2\right)$$

を得る．$\Omega=\omega$ の場合の条件 $P_1(t) \leq 1$ は与えられた f と考えることができる t に対する次の条件となる:

$$\frac{f^2}{2m\hbar\omega}\,t^2 \lesssim 1 \;\Rightarrow\; t \lesssim \frac{\sqrt{2m\hbar\omega}}{|f|}$$

また，この条件が $t \gg 1/\omega$ と両立するためには f は次の条件を満たす十分に小さい量でなければならない:

$$\frac{1}{\omega} \ll \frac{\sqrt{2m\hbar\omega}}{|f|} \;\Rightarrow\; |f| \ll \sqrt{2m\hbar\omega}\,\omega$$

Tea Time ……………………………… 相互作用描像

第 2 章の章末の **Tea Time** でシュレーディンガー描像とハイゼンベルク描像の話をしたが，ここではもう一つの描像である**相互作用描像** (interaction picture) について解説したい．

今，考える系のハミルトニアンが (102.2)式の形，すなわち，(陽な時間依存性のない) $\widehat{H}$ と「相互作用項」$\widehat{V}(t)$ の和として次式で与えられているとする:

$$\widehat{H}_V(t) = \widehat{H} + \widehat{V}(t)$$

この式は通常 $\widehat{H}(t) = \widehat{H}_0 + \widehat{V}(t)$ と書かれることが多いが，ここでは第 9 章の流儀に従う．第 9 章に現れる演算子と状態ベクトルはすべてシュレーディンガー描像のものであるが，これらと今から話をする相互作用描像でのものとを区別するために，両描像での一般の演算子 $\widehat{A}$ と状態ベクトルに S(chrödinger) と I(nteraction) の添字を付けて $(\widehat{A}(t)_S, |\psi(t)\rangle_S)$ と $(\widehat{A}(t)_{\rm I}, |\psi(t)\rangle_{\rm I})$ で表す．すると，両描像の関係は次式で与えられる:

$$\widehat{A}(t)_{\rm I} = e^{i\widehat{H}t/\hbar}\widehat{A}(t)_{\rm S}\, e^{-i\widehat{H}t/\hbar}, \qquad |\psi(t)\rangle_{\rm I} = e^{i\widehat{H}t/\hbar}\,|\psi(t)\rangle_{\rm S} \tag{I}$$

すなわち，相互作用描像は全ハミルトニアン $\widehat{H}_V$ のうちの非摂動部分 $\widehat{H}$ のみを用いて「部分的ハイゼンベルク描像」に移したものである．なお，$\widehat{H}$ は両描像で共通であり単に $\widehat{H}$ で表す ($\widehat{H} = \widehat{H}_{\rm S} = \widehat{H}_{\rm I}$)．シュレーディンガー描像での状態ベクトルの時間発展を定めるシュレーディンガー方程式は (102.3)式，すなわち ($\widehat{V}(t) = \widehat{V}(t)_{\rm S}$ として)

$$i\hbar\frac{d}{dt}\,|\psi(t)\rangle_{\rm S} = \left(\widehat{H} + \widehat{V}(t)\right)|\psi(t)\rangle_{\rm S}$$

であるが，これと (I)から相互作用描像でのシュレーディンガー方程式は

$$i\hbar\frac{d}{dt}\,|\psi(t)\rangle_{\rm I} = \underbrace{\left(i\hbar\frac{d}{dt}e^{i\widehat{H}t/\hbar}\right)}_{-e^{i\widehat{H}t/\hbar}\widehat{H}}|\psi(t)\rangle_{\rm S} + e^{i\widehat{H}t/\hbar}\underbrace{\left(i\hbar\frac{d}{dt}\,|\psi(t)\rangle_{\rm S}\right)}_{\left(\widehat{H}+\widehat{V}(t)\right)|\psi(t)\rangle_{\rm S}} = \widehat{V}(t)_{\rm I}\,|\psi(t)\rangle_{\rm I} \tag{II}$$

であり，右辺には $\widehat{V}(t)_{\rm I} \equiv e^{i\widehat{H}t/\hbar}\,\widehat{V}(t)\,e^{-i\widehat{H}t/\hbar}$ のみが現れる．なお，

- (102.4)式の $|\psi(t)\rangle_{\rm S} = \sum_n a_n(t)\,e^{-iE_nt/\hbar}\,|n\rangle$ に対して $|\psi(t)\rangle_{\rm I} = \sum_n a_n(t)\,|n\rangle$ であり，これに対する相互作用描像シュレーディンガー方程式 (II) が (102.5)を与える ((102.5)式右辺の指数因子 $e^{i\omega_{nk}t}$ は $\widehat{V}(t)_{\rm I}$ と $\widehat{V}(t)$ の関係式中の $e^{\pm i\widehat{H}t/\hbar}$ から)．
- 相互作用描像でのシュレーディンガー方程式 (II)の解は ($t = t_0$ での初期条件を課して)

$$|\psi(t)\rangle_{\rm I} = \widehat{U}(t,t_0)\,|\psi(t_0)\rangle_{\rm I} \qquad \left[\widehat{U}(t,t_0) = {\rm T}\exp\left(\frac{1}{i\hbar}\int_{t_0}^{t}dt'\,\widehat{V}(t')_{\rm I}\right)\right]$$

で与えられる．ここに，$\widehat{U}(t,t_0)$ に現れる記号 T (**時間順序作用素**) は，その右の指数関数のテイラー展開で現れる「さまざまな時刻 t' の $\widehat{V}(t')_{\rm I}$ の積 $\widehat{V}(t'_1)_{\rm I}\widehat{V}(t'_2)_{\rm I}\cdots\widehat{V}(t'_n)_{\rm I}$」を「より大きな t' の $\widehat{V}(t')_{\rm I}$ がより左に置かれるように並べ直す操作」を表し，$i\hbar(\partial/\partial t)\widehat{U}(t,t_0) = \widehat{V}(t)_{\rm I}\widehat{U}(t,t_0)$ が成り立つ．この $\widehat{U}(t,t_0)$ のテイラー展開の $\widehat{V}_{\rm I}$ の積の間に $\sum_k |k\rangle\langle k| = \mathbb{I}$ を挿入することで (103.2)式の $a_n^{(p)}(t)$ が得られる．

Chapter 10

水素原子系の代数的解法

第 6 章では定常状態波動方程式，すなわち，微分方程式を解くことにより，水素原子の束縛状態のエネルギー準位を得た (**問題 71〜74**)．そこでは，波動関数の規格化可能性の要求から離散的なエネルギー固有値が得られた．本章ではこの水素原子のエネルギー準位をまったく異なる手法で求める問題を扱う．一般に $1/r$ 型の中心力ポテンシャル系には，ハミルトニアンと可換な量として軌道角運動量 $\widehat{\boldsymbol{L}}$ の他に，ルンゲ・レンツベクトルと呼ばれるベクトル演算子 $\widehat{\boldsymbol{R}}$ が存在する．この保存量は古典力学においては「質点の軌道が閉じていること」と密接に関係している．量子力学においては，$\widehat{\boldsymbol{L}}$ と $\widehat{\boldsymbol{R}}$ から「角運動量の交換関係を満たす 2 組のベクトル演算子」を構成でき，ハミルトニアンはこれら 2 つの「角運動量ベクトル」の平方の和を用いて表されることを見る．したがって，エネルギー固有値は**問題 51〜53** の「角運動量の固有値と固有ベクトル」の知識を用いてまったく代数的に求めることができる．

問題 107　ルンゲ・レンツベクトル (その 1)　標準

$1/r$ 型の中心力ポテンシャル下の質量 μ の質点の量子力学を考える．系のハミルトニアンは

$$\widehat{H} = \frac{1}{2\mu}\widehat{\boldsymbol{p}}^2 + U(\widehat{r}) \qquad \left(U(\widehat{r}) = -\frac{\kappa}{\widehat{r}}, \quad \widehat{r} = \sqrt{\widehat{\boldsymbol{x}}^2}\right) \tag{107.1}$$

で与えられる．今は引力ポテンシャルを考えており，定数 κ は正とする ($\kappa > 0$)．

古典力学では，この系の保存量として，角運動量ベクトル $\boldsymbol{L}$ とは別に，**ルンゲ・レンツベクトル** (Runge-Lenz vector) と呼ばれるベクトル $\boldsymbol{R} = (\boldsymbol{p} \times \boldsymbol{L})/(2\mu) + U(r)\boldsymbol{x}$ が存在することが知られており，この保存はケプラー問題の軌道が閉じていることと密接に関係している (他方，$\boldsymbol{L}$ の保存は軌道が一定平面上にあることを意味する)．

今の量子力学系ではルンゲ・レンツベクトルをエルミート演算子として次式で与える ($\widehat{\boldsymbol{L}} = \widehat{\boldsymbol{x}} \times \widehat{\boldsymbol{p}}$ は角運動量演算子 (50.1)):

$$\widehat{\boldsymbol{R}} = \frac{1}{2\mu}\left(\widehat{\boldsymbol{p}} \times \widehat{\boldsymbol{L}} - \widehat{\boldsymbol{L}} \times \widehat{\boldsymbol{p}}\right) + U(\widehat{r})\,\widehat{\boldsymbol{x}} \tag{107.2}$$

1. $\widehat{\boldsymbol{R}}$ がエルミート演算子であること ($\widehat{\boldsymbol{R}}^\dagger = \widehat{\boldsymbol{R}}$) を示せ．
2. $U(r) \propto 1/r$ の場合に限り $\widehat{\boldsymbol{R}}$ が $\widehat{H}$ と可換であること，

$$\left[\widehat{\boldsymbol{R}}, \widehat{H}\right] = 0 \tag{107.3}$$

を示せ．これは古典力学で $\boldsymbol{R}$ が保存量であることに対応する．

3. 次の性質を示せ:

$$\widehat{\boldsymbol{R}} \cdot \widehat{\boldsymbol{L}} = \widehat{\boldsymbol{L}} \cdot \widehat{\boldsymbol{R}} = 0 \tag{107.4}$$

解説　本章の各問題の [解答] では，正準交換関係 (50.2)や角運動量に関係した交換関係 (50.3)と (50.4)，および，ϵ_{ijk} に関係した**問題 49** の諸公式，特に，(49.4)と (49.5)を断りなく頻繁に用いる．また，$\widehat{L}_i \equiv \epsilon_{ijk}\widehat{x}_j\widehat{p}_k = \epsilon_{ijk}(\widehat{p}_k\widehat{x}_j + i\hbar\delta_{jk}) = -\epsilon_{ikj}\widehat{p}_k\widehat{x}_j$，すなわち，$\widehat{\boldsymbol{L}} = \widehat{\boldsymbol{x}} \times \widehat{\boldsymbol{p}} = -\widehat{\boldsymbol{p}} \times \widehat{\boldsymbol{x}}$ に注意すること．

解 答

1. ベクトル演算子同士のベクトル積の定義 (49.7)から，任意の $\widehat{\boldsymbol{A}}$ と $\widehat{\boldsymbol{B}}$ に対して

$$(\widehat{\boldsymbol{A}} \times \widehat{\boldsymbol{B}})_i^\dagger = \left(\epsilon_{ijk}\widehat{A}_j\widehat{B}_k\right)^\dagger = \underbrace{\epsilon_{ijk}}_{-\epsilon_{ikj}}\widehat{B}_k^\dagger\widehat{A}_j^\dagger = -(\widehat{\boldsymbol{B}}^\dagger \times \widehat{\boldsymbol{A}}^\dagger)_i$$

すなわち，

$$(\widehat{\boldsymbol{A}} \times \widehat{\boldsymbol{B}})^\dagger = -\widehat{\boldsymbol{B}}^\dagger \times \widehat{\boldsymbol{A}}^\dagger \tag{107.5}$$

この公式と $\widehat{\boldsymbol{p}}$ と $\widehat{\boldsymbol{L}}$ がエルミートであること (**問題 50** 設問 1) からの $(\widehat{\boldsymbol{p}} \times \widehat{\boldsymbol{L}})^\dagger = -\widehat{\boldsymbol{L}} \times \widehat{\boldsymbol{p}}$ と $(\widehat{\boldsymbol{L}} \times \widehat{\boldsymbol{p}})^\dagger = -\widehat{\boldsymbol{p}} \times \widehat{\boldsymbol{L}}$，および，$\widehat{\boldsymbol{x}}$ と $\widehat{r} = \sqrt{\widehat{\boldsymbol{x}}^2}$ がエルミートで互いに可換であることから，$\widehat{\boldsymbol{R}}^\dagger = \widehat{\boldsymbol{R}}$ が成り立つ．

2. 以下では，$U \equiv U(\widehat{r})$ とする．また，$\widetilde{U}$ を次式で定義する:

$$\widetilde{U} \equiv \frac{1}{\widehat{r}} U'(\widehat{r}) \tag{107.6}$$

すると，まず，

$$\left[\widehat{\boldsymbol{p}}, \widehat{H}\right] = \left[\widehat{\boldsymbol{p}}, U\right] = -i\hbar\, \widetilde{U} \widehat{\boldsymbol{x}}, \qquad \left[\widehat{\boldsymbol{x}}, \widehat{H}\right] = \frac{i\hbar}{\mu} \widehat{\boldsymbol{p}}$$

この第 1 式の第 2 等号は，(例えば) $\boldsymbol{x}$-表示での $[-i\hbar\boldsymbol{\nabla}, U(r)] = -i\hbar(\boldsymbol{\nabla} r)\, U'(r) = -i\hbar(\boldsymbol{x}/r)U'(r)$ から．また，これを用いて

$$\left[U, \widehat{H}\right] = \frac{1}{2\mu}\left[U, \widehat{\boldsymbol{p}}^2\right] = \frac{1}{2\mu}\Big(\left[U, \widehat{\boldsymbol{p}}\right] \cdot \widehat{\boldsymbol{p}} + \widehat{\boldsymbol{p}} \cdot \left[U, \widehat{\boldsymbol{p}}\right]\Big) = \frac{i\hbar}{2\mu}\Big(\widetilde{U}\, \widehat{\boldsymbol{x}} \cdot \widehat{\boldsymbol{p}} + \widehat{\boldsymbol{p}} \cdot \widehat{\boldsymbol{x}}\, \widetilde{U}\Big)$$

以上の各式と $\left[\widehat{\boldsymbol{L}}, \widehat{H}\right] = 0$ (**問題 67** 設問 1) を用いて

$$\begin{aligned}
\frac{2\mu}{i\hbar}\left[\widehat{\boldsymbol{R}}, \widehat{H}\right] &= \frac{1}{i\hbar}\Big(\left[\widehat{\boldsymbol{p}}, \widehat{H}\right] \times \widehat{\boldsymbol{L}} - \widehat{\boldsymbol{L}} \times \left[\widehat{\boldsymbol{p}}, \widehat{H}\right] + 2\mu\left[U, \widehat{H}\right]\widehat{\boldsymbol{x}} + 2\mu U\left[\widehat{\boldsymbol{x}}, \widehat{H}\right]\Big) \\
&= -\widetilde{U}\, \widehat{\boldsymbol{x}} \times \widehat{\boldsymbol{L}} + \widehat{\boldsymbol{L}} \times \widehat{\boldsymbol{x}}\, \widetilde{U} + \Big(\widetilde{U}\, \widehat{\boldsymbol{x}} \cdot \widehat{\boldsymbol{p}} + \widehat{\boldsymbol{p}} \cdot \widehat{\boldsymbol{x}}\, \widetilde{U}\Big)\widehat{\boldsymbol{x}} + 2U\widehat{\boldsymbol{p}} \\
&= -\widetilde{U}\Big(\underbrace{\left[\widehat{\boldsymbol{x}}, \widehat{\boldsymbol{x}} \cdot \widehat{\boldsymbol{p}}\right]}_{i\hbar\widehat{\boldsymbol{x}}} - \widehat{r}^2\widehat{\boldsymbol{p}}\Big) + \widehat{\boldsymbol{p}}\, \widehat{r}^2\widetilde{U} + 2U\widehat{\boldsymbol{p}} \\
&= -i\hbar\widetilde{U}\, \widehat{\boldsymbol{x}} + \underbrace{\left[\widehat{\boldsymbol{p}}, \widehat{r}^2\widetilde{U}\right]}_{-i\hbar(2\widetilde{U} + \widehat{r}\,\widetilde{U}')\widehat{\boldsymbol{x}}} + 2\Big(\widehat{r}^2\widetilde{U} + U\Big)\widehat{\boldsymbol{p}} = -i\hbar\Big(\widehat{r}\,\widetilde{U}' + 3\widetilde{U}\Big)\widehat{\boldsymbol{x}} + 2\Big(\widehat{r}\,U' + U\Big)\widehat{\boldsymbol{p}}
\end{aligned}$$

ここに，第 3 行目の等号では (後述の公式 (108.4)による) 次式を用いた:

$$\widehat{\boldsymbol{x}} \times \widehat{\boldsymbol{L}} = \widehat{\boldsymbol{x}} \times (\widehat{\boldsymbol{x}} \times \widehat{\boldsymbol{p}}) = \widehat{\boldsymbol{x}}\,(\widehat{\boldsymbol{x}} \cdot \widehat{\boldsymbol{p}}) - \widehat{r}^2\widehat{\boldsymbol{p}}, \qquad -\widehat{\boldsymbol{L}} \times \widehat{\boldsymbol{x}} = (\widehat{\boldsymbol{p}} \cdot \widehat{\boldsymbol{x}})\,\widehat{\boldsymbol{x}} - \widehat{\boldsymbol{p}}\,\widehat{r}^2$$

第 2 式は第 1 式のエルミート共役である．したがって，$[\widehat{\boldsymbol{R}}, \widehat{H}] = 0$ は $\widehat{r}\,U' + U = 0$ かつ $\widehat{r}\,\widetilde{U}' + 3\widetilde{U} = 0$，すなわち，$U \propto 1/\widehat{r}$ の場合にのみ成り立つ．

3. まず，ベクトル積と内積の定義 (49.7) から任意のベクトル演算子 $\widehat{\boldsymbol{A}}$, $\widehat{\boldsymbol{B}}$, $\widehat{\boldsymbol{C}}$ に対して (c 数ベクトルの場合と同様に) 次式が成り立つ:

$$\widehat{\boldsymbol{A}} \cdot (\widehat{\boldsymbol{B}} \times \widehat{\boldsymbol{C}}) = (\widehat{\boldsymbol{A}} \times \widehat{\boldsymbol{B}}) \cdot \widehat{\boldsymbol{C}} \tag{107.7}$$

これと $\widehat{\boldsymbol{x}} \times \widehat{\boldsymbol{x}} = 0 = \widehat{\boldsymbol{p}} \times \widehat{\boldsymbol{p}}$ を用いて，$\widehat{\boldsymbol{L}} = \widehat{\boldsymbol{x}} \times \widehat{\boldsymbol{p}} = -\widehat{\boldsymbol{p}} \times \widehat{\boldsymbol{x}}$ に対して

$$\widehat{\boldsymbol{x}} \cdot \widehat{\boldsymbol{L}}\left[= \widehat{\boldsymbol{x}} \cdot (\widehat{\boldsymbol{x}} \times \widehat{\boldsymbol{p}}) = (\widehat{\boldsymbol{x}} \times \widehat{\boldsymbol{x}}) \cdot \widehat{\boldsymbol{p}}\right] = 0, \quad \widehat{\boldsymbol{L}} \cdot \widehat{\boldsymbol{x}} = \widehat{\boldsymbol{p}} \cdot \widehat{\boldsymbol{L}} = \widehat{\boldsymbol{L}} \cdot \widehat{\boldsymbol{p}} = 0 \tag{107.8}$$

$$(\widehat{\boldsymbol{p}} \times \widehat{\boldsymbol{L}}) \cdot \widehat{\boldsymbol{L}}\left[= \widehat{\boldsymbol{p}} \cdot (\widehat{\boldsymbol{L}} \times \widehat{\boldsymbol{L}}) \overset{(50.5)}{=} i\hbar\widehat{\boldsymbol{p}} \cdot \widehat{\boldsymbol{L}}\right] = 0, \quad \widehat{\boldsymbol{L}} \cdot (\widehat{\boldsymbol{L}} \times \widehat{\boldsymbol{p}}) = 0 \tag{107.9}$$

が成り立つ．また，(50.3)の第 2 式を用いた

$$\epsilon_{ijk}\left[\widehat{p}_j, \widehat{L}_k\right] = i\hbar\,\epsilon_{ijk}\epsilon_{jk\ell}\widehat{p}_\ell = 2i\hbar\,\widehat{p}_i \;\Rightarrow\; \widehat{\boldsymbol{p}} \times \widehat{\boldsymbol{L}} + \widehat{\boldsymbol{L}} \times \widehat{\boldsymbol{p}} = 2i\hbar\,\widehat{\boldsymbol{p}} \tag{107.10}$$

から $(\widehat{\boldsymbol{L}} \times \widehat{\boldsymbol{p}}) \cdot \widehat{\boldsymbol{L}} = 0 = \widehat{\boldsymbol{L}} \cdot (\widehat{\boldsymbol{p}} \times \widehat{\boldsymbol{L}})$ も成り立つ．以上から，$\widehat{\boldsymbol{R}} \cdot \widehat{\boldsymbol{L}}$ と $\widehat{\boldsymbol{L}} \cdot \widehat{\boldsymbol{R}}$ の展開の各項がゼロとなり，(107.4)を得る．

問題	108	ルンゲ・レンツベクトル (その 2)	発展

問題 **107** からの続きの問題である．

4.　次の 2 つの交換関係を示せ:

$$\left[\widehat{R}_i, \widehat{L}_j\right] = i\hbar\,\epsilon_{ijk}\widehat{R}_k \tag{108.1}$$

$$\left[\widehat{R}_i, \widehat{R}_j\right] = -i\hbar\,\epsilon_{ijk}\frac{2}{\mu}\widehat{H}\widehat{L}_k \tag{108.2}$$

解説　問題 **109** で用いる重要な交換関係を示す問題である．特に (108.2)は要領よく計算しないと非常に煩雑になる．[解答] からわかるように，(108.1)は任意の $U = U(\widehat{r})$ に対して成り立つが，(108.2)が成り立つのは $\widetilde{U}$ (107.6)が $\widetilde{U} = -U/\widehat{r}^2$ を満たす，したがって，$U \propto 1/\widehat{r}$ の場合のみである．なお，$\widehat{\boldsymbol{L}}$ が空間回転不変量と可換であること，よって，$[U, \widehat{L}_i] = [\widehat{\boldsymbol{x}}^2, \widehat{L}_i] = [\widehat{\boldsymbol{p}}^2, \widehat{L}_i] = [\widehat{\boldsymbol{x}}\cdot\widehat{\boldsymbol{p}}, \widehat{L}_i] = 0$ は断りなく用いる．

解答

(108.1)式: $\widehat{R}_i$ (107.2)の右辺の各項と $\widehat{L}_j$ との交換子を計算する:

$$\begin{aligned}\left[(\widehat{\boldsymbol{p}}\times\widehat{\boldsymbol{L}})_i, \widehat{L}_j\right] &= \epsilon_{ik\ell}[\widehat{p}_k\widehat{L}_\ell, \widehat{L}_j] = \epsilon_{ik\ell}\Big(\overbrace{[\widehat{p}_k, \widehat{L}_j]}^{i\hbar\,\epsilon_{kjm}\widehat{p}_m}\widehat{L}_\ell + \widehat{p}_k\overbrace{[\widehat{L}_\ell, \widehat{L}_j]}^{i\hbar\,\epsilon_{\ell jm}\widehat{L}_m}\Big)\\ &= i\hbar\Big(\epsilon_{ik\ell}\epsilon_{kjm}\widehat{p}_m\widehat{L}_\ell + \epsilon_{\underset{mk}{i\,k}\,\underset{k}{\ell}}\epsilon_{\underset{\ell}{\ell}\underset{m}{jm}}\widehat{p}_{\underset{\ell}{k}}\widehat{L}_m\Big) = i\hbar\underbrace{\Big(\epsilon_{i\ell k}\epsilon_{kmj} + \epsilon_{imk}\epsilon_{kj\ell}\Big)}_{-\epsilon_{ijk}\epsilon_{k\ell m}\ \because\ (49.6)}\widehat{p}_m\widehat{L}_\ell\\ &= i\hbar\,\epsilon_{ijk}\epsilon_{km\ell}\,\widehat{p}_m\widehat{L}_\ell = i\hbar\,\epsilon_{ijk}(\widehat{\boldsymbol{p}}\times\widehat{\boldsymbol{L}})_k\end{aligned}$$

この両辺のエルミート共役を取り，(107.5)を用いて $\left[(\widehat{\boldsymbol{L}}\times\widehat{\boldsymbol{p}})_i, \widehat{L}_j\right] = i\hbar\,\epsilon_{ijk}(\widehat{\boldsymbol{L}}\times\widehat{\boldsymbol{p}})_k$ も成り立つ (要するに，$\widehat{\boldsymbol{p}}\times\widehat{\boldsymbol{L}}$ と $\widehat{\boldsymbol{L}}\times\widehat{\boldsymbol{p}}$ はベクトルとしての空間回転変換性を持つということ)．さらに，

$$\left[U\,\widehat{x}_i, \widehat{L}_j\right] = \overbrace{\left[U, \widehat{L}_j\right]}^{=0}\widehat{x}_i + U\,\overbrace{\left[\widehat{x}_i, \widehat{L}_j\right]}^{i\hbar\,\epsilon_{ijk}\widehat{x}_k} = i\hbar\,\epsilon_{ijk}U\,\widehat{x}_k$$

これらより (108.1)を得る．

(108.2)式: (108.2)と等価な次式を示す (問題 **50** 設問 3 参照):

$$\widehat{\boldsymbol{R}}\times\widehat{\boldsymbol{R}} = -i\hbar\frac{2}{\mu}\widehat{H}\widehat{\boldsymbol{L}} \tag{108.3}$$

まず，任意のベクトル演算子 $\widehat{\boldsymbol{A}}$, $\widehat{\boldsymbol{B}}$, $\widehat{\boldsymbol{C}}$ に対して

$$[(\widehat{\boldsymbol{A}}\times\widehat{\boldsymbol{B}})\times\widehat{\boldsymbol{C}}]_i = \epsilon_{ijk}(\widehat{\boldsymbol{A}}\times\widehat{\boldsymbol{B}})_j\widehat{C}_k = \epsilon_{ijk}\epsilon_{j\ell m}\widehat{A}_\ell\widehat{B}_m\widehat{C}_k \overset{(49.4)}{=} \widehat{A}_k\widehat{B}_i\widehat{C}_k - \widehat{A}_i\widehat{B}_k\widehat{C}_k$$

すなわち，

$$(\widehat{\boldsymbol{A}}\times\widehat{\boldsymbol{B}})\times\widehat{\boldsymbol{C}} = \widehat{A}_k\widehat{\boldsymbol{B}}\widehat{C}_k - \widehat{\boldsymbol{A}}\,(\widehat{\boldsymbol{B}}\cdot\widehat{\boldsymbol{C}}),\quad \widehat{\boldsymbol{A}}\times(\widehat{\boldsymbol{B}}\times\widehat{\boldsymbol{C}}) = \widehat{A}_k\widehat{\boldsymbol{B}}\widehat{C}_k - (\widehat{\boldsymbol{A}}\cdot\widehat{\boldsymbol{B}})\,\widehat{\boldsymbol{C}} \tag{108.4}$$

これらは c 数ベクトルの場合と同じであるが，演算子の並びの順番は保たねばならない．次に，(108.3)の左辺を計算するために (107.10)の関係式を用いて $\widehat{\boldsymbol{R}}$ (107.2)を以下の二通りに表す:

$$\widehat{\boldsymbol{R}}=\frac{1}{\mu}\Big(\widehat{\boldsymbol{p}}\times\widehat{\boldsymbol{L}}-i\hbar\widehat{\boldsymbol{p}}\Big)+U\widehat{\boldsymbol{x}}=\frac{1}{\mu}\Big(-\widehat{\boldsymbol{L}}\times\widehat{\boldsymbol{p}}+i\hbar\widehat{\boldsymbol{p}}\Big)+U\widehat{\boldsymbol{x}} \tag{108.5}$$

これを用いて

$$\begin{aligned}\widehat{\boldsymbol{R}}\times\widehat{\boldsymbol{R}}&=\left[\frac{1}{\mu}\Big(-\widehat{\boldsymbol{L}}\times\widehat{\boldsymbol{p}}+i\hbar\widehat{\boldsymbol{p}}\Big)+U\widehat{\boldsymbol{x}}\right]\times\left[\frac{1}{\mu}\Big(\widehat{\boldsymbol{p}}\times\widehat{\boldsymbol{L}}-i\hbar\widehat{\boldsymbol{p}}\Big)+U\widehat{\boldsymbol{x}}\right]\\&=\frac{1}{\mu^2}\Big\{-(\widehat{\boldsymbol{L}}\times\widehat{\boldsymbol{p}})\times(\widehat{\boldsymbol{p}}\times\widehat{\boldsymbol{L}})+i\hbar\big[(\widehat{\boldsymbol{L}}\times\widehat{\boldsymbol{p}})\times\widehat{\boldsymbol{p}}+\widehat{\boldsymbol{p}}\times(\widehat{\boldsymbol{p}}\times\widehat{\boldsymbol{L}})\big]\Big\}\\&\quad+\frac{1}{\mu}\Big\{-(\widehat{\boldsymbol{L}}\times\widehat{\boldsymbol{p}})\times\widehat{\boldsymbol{x}}U+U\widehat{\boldsymbol{x}}\times(\widehat{\boldsymbol{p}}\times\widehat{\boldsymbol{L}})+i\hbar\big[\underbrace{\widehat{\boldsymbol{p}}\times\widehat{\boldsymbol{x}}}_{-\widehat{\boldsymbol{L}}}U-U\underbrace{\widehat{\boldsymbol{x}}\times\widehat{\boldsymbol{p}}}_{\widehat{\boldsymbol{L}}}\big]\Big\}\end{aligned} \tag{108.6}$$

この各項を公式 (108.4)を用いて計算すると以下のとおり:

$$\begin{aligned}&\Big[-(\widehat{\boldsymbol{L}}\times\widehat{\boldsymbol{p}})\times(\widehat{\boldsymbol{p}}\times\widehat{\boldsymbol{L}})\Big]_i=-(\widehat{\boldsymbol{L}}\times\widehat{\boldsymbol{p}})_j\widehat{p}_i\widehat{L}_j+\underbrace{\big((\widehat{\boldsymbol{L}}\times\widehat{\boldsymbol{p}})\cdot\widehat{\boldsymbol{p}}\big)}_{\widehat{\boldsymbol{L}}\cdot(\widehat{\boldsymbol{p}}\times\widehat{\boldsymbol{p}})=0}\widehat{L}_i=-\epsilon_{jk\ell}\underbrace{\widehat{L}_k\widehat{p}_\ell}_{\widehat{p}_\ell\widehat{L}_k-i\hbar\epsilon_{\ell km}\widehat{p}_m}\widehat{p}_i\widehat{L}_j\\&=-\epsilon_{jk\ell}\widehat{p}_\ell\overbrace{\widehat{L}_k\widehat{p}_i}^{\widehat{p}_i\widehat{L}_k-i\hbar\epsilon_{ikm}\widehat{p}_m}\widehat{L}_j-2i\hbar\widehat{p}_i\overbrace{\widehat{p}_j\widehat{L}_j}^{=0}\\&=\overbrace{-\widehat{p}_\ell\widehat{p}_i\underbrace{\epsilon_{jk\ell}\widehat{L}_k\widehat{L}_j}_{-i\hbar\widehat{L}_\ell}}^{i\hbar\widehat{p}_i\widehat{p}_\ell\widehat{L}_\ell=0}+i\hbar\Big(\widehat{\boldsymbol{p}}^2\widehat{L}_i-\widehat{p}_i\underbrace{\widehat{p}_j\widehat{L}_j}_{=0}\Big)=i\hbar\widehat{\boldsymbol{p}}^2\widehat{L}_i\end{aligned}$$

$$(\widehat{\boldsymbol{L}}\times\widehat{\boldsymbol{p}})\times\widehat{\boldsymbol{p}}+\widehat{\boldsymbol{p}}\times(\widehat{\boldsymbol{p}}\times\widehat{\boldsymbol{L}})=\underbrace{\widehat{L}_i\widehat{\boldsymbol{p}}\widehat{p}_i}_{\widehat{L}_i\widehat{p}_i\widehat{\boldsymbol{p}}=0}-\widehat{\boldsymbol{L}}\widehat{\boldsymbol{p}}^2+\underbrace{\widehat{p}_i\widehat{\boldsymbol{p}}\widehat{L}_i}_{=0}-\widehat{\boldsymbol{p}}^2\widehat{\boldsymbol{L}}=-2\widehat{\boldsymbol{p}}^2\widehat{\boldsymbol{L}}$$

$$\begin{aligned}&\Big[(\widehat{\boldsymbol{L}}\times\widehat{\boldsymbol{p}})\times\widehat{\boldsymbol{x}}U-U\widehat{\boldsymbol{x}}\times(\widehat{\boldsymbol{p}}\times\widehat{\boldsymbol{L}})\Big]_i=\Big(\widehat{L}_j\underbrace{\widehat{p}_i\widehat{x}_j}_{\widehat{x}_j\widehat{p}_i-i\hbar\delta_{ij}}-\widehat{L}_i\overbrace{\widehat{p}_j\widehat{x}_j}^{\widehat{x}_j\widehat{p}_j-3i\hbar}\Big)U-U\Big(\underbrace{\widehat{x}_j\widehat{p}_i}_{\widehat{p}_i\widehat{x}_j+i\hbar\delta_{ij}}\widehat{L}_j-\widehat{x}_j\widehat{p}_j\widehat{L}_i\Big)\\&\underset{\substack{\uparrow\\ \widehat{L}_j\widehat{x}_j=\widehat{x}_j\widehat{L}_i=0}}{=}i\hbar\widehat{L}_iU-\widehat{L}_i\widehat{x}_j\overbrace{\big[\widehat{p}_j,U\big]}^{-i\hbar\widehat{x}_j\widetilde{U}}-\overbrace{\big[\widehat{L}_i,U\widehat{x}_j\widehat{p}_j\big]}^{=0}=i\hbar\widehat{L}_i\Big(U+\widehat{r}^2\widetilde{U}\Big)\underset{\substack{\uparrow\\ U\propto 1/\widehat{r}}}{=}0\end{aligned}$$

ここに多くの箇所で (107.8)を用いた．これらの結果を (108.6)に代入して

$$\widehat{\boldsymbol{R}}\times\widehat{\boldsymbol{R}}=\frac{1}{\mu^2}\Big(i\hbar\widehat{\boldsymbol{p}}^2\widehat{\boldsymbol{L}}-2i\hbar\widehat{\boldsymbol{p}}^2\widehat{\boldsymbol{L}}\Big)+\frac{1}{\mu}\Big(0-2i\hbar U\widehat{\boldsymbol{L}}\Big)=-i\hbar\frac{2}{\mu}\left(\frac{1}{2\mu}\widehat{\boldsymbol{p}}^2+U\right)\widehat{\boldsymbol{L}}$$

となり (108.3)を得る．

問題 109　ルンゲ・レンツベクトル (その 3)　発展

問題 107，108 からの続きの問題である．

5. 次の関係式が成り立つことを示せ:

$$\widehat{\boldsymbol{R}}^2 = \frac{2}{\mu}\widehat{H}\left(\widehat{\boldsymbol{L}}^2 + \hbar^2\right) + \kappa^2\,\mathbb{I} \tag{109.1}$$

以下では状態ベクトル空間を「ハミルトニアン $\widehat{H}$ の固有値が負の固有ベクトルで張られる空間」に限ることにする (すなわち，束縛状態のみを考える)．$\widehat{H}$ は $\widehat{\boldsymbol{L}}$ と $\widehat{\boldsymbol{R}}$ の両方と可換であるため (**問題 107** 設問 2 参照)，これらの 3 つの演算子の代数関係式においては $\widehat{H}$ は c 数のように扱うことができる．そこで，$\widehat{\boldsymbol{R}}$ の代わりに

$$\widehat{\boldsymbol{N}} \equiv \sqrt{\frac{\mu}{-2\widehat{H}}}\,\widehat{\boldsymbol{R}}$$

で定義される演算子 $\widehat{\boldsymbol{N}}$ を用いると，交換関係 (50.4)，(108.1)，(108.2)は次式となる:

$$\left[\widehat{L}_i, \widehat{L}_j\right] = i\hbar\,\epsilon_{ijk}\widehat{L}_k, \quad \left[\widehat{N}_i, \widehat{L}_j\right] = i\hbar\,\epsilon_{ijk}\widehat{N}_k, \quad \left[\widehat{N}_i, \widehat{N}_j\right] = i\hbar\,\epsilon_{ijk}\widehat{L}_k \tag{109.2}$$

6. 演算子 $\widehat{\boldsymbol{I}}$ と $\widehat{\boldsymbol{K}}$ を次式で定義する:

$$\widehat{\boldsymbol{I}} \equiv \frac{1}{2}\left(\widehat{\boldsymbol{L}} + \widehat{\boldsymbol{N}}\right), \qquad \widehat{\boldsymbol{K}} \equiv \frac{1}{2}\left(\widehat{\boldsymbol{L}} - \widehat{\boldsymbol{N}}\right) \tag{109.3}$$

交換子 $[I_i, I_j]$, $[I_i, K_j]$, $[K_i, K_j]$ を与えよ．

7. (107.4)式から得られる $\widehat{\boldsymbol{I}}$ と $\widehat{\boldsymbol{K}}$ に関する関係式を求めよ．また，(109.1)式からハミルトニアン $\widehat{H}$ を $\widehat{\boldsymbol{I}}$ と $\widehat{\boldsymbol{K}}$ を用いて表せ．

解 説　設問 5 では (108.3)式のベクトル積 $\widehat{\boldsymbol{R}} \times \widehat{\boldsymbol{R}}$ を内積 $\widehat{\boldsymbol{R}} \cdot \widehat{\boldsymbol{R}}$ に変えたものを計算する．特に (107.8)を利用してできるだけ要領よく式変形を行う．

解 答

5. (108.5)の $\widehat{\boldsymbol{R}}$ の表式を用いて

$$\begin{aligned}
\widehat{\boldsymbol{R}}^2 &= \left[\frac{1}{\mu}\left(-\widehat{\boldsymbol{L}} \times \widehat{\boldsymbol{p}} + i\hbar\widehat{\boldsymbol{p}}\right) + U\widehat{\boldsymbol{x}}\right] \cdot \left[\frac{1}{\mu}\left(\widehat{\boldsymbol{p}} \times \widehat{\boldsymbol{L}} - i\hbar\widehat{\boldsymbol{p}}\right) + U\widehat{\boldsymbol{x}}\right] \\
&= \frac{1}{\mu^2}\left[-(\widehat{\boldsymbol{L}} \times \widehat{\boldsymbol{p}}) \cdot (\widehat{\boldsymbol{p}} \times \widehat{\boldsymbol{L}}) + \hbar^2\widehat{\boldsymbol{p}}^2\right] \\
&\quad + \frac{1}{\mu}\left[\left(-\widehat{\boldsymbol{L}} \times \widehat{\boldsymbol{p}} + i\hbar\widehat{\boldsymbol{p}}\right) \cdot \widehat{\boldsymbol{x}}U + U\,\widehat{\boldsymbol{x}} \cdot \left(\widehat{\boldsymbol{p}} \times \widehat{\boldsymbol{L}} - i\hbar\widehat{\boldsymbol{p}}\right)\right] + \overbrace{U^2\widehat{\boldsymbol{x}}^2}^{\kappa^2}
\end{aligned} \tag{109.4}$$

ここに，第 2 等号では (107.7)からの

$$(\widehat{\boldsymbol{L}} \times \widehat{\boldsymbol{p}}) \cdot \widehat{\boldsymbol{p}} \left[= \widehat{\boldsymbol{L}} \cdot (\widehat{\boldsymbol{p}} \times \widehat{\boldsymbol{p}})\right] = 0 = \widehat{\boldsymbol{p}} \cdot (\widehat{\boldsymbol{p}} \times \widehat{\boldsymbol{L}})$$

を用いた (これを使うことができるように $\widehat{\boldsymbol{R}}^2$ の最初の表式を選んだ). 公式 (107.7) と (108.4) を用いて (109.4)の各項を計算すると以下のとおり:

$$(\widehat{\boldsymbol{L}}\times\widehat{\boldsymbol{p}})\cdot(\widehat{\boldsymbol{p}}\times\widehat{\boldsymbol{L}}) = \widehat{\boldsymbol{L}}\cdot\left[\widehat{\boldsymbol{p}}\times(\widehat{\boldsymbol{p}}\times\widehat{\boldsymbol{L}})\right] = \widehat{\boldsymbol{L}}\cdot\Big(\underbrace{\widehat{p}_i\,\widehat{\boldsymbol{p}}\,\widehat{L}_i}_{\widehat{\boldsymbol{p}}\,\widehat{p}_i\widehat{L}_i=0} - \widehat{\boldsymbol{p}}^2\widehat{\boldsymbol{L}}\Big) = -\widehat{\boldsymbol{p}}^2\widehat{\boldsymbol{L}}^2$$

$$-(\widehat{\boldsymbol{L}}\times\widehat{\boldsymbol{p}})\cdot\widehat{\boldsymbol{x}}U + U\widehat{\boldsymbol{x}}\cdot(\widehat{\boldsymbol{p}}\times\widehat{\boldsymbol{L}}) = -\widehat{\boldsymbol{L}}\cdot\underbrace{(\widehat{\boldsymbol{p}}\times\widehat{\boldsymbol{x}})}_{-\widehat{\boldsymbol{L}}}U + U\underbrace{(\widehat{\boldsymbol{x}}\times\widehat{\boldsymbol{p}})}_{\widehat{\boldsymbol{L}}}\cdot\widehat{\boldsymbol{L}} = 2U\widehat{\boldsymbol{L}}^2$$

$$i\hbar\underbrace{\widehat{\boldsymbol{p}}\cdot\widehat{\boldsymbol{x}}}_{\widehat{\boldsymbol{x}}\cdot\widehat{\boldsymbol{p}}-3i\hbar}U - i\hbar U\widehat{\boldsymbol{x}}\cdot\widehat{\boldsymbol{p}} = i\hbar\Big(\widehat{x}_i\underbrace{[\widehat{p}_i, U]}_{-i\hbar\widehat{x}_i\widetilde{U}} - 3i\hbar U\Big) \underset{\uparrow\ \widetilde{U}=-U/\widehat{r}^2}{=} 2\hbar^2 U$$

これらを (109.4)に代入して

$$\widehat{\boldsymbol{R}}^2 = \frac{1}{\mu^2}\widehat{\boldsymbol{p}}^2\left(\widehat{\boldsymbol{L}}^2+\hbar^2\right) + \frac{1}{\mu}2U\left(\widehat{\boldsymbol{L}}^2+\hbar^2\right)+\kappa^2 = \frac{2}{\mu}\left(\frac{1}{2\mu}\widehat{\boldsymbol{p}}^2+U\right)\left(\widehat{\boldsymbol{L}}^2+\hbar^2\right)+\kappa^2$$

となり, (109.1)を得る.

6. (109.2)の 3 式, および, その第 2 式と等価な $\left[\widehat{L}_i, \widehat{N}_j\right] = i\hbar\,\epsilon_{ijk}\widehat{N}_k$ ((第 2 式)$'$ とする) に対して

$$(\text{第 1 式}) \pm (\text{第 2 式})' \ \Rightarrow\ \left[\widehat{L}_i, \widehat{I}_j\right] = i\hbar\epsilon_{ijk}\widehat{I}_k, \quad \left[\widehat{L}_i, \widehat{K}_j\right] = i\hbar\epsilon_{ijk}\widehat{K}_k$$

$$(\text{第 2 式}) \pm (\text{第 3 式}) \ \Rightarrow\ \left[\widehat{N}_i, \widehat{I}_j\right] = i\hbar\epsilon_{ijk}\widehat{I}_k, \quad \left[\widehat{N}_i, \widehat{K}_j\right] = -i\hbar\epsilon_{ijk}\widehat{K}_k$$

となり, この上下の式の和と差から求める交換関係を得る:

$$\left[\widehat{I}_i, \widehat{I}_j\right] = i\hbar\epsilon_{ijk}\widehat{I}_k, \quad \left[\widehat{K}_i, \widehat{K}_j\right] = i\hbar\epsilon_{ijk}\widehat{K}_k, \quad \left[\widehat{I}_i, \widehat{K}_j\right] = 0 \qquad (109.5)$$

7. (109.3)からの

$$\widehat{\boldsymbol{L}} = \widehat{\boldsymbol{I}} + \widehat{\boldsymbol{K}}, \qquad \widehat{\boldsymbol{N}} = \widehat{\boldsymbol{I}} - \widehat{\boldsymbol{K}} \qquad (109.6)$$

を用いて (107.4), すなわち, $\widehat{\boldsymbol{N}}\cdot\widehat{\boldsymbol{L}} = \widehat{\boldsymbol{L}}\cdot\widehat{\boldsymbol{N}} = 0$ は

$$0 = \begin{pmatrix}\widehat{\boldsymbol{N}}\cdot\widehat{\boldsymbol{L}}\\ \widehat{\boldsymbol{L}}\cdot\widehat{\boldsymbol{N}}\end{pmatrix} = (\widehat{\boldsymbol{I}}\mp\widehat{\boldsymbol{K}})\cdot(\widehat{\boldsymbol{I}}\pm\widehat{\boldsymbol{K}}) = \widehat{\boldsymbol{I}}^2 - \widehat{\boldsymbol{K}}^2 \pm (\widehat{\boldsymbol{I}}\cdot\widehat{\boldsymbol{K}} - \widehat{\boldsymbol{K}}\cdot\widehat{\boldsymbol{I}})$$

これより

$$\widehat{\boldsymbol{I}}^2 = \widehat{\boldsymbol{K}}^2 \qquad (109.7)$$

と $\widehat{\boldsymbol{I}}\cdot\widehat{\boldsymbol{K}} = \widehat{\boldsymbol{K}}\cdot\widehat{\boldsymbol{I}}$ を得るが, 後者は (109.5)の第 3 式から自動的に成り立つ.

最後に, (109.1)を $\widehat{\boldsymbol{R}}$ の代わりに $\widehat{\boldsymbol{N}}$ を用いて表すと

$$\widehat{\boldsymbol{N}}^2 + \widehat{\boldsymbol{L}}^2 + \hbar^2 = \frac{\mu\kappa^2}{-2\widehat{H}}$$

これに (109.6)からの

$$\widehat{\boldsymbol{N}}^2 + \widehat{\boldsymbol{L}}^2 = 2\left(\widehat{\boldsymbol{I}}^2 + \widehat{\boldsymbol{K}}^2\right)$$

を用いて変形することで, 求める $\widehat{H}$ の表式を得る:

$$\widehat{H} = -\frac{\mu\kappa^2}{2\hbar^2}\frac{1}{2\left(\widehat{\boldsymbol{I}}^2 + \widehat{\boldsymbol{K}}^2\right)/\hbar^2 + 1} \qquad (109.8)$$

問題 110　水素原子のエネルギー準位の代数的導出　標準

問題 107〜109，特に，**問題 109** の設問 6 と設問 7 の結果を水素原子系に応用する (ただし，$(\mu, \kappa) \to (m_e, e^2)$ と置き換える)．水素原子系のエネルギー固有値 E_n (72.1)，すなわち，

$$E_n = -\frac{m_e e^4}{2\hbar^2 n^2} \qquad (n = 1, 2, 3, \dots) \tag{72.1}$$

を導出せよ．また，E_n の縮退度が n^2 であること (**問題 72** 設問 5 参照) も示せ．

解説　定常状態波動方程式 (67.5)を水素原子系に対して解くことによりエネルギー準位 E_n (72.1)を得ることは，シュレーディンガー自身により行われた (1926 年)．これに対して，本問題のようにルンゲ・レンツベクトルを利用して代数的にエネルギー準位 E_n を求めることは，パウリによるものである (1926 年)．

解答

(109.8)から，水素原子系のハミルトニアンは $\widehat{\boldsymbol{I}}^2$ と $\widehat{\boldsymbol{K}}^2$ を用いて

$$\widehat{H} = -\frac{m_e e^4}{2\hbar^2} \frac{1}{2\left(\widehat{\boldsymbol{I}}^2 + \widehat{\boldsymbol{K}}^2\right)/\hbar^2 + 1} \tag{110.1}$$

で与えられる．$\widehat{\boldsymbol{I}}$ と $\widehat{\boldsymbol{K}}$ は (109.5)式のとおり，互いに可換であり，それぞれが角運動量演算子と同じ交換関係を満たす．よって，**問題 51〜53** の一般論 (特に**問題 53** 設問 8 の [解答]) が適用され，$(\widehat{\boldsymbol{I}}^2, \widehat{I}_3)$ の同時固有ベクトル $|i, m_I\rangle$，

$$\widehat{\boldsymbol{I}}^2 |i, m_I\rangle = \hbar^2 i(i+1) |i, m_I\rangle, \quad \widehat{I}_3 |i, m_I\rangle = \hbar m_I |i, m_I\rangle$$
$$\left(i = 0, \tfrac{1}{2}, 1, \tfrac{3}{2}, 2, \cdots;\ m_I = -i, -i+1, \cdots, i-1, i\right)$$

と $(\widehat{\boldsymbol{K}}^2, \widehat{K}_3)$ の同時固有ベクトル $|k, m_K\rangle$，

$$\widehat{\boldsymbol{K}}^2 |k, m_K\rangle = \hbar^2 k(k+1) |k, m_K\rangle, \quad \widehat{K}_3 |k, m_K\rangle = \hbar m_K |k, m_K\rangle$$
$$\left(k = 0, \tfrac{1}{2}, 1, \tfrac{3}{2}, 2, \cdots;\ m_K = -k, -k+1, \cdots, k-1, k\right)$$

を用いて $|i, m_I\rangle \otimes |k, m_K\rangle$ を考えると，これは $\widehat{H}$ (110.1)の固有値

$$E_{(i,k)} = -\frac{m_e e^4}{2\hbar^2} \frac{1}{2\left(i(i+1) + k(k+1)\right) + 1}$$

の固有ベクトルとなる．しかし，今は $\widehat{\boldsymbol{I}}^2 = \widehat{\boldsymbol{K}}^2$ (109.7) の関係があり，$|i, m_I\rangle \otimes |k, m_K\rangle$ のうち，水素原子系の状態ベクトルと見なせるのは (109.7)からの条件 $i(i+1) = k(k+1)$ から $i = k$ とした ($i = -k-1$ は不可)

$$|k, m_I\rangle \otimes |k, m_K\rangle \quad \left(k = 0, \tfrac{1}{2}, 1, \tfrac{3}{2}, 2, \cdots;\ m_I, m_K = -k, -k+1, \cdots, k-1, k\right)$$

のみである．この $|k, m_I\rangle \otimes |k, m_K\rangle$ は $\widehat{H}$ (110.1)の固有値 $E_{k,k}$ の固有ベクトルであるが，$E_{k,k}$ はちょうど E_n (110.1) で $n = 2k+1$ としたものである:

$$E_{(k,k)} = -\frac{m_e e^4}{2\hbar^2(2k+1)^2} = E_{n=2k+1} \tag{110.2}$$

しかも，$n = 2k+1$ は「正の整数」に値を取る:

$$k = 0, \tfrac{1}{2}, 1, \tfrac{3}{2}, 2, \cdots \;\Rightarrow\; n = 2k+1 = 1, 2, 3, 4, 5, \cdots$$

よって，(110.2)は水素原子エネルギー準位 E_n (72.1)と一致する．

なお，軌道角運動量 $\widehat{\boldsymbol{L}}$ の場合，$\widehat{\boldsymbol{L}}^2$ の量子数 ℓ が取る値は，半整数は許されず，非負の整数に限られる (**問題 59** 設問 3 参照)．今の場合 $\widehat{\boldsymbol{K}}^2(= \widehat{\boldsymbol{I}}^2)$ の量子数 $k(=i)$ は半整数にも値を取るとしたが，これは「$\ell =$ 整数」とは矛盾しない．なぜなら，今，(109.6) より $\widehat{\boldsymbol{L}} = \widehat{\boldsymbol{I}} + \widehat{\boldsymbol{K}}$ であるが，角運動量の合成則 (**問題 80**，特に (80.7)式) から，与えられた $k(=i)$ に対して ℓ が取る値は

$$\ell = |i-k|, |i-k|+1, \cdots, i+k-1, i+k = 0, 1, \cdots, 2k-1, 2k$$

という「非負の整数」となるからである．

最後に，エネルギー固有値 $E_{(k,k)} = E_{n=2k+1}$ の縮退度を考える．固有値 $E_{(k,k)}$ は量子数 $k(=i)$ のみに依存し，$\widehat{I}_3$ と $\widehat{K}_3$ の量子数 m_I と m_K には依らない．与えられた $k(=i)$ に対して m_I と m_K が取る値がそれぞれ独立に $2i+1(=2k+1)$ 通りと $2k+1$ 通りであることから，縮退度は

$$(2i+1) \times (2k+1) = (2k+1)^2 = n^2$$

となる．

Tea Time ……………………………… 経路積分量子化

本書では，解析力学の正準変数 (q,p) を正準交換関係 (03.1)を満たす演算子 $(\widehat{q},\widehat{p})$ として量子力学を展開したが，この定式化は**正準量子化** (canonical quantization) と呼ばれる．量子力学には別の定式化として，**経路積分量子化** (path-integral quantization) と呼ばれるものがある (ファインマン，1948 年)．これは，解析力学ラグランジアン $L(q,\dot{q})$ の系 (簡単のために 1 自由度系とする) の量子力学ハミルトニアンを $\widehat{H}$，$|q\rangle$ を $\widehat{q}$ の固有ベクトル ($\widehat{q}\,|q\rangle = q\,|q\rangle$) として，次の左辺の量子力学量を右辺の“c 数積分”で与えるものである:

$$\langle q_F|\, e^{-i\widehat{H}T/\hbar}\,|q_I\rangle = \int_{q(0)=q_I}^{q(T)=q_F} \mathcal{D}q(t)\, \exp\left(\frac{i}{\hbar}\int_0^T dt\, L(q,\dot{q})\right) \tag{I}$$

ここに，左辺は状態 $|q_I\rangle$ にあった系が時間 T 後に状態 $|q_F\rangle$ にある振幅 (その絶対値の 2 乗が確率) である ((21.4)参照)．右辺の“積分”$\int_{q(0)=q_I}^{q(T)=q_F}\mathcal{D}q(t)$ は，始時刻 $t=0$ と終時刻 $t=T$ における条件 $q(0)=q_I$ と $q(T)=q_F$ を満たす「時間の関数 $q(t)$ についての積分」であり，**汎関数積分**とも呼ばれる．境界条件を満たすすべての関数 $q(t)$ (右図のさまざまな経路) について“足し上げる”のである (したがって，(I)式右辺は**経路積分**と呼ばれる)．

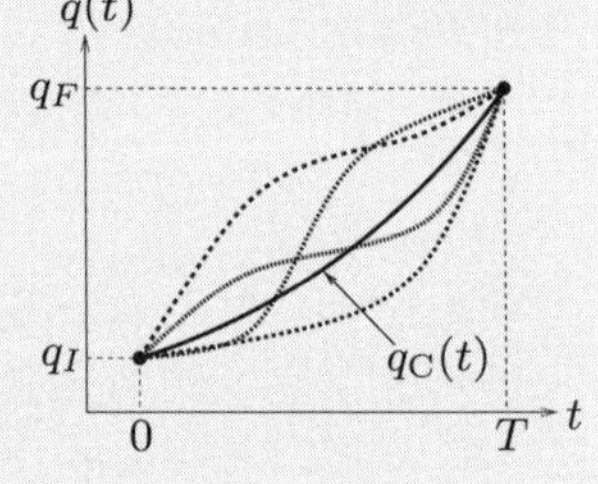

この経路積分量子化について若干の説明を行うと:

- (I)式右辺の被積分関数に含まれる $S=\int_0^T dt\, L(q,\dot{q})$ は「作用」であるが，$\hbar\to 0$ の極限を考えると「作用 S を停留させる経路 $q_C(t)$」のみが汎関数積分に寄与することが示される ($q_C(t)$ からのズレの寄与は $\hbar\to 0$ で指数関数 $e^{iS/\hbar}$ が激しく振動することから落ちる)．この $q_C(t)$ はオイラー・ラグランジュ方程式の解であり，$\hbar\to 0$ の極限で量子力学は古典力学に帰着することが理解できる．
- 経路積分量子化を用いて調和振動子や水素原子の量子力学を解くこともできるが，経路積分はむしろ**場の量子論** (第 6 章 **Tea Time** 参照) において，その有用性が発揮される．
- 経路積分量子化は量子力学量を c 数の積分で表すものであり，これによりコンピュータを用いた量子力学の数値計算が可能となる．この手法は特に場の量子論で有用であり，多くの重要な成果が得られている．

なお，(I)式の右辺の表式は左辺から導かれるものである．N を大きな整数，$\varepsilon = T/N$ として

$$\langle q_F|\, e^{-i\widehat{H}T/\hbar}\,|q_I\rangle = \langle q_F|\, e^{-i\widehat{H}\varepsilon/\hbar} e^{-i\widehat{H}\varepsilon/\hbar}\cdots e^{-i\widehat{H}\varepsilon/\hbar}\,|q_I\rangle \quad \Leftarrow \text{右辺は } (e^{-i\widehat{H}\varepsilon/\hbar})^N$$

$$= \int_{-\infty}^{\infty} dq_1 \cdots \int_{-\infty}^{\infty} dq_{N-1}\, \langle q_F|\, e^{-i\widehat{H}\varepsilon/\hbar}\,|q_{N-1}\rangle \cdots \langle q_2|\, e^{-i\widehat{H}\varepsilon/\hbar}\,|q_1\rangle\, \langle q_1|\, e^{-i\widehat{H}\varepsilon/\hbar}\,|q_I\rangle$$

ここに，2 行目では $e^{-i\widehat{H}\varepsilon/\hbar}$ の間に完全性 $\int_{-\infty}^{\infty} dq_k\, |q_k\rangle\langle q_k| = \mathbb{I}$ を挿入した．これをもとにして，微小な ε の近似で本書の特に第 2 章 の内容を用いることで (I)式右辺の離散形を得ることができる．なお，この場合 $\int\mathcal{D}q(t) = \lim_{N\to\infty}\prod_{k=1}^{N-1}\int dq_k$ である．

索　引

記号・数字

英字

C

E

G

W

X

和文

ア行

カ行

サ行

タ行

ナ行

ハ行

ヤ行

ラ行

■著者紹介

畑　浩之（はた　ひろゆき）

京都大学大学院理学研究科 (物理学第二専攻) 博士後期課程修了．理学博士．
京都大学大学院理学研究科教授 等を経て，現在，京都大学名誉教授．

弱点克服 大学生の量子力学

2023年9月25日　第1刷発行　　Printed in Japan

著者　畑 浩之

発行所　東京図書株式会社

〒102-0072 東京都千代田区飯田橋 3-11-19
振替 00140-4-13803 電話 03(3288)9461
http://www.tokyo-tosho.co.jp

ISBN 978-4-489-02411-5